普通高等教育"十一五"国家级规划教材

大学物理实验

（第三版）

（修订本）

主 编 魏怀鹏 张志东 展 永
副主编 宋庆功 郭松青 赵国晴

科学出版社
北 京

内 容 简 介

本书是教育部普通高等教育"十一五"国家级规划教材.

本书以培养学生进行科学实验所需的基础知识、方法、技能,解决实际问题的能力,工程意识、创新能力等综合素质为目的,根据"多层次、模块化、组合式、相互衔接","夯实基础、激发兴趣、创新教育、培养能力"的教学理念,建立实验教学内容与课程的新体系.按层次化(基础性、综合与应用性、设计性、研究性)设置实验教学内容与课程,力图把"设计性"贯穿层次化教学的全过程.

本书在同类书中具有一定特点.力求较完整、系统地反映当前主流的实验理论、技术和方法;注重层次化、模块化的课题内容设置;充实了一些新实验内容,具有一定的区域性、地方性特色.

全书分为三篇.第一篇"实验理论与基础知识",系统性、完整性较强;第二篇"基础性、综合性、应用性实验",内容涵盖力、热、声、光、电、磁的实验,近代物理与信息技术综合实验等;第三篇"设计性、研究性实验",以"力热声光电"及近代物理与信息技术实验、计算机在物理实际问题中的应用等内容为基础,选编了一些设计性、工程性、研究性的专项实验课题,以便学生自主研究性学习与创新实践,进行研究性专题实验教学.

本书适用于普通高校理、工、农、医、商、管等各专业物理实验课程的教学,也可供广大物理爱好者,科学与工程技术工作者以及实验人员参考.

图书在版编目(CIP)数据

大学物理实验/魏怀鹏,张志东,展永主编. —3 版. 北京:科学出版社,2010
 普通高等教育"十一五"国家级规划教材
 ISBN 978-7-03-028847-9

Ⅰ.大… Ⅱ.①魏… ②张… ③展… Ⅲ.物理学-实验-高等学校-教材
Ⅳ.O4-33

中国版本图书馆 CIP 数据核字(2010)第 170658 号

责任编辑:胡云志　昌　盛 / 责任校对:林青梅
责任印制:张克忠 / 封面设计:耕者设计工作室

科学出版社出版
北京东黄城根北街 16 号
邮政编码:100717
http://www.sciencep.com

新科印刷有限公司 印刷
科学出版社发行　各地新华书店经销

*

1999 年 1 月天津大学出版社第一版
2007 年 8 月第　二　版　开本:787×1092 1/16
2010 年 8 月第　三　版　印张:27
2013 年 1 月第八次印刷　字数:635 000

定价:43.00 元
(如有印装质量问题,我社负责调换)

编 委 会

编委会主任：展　永

编委会委员单位及委员：

河北工业大学：　展　永　张志东　魏怀鹏　张　勇　安　莉

中国民航大学：　宋庆功　郭松青　郭艳蕊　李文清　师一华

石家庄铁道学院：王振彪　刘　虎

成都理工大学：　方晓懿　代锦辉

邯郸学院：　　　赵国晴　王志安

第三版(修订本)前言

本书是在教育部普通高等教育"十一五"国家级规划教材《大学物理实验》(第三版)(科学出版社)的基础上,参考天津大学出版社的版本,针对发现的问题作了一些修改完成的.

实验教学是一项集体事业,从实验室建设、教材编写到课程内容的不断完善与改进,都是作者和几代教师,长期在高等学校的教学岗位上辛勤耕耘、呕心沥血,将丰富的理论与实践经验,进行持续不断地积累和总结的结果.

本书第一版由天津大学出版社于1999年出版,至2006年先后两次修订再版,在本校经过十几年的教学实践使用,获得很好的教学效果.

本书第二版、第三版作为普通高等教育"十一五"国家级规划教材,先后于2007年、2010年由科学出版社出版,并在河北工业大学、中国民航大学、石家庄铁道学院、成都理工大学、邯郸学院等国内多所高校正式使用,一些高校作为主要教学参考书使用.

本次修订在原内容、特点基础上,对全书内容进行了仔细审阅核对,对一些印刷错误和不足之处进行了修改,对静电场模拟实验、示波器使用等实验内容和步骤进行了一些修改. 修订增加了液晶的电光特性实验,用力敏传感器测定微小力(用拉脱法测液体表面张力系数).

魏怀鹏、张志东、展永教授为本书主编,宋庆功,郭松青,赵国晴为副主编. 魏怀鹏教授负责全书整理和统稿工作.

参加本书编写工作的许多老师(排名不分先后). 第一、二、三、八、十、十二、十四章、附录,由魏怀鹏、张志东、展永、宋庆功等负责编写,第四、五、六、七、九、十一、十二、十三章、仪器设备说明、思考题、练习题等,由魏怀鹏、郭松青、宋庆功、赵国晴、王志安、郭艳蕊、王秋芬、张勇、李晓会、安莉等负责编写,王永学、贾肖婵、陈宏图、段雪松、史晓丽、李佳、淮俊霞、王双进、曹天光、刘斌、邢红玉、叶文江、朱小光、瞿浩、王有柱、王彤、韩颜辉、刘铭、马忠祥、孔祥明、任树喜、范闪闪、李再东、李海颖、李文清、师一华、刘金河、范明天、靳星、郑乐涛、潘若薇、齐新宇等分别参加第一章至第十四章部分章节编写、校对等大量工作.

南京大学金国钧教授、清华大学朱鹤年教授,对本书提出很多非常有价值的宝贵意见,在此对他们给予本书改革建设的关心谨表示诚挚感谢!本书改编修订,得到学校及教务处、理学院等领导和同事们的大力支持和帮助,河北工业大学、河北省高校重点学科、省级精品课程、省级和国家级物理实验教学示范中心建设单位等建设项目的资助. 本书也凝集了很多未能直接参加本书编写的老师们多年的辛勤劳动与奉献,一并表示衷心的感谢!

本书中难免有一些错误和不当之处,敬请各位读者批评指正.

编 者

2012年6月1日

第一版前言

本书根据"高等教育学校物理实验教学基本要求",以河北工业大学多年使用的物理实验讲义为基础,并参考部分兄弟院校有关教材编写而成,可供工科大学各专业物理实验教学使用,也可供专科性学校选用.

物理实验是一门独立设置的基础课,因此本书在内容上采用统一编排的方法,以求有完整的体系.在实验选题方面按照物理内容分章编写,以适应不同情况下的各种教学安排.

在误差与数据处理上,本书以不确定度评定实验结果,要求学生从一开始就接受正规的实验数据处理训练,使实验结果的评定能初步达到国际的统一要求.

在具体实验内容编写中力求做到目的明确、原理简洁清楚、公式推导完整、实验步骤简单明了,并安排一定的思考练习题.在基本实验后面安排一章设计性实验,要求学生能独立完成实验过程,进一步培养学生的综合实验能力.

实验教学是一项集体的事业,作为本书基础的讲义就是在使用过程中,经过教研室全体同志多次修订与改编逐步积累而成.本书绪论、第一章、第二章和第八章§8.0,由王存道编写;第四章、第七章以及第三章§3.1~3.5和第八章,由魏怀鹏编写;第六章以及第三章§3.8、§3.9由张德贤编写;第五章以及第三章§3.6、§3.7由季世泰编写.全书最后由魏怀鹏整理并统稿.

由于编者水平有限,本书难免存在一些错误和不妥之处,衷心希望使用者批评指正.

编 者
1998年1月

目　　录

第三版前言
第一版前言

第一篇　实验理论与基础知识

第一章　绪论 ··· 1
 1.1　大学物理实验的地位、作用、目的和任务 ·· 1
 1.2　大学物理实验教学体系和基本要求 ·· 2
 1.3　大学物理实验教学主要环节与基本规则 ·· 3
 1.4　小结：怎样学好大学物理实验、实验室主要规则 ······································· 5

第二章　误差与数据处理基础知识 ·· 7
 2.1　测量与误差的基本概念 ··· 7
 2.2　系统误差的理论分析和处理 ··· 10
 2.3　随机误差的理论分析和处理 ··· 13
 2.4　测量结果与不确定度的评定 ··· 21
 2.5　有效数字的记录及其运算 ·· 34
 2.6　实验数据处理基本方法和结果表示 ··· 37
 2.7　计算机数据处理软件与计算器统计功能简介 ·· 50
 习题 ·· 60

第三章　测量方法与仪器调整原则和技术 ································· 63
 3.1　实验的基本测量方法和技术 ··· 63
 3.2　仪器调整的基本原则 ··· 70
 3.3　物理实验常用仪器 ·· 72

第二篇　基础性、综合性、应用性实验

第四章　力学与热学实验 ··· 99
 实验 1　力学基本测量——长度、质量和物体密度的测定 ······························· 99
 实验 2　用自由落体仪测定重力加速度 ·· 106
 实验 3　用三线摆测物体的转动惯量 ·· 108
 实验 4　扭摆法测定物体转动惯量 ··· 114
 实验 5　气垫导轨上滑块的碰撞——动量守恒定律的验证 ···························· 118
 实验 6　气垫导轨上滑块的简谐振动 ·· 121
 实验 7　弦振动的研究 ··· 125
 实验 8　光杠杆镜尺法测定钢丝的杨氏弹性模量——微小长度变化的测量 ······ 129
 实验 9　用拉脱法测液体表面张力系数——用焦利秤测定微小力 ··················· 134

实验 10　用落球法测液体的黏滞系数 ………………………………………… 138
　　实验 11　空气比热容比的测定 …………………………………………………… 140
　　实验 12　稳态法测量不良导体导热系数 ………………………………………… 144
第五章　电磁学实验 ………………………………………………………………………… 148
　　实验 13　电学基本测量——测绘线性电阻和非线性电阻的伏安特性曲线 …… 148
　　实验 14　黑盒子实验 ……………………………………………………………… 152
　　实验 15　直流单臂电桥(惠斯通电桥)测电阻 …………………………………… 153
　　实验 16　用双臂电桥(开尔文电桥)测小电阻及温度系数 ……………………… 160
　　实验 17　用电势差计测量电动势 ………………………………………………… 164
　　实验 18　灵敏电流计基本特性研究 ……………………………………………… 169
　　实验 19　用模拟法测绘静电场 …………………………………………………… 171
　　实验 20　示波器的使用 …………………………………………………………… 177
　　实验 21　用示波器观测二极管伏安特性曲线 …………………………………… 184
　　实验 22　用霍尔元件测量磁场 …………………………………………………… 186
　　实验 23　用感应法测量磁场 ……………………………………………………… 190
　　实验 24　霍尔效应法测螺线管磁场 ……………………………………………… 193
　　实验 25　电磁感应法测磁场原理 ………………………………………………… 197
　　实验 26　铁磁材料的磁化曲线和磁滞回线的测绘 ……………………………… 200
　　实验 27　电容器的充放电 ………………………………………………………… 204
　　实验 28　用冲击电流计测电容和高阻 …………………………………………… 208
第六章　光学实验 …………………………………………………………………………… 213
　　实验 29　光学基本实验(一)——薄透镜焦距的测定 …………………………… 213
　　实验 30　光学基本实验(二)——组装显微镜、望远镜、幻灯机及放大倍数测量 … 218
　　实验 31　分光仪的调节和使用 …………………………………………………… 223
　　实验 32　用分光仪测定三棱镜顶角 ……………………………………………… 227
　　实验 33　用分光仪测量绿光最小偏向角和折射率 ……………………………… 230
　　实验 34　光的干涉实验(一)——薄膜干涉(牛顿环) …………………………… 232
　　实验 35　光的干涉实验(二)——劈尖干涉 ……………………………………… 236
　　实验 36　光的干涉实验(三)——双棱镜干涉实验 ……………………………… 239
　　实验 37　光栅的衍射(一)——光栅常数测定及特性研究 ……………………… 242
　　实验 38　光的衍射实验(二)——光波波长的测量 ……………………………… 245
　　实验 39　光的衍射实验(三)——单缝衍射的光强分布 ………………………… 247
　　实验 40　光偏振及其应用 ………………………………………………………… 251
第七章　近代物理与信息处理综合性、应用性实验 ……………………………………… 257
　　实验 41　迈克耳孙干涉仪的调节与使用 ………………………………………… 257
　　实验 42　微波干涉和布拉格衍射 ………………………………………………… 263
　　实验 43　密立根油滴仪测电子电量 ……………………………………………… 269
　　实验 44　弗兰克-赫兹实验 ………………………………………………………… 274
　　实验 45　氢原子光谱及里德伯常量的测定 ……………………………………… 278

实验 46　全息照相 ·· 283
实验 47　光信息的调制与解调实验 ································· 287
实验 48　盖革-米勒计数器和核衰变的统计规律 ············· 293
实验 49　用超声光栅测定液体中的声速 ························· 298
实验 50　声学实验(一)——声速测量 ····························· 302
实验 51　声学实验(二)——建筑声学技术的应用 ··········· 306
实验 52　光电效应和普朗克常量的测量 ························· 309

第三篇　设计性、研究性实验

设计性、研究性实验概述 ·· 315

第八章　力学实验 ·· 320

实验 53　设计用单摆测重力加速度 ································ 320
实验 54　设计测定轻质固体密度 ···································· 323
实验 55　设计测定液体密度 ·· 324
实验 56　设计用光杠杆测量金属的线胀系数 ················· 324
实验 57　设计用焦利秤测弹簧的有效质量 ····················· 328
实验 58　设计测定偏心轮绕定轴的转动惯量 ················· 328
实验 59　设计用气垫导轨测量滑块的运动 ····················· 329
实验 60　设计用气垫法测定物体的转动惯量 ················· 331
实验 61　碰撞打靶 ··· 333
实验 62　乐器(吉他)弦振动的研究 ································ 334

第九章　热学实验 ·· 335

实验 63　设计测量不良导体的导热系数 ························· 335
实验 64　设计测定气体比热容比 C_P/C_V ······················ 336
实验 65　电子温度计的组装 ·· 336

第十章　电学、电磁学实验 ··· 338

实验 66　自组惠斯通电桥测电阻 ···································· 338
实验 67　设计用伏安法补偿原理测电阻 ························· 339
实验 68　电表内阻测量设计 ·· 340
实验 69　电容的测量设计 ·· 340
实验 70　变阻器制流特性和分压特性应用设计 ············· 340
实验 71　设计用电势差计测电阻 ···································· 341
实验 72　设计用电势差计校准毫安表并测内阻 ············· 342
实验 73　设计用线式电势差计校正伏特表 ····················· 343
实验 74　设计电表的改装与校准 ···································· 344
实验 75　万用表组装设计 ·· 345
实验 76　设计用电流场模拟静电场 ································ 346
实验 77　设计用冲击法测地磁场强度 ····························· 347
实验 78　设计用冲击法测螺线管磁场 ····························· 347

实验 79　霍尔效应及霍尔元件基本参数的测量 …………………………… 348
实验 80　设计用霍尔开关测量弹簧的劲度系数 …………………………… 352
实验 81　双踪示波器的应用设计 …………………………………………… 353
实验 82　交流电路的谐振现象 ……………………………………………… 354

第十一章　光学实验 ……………………………………………………………… 359
实验 83　设计用分光计测定液体折射率 …………………………………… 359
实验 84　阿贝折射仪的原理和应用设计 …………………………………… 360
实验 85　用平行光法测透镜焦距 …………………………………………… 360
实验 86　暗室技术——黑白照片的冲洗、印制与放大 …………………… 361

第十二章　传感器技术应用与设计实验 ………………………………………… 363
实验 87　压力传感器特性及应用设计 ……………………………………… 363
实验 88　电阻应变式传感器的特性研究及应用 …………………………… 363
实验 89　pn 结温度传感器测温设计 ………………………………………… 364
实验 90　温度传感器的特性及应用设计 …………………………………… 365
实验 91　光电传感器特性及应用设计 ……………………………………… 366
实验 92　硅光电池特性研究与应用设计 …………………………………… 366
实验 93　霍尔开关（传感器）的特性及应用设计 ………………………… 367
实验 94　霍尔位置传感器与弯曲法测量杨氏模量 ………………………… 367
实验 95　磁阻传感器与地磁场测量 ………………………………………… 371
实验 96　传感器系统实验仪 ………………………………………………… 374
实验 97　超声波技术应用设计 ……………………………………………… 381
实验 98　用拉脱法测液体表面张力系数——用力敏传感器测定微小力 … 381

第十三章　近代物理与信息处理实验 …………………………………………… 385
实验 99　弦驻波法测量交流电频率的装置 ………………………………… 385
实验 100　自组迈克耳孙干涉仪测量某种单色光波长 …………………… 385
实验 101　玻尔共振实验 …………………………………………………… 385
实验 102　全息光栅的制作与检验 ………………………………………… 389
实验 103　液晶的电光特性实验 …………………………………………… 390

第十四章　计算机在物理量测量中的应用探索简介 …………………………… 397
14.1　非电量电测技术应用简介 …………………………………………… 397
14.2　传感器和实验数据采集装置简介 …………………………………… 399
14.3　计算机在物理测量中的应用探索提示 ……………………………… 403
14.4　计算机模拟仿真技术简介 …………………………………………… 404
14.5　计算机模拟仿真物理实验简介 ……………………………………… 405
14.6　计算机数值模拟与数据处理实验 …………………………………… 406

参考文献 …………………………………………………………………………… 408
附录　物理学常用数表 …………………………………………………………… 409
　附录 1　常用物理常量 …………………………………………………………… 409
　附录 2　物质的密度 ……………………………………………………………… 410

附录3 我国部分城市的重力加速度	410
附录4 海平面上不同纬度的重力加速度	410
附录5 20℃时某些金属的杨氏弹性模量	411
附录6 某些物质中的声速	411
附录7 20℃时与空气接触的液体表面张力系数	411
附录8 不同温度下与空气接触的水的表面张力系数	411
附录9 液体的黏度(黏滞系数 η)	412
附录10 金属和合金的电阻率及其温度系数	412
附录11 物质的折射率	412
附录12 部分固体和液体的比热容	413
附录13 国际单位制	413
附录14 常用光源的谱线波长	415
附录15 物理实验中常见的仪器误差限值 Δ_{ins}	415

第一篇　实验理论与基础知识

第一章　绪　　论

1.1　大学物理实验的地位、作用、目的和任务

物理学(physics,源于希腊文 φνσιζ,意为自然规律)是自然科学的基础,是研究物质运动一般规律及物质基本结构的科学.物理学的发展不仅推动了整个自然科学,而且对人类的物质观、时空观、宇宙观乃至人类文化都产生了深刻的影响.物理学是当代科学技术发展最主要的源泉,其理论与实验的发展哺育着近代高新技术的创新和发展,其思想、方法、技术、手段、仪器设备已经被普遍地应用在各个自然科学领域和技术部门,常常成为自然科学研究和工程技术创新发展的生长点.

物理学是自然科学中最重要、最活跃的一门实验科学之一,其理论与实验相辅相成,既紧密联系,又相互独立.物理实验在物理学的发展过程中起着重要的和直接的作用.物理学的研究必须以客观事实的观察和实验为基础,实验可以发现新事实,实验结果可以为物理规律的建立提供依据.无论物理概念的建立还是物理规律的发现,都必须以严格的科学实验为基础,必须通过科学实验来证实.规律、公式是否正确必须经受实践检验.只有经受住实验的检验,由实验所证实,才会得到公认.

例如,经典物理学(力学、电磁学、光学)规律是由无数实验事实为依据总结出来的.而电磁场理论从提出到公认先后经历了 20 多年时间(图示如下).

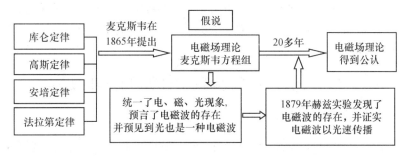

又如,X 射线、放射性和电子的发现等为原子物理学、核物理学等的发展奠定了基础.卢瑟福从大角度 α 粒子散射实验结果提出了原子核基本模型.1905 年爱因斯坦的光量子假说总结了光的微粒说和波动说之间的争论,很好地解释了勒纳德等人的光电效应实验结果,但是直到 1916 年当密立根及其严密的实验证实了爱因斯坦的光电效应之后,光的粒子性才为人们所接受.1974 年 J/φ 粒子的发现更进一步证实盖尔曼 1964 年提出的夸克理论,等等.

再如,科学家曾通过对氢原子量实验值不确定度的研究,认定其为系统误差,最终发现了氢的同位素氘和氚,并发明了质谱仪.19 世纪,许多科学家历经多年实验,排除了多

种系统误差,不断提高实验准确度,从而较准确地测定了热功当量值.这为人类认知能量转化和守恒定律起到了奠基作用.

大学物理实验(experiment course of physics)是高等院校独立设置的一门基础实验课程,是学生在科学实验思想、方法、技能诸方面,接受较为系统、严格训练的开端,是学生进行自主学习、培养创新意识、为后续课程及科学研究打好基础的第一步.其各个层次的实验题目和内容都经过了精心设计和安排,它不仅可以使学生在理论和实验两方面融会贯通,更重要的是在培养学生的基本科学实验能力、科学世界观和良好素质等方面,具有特殊重要的作用.

本课程的主要目的和任务

(1) 通过对多层次实验现象的观察、分析、研究和对物理量的测量,使学生进一步掌握物理学及其实验的"基本知识,基本方法和基本技能"(即"三基"能力);并能运用物理学原理和物理实验方法来研究物理现象和规律,巩固、拓展、加深对物理学原理的理解并提高应用水平.

(2) 培养和提高学生从事科学实验的能力,包括进行综合实验、应用实验和设计实验的能力,以及自主学习和科学研究的能力,提高自主创新意识和综合素质.

通过"亲自动手又动脑"的课程训练,学习掌握物理实验及科学实验的主要过程和方法(如阅读实验教材,查阅参考资料,正确理解理论与实验内容,学习正确使用仪器设备,实际测量物理量,观察分析实验现象,正确记录、处理实验数据,分析讨论实验结果,撰写合格的实验报告、设计报告等);独立自主完成适当的基础性、提高性、综合性、应用性、设计性、创新性实验任务及小课题;培养、提高独立解决实际问题的工作能力,为后续课程学习以及进行课题设计、科学研究打下坚实的基础.

(3) 培养和提高学生从事科学实验的素质,包括理论联系实际、实事求是的科学作风,严肃认真、一丝不苟的工作态度,勤奋努力、刻苦钻研、主动进取、积极创新的探索精神,遵守纪律、严格执行科学实验操作规程,爱护公共财物的优良品德,相互协作,共同探索的团队合作精神.

1.2 大学物理实验教学体系和基本要求

1.2.1 大学物理实验教学新体系

树立"以学生为本,知识传授、能力培养、素质提高协调发展"的教学理念,以自主学习、综合实践、研究和创新能力培养为核心的实验教学新观念.

根据"多层次、模块化、组合式,且相互衔接"的原则,为强化自主学习实践、注重探索研究、创新能力训练,构建科学的物理实验教学内容新体系.将实验教学内容按"层次化"进行设置.并把"设计性"贯穿层次化教学全过程.

以"夯实基础、激发兴趣、创新教育、培养能力"为目的.在基础性、提高性、综合性、应用性实验教学中,扎扎实实夯实基础,训练好基本功;在设计性、研究性教学层次中,着力激发学生兴趣,培养提高实际能力、综合素质、创新意识和创新能力.设置了一些研究性与创新性课题,学生也可以通过实验学习自选题目,或选择在实践中感兴趣的题目进行研究与创新的探索与训练.对于完成效果优秀的题目和学生可鼓励参加校级及以上的实践竞赛活动.

在各层次实验中,都选择一定的题目按"设计性"实验进行教学;根据实际情况,进行一定时间范围内的"开放式"选课与教学,扩大实验教学的信息量,拓展学生的视野和知识面;同时,留给大学生充分的想像空间,为大学生搭建一个亲自动手进行自主学习、自主实验、创新训练的平台.

1.2.2 大学物理实验教学基本要求

(1) 比较系统的分层次学习力学、热学、声学、电磁学、光学、近代物理实验,并进行综合性、应用性和设计性方面的实验训练.

(2) 学习掌握常用基本物理实验仪器的原理、性能和使用方法.

(3) 学习掌握一般物理实验的方法、实验技术,一般物理量的测量方法.

(4) 学习掌握实验数据及误差的处理方法(不确定度评定方法),能够正确表述结果并进行结果分析和讨论.

(5) 通过实验学会观察、分析、研究物理现象和物理规律,加深对某些重要物理现象和规律的认识和理解.

(6) 养成良好的实验习惯和严谨的工作作风,特别是严肃认真对待实验数据,杜绝弄虚作假,培养事实求是的科学态度,良好的道德修养.能根据实验要求撰写出规范的实验报告.

本课程培养学生进行科学实验工作的综合能力,包括实际动手能力、分析判断能力、独立思考能力、革新创造能力、归纳总结能力、口头表达能力等.

1.3 大学物理实验教学主要环节与基本规则

1.3.1 实验教学主要环节与基本规则

一、实验预习(20%)

实验预习是进行物理实验的首要步骤.不预习不得进行实验课.

(1) 仔细阅读教材,明确实验目的,弄清原理,了解内容、步骤、测量方法和注意事项等.

(2) 用专用实验报告纸(册)写出合格的实验预习报告:

① 实验名称、日期,简述实验目的、仪器(名称、规格和编号可在进入实验室后填写),明确阐述主要原理、公式(包括各物理量意义),画好线路图或光路图,简述实验内容,简写关键步骤,注意事项等.

② 设计并画好原始数据表格(要求单独用一张实验报告纸).

③ 课上教师采用全查、抽查、提问、讨论等方式,检查预习情况,记录预习成绩.

二、实验操作(40%)

实验操作是进行物理实验的最重要步骤.主要包括阅读资料、调整仪器、观察现象、获取数据、仪器还原等.

(1) 首先,进入实验室后,按照实验室规定要求,按学号和仪器号"对号入座".填写有关"仪器使用及维护情况记录"等.

(2) 然后,根据教师安排或讲解,对照实验设备实物,进一步熟悉实验内容,弄清实验仪器构造、原理及其使用方法;在实验室规定的条件下安装、调整仪器或连接线路等.

注意:学生务必亲自检查、确认、调整实验仪器到正常使用状态,并务必经教师检查,确认无误后,学生才能按照实验要求、原理、内容及步骤,亲自独立动手动脑,逐步逐项进行实验操作,观察实验现象,测量实验数据.

(3) 测量并记录数据.原则是:先定性后定量,先试测,再进行正式测量.同时,将实验数据记录在事先准备好的原始数据表格中.

实验过程中,随时记录的实验测量数据,称为原始数据.记录原始数据应注意有效数字的位数,并与数据表格中物理量的单位相对应.原始数据不得涂改.如确系记错,可在数据上画一横线,并在其上边或下边写上更改数据.预习报告中所列其他数据,如测量日期、仪器编号、型号、量程、分度值、准确度等级等,可在定量测量之前首先一一记录好.有些实验还需注意记录室温、大气压强、湿度等数据.

(4) 签字并复原仪器设备.

注意:

① 原始实验数据测量完毕,务必经任课教师审阅合格,并签字.经教师签字后该次实验才有效.下次实验时将原始实验数据附于正式实验报告后面,一并交予任课教师.

② 实验结束后,同学们各自务必将所用仪器设备和桌椅整理、复原.然后在"仪器使用及维护情况记录"上签字,方可离开实验室.

(5) 具体要求.

① 重视实验能力、作风培养.珍惜独立操作的机会,完成基本内容,并鼓励做提高性内容.

② 强调记录数据时不得用铅笔,不得涂改记录.

③ 提倡研究问题,注意安全操作.

三、实验报告(40%)

正确处理实验数据并写出完整的实验报告,是物理实验基本训练的重要内容之一,它是在整理实验数据的基础上,得出所做实验的最后结果、全面分析与总结,因而实验报告不等同于预习报告.

1. 具体要求:

(1) 实验报告要用大学物理实验报告纸(册)书写.

(2) 报告内容:凡预习报告中已正确写好的实验目的与要求、仪器、原理、图、步骤等不必再重写,可加以补充.数据处理时必须先重新整理原始记录,然后进行计算(应包含主要计算处理的过程)、作图.最后附上教师签字的原始记录.

(3) 交报告的时间、地点:一周内由课代表收齐,下次上课前统一交给任课教师.逾期未交报告,酌减报告成绩.一个月不交,按无报告处理.

2. 实验报告主要内容

(1) 实验名称、日期、学号、班级、姓名.

(2) 实验目的与要求.

(3) 主要仪器的名称、规格、编号.

(4) 基本原理和主要公式(力学实验要画力图,电学实验要画电路图,光学实验要画光路图,实验原理的叙述和公式推导等).

(5) 实验主要内容及简要步骤.

(6) 数据表格、数据处理、结果表示. 原始数据一般要按列表法重新整理,整齐的抄录在正式实验报告的表格中. 根据误差理论和不确定度的表示方法,认真进行数据的处理,得出正确表述的实验结果. 需要作图时,一律要求用作图纸,按作图法正确作图处理实验数据.

(7) 分析、讨论. 要对结果进行正确的分析、讨论,包括回答思考题、完成习题等. 通过分析、讨论可以发现在测量与数据处理中出现的问题,对实验中发现的现象进行解释,对实验的装置和方法提出改进意见等. 这对于培养与提高学生科学实验的能力是十分有益的.

注意 实验报告要字迹端正、叙述简练、数据齐全、处理正确、表格规范. 数据处理是极易出现错误且不易掌握的内容,同学们应在掌握基本实验理论的基础上,通过多次实验数据的实践和训练,不断改正错误,逐步掌握正确处理数据的方法.

以上三个基本程序的完成虽然有阶段性,但它又是紧密相关的. 只有不偏废任何一个程序,认真完成每一个程序的基本要求,才能做好每一个物理实验. 反之,不做任何实验预习,就进行实验操作,操作中敷衍了事,甚至为凑数而任意涂改数据或抄袭别人的数据与报告等,都是不允许的.

对于设计性、研究性实验,其预习报告(应提前1~2周提交),实验操作、正式报告、小论文撰写等参见第三篇中设计性、研究性实验概述.

1.3.2 实验成绩记录原则

实验成绩记录主要分两部分. ①平时成绩. 平时每次实验的成绩累计平均或权重平均(其中,预习占20%、实验动手能力占40%、实验报告或笔试占40%);②期末考试成绩. 包括理论与实践的笔试和现场操作考试,其形式可多样化,如期末完成小课题;期末完成小论文;期末随堂理论考试或实践考试等.

期末总成绩采用二者各占一定比例的方式;或者平时成绩完成合格,才允许参加期末考试.

实验成绩记录方式采用百分制或五记分制(优秀、良好、中等、及格、不及格)以及缓考、旷考、缺考、免考.

1.4 小结:怎样学好大学物理实验、实验室主要规则

大学物理实验课是高等学校理、工、农、医、商等各专业的必修课程,其目的是培养和提高学生从事科学实验的能力和素质,即培养自主学习和科学研究的能力,提高自主创新的意识和素质.

要学好大学物理实验,首先在明确学习的目的和意义的基础上,严格按照 1.3 节大学物理实验教学主要环节与基本规则,认真进行物理实验学习和实践;通过学习实践,培养严谨的科学态度、坚韧不拔的工作作风、实事求是的科学精神,培养和提高科学研究的能力、积极创新的意识和素质.

要学好大学物理实验,还要严格执行学校制定的有关实验室及仪器设备管理、使用的各项规章制度. 具体要求如下:

(1) 坚持预习:课前必须充分做好实验预习,写好预习报告,真正了解本次实验"做什么? 怎样做? 为何这样做?"否则,不得进行实验,直到预习合格后方可进行实验.

(2) 严肃实验课堂纪律:不得无故缺席、迟到、早退. 迟到 15 分钟以上,不能进实验室进行该项实验.

(3) 坚持实验"对号入座"签字:进入实验室后,按照实验室规定要求,按学号和仪器号"对号入座". 填写有关"仪器使用及维护情况记录"等并签字.

注意:在实验操作前,仔细检查是否有损坏的仪器设备,并及时报告,以免分不清责任;进行"分组实验"时,未经允许不要随意串组或搬用其他组的仪器设备.

(4) 坚持检查了解、爱护仪器:实验操作前,要检查了解仪器的构造、性能、使用方法. 操作时要严肃认真,自觉爱护仪器设备,未经许可不能擅自挪动或调动它组仪器.

(5) 坚持安全第一:实验过程中,务必注意安全第一,严格遵守操作规则和注意事项. 特别对光、电、热学类、综合类等带电实验和高危实验,务必经过老师检查后方可接通电源,进行实验,严格避免发生人身或设备事故.

(6) 坚持损坏赔偿报告:仪器设备发生故障时,应立即停止使用或断开电源并立即报告指导教师. 仪器设备损坏时,要及时报告指导教师,并填写"仪器损坏报告"单,事后根据学校规定照价赔偿.

(7) 坚持数据确认、仪器使用签字:实验数据测量完毕后,必须请任课教师审阅,实验数据、预习报告、"仪器使用及维护情况记录"必须由教师签字确认,方才有效.

(8) 坚持善后、值日制度:实验结束后,每位同学务必将桌、椅、仪器等,整理复原,关好门窗、水电,经老师许可,方可离开教室. 每次实验课,各实验班组均由班长、课代表负责,安排两名值日生,配合实验室教师监督、完成该实验室的仪器复原、环境卫生等工作(室内不准留垃圾).

(9) 及时提交实验报告:按时完成实验报告,连同实验原始数据,在下次上课前,由课代表负责收齐,课前交给任课教师,以便教师及时批改、发还实验报告,并记录成绩.

第二章 误差与数据处理基础知识

2.1 测量与误差的基本概念

2.1.1 测量及其分类

物理实验的任务,不仅是定性地观察物理现象,而且要定量地测量物理量,并寻找、确定各物理量之间的内在联系.测量是物理实验的基础.

测量的实质是将待测物体的某物理量与选定为计量标准单位的同类物理量进行定量比较的全部操作,即为确定被测对象的量值而进行的一组操作.测量的结果包括数值(即度量出它是标准单位的倍数)、单位(即所选定的物理量)以及结果的可信程度(用不确定度表示).

测量的分类:测量可分为直接测量和间接测量两类.实验中,由于测量者、使用仪器、采用方法等测量条件不同,测量又可分为等精度测量与不等精度测量.

一、直接测量和间接测量

直接测量:凡是利用量具、量仪直接与待测量进行比较,就能直接得到待测量结果的操作,称为直接测量.如用米尺测物体的长度、用天平测物体的质量,用秒表测时间间隔等.

间接测量:先通过若干直接测量的结果,然后利用一定的函数关系,求出待测量结果的操作,称为间接测量.例如,铜柱密度 ρ 的测定,即先测质量 m、高度 h、直径 d,然后利用公式 $\rho=\dfrac{4m}{\pi h d^2}$ 求得结果.单摆测重力加速度,即先测时间 T、摆长 L,然后利用 $g=\dfrac{4\pi^2 L}{T^2}$ 求得结果.实验中的大多数物理量没有直接测量的量具,因此多为间接测量.

二、等精度测量和不等精度测量

等精度测量:即在相同的测量条件下,进行的一系列测量.例如,同一测量者,使用同一个仪器,采用同样的方法,对同一待测量 x,连续进行多次测量,此时尽管各测量值 $x_1, x_2, x_3, \cdots, x_n$ 可能不相等,但每次测量 x_i 的可靠程度都相同,这样的一组等精度测量值称之为**测量列**.

不等精度测量:即在不同的测量条件下,进行的一系列测量.例如,不同的测量者,使用不同的仪器,采用不同的方法,对同一待测量连续进行多次测量,则各次测量结果的可靠程度自然各不相同,这样的测量称为不等精度测量.

注意 处理不等精度测量的结果时,需要根据每个测量值的"权重",进行"加权平均",但在一般实验中很少采用"加权平均".等精度测量的误差分析和数据处理相对简单,本书所介绍的对每一个量的多次测量,若无另加说明,都是指等精度测量,其误差分析和数据处理都是针对等精度测量而言.

2.1.2 误差与真值、偏差与算术平均值

由于实验条件、方法等测量条件限制,任何测量都不可能绝对精确,即测量结果与被测量真值之间总存在着偏差,这就是**测量误差**.

一、误差与真值

真值是待测量的真实大小,是待测量客观存在的量值,它是一个理想的概念.从测量角度讲,任何一个待测物理量,在一定的条件下,都有一个确定的真值客观存在的.

由于实验仪器、条件、方法、人的观察能力等因素的存在,真值是不可能确切得到的.测量结果仅仅是待测量的近似值.也就是说测量结果与真值之间有一定差异,即**误差**.

在实际实验中,真值常用约定真值来代替.**约定真值**是指为了给定目的,可以替代真值的量值.通常用已修正过的算术平均值、满足规定准确度量值(实际值)、计量标准器所复现的标准量值、公认值(物理常数)、理论值作为约定真值.

(1) 测量值与被测量的(约定)真值之差称之为**误差**.
(2) 测量误差与被测量的(约定)真值之比称为**相对误差**.(《国际通用计量学名词》).

评价一个测量结果的准确程度,不仅要看误差 Δx 的分布特征(或分布范围),还要看相对误差 $E(x)$(或 E_x、E)的大小.假设被测量的真值为 μ,测量值为 x,则误差 Δx、相对误差 $E(x)$ 可表示为

$$\Delta x = x - \mu \tag{2.1.1}$$

$$E(x) = \frac{\Delta x}{x} \times 100\% \tag{2.1.2}$$

误差 Δx 反映测量值偏离真值的程度,是一个可正可负有量纲的代数值.其值大小与所取单位有关,能反映误差的大小与方向,但不能确切地反映出测量工作的精准程度.

相对误差 $E(x)$,是一个无量纲的量,通常用百分数表示.其值大小与被测量所取的单位无关;能反映误差的大小与方向.

由于误差不可避免,真值无法得到,所以误差的概念只有理论上的价值.

二、偏差与最佳值(算术平均值)

在实际实验测量中,为了减少误差,常常对某一物理量 x 进行 n 次等精度测量,得到一系列测量值 $x_1, x_2, x_3, \cdots, x_i, \cdots, x_n$,则测量结果的算术平均值 $\bar{x}$ 为

$$\bar{x} = \frac{1}{n}(x_1 + x_2 + \cdots + x_i + \cdots + x_n) = \frac{1}{n}\sum_{i=1}^{n} x_i \tag{2.1.3}$$

算术平均值 $\bar{x}$ 并非真值 μ,但它比任何一次单次测量值的可靠性都高.通常把算术平均值 $\bar{x}$ 作为最佳值,称为**近真值**.把测量值 x_i 与算术平均值 $\bar{x}$ 之差,称为**偏差** ν_i(或残差),即

$$\nu_i = x_i - \bar{x} \tag{2.1.4}$$

这里的 Δx 无法准确写出,但要求不高时,可用 ν_i 代替.

虽然误差在测量中不可避免,并贯穿于一切测量中,但应努力减少引起误差的各种影响因素,测量出在给定条件下待测量的最佳值,为此就必须进一步研究误差的种类、性质和来源.

2.1.3 误差及其分类

从实际的测量来看,根据误差的来源和性质,一般可将误差分为三类:系统误差、随机误差、粗大误差.

一、系统误差

系统误差(systematic error)是对同一被测量进行多次重复测量过程中,保持恒定,或以可预知的方式变化的测量误差分量. 其特征是可预知.

1. 系统误差的来源

(1) **仪器误差**:由于仪器本身固有的缺陷或没有按规定条件使用而造成的. 例如,仪器的零点不准,示值(刻度)不准,仪器使用未经校正,仪器机构误差,螺距回程差,20℃时检定的标准电阻在 30℃时使用等.

(2) **附加误差**:由于实际环境条件的改变与规定不一致引起的. 例如,温度、湿度、压强等环境变化.

(3) **理论(方法)误差**:由于测量所依据的原理近似性,计算公式近似性,实验条件达不到理论公式规定要求,测量方法不够完善等引起的. 例如,称量轻而大的物体质量时,忽略了空气浮力的影响,用伏安法测电阻没有考虑电表内阻的影响,用单摆测重力加速度时要求摆角 $\theta \to 0$,而实际难于做到等.

(4) **人员误差**:由于测量人员的主观因素、操作技术等引起的. 例如,生理或心理习惯与偏向,左右手(眼)习惯不同,远近、色彩视力差异等,致使读数偏大或偏小等造成的误差.

2. 系统误差的分类

按系统误差的规律及其产生原因、掌握的程度,可分为已定系统误差和未定系统误差. 按数值特征分类,可以分为定值系统误差和变值系统误差(线性变化的、周期性变化的、复杂规律变化的系统误差等).

(1) **已定系统误差**:指绝对值和符号已经确定并已知其值或计算规律的系统误差分量. 它可以并必须采取措施予以消除或修正. 在实验中一般可以通过修正测量数据、或采用适当的测量方法(例如,交换法、补偿法、替换法、异号法等)予以消除或修正. 例如,电表、千分尺的零点误差;电流表内接、外接时,由于忽略表内阻引起的误差.

(2) **未定系统误差**:指绝对值和符号尚未确定的系统误差. 它一般难于消除或修正. 在实验中常用估计误差限的方法,只能估计其取值分布范围. 例如:千分尺制造时的螺纹公差等.

(3) **定值系统误差**:是在整个测量过程中,误差的符号和大小都有固定不变的系统误差. 例如,某尺子的公称尺寸为 100mm,实际尺寸为 100.001mm,误差为 -0.001mm,若按公称尺子使用,始终会存在 -0.001mm 的系统误差.

(4) **变值系统误差**:是在整个测量过程中,误差值随某些因素作线性变化、周期性变化、或按确定的且复杂规律变化的系统误差.

注意 系统误差虽有其规律性,但要找出其产生的原因,却无一定的规律可循. 减少和消除它是一个比较复杂的问题,这也是培养学生实验能力、设计能力、科研能力的一个重要方面.应当通过实验方案的选择、参数的设计、仪器的选用和校准、条件的控制、对测量结果的修正等方式,尽量消除已定系统误差,减少未定系统误差.

二、随机误差

随机误差(也叫**偶然误差**,random error):在假设系统误差已消除或修正的情况下,在同一条件下,多次测量同一物理量时,出现的误差时大时小、时正时负,完全是随机的,没有确定的规律;但当测量次数足够多时,误差的大小及正负都服从某种统计规律.其特征是它的不确定性.

随机误差来源:测量过程中各种随机的或不确定的因素.例如,温度、湿度、电压起伏、气流、气压变化,电场、磁场的微小扰动,微小振动,读数时估读的不一致,被测量本身的微小变化等,都会导致随机误差.

注意 随机误差服从统计规律,可采取多次测量取平均值的方法减少其影响,但不能消除.

系统误差和随机误差,二者在一定条件下可以相互转化.对一些未能掌握的系统误差,可想法使它随机化.反之,随着测量水平的提高,人们对随机变动因素的认识和控制能力的提高,可使随机误差变成系统误差.

三、粗大误差

粗大误差(或粗差,abnormal error)也称为过失误差:是指明显超出规定条件下所预期的误差.它是测量过程中,某些突然发生的不正常因素,如较强的外界干扰、测量条件的意外变化、测量者的操作不当、粗心大意等造成的差错.例如,看错刻度、读错数字、记错单位、计算错误、仪器有毛病等造成的过失误差,不属于正常测量范畴,应该严格避免.含有过失误差的测量值称为高度异常值或显著离群值,应该剔除.

2.1.4 测量的精密度、准确度、正确度

评价测量结果,常用到精密度、准确度、精确度这三个概念.使用时应予区别.

精密度(简称精度):反映随机误差的分布特征.随机误差分布范围宽,测得值分散,精密度低;随机误差分布范围窄,测得值密集、精密度高.

准确度:反映系统误差和随机误差的综合影响程度,准确度高,不确定度小.

正确度:反映偶然误差与系统误差综合影响的程度.正确度高,是指测量结果既精密又准确,即随机误差与系统误差均小.

2.2 系统误差的理论分析和处理

2.2.1 系统误差的分析发现

系统误差是由仪器、方法和理论、环境条件、测量者等原因产生的.它的大小直接影响实验的正确度,因此在实验中应当首先减小它的影响,并设法修正.但是,它一般难于发

现,且不能通过多次测量来消除.人们通过长期的实践和理论研究,总结出一些分析发现系统误差的常用方法.

一、理论分析法

通过分析实验所依据的理论公式和实验方法是否完善,仔细研究测量理论和方法的每一步.检查所要求的实验条件是否得到满足、与实际情况有无差异;仪器和量具是否存在缺陷,检查或校正每一件器具;分析实验环境能否保证仪器正常工作;考虑实验者心理和技术素质因素;注意分析每一个因素对实验的影响,是否存在造成系统误差等.

二、实验对比法

实验对比法:就是对同一待测量采用不同的实验方法,使用不同的实验仪器,在不同的实验条件下,由不同的实验人员进行测量,对比、研究测量值的变化情况,以便发现系统误差的存在.

(1) 实验方法的对比,即用不同的方法测同一个量,看结果是否一致;
(2) 仪器的对比,如用两个仪器测同一个量,并对比;
(3) 改变测量步骤对比,如测量某物理量与温度的关系,分别用升温测量与降温测量,对比读数点是否一致;
(4) 改变实验中某些参数对比;
(5) 改变实验条件对比;
(6) 换人测量对比等.

如果对比发现实验结果有差异,即说明存在系统误差.

三、分析数据法

这种方法的理论依据是偶然误差服从一定统计分布规律,如果分析测量数据,结果不服从这种统计规律,则说明存在系统误差.在多次测量得到大量数据时可用这种方法.例如,按照测量列记录的先后次序,把偏差列表或作图,观察其数值变化的规律.若偏差的数值是单向(递增或递减)的或周期性变化的,说明存在固定的或变化的系统误差.

以上仅仅是普遍意义上的几种分析发现系统误差的方法,实际实验中,有许多具体办法.

例如,马尔科夫判据用于发现累积性系统误差;阿卑-赫梅特判据用以发现周期性系统误差等.

2.2.2 系统误差的处理

知道了系统误差的来源,并能够分析发现系统误差,也就为处理(限制与修正、减少和消除)系统误差提供了对策依据.

一、减少和消除产生系统误差的根源

对实验中可能产生系统误差的因素,尽可能予以处理(限制与修正、减少和消除). 如采用更符合实际的理论公式,使用符合实验要求的或较高级别的仪器,保证满足所需的基本实验条件,选择科学的实验方案和方法,选用或设计合理的实验参数,对测量结果的修正等方式,限制、减少和消除系统误差.

例如,对千分尺零点的修正,利用较高级的电表对较低级的电表测出修正曲线等.

二、消除定值系统误差的方法

利用实验技巧、改进测量方法等,可以消除定值系统误差.

(1) **替代法**(置换法):即在测量条件不变的情况下,先对待测量 x 进行测量,然后,立即用一个已知标准量 A 替换待测量 x,并通过改变 A 的值,使测量装置恢复到测 x 时的状态,再次测量出 A 的值,则待测量等于标准量:$x=A$.

例如,用滑线式惠斯通电桥测电阻时,先接入待测电阻 R_x,使电桥平衡,然后再用标准电阻 R_s 替代待测电阻,再使电桥平衡,则待测电阻等于标准电阻,即 $R_x=R_s$.

(2) **交换法**(也称对照法):即在测量中,将某些测量条件交换一下再次测量,造成系统误差变化,再通过计算减小或消除系统误差.

例如,用滑线式惠斯通电桥测电阻时,把待测电阻 R_x 与电阻箱 R_0 交换位置,先后测量两次,取两次测量值的平均值或 $R=\sqrt{R_1 R_2}$,即可减少滑线电阻丝不均匀引起的误差.

又如,用天平称质量时,把待测物和砝码交换位置,进行两次测量,取两次测量值的平均值或 $m=\sqrt{m_1 m_2}$,即可消除天平因不等臂引起的系统误差.

(3) **异号法**:即在测量中,改变某些条件,先后进行两次测量,使两次测量中出现的误差符号相反,再取两次测量值的平均值作为测量结果,以消除系统误差.

例如,用霍尔元件测量磁场时,同时或分别改变磁场 **B** 和工作电流 **I** 的方向,并分别进行电势差 U_H 测量,取其平均值,以减少或消除温差电势、测电压引线焊点不对称、附加效应等引起的系统误差.

(4) **补偿法**:有电压补偿法、温度补偿法、压力补偿法等,是科学实验中常用的方法之一.

例如,输出电压有误差,只要设法在输出电压上叠加一个与误差电压幅值相等、方向相反的电压,则输出电压就成准确的了,这一方法称为误差电压补偿法.

又如,在两次测量中,第一次令标准器的量值 N 与被测量 x 相加,在 $N+x$ 的作用下,测量仪器给出一个示值;然后去掉被测量 x,改变标准器的量值为 N',使仪器在 N' 的作用下给出与第一次同样的示值,则 $x=N'-N$.

(5) **微差法**(也称虚零法):即只要求标准量与被测量相近,而用指示仪表测量标准量与被测量的差值. 这样,指示仪表的误差对测量的影响会大大减弱.

三、消除变值系统误差的方法

(1) **等时距对称观测法**：即对于随某些因素（如时间等）线性变化的变值系统误差，可将观测程序对某时刻对称的再做一次. 由于很多随时间变化的误差，在极短时间内均可认为是线性变化，因此，它是一种能够有效消除随时间、成比例变化的线性系统误差的好方法.

例如，测电阻温度系数实验，测电阻前、后，分别记录一次温度，取两次测量温度的平均值作为该点温度.

又如，刻度值为 1mm 的标准刻度尺，由于存在刻画误差 Δl mm，每一刻度间距实际为 $(1+\Delta l)$ mm，若用它测量某一物体，得到的值为 k，则被测长度的实际值为 $L = k(1+\Delta l)$ mm 这样就产生了随测量值 k 的大小而变化的线性系统误差 $(-k\Delta l)$.

(2) **用经验公式或引入修正项等修正方法**：复杂规律变化的系统误差，是在整个测量过程中按确定的且复杂规律变化的误差. 实际中，也常用修正公式、修正曲线或引入修正项等方法，即通过预先对仪器设备将要产生的系统误差进行分析计算，找出误差规律，从而找出修正公式或修正值，对测量结果进行修正，以便减少或消除系统误差. 如微安表的指针偏转角与偏转力矩，不能严格保持线性关系，而表盘仍采用均匀刻度所产生的误差等. 变化规律不太复杂的系统误差可用多项式来表示.

例如，电阻与温度的关系，可用下面的经验公式表述

$$R = R_{20} + \alpha(T-20) + \beta(T-20)^2$$

式中，R 是温度为 T 时的电阻；R_{20} 是温度为 20℃时的电阻；α 和 β 分别为电阻的一次和二次温度系数.

又如，千分尺的零点读数就是一种修正值；标准电池的电动势随温度可以给出修正公式；电表校准后可以给出校准曲线等.

四、估计未定系统误差的分布范围或特征值

对于无法忽略又无法消除或修正的未定系统误差，可用估计其分布范围或特征值的方法进行估算.

采用什么方法，要根据具体的实际情况及实验经验来决定. 无论采用哪种方法，都不可能完全将系统误差消除，只要将系统误差减小到测量误差要求允许的范围内，或者系统误差某些分量对测量结果的影响小到可以忽略不计，就可以认为系统误差已被消除.

以上仅就系统误差的分析、发现及处理（限制与修正、减少和消除）方法，做了一些简单介绍. 实际上，系统误差的出现，常常是由于实验理论的不完善，或其理论背后可能隐藏着某些未被发现的规律. 科学史上，不乏始于发现误差，并促使深入细致地研究探索，进而发现新事物、新规律的记录. 系统误差的处理复杂而困难，它不仅涉及许多知识，还应具有丰富的经验，这些都必须通过长期艰苦的实践，不断积累、提高.

2.3 随机误差的理论分析和处理

实验中，随机误差不可避免，也不可能消除；但可以根据随机误差的理论来估算其大小. 对于随机误差的理论分析和处理，有完整的数学理论，这里只介绍它的主要特征和结论.

2.3.1 随机误差的统计分布规律

一、正态分布

误差理论与实践证明,随机误差服从统计分布规律. 在多数情况下,许多随机误差服从正态分布(normal distribution)规律,也叫**高斯分布**(Gauss distribution),如图 2.3.1 所示. 图中,横坐标表示随机误差 δ,纵坐标表示对应的误差出现的概率密度 $f(\delta)$,即 $f(\delta)$ 是随机误差 δ 的**正态分布函数**,也称为随机误差 δ 的**概率密度**.

根据误差理论,随机误差 δ 的正态分布函数,为

$$f(\delta) = \frac{1}{\sigma(\delta)\sqrt{2\pi}}\exp\left[-\frac{1}{2}\left(\frac{\delta}{\sigma(\delta)}\right)^2\right] \quad (2.3.1)$$

或

$$f(x) = \frac{1}{\sigma(x)\sqrt{2\pi}}\exp\left[-\frac{1}{2}\left(\frac{x-\mu}{\sigma(x)}\right)^2\right] \quad (2.3.2)$$

$$\delta = \Delta x = x - \mu \quad (2.3.3)$$

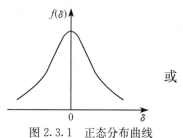

图 2.3.1 正态分布曲线

其中,x 表示测量值,δ 为测量值的**随机误差**,σ 是与真值 μ 有关的常数(是正态分布函数的一个特征量),σ 称为**标准差**. σ 与 μ 作为正态分布有两个参数,决定了正态分布的位置和形态.

在等精度测量中,对某物理量测量 n 次,若某种误差 δ 出现 n_i 次,则

$$p = \frac{n_i}{n} \quad (2.3.4)$$

比值 p 称为误差 δ 出现的**概率**.

根据 $f(\delta)$ 的物理含义,随机误差 δ 的概率密度 $f(\delta)$,表示随机误差 δ 落入单位区间的概率,即

$$f(\delta) = \frac{\mathrm{d}p}{\mathrm{d}\delta} \quad (2.3.5)$$

如图 2.3.2 所示,曲线下阴影的 $\mathrm{d}\delta$ 区间的面积元 $f(\delta)\mathrm{d}\delta$,表示测量值的误差出现在 $\delta \sim \delta+\mathrm{d}\delta$ 区间内的概率. 若密度函数 $f(\delta)$ 已知,则随机误差 δ 落入小区间 $\mathrm{d}\delta$ 的概率,即

$$\mathrm{d}p = f(\delta)\mathrm{d}\delta \quad (2.3.6)$$

$$p = \int \mathrm{d}p = \int f(\delta)\mathrm{d}\delta \quad (2.3.7)$$

p 即为随机误差 δ 出现的概率.

根据概率理论的归一化条件,正态分布函数 $f(\delta)$ 曲线下的面积,代表各种随机误差 δ 出现的概率,即

$$p = \int_{-\infty}^{+\infty} \mathrm{d}p = \int_{-\infty}^{+\infty} f(\delta)\mathrm{d}\delta \equiv 1 \quad (2.3.8)$$

理论说明,曲线下总面积为 1,即随机误差 δ 在 $(-\infty,+\infty)$ 区间内出现的概率为 100%. 所以,当测量次数 $n\to\infty$ 时,误差 δ 取值趋向于连续. 若在误差分布的范围内,取一个确定的区间 (δ_1,δ_2),则误差落入此区间(即在此区间出现)的概率也是一个定值. 区间不同,概率也随之不同.

由图 2.3.2、图 2.3.3 可见，正态分布具有如下统计特征：

(1) **对称性**：绝对值大小相等、符号相反的误差，出现的概率相等．曲线具有纵轴左右对称性．

(2) **单峰性**：绝对值小的误差出现的概率大．即在 $\delta=0$ 处，概率最大．曲线的形状是中间高两边低．

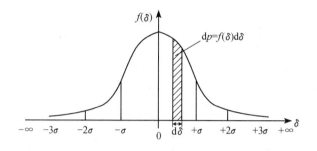

图 2.3.2　正态分布与置信区间　　　图 2.3.3　正态分布与 σ 的关系

标准偏差 σ 越小，正态分布曲线越陡、峰越尖，则小误差出现的概率也越大，大误差出现的概率就越小，这意味着测量值越集中．反之，标准偏差 σ 越大，正态分布曲线越平缓、峰越低，则大误差出现的概率就越大．因此，σ 的大小说明了测量值的离散性，即测量值相对于真值的分散程度．

(3) **有界性**：在一定条件下，误差的绝对值不会超过一定界限．绝对值很大的误差，出现的概率很小，所以，当测量次数 $n\to\infty$ 时，误差取值趋向于连续，出现的概率也趋于零，即误差有界．

(4) **抵偿性**：在一定测量条件下，误差的算术平均值随着测量次数 $n\to\infty$ 而趋于零．即

$$\lim_{n\to\infty}\frac{1}{n}\sum_{i=1}^{n}\delta_i = 0 \tag{2.3.9}$$

也就是说，若测量误差只有随机误差分量，则随着测量次数的增加，测量列的算术平均值越来越趋近于真值．因此增加测量次数，可以减少随机误差．抵偿性是随机误差最本质的统计特性．换言之，凡具有抵偿性的误差，原则上都可按随机误差处理．

二、χ^2 分布

χ^2 **分布**(chi-squared distribution)是相互独立的 ν 个标准正态变量平方和的分布．若 ν 个服从正态分布 $N(0,1)$ 的随机变量 ξ_i 互相独立($i=1,2,\cdots,\nu$)，则其平方和 $\eta=\sum_{i=1}^{\nu}\xi_i^2$ 的分布服从 χ^2 分布，记作 $\chi^2(\nu)$，变量 ξ_i 的个数 ν 是 χ^2 分布的自由度，它是分布的一个参数．χ^2 分布变量的概率密度函数为

$$p(\chi^2,\nu)=\frac{(\chi^2)^{(\nu/2)-1}}{2^{\nu/2}\Gamma(\nu/2)}\exp(-\chi^2/2),\chi^2\geq 0 \tag{2.3.10}$$

式中，Γ 函数，当自变量为整数时，$\Gamma(n)=(n-1)!$，当自变量为半整数时

$$\Gamma(m)=(m-1)\cdot\cdots\cdot\frac{3}{2}\cdot\frac{1}{2}\sqrt{\pi} \tag{2.3.11}$$

利用 χ^2 分布特性作假设检验时,一定自由度的 χ^2 检验的临界值有专门数表可查,也可用导出的如下近似公式计算(可查相关文献)

$$\chi^2_{\text{cri}}(\nu, \alpha = 0.05) = 0.95\nu + 2.744\sqrt{\nu} + 0.172, \quad \nu \leqslant 30 \tag{2.3.12}$$

$$\chi^2_{\text{cri}}(\nu, \alpha = 0.01) = 0.95\nu + 3.703\sqrt{\nu} + 2.022, \quad \nu \leqslant 30 \tag{2.3.13}$$

三、t 分布——学生氏分布

在服从正态分布的总体中随机抽取 n 个读数值 x_i 计算平均值 $\bar{x}_n$ 时,$\bar{x}_n$ 的概率密度用 **t 分布**(t-distribution, student distribution)来描述(Student 是 1908 年戈塞特发表 t 分布时的笔名). 一般情况下只有有限的 n 次测得值,而分布的总体标准差 σ 和期望值 μ 未知,只能用贝塞耳公式求出 σ 的最佳估值实验标准差 S,同时求出平均值 $\bar{x}$ 作为期望 μ 的最佳估值. 平均值 $\bar{x}$ 与数学期望 μ 之间的相对偏离为

$$t = \frac{\bar{x} - \mu}{\sigma/\sqrt{n}} = \left(\frac{\bar{x} - \mu}{\sigma/\sqrt{n}}\right) \bigg/ \sqrt{\frac{s^2}{\sigma^2}} = \left(\frac{\bar{x} - \mu}{\sigma/\sqrt{n}}\right) \bigg/ \sqrt{\frac{\chi^2_{n-1}}{n-1}} \tag{2.3.14}$$

t 分布是两个独立随机变量之商的分布,其分子是标准化正态变量 $\frac{\bar{x} - \mu}{\sigma/\sqrt{n}}$,分母是 χ^2 分布变量与其自由度 ($n-1$) 之商的正平方根. χ^2 分布的自由度即 t 分布变量的自由度 ν,t 分布变量的概率密度函数是

$$p(t, \nu) = \frac{\Gamma[(\nu+1)/2]}{\Gamma(\nu/2)} \cdot \frac{(1 + t^2/\nu)^{-(\nu+1)/2}}{\sqrt{\pi\nu}} \tag{2.3.15}$$

自由度增大时,t 分布趋于正态分布,绝大多数分布的平均值分布当 $n \to \infty$ 时都趋于正态分布. 由式(2.3.14)可以大致看出 A 类不确定度的计算公式取 $u_A = s \cdot (t/\sqrt{n})$ 的原因.

t 分布有如下特征(图 2.3.4):

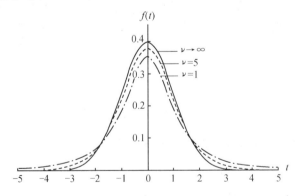

图 2.3.4 自由度为 1、5、∞ 的 t 分布

(1) 以 0 为中心,左右对称的单峰分布.

(2) t 分布是一簇曲线,其形态变化与 n(确切地说与自由度 $\nu = n-1$)大小有关. t 分布和正态分布的主要区别是:t 分布曲线的峰值低于正态分布,而且上部较窄、下部较宽.

n 越小,自由度 ν 越小,t 分布曲线越低平,越偏离正态分布.随着自由度 ν 的增大,t 分布曲线逐渐接近标准正态分布(u 分布)曲线,当 $n \to \infty$,自由度为无限大时,t 分布趋于正态分布.

四、泊松分布

泊松分布(Poisson distribution):是泊松(Simeon-Denis Poisson,1781~1840)在 1837 年研究二项分布的渐近公式时,在《关于判断的概率之研究》一文中提出描述随机现象的一种常用分布,是概率论中常用的一种离散型概率分布.对于测量次数较多的实验,其中小概率事件出现的次数,常用泊松分布表示.若随机变量 x 只取非负整数值 k 的概率(密度函数)为

$$p(x=k) = p(k,\lambda) = \begin{cases} \dfrac{\lambda^k}{k!} e^{-\lambda}, & k=0,1,2,3,\cdots \\ 0, & \text{其他} \end{cases} \quad (\lambda > 0) \quad (2.3.16)$$

则随机变量 x 的分布称为泊松分布,记作 $p(\lambda)$.泊松分布 $p(\lambda)$ 中只有一个参数 λ,λ 是单位时间(或单位面积)内随机事件的平均发生率,它既是泊松分布的均值,也是泊松分布的方差.泊松分布应满足归一化条件

$$\sum_{k=0}^{\infty} p(k,\lambda) = 1 \quad (2.3.17)$$

泊松分布在公用事业、核放射性现象等许多方面都有应用.例如,某交换台收到的呼叫;来到某车站的乘客;飞机被击中的炮弹数;机器出现的故障数;数字通信中误码的个数;放射性物质发射出的粒子;显微镜下某区域中的白血球;自然灾害发生的次数等等,以固定的平均瞬时速率 λ(或称密度)随机且独立地出现时,那么这个事件在单位时间(面积或体积)内出现的次数或个数就近似地服从泊松分布.因此泊松分布在管理科学,运筹学以及自然科学中都有重要的应用.

五、均匀分布

均匀分布(uniform distribution)的特点是误差均匀地分布在某一区域,在此区域内误差出现的概率密度处处相同,而在该区域以外误差出现的概率为零(图 2.3.5),即

$$f(\delta) = \begin{cases} \dfrac{1}{b-a}, & (a \leqslant \delta \leqslant b) \\ 0, & (a < \delta, \delta > b) \end{cases} \quad -\infty < a < b < +\infty \quad (2.3.18)$$

六、三角分布(triangula distribution)

设随机变量 x 在 $[-a,b]$ 上的分布为三角分布(图 2.3.6),即

$$f(\delta) = \begin{cases} (\delta - a)/\delta^2, & (a < \delta < 0) \\ 0, & (\delta < a, \delta > b) \\ (-\delta + b)/\delta^2, & (0 < \delta < b) \end{cases}$$

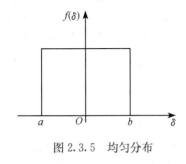

图 2.3.5 均匀分布

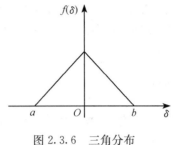

图 2.3.6 三角分布

2.3.2 随机误差的估算理论

一、置信区间、置信概率

根据随机误差服从正态分布条件下的统计学理论,(2.3.1)式中 σ 的物理意义(σ 是与真值 μ 有关的常数,是正态分布函数的一个特征量,称为**标准差**),可由(2.3.7)式计算得出,对任意一次测量值的随机误差出现在 $[-k\sigma, k\sigma]$ 区间内的概率,即

$$p = \int_{-k\sigma}^{+k\sigma} f(\delta) \mathrm{d}\delta \quad (2.3.19)$$

p 表示任一测量值与真值的误差落在 $[-k\sigma, k\sigma]$ 区间的概率,也称为**置信概率**;其误差区间 $[-k\sigma, k\sigma]$ 称为该置信概率所对应的置信区间;k 称为**置信因数因子**,k 是置信区间极限 $\Delta x_{极限} = \Delta_{极}$ 与标准偏差 σ 的比值.

$$k = \frac{\Delta x_{极限}}{\sigma} \quad (2.3.20)$$

因此,对于一个测量结果,只要给出测量结果在一定置信概率下的置信区间,就表达出了测量结果的精密程度,即测量结果值得信赖的程度,也叫随机变量的置信度.这就是标准差 σ 的统计意义.

由(2.3.14)式可知,(置信因数)$k=1,2,3$ 时,随机误差出现在 $[-\sigma, +\sigma]$、$[-2\sigma, 2\sigma]$、$[-3\sigma, 3\sigma]$ 置信区间内的概率,分别为

$$p(1\sigma) = \int_{-\sigma}^{+\sigma} f(\delta)\mathrm{d}\delta = 0.683 = 68.3\%, \quad \mu \in (x-\sigma, x+\sigma) \quad (2.3.21)$$

$$p(2\sigma) = \int_{-2\sigma}^{+2\sigma} f(\delta)\mathrm{d}\delta = 0.954 = 95.4\%, \quad \mu \in (x-2\sigma, x+2\sigma) \quad (2.3.22)$$

$$p(3\sigma) = \int_{-3\sigma}^{+3\sigma} f(\delta)\mathrm{d}\delta = 0.997 = 99.7\%, \quad \mu \in (x-3\sigma, x+3\sigma) \quad (2.3.23)$$

也就是说:$p(1\sigma)=68.3\%$,表示测量值 x 落在 $[\mu-\sigma, \mu+\sigma]$ 区间内(或测量值 x 出现在 $[x-\sigma, x+\sigma]$ 区间内包括真值 μ)的概率.这是用概率表示误差的方法,即任一测量值与真值的误差落在 $[-\sigma, \sigma]$ 置信区间内的置信概率,记为 $p(1\sigma)=68.3\%$.

同样,任一测量值与真值的误差出现在 $[-2\sigma, 2\sigma]$ 置信区间内的概率,记为 $p(2\sigma)=95.4\%$.

任一测量值与真值的误差出现在 $[-3\sigma, 3\sigma]$ 置信区间内的概率,记为 $p(3\sigma)=99.7\%$.

若随机变量落在置信区间以外,即任一测量值与真值的误差落在置信区间以外,此时的概率称为超差概率 α(又称为显著性水平),即

$$\alpha = p(|\delta| \geqslant k\sigma) = 1 - p(|\delta| \leqslant k\sigma) \tag{2.3.24}$$

二、极限误差与粗大误差判别

在实际测量中,有时会出现一些偏差很大的"高度异常值"或"显著离群值". 若是测量失误,应予剔除. 但是,若是由于测量值的分散性较大造成的,或者由于新的问题所致,则不能轻易人为地将它剔除. 因为有些新的发现,就是从研究可疑的测量值开始的. 因此,一定要有一个合理的判定准则,来判定这些"高度异常值"或"显著离群值"是否需要剔除.

常用的判定准则有:拉依达准则、肖维涅准则、格拉布斯准则等.

1. 拉依达准则(3σ 准则)

拉依达准则表达式为

$$|x_b - \bar{x}| > 3\sigma \tag{2.3.25}$$

当某个可疑数据 x_b 符合上式时,则认为该数据是坏值,应予剔除.

拉依达准则只适用于测量次数较多(例如 $n \geqslant 25$ 以上),测量误差分布接近正态分布的情况.

2. 格拉布斯准则

格拉布斯准则表达式为

$$k_b = \frac{|\nu_b|}{\sigma} = \frac{|x_b - \bar{x}|}{\sigma} > k_G(n, \alpha) \tag{2.3.26}$$

式中的判别值 $k_G(n, \alpha)$ 是和测量次数 n、超差概率 α 相关的数值,可通过查数学用表获得.

三、有限次测量和 t(或 t_p)因子

实际测量中,通常不知道测量误差分布的具体规律,但仍然一般选用 t 分布因子乘以平均值的标准差 $t_p \cdot S_{\bar{x}}$,作为概率 $p = k\sigma$(如 0.683)的 A 类不确定度分量. 表 2.3.1 给出了常用不同置信概率 p、不同测量次数 n(自由度 $\nu = n-1$)和 t(或 t_p)因子的对应关系,以便在实际处理随机误差时查用.

表 2.3.1 常用不同置信概率 p 不同测量次数 n(自由度 $\nu = n-1$)下的 t(或 t_p)因子

t_p \ p \ $\nu=n-1$	1	2	3	4	5	6	7	8	9	10	15	20	30	40	∞
0.683	1.84	1.32	1.20	1.14	1.11	1.09	1.08	1.07	1.06	1.05	1.04	1.03	1.02	1.01	1.00
0.900	6.31	2.91	2.35	2.13	2.02	1.94	1.90	1.86	1.83	1.81	1.75	1.73	1.70	1.68	1.65
0.950	12.71	4.30	3.18	2.78	2.57	2.45	2.36	2.31	2.26	2.23	2.13	2.09	2.04	2.02	1.96
0.990	63.66	9.93	5.84	4.60	4.03	3.71	3.50	3.36	3.25	3.17	2.95	2.84	2.75	2.70	2.58

从 t_p 因子表可见,当测量次数 n 增加时,t_p 将减小. 但当 n 较大时,t_p 的减小趋势变慢;当 $n \geqslant 10$,$\nu = n-1 \geqslant 9$ 时,t_p 减小的趋势就很慢了,t_p 因子已接近于 1,置信区间 $[-t\sigma, t\sigma]$ 趋于稳定不变. 因此,在一般物理实验中,多次测量取 $n = 10$ 次左右.

因 t 分布是以 0 为中心的对称分布,故表 2.3.1 中只列出正值,如果算出的 t 值为负值,可以用绝对值查表. 例如,t 分布曲线下面积为 95% 或 99% 的界值,不是一个常量,而是随着自由度 ν 大小而变化的,分别用 $t_{p,\nu}=t_{0.05,\nu}$ 和 $t_{0.01,\nu}$ 表示. 例如,当自由度 $\nu=n-1=10-1=9$ 时,$t_{0.05,9}=2.262$,$t_{0.01,9}=3.250$.

四、有限次测量的算术平均值 $\bar{x}$

设在某一物理量的等精度测量中,测量列为 $x_1,x_2,\cdots,x_i,\cdots,x_n$. 用最小二乘法原理可以证明,测量结果的最佳估计值是该测量列的算术平均值 $\bar{x}$

$$\bar{x}=\frac{1}{n}\sum_{i=1}^{n}x_i \tag{2.3.27}$$

$\bar{x}$ 为真值 μ 的最佳近似值,测量结果的最佳估计值,也称为期望值.

由于随机误差的对称性和补偿性,在条件不变的重复测量中,随着测量次数 n 的增多,随机误差的平均值趋向于零. 即当 $n\to\infty$ 时,有

$$\bar{\delta}=\frac{1}{n}\sum_{i=1}^{\infty}(x_i-\mu)=\frac{1}{n}\sum_{i=1}^{\infty}x_i-\mu=\bar{x}-\mu\to 0 \quad (n\to\infty) \tag{2.3.28}$$

$$\bar{x}=\frac{1}{n}\sum_{i=1}^{\infty}x_i\to\mu \quad (n\to\infty) \tag{2.3.29}$$

即无限多次重复测量的平均值 $\bar{x}$ 趋向于真值 μ. 在有限次测量中,只要测量次数足够多,算术平均值 $\bar{x}$ 就是真值 μ 的最佳近似值. 所以在多次重复测量中可用测量值的平均值 $\bar{x}$ 代替真值 μ.

五、标准误差 σ

对一个物理量 x 进行 n 次测量,测量列为 $x_1,x_2,\cdots,x_i,\cdots,x_n$,则 σ 的数学表达式为

$$\sigma=\lim_{n\to\infty}\sqrt{\frac{1}{n}\sum_{i=1}^{n}(x_i-\mu)^2} \tag{2.3.30}$$

σ 定义为**标准误差**(**标准差**). 由上式可见,σ 为各测量值误差的平方和的平均值的平方根,故又称为**均方误差**(**方均根误差**). σ 是正态分布函数 $f(\delta)$(2.3.1)式中与真值 μ 有关的一个特征量,σ 的大小表示随机误差离散性的大小、测量精密程度的高低(如图 2.3.3 所示).

六、有限次测量的标准偏差 S_x

在实际测量中,测量次数 n 总是有限的,且真值 μ 不可知,因此标准误差 σ 也只有理论上的价值,对标准误差 σ 的处理只能进行估算. 估算标准误差 σ 的方法很多,最常用的是贝塞尔(Bessel Friedrich Wilhelm,1784~1846)法,它是用标准偏差 S_x 近似代替标准误差 σ.

根据误差理论,标准偏差 S_x 也称为**贝塞尔公式**,即

$$S_x=\sqrt{\frac{1}{n-1}\sum_{i=1}^{n}(x_i-\bar{x})^2} \tag{2.3.31}$$

S_x 表示测量值 $x_1, x_2, \cdots, x_i, \cdots, x_n$ 及其随机误差的离散程度. S_x 越大,测量值 x_i 越分散; S_x 越小,测量值 x_i 越密集. 可以证明,总体标准差 σ(标准误差)的估计值为标准偏差 S_x,即贝塞尔公式.

七、平均值的实验标准偏差 $S_{\bar{x}}$

有限次测量列 $x_1, x_2, \cdots, x_i, \cdots, x_n$ 的算术平均值 $\bar{x}$ 不等于真值 μ,它也是一个随机变量. 在完全相同的条件下,多次进行重复测量,每次得到的算术平均值 $\bar{x}$ 也不尽相同,这表明算术平均值 $\bar{x}$ 本身也具有离散性,也存在着随机误差. 因此,用平均值的实验标准偏差 $S_{\bar{x}}$ 表示测量列的算术平均值 $\bar{x}$ 的随机误差的大小程度.

由误差理论可以证明,算术平均值 $\bar{x}$ 的实验标准偏差 $S_{\bar{x}}$ 为

$$S_{\bar{x}} = \frac{S_x}{\sqrt{n}} = \sqrt{\frac{1}{n(n-1)} \sum_{i=1}^{n} (x_i - \bar{x})^2} \tag{2.3.32}$$

由上式可知,平均值的实验标准偏差 $S_{\bar{x}}$ 是任意一次测量值的标准偏差 S_x 的 $\frac{1}{\sqrt{n}}$ 倍, $S_{\bar{x}}$ 比 S_x 都小. 随着测量次数 n 的增加,可以使 $S_{\bar{x}}$ 减少,测量的准确度提高.

如图 2.3.7 所示,实际上,$n > 10$ 以后,随着测量次数 n 的增加,$S_{\bar{x}}$ 减少得很缓慢. 测量精度主要还取决于仪器的精度、理论方法、测量方法、实验条件、环境、测量者等因素,因此,在实际测量中,单凭增加测量次数 n 来提高测量准确度,其作用有限且没有必要. 所以,在科学研究中,测量次数一般取 10~20 次,而在物理实验教学中一般取 6~10 次.

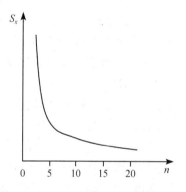

图 2.3.7 测量次数 n 对 $S_{\bar{x}}$ 的影响

八、平均值的标准误差 $\sigma_{\bar{x}}$

有时不严格区分标准偏差 S_x 与标准误差 σ,而将它们统称为标准误差或标准差. 将 S_x 和 σ 都记成 σ_x,而 $\sigma_{\bar{x}}$ 是**平均值的标准误差**,也称为**平均值的标准差**.

同样,可以证明:

$$\sigma_{\bar{x}} = \frac{\sigma_x}{\sqrt{n}} \tag{2.3.33}$$

即平均值的标准差 $\sigma_{\bar{x}}$ 等于任意一次测量值的标准差 σ_x 的 $\frac{1}{\sqrt{n}}$ 倍.

2.4 测量结果与不确定度的评定

本节要点:采用不确定度评定测量结果,介绍不确定度的概念及对结果的评定方法,要求学生了解不确定度的概念,掌握最基本的估算方法.

2.4.1 测量结果不确定度的基本概念

一、测量结果表示与不确定度

一般情况下,科学实验中的测量结果,不仅要给出被测量的测量值 x,而且应该体现对其测量误差 Δx 的评定,即评定其测量结果的可信赖程度.参见式(2.1.1)~(2.1.5).

由于被测量的真值 μ 不可知,不可能用指出测量误差 Δx 实际大小的方法说明测量结果的可信赖程度,只能用对测量误差 Δx 的某种可能的评定(如估计、估算值 $\Delta x_{估}$)来说明测量结果的可信赖程度.一般的可将测量结果表示为

$$x = \bar{x} \pm \Delta x_{估} \quad (单位)\quad(置信概率为 p = \cdots) \tag{2.4.1}$$

$$E(x) = \frac{\Delta x_{估}}{x} \times 100\% \quad 或 \quad E(\bar{x}) = \frac{\Delta x_{估}}{\bar{x}} \times 100\% \tag{2.4.2}$$

注意 这里的 $\Delta x_{估}$ 可用 ν_i、S_x、$\sigma_{\bar{x}}$、σ 表示;测量值 x 的相对误差 $E(x)=E_x$,平均值 $\bar{x}$ 的相对误差 $E(\bar{x})=E_{\bar{x}}$,为了方便,也可以不加区分地把相对误差读写成 E.

由于历史的原因,不同国家、不同行业、对于测量误差的处理和结果表示很不统一,名词也不一致.为此,1981 年 17 届国际计量大会通过并公布了国际计量局(1980.10)提出的《实验不确定度表示的建议书 INC-1(1980)》(简称《建议书》),国际计量局等 7 个国际组织于 1993 年指定了具有国际指导性的《测量不确定度表示指南 ISO 1993(E)》(简称《指南》).我国计量科学院在 1986 年也发出了开始采用不确定度作为误差指标名称的通知.国家技术监督局决定于 1992 年 10 月 1 日正式开始采用不确定度进行误差的评定工作.国际与国内的科技文献早已开始采用不确定度概念,我国各个高校也不断开展这方面的讨论,改革教学内容与方法,以求与国际接轨.虽然一些学者对《指南》的有些内容持批评态度,但贯彻并不断改善《指南》,在实验中全面采用不确定度来评价测量的结果,已成为必然的趋势.

不确定度:根据《建议书》和《指南》,建议用"不确定度"(Uncertainty)一词,取代误差(Error)来表示实验结果,用以评定实验测量结果的质量,表征被测量真值在某个量值的范围.按照我国国家计量技术规范(JJG1027-91),测量结果的最终表达形式为

$$x = x_{测} \pm u \quad (单位)\quad(置信概率 p = \cdots) \tag{2.4.3}$$

$$E_u = \frac{u}{x_{测}} \times 100\% \tag{2.4.4}$$

式中 x 为被测量,$x_{测}$ 为测量值(不应含修正的系统误差),u 为总不确定度(简称不确定度,是恒为正值的量),它们具有相同的单位.应当指出,不确定度具有概率的概念,上式表示被测量值的真值位于区间 $[x_{测}-u, x_{测}+u]$ 内的概率为 $p=\cdots$.

为了更直观的检查实验测量结果的可信赖程度,还常用相对不确定度 E_u 来评定,即

$$E_u = \frac{u}{x_{测}} 100\%$$

注意 为方便起见,E_u 也可写成 E、E_x、$E(x)$.不确定度 u 及相对不确定度 E_u,一般只取 1~2 位有效数字,最多不超过 3 位;测量值 $x_{测}$ 的末位数与不确定度 u 的所在位数对齐,$x_{测}$ 与 u 的数量级、单位要统一.

不确定度定义为对被测量的真值所处的量值范围的评定,它用以评定实验测量结果的质量,是对测量误差的一种评定方式.它表示由于存在测量误差,导致被测量的真值不能确定的程度.

测量不确定度的理论保留系统误差的概念,也不排除误差的概念.不确定度反映在一定的概率下,真值的最佳估计值所处的量值范围.不确定度越小,误差的可能分布范围越小,测量的可信程度越高;不确定度越大,标志着误差的可能值越大,测量的可信赖程度越低.

二、不确定度的分量

根据不确定度理论,由于误差的来源很多,测量结果的不确定度一般包括几个分量.按照其测量数据的性质和数值评定方法,在修正了可定系统误差之后,把余下的全部误差分为两类:A 类不确定度、B 类不确定度,或称为不确定度 A 类分量 u_A、B 类分量 u_B.

注意 将不确定度的分量分为 A 类和 B 类的目的,是指出不确定度分量的两种不同的评定方法,并不意味着分量本身性质有什么差别,两类不确定度都基于概率分布.

1. A 类分量

对多次重复测量值,用统计分布方法估算的那些误差分量,称为 A 类不确定度,用实验标准偏差 S_x(或 σ_x)乘以因子 t_p 来表征,记作 u_A.

$$u_A = t_p S_{\bar{x}} = t_p S(\bar{x}) = t_p \frac{S_x}{\sqrt{n}} = t_p \sqrt{\frac{1}{n(n-1)} \sum_{i=1}^{n}(x-\bar{x})^2} \quad (2.4.5)$$

式中 S 是用贝塞尔公式计算的标准差,t_p 因子由表 2.3.1 查出.

2. B 类分量

根据经验或其他信息进行估计,用非统计方法估算的那些误差分量,称为 B 类不确定度.B 类分量 u_B 的大小有时由实验室近似给出.在许多直接测量中,u_B 近似取计量器具的误差限值 Δ_{ins},即认为 u_B 主要由计量器具的误差特性决定.

一般的,u_B 与 Δ_{ins} 的关系为

$$u_B = \frac{\Delta_{ins}}{C} \quad (2.4.6)$$

C 称置信系数,与仪器测量误差在$[-\Delta_{ins}, \Delta_{ins}]$范围内的分布概率有关.(1)若知道 u_B 服从什么分布,C 就可知,B 分量可用 $u_B = \frac{\Delta_{ins}}{C}$ 计算.(2)对于多数不知道 u_B 服从什么分布的情况,《指南》建议按均匀分布 $C=\sqrt{3}$ 估算 u_B,即

$$u_B = \frac{\Delta_{ins}}{\sqrt{3}} \quad (2.4.7)$$

而这种建议可能与大多数实际情况不符.

由于实际实验测量中,影响 B 类分量的因素很多,而且 u_B 服从什么分布,情况各有不同,也尚未见确切公认的说法,因此,本书建议多数不能确定 C 值的情况下,尤其对于单

次直接测量计算 B 类分量用

$$u_B \approx \Delta_{ins} \tag{2.4.8}$$

其中，Δ_{ins} 常取仪器误差限，也可根据实际实验测量情况给出近似估计值．

若计算展伸不确定度时，也可以近似取 $u_B \approx \Delta_{ins}$．

均匀分布、三角分布、正态分布简介：

(1) **均匀分布**，其特点是误差均匀地分布在某一区域，在此区域内误差出现的概率密度处处相同，而在该区域以外误差出现的概率为零（图 2.4.1），即

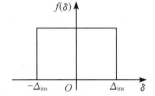

$$f(\delta) = \begin{cases} \dfrac{1}{2\Delta_{ins}}, & (-\Delta_{ins} \leqslant \delta \leqslant \Delta_{ins}) \\ 0, & (-\Delta_{ins} > \delta, \delta > \Delta_{ins}) \end{cases} \tag{2.4.9}$$

图 2.4.1　仪器误差均匀分布　仪器误差服从均匀分布的置信系数 $C=\sqrt{3}$．

(2) **三角分布**．设误差变量 δ 在 $[-\Delta_{ins}, \Delta_{ins}]$ 上的分布为三角分布（图 2.4.2），即

$$f(\delta) = \begin{cases} (\delta + \Delta_{ins})/\delta^2, & (-\Delta_{ins} < \delta < 0) \\ 0, & (\delta < -\Delta_{ins}, \delta > \Delta_{ins}) \\ (-\delta + \Delta_{ins})/\delta^2, & (0 < \delta < \Delta_{ins}) \end{cases} \tag{2.4.10}$$

仪器误差服从三角分布的置信系数 $C=\sqrt{6}$．

(3) **正态分布**．由正态分布函数的性质可知，仪器误差服从正态分布的置信系数 $C=3$（图 2.4.3）．

注意　只有对于正态分布条件下，测量值仪器误差落在 $[-u_B, u_B]$ 范围内的置信概率 $p=0.683$．在不同的置信概率下，测量值的 B 类不确定度分量，还可表示为

$$u_B = k_p \dfrac{\Delta_{ins}}{C} \tag{2.4.11}$$

k_p 称为置信因子，置信概率 p 与 k_p 的关系，参见表 2.4.1．

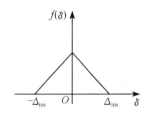

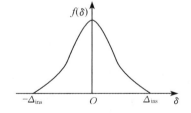

图 2.4.2　仪器误差的三角分布　　　图 2.4.3　仪器误差正态分布

表 2.4.1　置信概率与置信因子的关系

p	0.500	0.683	0.900	0.950	0.955	0.990	0.997
k_p	0.675	1	1.65	1.96	2	2.58	3

综上所述，仪器误差若服从正态分布，则 $C=3$；若服从三角分布，则 $C=\sqrt{6}$；若服从均匀分布，则 $C=\sqrt{3}$．

三、合成不确定度及其分类

在各不确定度分量相对独立的情况下,将不确定度的 A 分量和 B 分量(u_A 和 u_B),按"方和根"(平方和开方)的方法合成,构成合成不确定度 $u(x)$,即

$$u(x) = \sqrt{u_A^2 + u_B^2} \tag{2.4.12}$$

合成不确定度也称为综合不确定度.

根据不确定度理论,被测量的真值位于不同置信区间 $[-k\sigma, k\sigma]$ 具有不同置信概率,可以将合成不确定度分为两类:标准不确定度、伸展不确定度.

1. 标准不确定度 σ

标准不确定度 σ(也称合成标准不确定度),是以标准差表示测量的不确定度,记为 σ. 在测量值附近以标准不确定度为界的 $[-\sigma, \sigma]$ 置信区间内,包含真值的概率均为 $p = 68.3\%$,即

$$\sigma = \sqrt{u_A^2 + u_B^2} \tag{2.4.13}$$

经 t_p 因子修正后,有

$$\sigma = \sqrt{u_A^2 + u_B^2}$$
$$= \sqrt{(t_p S_{\bar{x}})^2 + u_B^2} \tag{2.4.14}$$

也就是说,标准不确定度 σ 是置信区间 $[-k\sigma, k\sigma]$ 中置信因数 $k=1$ 时合成的总不确定度.

2. 伸展不确定度

展伸不确定度(也称扩展不确定度),是在标准不确定度 σ 前乘以一个与置信概率、置信区间相联系的包含因子 k(也称覆盖因子)(一般取 $k=2$ 或 3),得到增大置信概率的所表示的不确定度,记为 $u(x)_p$,即

$$u(x)_p = k\sigma \tag{2.4.15}$$

$$u(x)_p = k\sqrt{u_A^2 + u_B^2} \tag{2.4.16}$$

经 t_p 因子修正后,为

$$u(x)_p = k\sqrt{u_A^2 + u_B^2} = k\sqrt{(t_p S_{\bar{x}})^2 + u_B^2} \tag{2.4.17}$$

也就是说,展伸不确定度是置信区间 $[-k\sigma, k\sigma]$ 中包含因子 $k \geq 2$ 时合成的总不确定度.

提示:国家技术监督局 1994 年建议,通常取置信概率 $p = 0.950$,则展伸不确定度为

$$u(x)_p = 2\sigma = 2\sqrt{u_A^2 + u_B^2} \tag{2.4.18}$$

考虑 t_p 因子修正时,有

$$u(x)_p = 2\sqrt{(t_p S_{\bar{x}})^2 + u_B^2} \tag{2.4.19}$$

四、测量结果的表示

1. 不确定度评定及注意事项

(1) 本课程对于测量结果质量的评定,是采用标准不确定度 σ,还是采用展伸不确定度,可在教学实践中灵活掌握.

（2）由于测量结果不确定度具有统计意义且做了许多近似、估计，在实际工作中，在有些分布规律很难确定的情况下，常常忽略不同分布的差别，本着不确定度取偏大值的原则进行估算．本课程对于不确定度 B 分量，都近似认为服从均匀分布，取置信因数 $C=\sqrt{3}$，也就不再进行 k_p 因子修正．

（3）由于实际中，测量次数往往有限，因此，测量结果的不确定度评定（不确定度 A 分量），一般要经过 t_p 因子修正．

若采用标准不确定度 σ，则

$$\sigma = \sqrt{u_A^2 + u_B^2} = \sqrt{(t_p S_{\bar{x}})^2 + u_B^2} \tag{2.4.20}$$

即

$$\sigma = \sqrt{\left[t_p \sqrt{\frac{1}{n(n-1)} \sum_{i=1}^{n} (x_i - \bar{x})^2}\right]^2 + u_B^2} \tag{2.4.21}$$

若采用展伸不确定度，则

$$u(x)_p = k\sigma = k\sqrt{u_A^2 + u_B^2} \quad (p(k\sigma) = \cdots) \tag{2.4.22}$$

$$u(x)_p \approx k\sqrt{(t_p S_{\bar{x}})^2 + \Delta_{\text{ins}}^2}$$

注意 在采用展伸不确定度时，原则上不重复修正不确定度．

2. 测量结果的表示

（1）**多次测量的结果表示**：对于物理量 x 多次测量，其测量结果表示的最终形式为

$$x = \bar{x} \pm u(x) \tag{2.4.23}$$

$$x = \bar{x} \pm \sigma \tag{2.4.24}$$

同时，对于物理量 x 的多次测量的测量结果，相对不确定度表示为

$$E(x) = \frac{u(x)}{\bar{x}} \times 100\% \tag{2.4.25}$$

$$E_x = \frac{\sigma}{\bar{x}} \times 100\% \tag{2.4.26}$$

（2）**单次测量结果的表示**：在实际中，由于实验条件、仪器、环境等情况限制，不能进行多次测量；由于仪器精度较低，测量对象不稳定，多次测量的随机误差对结果不起主要作用；有些量是随时间变化的，无法进行多次测量；有些测量要求精度不高，没必要多次测量；有些仪器精度较低，重复测量值都相同，均可按单次测量来处理．

单次测量的测量值，即为测量结果中的测量值 x．

单次测量的不确定度 $u(x)$ 只有不确定度 B 类分量 u_B，应根据对仪器精度、测量方法、测量对象的分析，估计它的最大误差，其估计值一般不得小于仪器误差限（极限误差）Δ_{ins}，因此，单次测量结果表示为

$$x \pm u(x) = x \pm u_B \quad (\text{单位}) \tag{2.4.27}$$

$$u_B \approx \Delta_{\text{ins}} \tag{2.4.28}$$

$$E(x) = \frac{\Delta_{\text{ins}}}{x} \times 100\% \tag{2.4.29}$$

估计单次测量的不确定度应注意以下几点：

① 当不知道仪器的示值误差限或基本误差限时,可取仪器最小分度值 $\Delta_{\text{分度值}}$ 代替,即 $\Delta_{\text{ins}} \approx \Delta_{\text{分度值}}$;

② 人眼能分辨仪器刻度指示的变化量为 0.2 分度值(仪器的灵敏阈),当仪器基本误差限小于 0.2 分度时,Δ_{ins} 取为 0.2 分度值;

③ 极限误差 Δ_{ins} 有时需根据实际情况估计.如,杨氏模量实验测反光镜到刻度尺间距离(1~2m),因不能保证钢卷尺拉平直等,其极限误差可估为 $\Delta_{\text{ins}} \approx 5\text{mm}$;

④ 模拟式(指针式)电表的准确度等级 α 定义为

$$\alpha\% = (基本误差限 \Delta_{\text{ins}} / 量程) \times 100\% \tag{2.4.30}$$

即电表的基本误差限 Δ_{ins} 为

$$\Delta_{\text{ins}} = 量程 \times \alpha\% \tag{2.4.31}$$

这类电表读数时通常需要估读到最小分度值的 1/4~1/10,或估读到基本误差限的 1/3~1/5.如,对 100mA、0.5 级电表示值最大误差 $\Delta_{\text{ins}} = 100\text{mA} \times 0.5\% = 0.5\text{mA}$.

3. 测量结果和不确定度的取位与入舍修约规则

(1) **不确定度取位**:根据国家技术规范 JJF1059-1999《测量不确定度评定与表示》的规定,测量结果不确定度的数值,通常只取 1~2 位有效数字,最多不超过 3 位;在实际工作中,应合理地进行选择.对要求不高的实验,不确定度取 1 位;当修约前不确定度的首位数字 ≥3 时,不确定度也可取 1 或 2 位;首位不小于 5 时,通常取 1 位;对要求较高的测量,不确定度经常取 2 位;当修约前不确定度首位为 1 或 2 时,不确定度应取 2 位,最多不超过 3 位.在计算测量结果不确定度的过程中,中间结果的有效位数可保留多位.

本课程为了简单起见,对测量结果的合成不确定度、相对不确定度,约定取有效数字 1~2 位.

(2) **不确定度的入舍修约规则**:在决定了不确定度的有效数字取位后,可采取"4 舍 5 入"的原则.一般不采取"只进不舍"的原则.

(3) **测量结果取位**:对测量结果的取位,必须使其测量值 x(或 $\bar{x}$)最后一位与不确定度最后一位取齐.即在测量结果表示中的被测量、测量值、合成不确定度三者,统一单位、统一指数(幂次)、统一单位的情况下,测量值 x(或 $\bar{x}$)最后一位与不确定度 $u(x)$ 最后一位取齐.

若出现测量值 x(或 $\bar{x}$)的实际位数不够,而无法与不确定度的末位对齐时,为使二者的末位对齐,应慎重应用在测量值 x(或 $\bar{x}$)后面补零的方法.

(4) **测量结果测量值的入舍修约规则**:采取"4 舍、6 入、5 凑偶"的规则.即在截取时,剩余尾数按"小于 5 则舍、大于 5 则入(进 1)、等于 5 则凑偶(即测量值的保留末位之后的部分为奇数时,则将其加 1 凑成偶数,测量值的保留末位为偶数时,则不进位)".这是在计量和实验中通用的规则.修约过程应该一次完成,不能多次连续修约.

例如,用数字毫秒计多次测量时间周期,计算得出,其测量值的算术平均值 $\bar{T} = 23.4556\text{s}$,置信概率 $p = 0.950$ 时的总不确定度为 $u(T)_{0.950} = 0.0321\text{s}$,则其结果表示如下:

若总不确定度小数点后保留 1 位"有效数字",测量值小数点后也只能保留 2 位,才能取齐(二者小数点后"位数"一样),则有

$$T = (23.4556 \pm 0.0321)\text{s} \doteq (23.456 \pm 0.032)\text{s} \doteq (23.46 \pm 0.03)\text{s}$$

该结果表示此铜柱高度的真值落在[23.46－0.03,23.46＋0.03]区间内的概率有 $p=0.950$. 这一测量列的相对不确定度为

$$E(T) = \frac{0.0321}{23.4556} \times 100\% \doteq 0.13685\% \doteq 0.14\%$$

若总不确定度小数点后保留 2 位"有效数字",测量值小数点后也只能保留 3 位,才能取齐,则有 $T=(23.456\pm0.032)\text{s}, E(T)\doteq0.14\%$;

若总不确定度小数点后只保留 1 位"有效数字",测量值小数点后却只能保留 2 位,才能取齐,则有 $T=(23.46\pm0.03)\text{s}, E(T)\doteq0.14\%\doteq0.2\%$.

注意 对于数据测量结果和不确定度的有效数字位数取舍,是采用"4 舍 5 入",还是采取"4 舍 6 入 5 凑偶",不同的书上提法可能不一致,为了方便教学,本书且求同存异,有兴趣的读者可以进一步讨论之.

2.4.2 不确定度评定的传递与合成

一、直接测量不确定度评定的传递与合成

直接测量也有两种:单次直接测量和多次直接测量.

1. 直接测量的结果表示

可参见 2.4.1 节中的测量结果表示,即

$$x = \bar{x} \pm u(x)_p \quad (\text{单位}) \quad p(k\sigma) = \begin{cases} 0.683, & k=1 \\ 0.950 \text{ 或 } 0.955, & k=2 \\ 0.990 \text{ 或 } 0.997, & k=3 \end{cases} \quad (2.4.32)$$

$$E(x) = \frac{u(x)_p}{\bar{x}} \times 100\% \quad (2.4.33)$$

式中,单次直接测量时,不能计算 $\bar{x}$,$\bar{x}$ 用 x 代替即可.

2. 直接测量不确定度评定的传递与合成步骤

假设某直接测量量为 $x(x_1,x_2,\cdots,x_i,\cdots,x_n)$,其不确定度评定步骤归纳如下:

(1) 修正测量数据中的可定系统误差;

(2) 计算测量列的算术平均值 $\bar{x} = \frac{1}{n}\sum_{i=1}^{n} x_i$;

(3) 计算测量列任一测量值的标准差 S_x,或计算测量列平均值的标准差 $S_{\bar{x}} = \sqrt{\frac{\sum(x_i-\bar{x})^2}{n(n-1)}}$;

(4) 审查各测量值,如有"坏值"(粗大值)则予以剔除,剔除后再重复步骤(2)、(3);

(5) 计算不确定度 A 类分量:$u_A = t_p S_{\bar{x}} = t_p \sqrt{\frac{\sum(x_i-\bar{x})^2}{n(n-1)}}$;

(6) 计算不确定度 B 类分量:$u_B = \frac{\Delta_{\text{ins}}}{C}$,$u_B = \frac{\Delta_{\text{ins}}}{\sqrt{3}}$(均匀分布),$u_B \approx \Delta_{\text{ins}}$(不知分布情况或单次直接测量);

(7) 计算合成不确定度

$$u(x)_p = k\sqrt{u_A^2 + u_B^2}, \quad p(k\sigma) = \begin{cases} 0.683, & k=1 \\ 0.955, & k=2 \\ 0.997, & k=3 \end{cases}$$

其中,$k=1$ 时,为标准不确定度,$k=2$、$k=3$ 时,为展伸不确定度.

关于 $u_B = \dfrac{\Delta_{\text{ins}}}{C}$,若采用标准不确定度($k=1$,$[-\sigma, +\sigma]$,低置信概率 $p=0.683$),认为 u_B 服从均匀分布时,一般取 $u_B \approx \dfrac{\Delta_{\text{ins}}}{C} \approx \dfrac{\Delta_{\text{ins}}}{\sqrt{3}}$(均匀分布);对于大多数不知 u_B 服从什么分布的情况或对于单次直接测量时,采用展伸不确定度($k=2,3$,$[-k\sigma, +k\sigma]$,高置信概率 $p=0.950$ 以上),一般取 $u_B \approx \Delta_{\text{ins}}$.

(8) 最终结果表示

$$\begin{cases} x = \bar{x} \pm u(x)_p \\ E(x) = \dfrac{u(x)_p}{\bar{x}} \times 100\% \end{cases} \quad p(k\sigma) = \cdots$$

注意 1. 其中,x、$\bar{x}$、$p(k\sigma)=\cdots$ 根据实际情况选择使用.

2. 若采用标准不确定度 σ,可将上面的 u 写成 σ,注意概念和符号不混淆即可,即

$$\sigma = \sqrt{\sigma_A^2 + \sigma_B^2}, \quad \sigma_A = t_p \sigma_{\bar{x}} \approx t_p \cdot S_{\bar{x}}, \quad \sigma_B = \Delta_{\text{ins}} \text{ 或 } \dfrac{\Delta_{\text{ins}}}{\sqrt{3}}$$

例 2.4.1 用千分尺(精度为 0.01mm)测某钢丝直径,不同方位共测 $n=10$ 次,测量数据如表 2.4.2 所示,试进行其测量结果表示.

表 2.4.2 测量数据

量具名称:千分尺,量程:25mm,分度值:0.01mm,仪器误差限值:0.004mm,零点:$d_0 = +0.008\text{mm}$

次数 n	1	2	3	4	5	6	7	8	9	10	平均
d_i/mm	0.465	0.475	0.480	0.473	0.466	0.470	0.467	0.477	0.468	0.473	0.471
$d(=d_i-d_0)/\text{mm}$	0.457	0.467	0.472	0.465	0.458	0.462	0.459	0.469	0.460	0.465	0.463
$\Delta d(=d_i-\bar{d})/\text{mm}$	−0.006	0.004	0.009	0.002	−0.005	−0.001	−0.004	0.006	−0.003	0.002	

解 (1) 修正千分尺零点误差:$d=d_i-d_0$,填入表 2.4.2;

(2) 算术平均值:$\bar{d} = \sum\limits_{i=1}^{10} d_i/10 = 0.4634\text{mm} \approx 0.463\text{mm}$;

(3) 粗值检验情况:各次测量中最大误差为 0.009mm,而 $|0.009| < 3\sigma_x$,故 10 次测量值中不含粗值,均有效.

(4) 不确定度 A 分量:

$$u_A = t_p \sigma_{\bar{d}} \approx t_p S_{\bar{x}} = t_p \sqrt{\dfrac{\sum\limits_{i=1}^{10}(d_i - \bar{d})^2}{n(n-1)}} = 1.06 \times 0.0016\text{mm} = 0.001696\text{mm}$$

(5) 不确定度 B 分量:由于一级千分尺的仪器误差限值 $\Delta_{\text{ins}} = 0.004\text{mm}$,B 分量为

$$u_B = \frac{\Delta_{\text{ins}}}{C} = \frac{\Delta_{\text{ins}}}{\sqrt{3}} = \frac{0.004}{\sqrt{3}}\text{mm} \approx 0.0023\text{mm}$$

(6) 总不确定度：

$$u(d)_p = k\sigma = k\sqrt{u_A^2 + u_B^2} = k\sqrt{(t_p S_{\bar{x}})^2 + \left(\frac{\Delta_{\text{ins}}}{C}\right)^2}$$

对于标准不确定度，$k=1$，有

$$u(d)_p = \sqrt{(t_p S_{\bar{x}})^2 + \left(\frac{\Delta_{\text{ins}}}{C}\right)^2} = \sqrt{0.001696^2 + 0.0023^2} \approx 0.00286\text{mm}$$

(7) 测量结果表示：

$$d = (\bar{d} \pm u(d)_p) = 0.4634 \pm 0.0023\text{mm}, \quad p(1\sigma) = 0.683$$

$$E(x) = \frac{u(x)_p}{\bar{x}} \times 100\% = \frac{0.0023}{0.4634} \times 100\% \approx 0.496\% \approx 0.50\%$$

对于展伸不确定度，$k=2,3$，有

$$u(d)_p \approx k\sqrt{(t_p S_{\bar{x}})^2 + \Delta_{\text{ins}}^2}\text{（具体计算略去）}$$

二、间接测量不确定度评定的传递与合成

1. 误差传递的基本公式

在实际工作中，很多实验都要进行间接测量．间接测量的结果是根据直接测量的结果，按照它们之间一定的函数关系计算得到的，由于直接测量有误差，它们必然通过函数关系传递给间接测量量，这就是误差的传递．

设间接测量量 w 与直接测量量 $x, y, z, \cdots$ 的函数关系为

$$w = f(x, y, z, \cdots) \quad (2.4.34)$$

而且 $x, y, z, \cdots$ 是互相独立的．当 $x, y, z, \cdots$ 具有误差 $\Delta x, \Delta y, \Delta z, \cdots$ 时，由于误差的传递和影响，w 也必然具有误差 Δw，即

$$\Delta w = f(\Delta x, \Delta y, \Delta z, \cdots) \quad (2.4.35)$$

由于误差是一个微小量，因此可以将上式中的误差号 Δ 用微分号 d 代替，借助数学方法微分手段来研究．

对间接测量函数关系式(2.4.35)两边求全微分，有

$$\mathrm{d}w = \frac{\partial f}{\partial x}\mathrm{d}x + \frac{\partial f}{\partial y}\mathrm{d}y + \frac{\partial f}{\partial z}\mathrm{d}z + \cdots \quad (2.4.36)$$

有时也可以先对间接测量函数关系式(2.4.35)两边去自然对数后，再求全微分，则有

$$\ln w = \ln f(x, y, z, \cdots)$$

$$\frac{\mathrm{d}w}{w} = \frac{\partial \ln f}{\partial x}\mathrm{d}x + \frac{\partial \ln f}{\partial y}\mathrm{d}y + \frac{\partial \ln f}{\partial z}\mathrm{d}z + \cdots \quad (2.4.37)$$

上面两式也称为**误差传递公式**．公式(2.4.37)和(2.4.38)中各求和项称为**误差项**(也称为**误差分量**)；各求和项的系数即直接测量量误差前面的系数称为**误差传递系数**．

2. 不确定度传递的基本公式

根据误差及不确定度理论，不确定度和误差的传递相类似，直接测量结果的不确定度

也必然通过函数关系,影响传递给间接测量结果,造成间接测量结果也存在不确定度,这就是不确定度的传递.因为不确定度和误差一样是微小量,也可以借助数学方法来研究.

根据不确定度理论,$\mathrm{d}w$ 对应于 $u(w)$;$\mathrm{d}x,\mathrm{d}y,\mathrm{d}z,\cdots$ 对应于 $u(x),u(y),u(z),\cdots$. 因此,当 $x,y,z,\cdots$ 具有不确定度 $u(x),u(y),u(z),\cdots$,由于不确定度的传递和影响,w 也必然具有不确定度 $u(w)$,即

$$u(w) = f\{u(w_x), u(w_y), u(w_z), \cdots\} \quad (2.4.38)$$

把上面式中的微分号 d 改为不确定度符号 u,即 $u(w)$;$\mathrm{d}x,\mathrm{d}y,\mathrm{d}z,\cdots$ 用 $u(x),u(y),u(z),\cdots$ 代替,则

$$u(w) = \frac{\partial f}{\partial x}u(x) + \frac{\partial f}{\partial y}u(y) + \frac{\partial f}{\partial z}u(z) + \cdots \quad (2.4.39)$$

称为**不确定度传递公式**(也称为**不确定度分量**);其中,各求和项的系数即直接测量量不确定度前面的系数称为**不确定度传递系数**,即

$\frac{\partial f}{\partial x}u(x), \frac{\partial f}{\partial y}u(y), \frac{\partial f}{\partial z}u(z), \cdots\cdots$ 为不确定度项;

$\frac{\partial f}{\partial x}, \frac{\partial f}{\partial y}, \frac{\partial f}{\partial z}, \cdots\cdots$ 为不确定度传递系数.

可见,只要求出直接测量量的不确定度和不确定度传递系数,或者求出各不确定度项,即可求出间接测量结果的不确定度.

3. 间接测量量的最佳值

在直接测量中,以算术平均值 $\bar{x}, \bar{y}, \bar{z}, \cdots$ 作为最佳值. 同样,通过上式可以证明,在间接测量中,间接测量量的最佳值为

$$\overline{w} = f(\bar{x}, \bar{y}, \bar{z}, \cdots) \quad (2.4.40)$$

即间接测量量的最佳值是直接测量量的算术平均值的函数.

4. 间接测量量不确定度的合成

根据不确定度的理论,当直接测量量 $x,y,z,\cdots$ 彼此独立时,注意到借助数学方法微分手段,并用不确定度符号 u 代替微分号 d,考虑到不确定度合成的统计性质,间接测量量 w 的不确定度合成,采用"方和根"形式,即

$$u(w) = \sqrt{\left(\frac{\partial f}{\partial x}u(x)\right)^2 + \left(\frac{\partial f}{\partial y}u(y)\right)^2 + \left(\frac{\partial f}{\partial z}u(z)\right)^2 + \cdots} \quad (p(k\sigma) = \cdots)$$
$$(2.4.41)$$

上面 $u(w)$、$E(w)$ 两式,即为本课程中计算间接测量量 w 的不确定度合成常用公式.

注意

(1) 其中,$u(w)$ 式用于"和、差"形式的函数时计算较方便;$E(w)$ 式用于"积、商"形式的函数时计算较方便. 参见表 2.4.3 常用函数不确定度的合成公式.

(2) 对于不同的置信概率下的不同置信区间范围内,其直接测量量的 $p(k\sigma)$ 值不同,$u(x),u(y),u(z),\cdots$ 不同,$u(w)$ 也随之不同.

(3) 对于标准不确定度

$$u(w) = \sqrt{\left(\frac{\partial f}{\partial x}\right)^2 \sigma_x^2 + \left(\frac{\partial f}{\partial y}\right)^2 \sigma_y^2 + \left(\frac{\partial f}{\partial z}\right)^2 \sigma_z^2 + \cdots} \quad (p(1\sigma) = 0.683)$$

(4) 表 2.4.3 中各量的 σ 值,可以理解为测量列的标准差、A 类标准不确定度或展伸不确定度即 $\sigma_w,\sigma_x,\sigma_y,\sigma_z,\cdots$可理解为 $u(w),u(x),u(y),u(z),\cdots$,所用公式都相同.

(5) 不同物理量测量次数常常 n 可能不同,应各自采取不同的 t_p 因子,但是要求合成时各测量值具有相同的置信概率,以保证合成以后,最终结果的不确定度具有共同的置信概率.

表 2.4.3 常用函数标准不确定度的传递合成公式

函数的表达式	传递(合成)公式
$w=x\pm y$	$\sigma_w=\sqrt{\sigma_x^2+\sigma_y^2}$
$w=xy$	$\dfrac{\sigma_w}{w}=\sqrt{\left(\dfrac{\sigma_x}{x}\right)^2+\left(\dfrac{\sigma_y}{y}\right)^2}$
$w=\dfrac{x}{y}$	$\dfrac{\sigma_w}{w}=\sqrt{\left(\dfrac{\sigma_x}{x}\right)^2+\left(\dfrac{\sigma_y}{y}\right)^2}$
$w=\dfrac{x^k y^m}{z^n}$	$\dfrac{\sigma_w}{w}=\sqrt{k^2\left(\dfrac{\sigma_x}{x}\right)^2+m^2\left(\dfrac{\sigma_y}{y}\right)^2+n^2\left(\dfrac{\sigma_z}{z}\right)^2}$
$w=kx$	$\sigma_w=k\sigma_x;\dfrac{\sigma_w}{w}=\dfrac{\sigma_x}{x}$
$w=\sqrt[k]{x}$	$\dfrac{\sigma_w}{w}=\dfrac{1}{k}\dfrac{\sigma_x}{x}$
$w=\sin x$	$\sigma_w=|\cos x|\sigma_x$
$w=\ln x$	$\sigma_w=\dfrac{\sigma_x}{x}$

5. 间接测量结果不确定度评定的步骤

(1) 首先,按照直接测量量不确定度评定的步骤,求出各直接测量量的算术平均值及其不确定度 $u(x),u(y),u(z),\cdots$;

(2) 根据函数关系,求间接测量量的最佳值(算术平均值)$\overline{w}=f(\overline{x},\overline{y},\overline{z},\cdots)$;

(3) 推导或利用不确定度传递(合成)公式,求 $u(w)$ 及 $E(w)$ 公式:

① 对和差形式函数求全微分,对积商形式函数先求对数再求全微分;

② 合并同类项即同一分量的(传递)系数,合并时有的同类项形式上可相互抵消;

③ 合并后的各项分量系数取绝对值,即"$-$"号变"$+$"号;

④ 将微分号变为不确定度符号;如"d"号变"u"或"σ"号;

(4) 求不确定度的方和根式;

(5) 并分别计算间接测量量 w 的合成不确定度 $u(w)$、相对不确定度 $E(w)$;

(6) 正确书写最后结果表示式:

$$\begin{cases} w=\overline{w}\pm u(w) \\ E(w)=\dfrac{u(w)}{\overline{w}}\times 100\% \end{cases} \quad (p(k\sigma)=\cdots)$$

注意 对于间接测量结果表示式中不确定度 $u(w)$、$E(w)$ 及算术平均值 $\overline{w}$,有效数字的取位与直接测量结果的取位规则相同.

例 2.4.2 利用不确定度的合成关系,证明等精度测量平均值的标准不确定度 $\sigma_{\overline{x}}=\dfrac{\sigma_x}{\sqrt{n}}$.

解 设对某物理量测 n 次,则平均值

$$\bar{x} = \frac{1}{n}(x_1 + x_2 + \cdots + x_n)$$

根据不确定度合成法则,有

$$\sigma_{\bar{x}} = \sqrt{\left(\frac{\sigma_{x_1}}{n}\right)^2 + \left(\frac{\sigma_{x_2}}{n}\right)^2 + \cdots + \left(\frac{\sigma_{x_i}}{n}\right)^2 + \cdots + \left(\frac{\sigma_{x_n}}{n}\right)^2} = \frac{1}{n}\sqrt{\sum_{i=1}^{n}\sigma_{x_i}^2}$$

因为是等精度测量,每个测量值的标准不确定度都相同,即

$$\sigma_x = \sigma_{x_1} = \sigma_{x_2} = \cdots = \sigma_{x_i} = \cdots = \sigma_{x_n}$$

所以有

$$\sigma_{\bar{x}} = \frac{1}{n}\sqrt{n\sigma_x^2} = \sqrt{\frac{n\sigma_x^2}{n^2}} = \frac{\sigma_x}{\sqrt{n}}$$

例 2.4.3 用流体静力称衡法测某固体密度,公式为 $\rho = \frac{m}{m-m_1}\rho_0$. 测得 $m = (27.06 \pm 0.02)\text{g}$; $m_1 = (17.03 \pm 0.02)\text{g}$; $\rho_0 = (0.9997 \pm 0.0003)\text{g/cm}^3$,各测量均以标准不确定度评定. 试求密度 ρ 标准不确定度及实验结果表达式.

解 (略)

6. 不确定度的均分原理

在间接测量中,每个独立被测量的不确定度,都会对最终结果的总不确定度有贡献. 如果有各测量量之间的函数关系,并可以写出其不确定度传递公式,则按照不确定度的均分原理,即将测量结果的总不确定度均分到各个被测分量中,使得各被测量的不确定度对总不确定度的贡献相等. 不确定度的均分原理,在分析各物理量的测量方法、选择使用仪器中,在指导设计性、研究性、创新性实验等方面,具有重要意义. 一般情况下,从经济合理出发,按照均分原理的要求,对测量结果影响较大的物理量,选择采用精度较高的仪器,而对测量结果影响较小的物理量,就不必选用高精度的仪器(详见设计性实验章节).

例 2.4.4 测量某个圆柱体的体积 V,须先测其直径 D 和高度 h. 粗测得 D 约 20.00mm, h 约 30.00mm. 若要求测量结果的相对不确定度 $E(V) = \frac{u(V)}{V} \leqslant 0.5\%$, 应该怎样选择仪器?

解 根据圆柱体体积公式 $V = \frac{\pi}{4}D^2h$, 可估算出测量结果的相对不确定度公式, 为

$$E(V) = \frac{u(V)}{V} = \frac{2u(D)}{D} + \frac{u(h)}{h}$$

利用不确定度均分原理 $\frac{2u(D)}{D}$ 与 $\frac{u(h)}{h}$ 应各占 1/2, 即 $\frac{2u(D)}{D} \leqslant 0.25\%$, $\frac{u(h)}{h} \leqslant 0.25\%$, 将直径 D 和高度 h 的粗值代入, 有

$$u(D) \leqslant \frac{D}{2} \times 0.25\% \leqslant \frac{20.00}{2} \times 0.25\% \leqslant 0.025\text{mm}$$

$$u(h) \leqslant h \times 0.25\% \leqslant 30.00 \times 0.25\% = 0.075\text{mm}$$

查表可知,千分尺分度值为 0.01mm(仪器误差限值为 0.004mm),50 分游标卡尺分

度值为 0.02mm(仪器误差限值为 0.02mm),而钢板米尺分度值为 1mm(仪器误差限值为 0.2mm).显然,千分尺最大允许误差小于 $u(D) \leqslant 0.025$mm,测圆柱体直径应选用千分尺;由于高度超出千分尺量程,测高度只能选游标卡尺,游标卡尺的最大允许误差也小于 $u(h) \leqslant 0.075$mm.

2.5 有效数字的记录及其运算

2.5.1 有效数字的概念

在自然科学领域,用来记录结果的数字,几乎全是由观测得来的.因为观测本身的误差无法避免,所以导致以"有效数字"的方法来表示实验精确度.

(1) 准确数字(也称**可靠数字**):对同一被测量,换不同的测量者进行测量,在测量数据左方前面不会变化的数字,称之为准确数字.

(2) 欠准数字(也称**可疑数字**、**存疑数字**):对同一被测量,换不同的测量者进行测量,在测量数据最后(最右)1 位数字,各测量者估读、记录的结果可能略有不同,这位数字称为欠准数字.

(3) 有效数字:一般规定,对一个测量数据取其可靠位数的全部数字,后面加上估计的第 1 位可疑数字,称为这个测量数据的有效数字.

(4) 有效位数:一个近似数据的有效位数是该数中有效数字的个数,指从该数左方第 1 个非 0 数字算起,到最末(最右方)1 个数字(包括 0)的个数,它不取决于小数点的位置.

例如,用分度值为 0.02mm 的游标卡尺,测得一物体长度 x 的测量数据为

$$x = 2\ 3.4\ 6\text{mm}$$

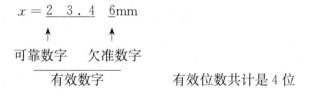

有效位数共计是 4 位

2.5.2 有效数字的正确读数和记录书写方法

一、有效数字的正确读数方法

在读取测量数据时,应使最后一位(欠准)数字恰在误差所在位.误差就发生在这一位不可靠的数字上,该位置常称之为误差位.读数就应读到这个误差位上为止,1 位也不能少读、或多读.少读 1 位,误差加大,测量精度降低;而多读 1 位,毫米以下第 1 位已不可靠,再估计到第 2 位、第 3 位既无意义也不可能.

一般来说,仪器的分度值是考虑到仪器误差所在位来划分的.仪器显示的数字均为有效数字(包括最小刻度后估读的一位),不能随意增减.但有时当仪器误差较大或测量对象、测量方法比较粗糙时,应根据实际情况来决定是否要估读到最小刻度之后的一位.由于仪器多种多样,读数规则也不尽相同.正确的有效数字读数方法大致如下:

(1) 一般读数应读到最小分度值以下再估读 1 位.可根据实际情况(如分度的间距、

刻线、指针的粗细、分度的数值等)估读最小分度值的 1/10、1/5、1/4、1/2,无论如何估读,最小分度位总认为是准确位,最小分度值下 1 位时估计欠准位.

(2) 有时读数的估计位就取在最小分度位. 如仪器的最小分度值为 0.5,则 0.1、0.2、0.3、0.4 及 0.6、0.7、0.8、0.9 都是估计值. 如仪器的最小分度值为 0.2,则 0.1、0.3、0.5、0.7、0.9 都是估计值. 这类情况一般不再估读到下 1 位.

(3) 游标类量具,只读到游标分度值,一般不估读,特殊情况估读到游标分度值的一半. 如十分游标卡尺等.

(4) 数字式仪表、步进读数仪器(如电阻箱)不需要估读,仪器所显示的最后一位就是欠准位.

(5) 在读数时,如果测量值恰好为整数,则必须补"0",一直补到"可疑位".

例如,如图 2.5.1 所示,用最小分度为 1mm 的米尺,测量一个物体的长度 l,测量结果是:该物体 42mm$<l<$43mm. 换不同的测量者进行测量,并对毫米以下小数点后的小数进行估读,结果分别为:$l_1=42.4$mm,$l_2=42.5$mm,$l_3=42.6$mm;显然,结果中的前 2 位数字不变化,即 42mm 是准确读出的可靠数字,小数点后的数字 4、5、6 是随机估读出来的可疑数字. 特别是,若物体的长度为 $l=42$mm 整数,即 41.9mm$<l<$42.1mm,可记为 $l=42.0$mm,42 后面的"0"是估读数字.

可见,测量数据都是包含误差的近似数据,反映了测量的精确度,因此,在对数据的记录、运算、结果表示的位数和取位时,绝不能任意取舍与修约,必须依据测量误差或不确定度来确定. 如果位数少取,会损害测量成果和计算结果的应有精度;位数取多了,会误认为测量精度很高,且增加了不必要的计算工作量.

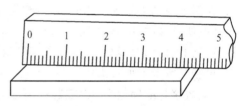

图 2.5.1　用米尺测量长度

二、有效数字的正确记录书写方法

(1) 有效数字位数反映了客观的测量结果,与小数点的位置或单位无关. 数字前面的"0"只是用来表示小数点的定位,而不是有效数字;数字中间的"0"和数字后面的"0",都是有效数字,切不能随意舍去或增加. 例如:

20.3mm、2.03cm、0.203dm、0.0203m 均为 3 位数字.

2.034cm 与 20.30mm 均为 4 位有效数字.

20.30mm 与 20.3mm 在数学上是相等的,但意义不同,20.30mm 是 4 位,20.3mm 是 3 位,二者测量精度不同,前者比后者高一个数量级.

(2) "**科学记数法**"(也称**科学表达式**)在科学论文中常用到. 即对于数值很大或很小的数据借助 10 的方幂来表示. 一般的使小数点在第 1 个有效数字后,10 的方幂前面的数字即为有效数字;但是,也常常考虑到诸如,k(千)、M(兆)、G(吉)、d(分)、c(厘)、m(毫)、μ(微)、n(纳)等常用进位表示,例如:

$$L = 3.608 \text{km} = 3.608 \times 10^3 \text{m}, \quad \lambda = 589.3 \text{nm} = 589.3 \times 10^{-9} \text{m},$$
$$e = 1.602 \times 10^{-19} \text{C}, \quad m_e = 0.9109 \times 10^{-30} \text{kg} = 9.109 \times 10^{-28} \text{g}$$

均为 4 位有效数字,这样表示不仅方便而且准确.

一般地,有效数字位数越多,相对误差越小. 如果将 $L = 3.608 \times 10^3$ m 写成 $L = 360800$ cm,有效数字就 4 位变成了 6 位,测量精度也就提高了 100 倍,这是不实际的错误夸大记录.

(3) 单位变换时,有效数字位数不变. 例如,

$$20.30 \text{mm} = 2.030 \text{cm} = 0.2030 \text{dm} = 2.030 \times 10^{-2} \text{m} = 2.030 \times 10^7 \text{nm},$$ 都是为 4 位有效数字.

2.5.3 有效数字的运算规则

有效数字包含欠准数字,则它的运算如同间接测量结果的计算一样,也存在误差传递问题. 严格地说,测量结果有效数字的取位完全由其不确定度确定(详见 2.4 节). 但是在计算不确定度之前,测量结果需要经过一系列的运算过程,参加运算的数值量可能很多、位数也不一致,为了简化近似计算过程,约定下列运算规则.

注意 现在计算都用计算机完成,不再使用笔算,有效数字的近似计算已不广泛应用,仅在对测量结果要求不高时,才以测量值的存疑位粗略地表示不确定度.

在近似计算中,可靠数字之间进行四则运算得到的仍为可靠数字;只要有存疑数字参与运算得到的仍为存疑数字,运算最后结果只保留一位存疑数字. 为了在运算中视别存疑数字,可在其数字上加一横线.

准确数字与准确数字 ⟹ 准确数字
准确数字与存疑数字 ⟹ 存疑数字
存疑数字与存疑数字 ⟹ 存疑数字

最终结果:只保留一位存疑数字.

统计学家 S·韦斯伯格说"由于有中间运算,它们必须尽量精确,舍入只被用于最后结果". 因此,最好对参与运算的数和中间运算结果都不修约,只在算出不确定度后、最后结果表示前再修约,这样做既是需要,也更有利于实验效率的提高.

1. 尾数的取舍

运算中确定了欠准位后,去掉其余尾数时按"4 舍 6 入 5 凑偶"法.

2. 加减运算

和差运算结果的有效数字欠准位(末位),一般末位多取 1 位.(即多保留 1 位存疑数字.)
例如,

$$\begin{array}{r} 3\ 2.\underline{1} \\ +\ \ 3.2\underline{3}\underline{5} \\ \hline 3\ 5.\underline{3}\underline{3}\underline{5} \end{array} \approx 35.3\underline{4} \text{(单位)}$$

$$\begin{array}{r} 4\ 1.\underline{9} \\ -\ 1\ \underline{2} \\ \hline 2\ \underline{9}.\underline{9} \end{array} \text{(单位)}$$

3. 乘除运算

乘除运算结果的有效数字位数.

例如,

$$\begin{array}{r} 120\underline{3} \\ \times 1.0\underline{1} \\ \hline 120\underline{3} \\ 0000\phantom{\underline{0}} \\ 1203\phantom{\underline{00}} \\ \hline 121\underline{5}.0\underline{3} \approx 121\underline{5}\,(单位) \end{array}$$

4. 其他运算

乘方、开方、对数等函数运算,结果的有效数字位数近似与原函数有效数字位数相同(对数的首数不作为有效数字).

三角函数运算,其结果的有效数字预测角仪器的分度值有关,一般可通过角度变化1个分度值时其结果在哪一位产生差异来确定其有效数位数. 三角函数值的取位与角度误差的对应关系如下:

角度误差	10″	1″	0.1″	0.01″
函数值位数	5位	6位	7位	8位

例如,分光计分度值为30″,测量值为20°6′,则 sin20°6′取 4 位有效数字. 因为 sin20°6′=0.343659694,sin20°6′30″=0.343796276,二者差异出现在小数点后的第 4 位上,这一位可认为是欠准位,所以 sin20°6′=0.3436.

注意

(1) 对一些参与运算的准确数、常数,其有效数字位数有无限多位,可根据运算需要合理取位. 如 π、e、$\sqrt{2}$、1/4 等,运算中适当多取 1~2 位即可,使因它的舍入造成的误差远小于测量误差(应小一个数量级以上),以免增加结果的误差;

(2) 对于计算过程的中间数据,也应比近似计算规则的要求多保留 1 位存疑数字,计算到最后结果,再按要求取 1 位存疑数字,以减小多数字入舍产生附加误差.

2.6 实验数据处理基本方法和结果表示

用简明而又科学的方法,处理、表达和分析实验数据,并从中找出事物的内在规律或得到最佳的结果,这就是数据处理. 数据处理的方法有很多种,实际工作中往往同时采用几种方法(如列表法、图示和图解法、逐差法、线性拟合法等),从不同的方面表达和分析实验数据.

2.6.1 实验数据处理基本方法

一、列表法

列表法就是在记录和处理数据时,经常把测量数据和有关的计算结果,按一定的规律分类、分行、分列地列成表格来表示的方法. 这是一种最基本和最常用的数据处理方法. 列表法可使数据表达简单、清晰、有条理,便于检查对比、分析和计算,同时也为作图奠定了基础,有助于分析各物理量的变化规律、找出各物理量之间的相互关系和规律,以求出经验公式等.

数据表格没有统一格式,但在设计表格时,应满足列表法的基本要求:

(1) 首先,在表格上方应有表头,写明所列表格的名称(及编号);实验日期、时间;

(2) 表格上方应写明所用测量仪器、量具的名称、规格(型号)、量程、分度值、准确度等级、零点、仪器误差限值等;必要时还应提供有关参数,如所引用的物理常数、实验环境参数(温度、湿度、大气压等);

(3) 标题栏目设计要合理、简单明了,便于记录原始数据,便于看出有关物理量之间的关系,便于进行数据计算处理;

(4) 标题栏目要注明各物理量的名称、符号、单位及量值的数量级,单位和数量级要写在标题栏中,而不要重复的记在各个数据后面;

(5) 表格中设计适当的测量次数,记录的各次测量数据,一律用有效数字表示,要正确反映测量结果的有效数字,记录要整齐清楚,并且不得涂改(如果个别数据确实记错或有疑问时,只许将错的数据轻轻画上一道,然后在其旁边、上、下处再记上正确的数据);

(6) 数据表格可分为"原始数据表格"、"实验数据表格"两种,一般将二者合二为一. 实验数据表格中除了包括原始数据表格外,还应包括有关的计算处理结果以及一些中间计算结果,如平均值、标准偏差、不确定度等.

具体列表法的例子,参考力学、电学、光学等基本实验练习.

例如,力学基本测量的数据表格之一,如下表所示.

数据表格编号及名称:表_____:_____(实验日期、时间:_____)
仪器名称:_____,规格型号_____,量程:_____(单位),分度值:_____(单位)
准确度等级:_____,零点:_____(单位),$\Delta_{ins}=$_____(单位),温度:_____(℃)

测量次数 n	高 H/mm	外径 D/mm	内径 d/mm
1			
2~5			
6			
平均值	$\bar{H}=$	$\bar{D}=$	$\bar{d}=$
标准偏差	$S_H=$	$S_D=$	$S_d=$
不确定度	$u(H)=$	$u(D)=$	$u(d)=$
直接测量结果	$H=\bar{H}\pm u(H)=$	$D=\bar{D}\pm u(D)=$	$d=\bar{d}\pm u(d)=$
测量结果		$V=\bar{V}\pm u(V)=$ mm³	

二、作图法

作图法(也称图示、图解法)是把一系列数据之间的关系和变化情况用图线直观地表示出来.

1. 作图法的作用和优点

(1) 它简明直观,便于分析比较,容易从图线形状上显示出数据变量的极大值、极小值、转折点、周期性、某些奇异特性等.

(2) 如果利用"内插法"、"外推法"可以从图线上直接读出没有进行观测的点的数值.

(3) 如果图线是依据测量数据点绘出的平滑曲线,则作图法有多次测量取平均的效果.

(4) 从图线中易于发现测量中的错误,并根据图线对实验的误差进行分析,还可以把复杂的函数关系简单化.

(5) 从图线中还可以方便的求出实验需要的某些实验结果,或是根据图线的形状来研究物理量之间的变化规律,找出对应的函数关系,求出经验公式等.例如,对直线,可以从图线上求出斜率和截距等(直线的斜率和截距往往代表了某些重要的物理参数).

(6) 尤其在没有完全掌握实验规律,或很难用解析函数表示物理量之间的关系时,用作图法处理数据显得简洁明了.

常见的 3 种物理实验图线:

(1) 物理量的关系曲线、元件的特性曲线、仪器仪表的定标曲线等.这类曲线一般是光滑连续的曲线或直线.

(2) 仪器仪表的校准曲线.这类曲线的特点是两物理量之间并无简明的函数关系,其图线是无规则的折线.

(3) 计算用图线.这类曲线是根据较精密的测量数据,经过整理后,精心细致的绘制在图纸上,以便计算和查对.

2. 作图的基本规则

(1) 选择坐标纸.作图一定要用坐标纸.常用的坐标纸有:直角坐标纸、单对数坐标纸、双对数坐标纸、极坐标纸等.本课程主要采用直角坐标纸(毫米方格纸).

首先,选择合适的坐标分度值,确定坐标纸的大小.

坐标纸大小要根据实验数据的有效数字和对测量结果需要来确定.原则上,要求坐标纸中的最小格对应测量数据中可靠数字的最后一位,即(图上的最小格)坐标分度值的选取,与实验数据有效数字的最小准确数字位对应.一般以 1～2mm 对应于测量仪表的示值误差限或基本误差限.

(2) 合理选择坐标轴、正确标明坐标分度(比例选择).

合理选轴、正确分度是作图效果的关键.一般以横轴表示自变量,纵轴表示因变量,用粗细适当的实线画出坐标轴,用箭头标出轴方向(也可不标箭头),并分别在纵、横坐标轴的末端标明该轴所代表的物理量名称(或符号)和单位,物理量和单位之间用"/"分开或将单位用括号括上.

同时也要适当选取两坐标轴的比例和坐标起点.两坐标的比例可以不同纵横轴长度 4∶5 或 5∶4 均可.坐标的起点也不一定取为"0",一般以低于实验数据最小值的某一整数作为起点,用高于实验数据最大值的某一整数作为终点,以便使图线尽量对称地充满整个图纸,而不要偏在一边或缩在一角.

正确标明坐标分度,就是在坐标轴上按顺序每隔一定的距离(有时不一定等间距),用整齐的数字标明坐标轴分度(整分格刻度上的量值).

坐标纸大小和坐标比例的选择原则是要适合有效数字的要求,即数据中的可靠数字在图中也是可靠的,数据中存疑的一位在图中也是估计的.一般要求图纸中的一小格对应数据中可靠数字的最后一位.

选定比例时,为便于读数和描点,常使最小分格代表1、2、5、10等个单位;而不用3、6、7、9来划分标尺.

(3) 正确标点与画线.根据所测数据,用标志符号"×"正确清楚地标出各实验点的坐标位置.力求与测量数据对应的坐标准确落在"×"的交叉点上.若在一张图上同时要画出几条曲线时,同一坐标系下各不同曲线,必须用不同的标志符号来表示数据点,如可用⊕、⊗、⊙、○、+、△等.

画线一定要用直尺、曲线板等作图工具,把数据点连成直线、光滑曲线或折线.由于存在误差,所以直线或曲线不一定要通过所有的实验点,而应该使测点在曲线两侧的均匀分布,以体现"平均值"的概念,如有个别测点偏离曲线太大,则应在认真分析后,再决定舍去或重测校正.图线正穿过实验点时,可以在点处断开.

注意:除了校正曲线是通过各校准点连成的折线外,其他均连成直线或光滑曲线.

(4) 标出图线特征.利用图线和公式从图上计算得出的某些参数(如截距、斜率等);仔细观察并分析图线,找出图线的正常特点、特征及某些异常特征情况;在图上空旷位置标明实验条件以及图线的某些参数、正常特征、异常特征情况.很多科学实验的新发现和创新点,都是通过对实验现象中以前没发现的新特点、异常特征分析研究做出来的.

(5) 标出图注及说明.在图线下方或空旷位置,标出简洁而完整的图名、作者、实验及作图日期、时间;在图名下方或空旷位置,可以附加必要而简短的说明(如实验条件、数据来源、图注等).一般将纵轴代表的物理量写在前面,横轴代表的物理量写在后面,中间用符号"~"连接起来.

至此一张合格的实验结果图才算完成.

例 2.6.1 图示法表达试验的函数关系.

不同温度下某金属电阻值如表 2.6.1 所示,利用图示法所绘 R-t 直线如图 2.6.1 所示.从所绘直线上选取相距较远的两点 A、B 的坐标 $A(13.0,10.500)$,$B(83.5,12.600)$,可求出其斜率值 k、R 大小以及电阻温度系数 α.(求解过程省略.)

表 2.6.1 不同温度下的金属电阻值

n	1	2	3	4	5	6	7
$t/℃$	10.5	26.0	38.3	51.0	62.8	75.5	85.7
R/Ω	10.423	10.892	11.201	11.586	12.025	12.344	12.670

3. 图解法求实验的线性方程

根据已作好的实验图线,运用解析几何的指示,求解图线上的各种参数,得到曲线方程及经验公式的方法,称为图解法.当图线类型为直线时,用图解法求解参数极为方便.即数据点近似可以拟合成一条直线时,则可以通过线性实验数据的处理确定参数,进一步求出反映该实验物理规律的解析方程——线性方程.线性方程的一般形式为

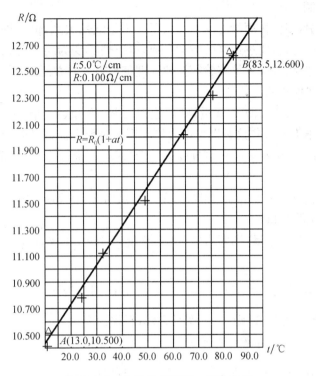

图 2.6.1 电阻 R 随温度 t 变化曲线

$$y = a + bx \tag{2.6.1}$$

其中，y 是因变量，x 是自变量，参数 b 是直线的斜率，a 是直线在 y 轴上的截距，可由图上求出.

图解法（即线性关系数据的处理）的步骤如下：

(1) 选取解析点：在直线的两端任取两点（解析点）$A(x_1, y_1)$、$B(x_2, y_2)$，用不同于测量值坐标点的符号标出，并注明其坐标值（注意书写正确的有效数字），如图所示. 为了减少相对误差，所取的 A、B 两点应在实验值范围内尽量彼此远离，但一般不能取原始实验数据.

(2) 计算直线的斜率和截距：将所取两解析点 A、B 的坐标值 $A(x_1, y_1)$、$B(x_2, y_2)$，代入直线方程 $y = a + bx$，可解得直线的斜率 b、截距 a 为

$$\text{斜率} \quad b = \frac{y_2 - y_1}{x_2 - x_1} \tag{2.6.2}$$

$$\text{截距} \quad a = \frac{x_2 y_1 - x_1 y_2}{x_2 - x_1} \tag{2.6.3}$$

如果横坐标原点是 0，则直线的截距 a 为 $x = 0$ 时的 y 值，即 $a = y\big|_{x=0}$，可以从图上直接读出来. 斜率 b 和截距 a 都是有单位的物理量.

(3) 内插外推求未知量：特别是直线的外推，如气压 P 与温度 T 是直线关系. 当直线外推延长至 $P = 0$，可求出温度的极限值——绝对零度. 外推必须有根据. 如已经外推时直线关系仍成立才能外推.

4. 曲线的改直

在实际工作中,多数物理量之间的关系不一定是线性关系,但在许多情况下,为了寻求实验规律或实验公式,通过适当的数学变换,可以使其变为线性关系,即把曲线改为直线(也称线性化).曲线的改直给实验数据的处理带来很大的方便.

常用的可以线性化的函数如下:

(1) 幂函数:$y=ax^b$,a、b为常量,则两边取对数,得 $\lg y=b\lg x+\lg a$,为线形函数关系,斜率为b,截距为$\lg a$.作这种图可以直接利用半对数坐标纸(即两个坐标中一个是普通等距离分度,另一个坐标是按对数分度的图纸)或对数坐标作图(即两个坐标都是对数分度).

(2) 指数函数:$y=ae^{-bx}$,a、b为常量,则取自然对数,得 $\ln y=\ln a-bx$,$\ln y$-x 图是直线,斜率为$-b$,截距为$\ln a$.

(3) $y=ab^x$,a、b为常量,则两边取对数,得 $\lg y=\lg a+x\lg b$,$\lg y$-x 图是直线,斜率为$\lg b$,截距为$\lg a$.

(4) $x \cdot y=c$,c为常量,则 $y=\dfrac{c}{x}$,y-$\dfrac{1}{x}$ 图是直线,斜率为c.

(5) $y^2=2px$,p为常量,则 y^2-x 图是直线,斜率为$2p$.

(6) $x^2+y^2=a^2$,a为常量,则 $y^2=a^2-x^2$,y^2-x^2 图是直线,斜率为-1,截距为a^2.

(7) 双曲线:$I\omega/x^2=a$,a为常量,则 I-$\dfrac{1}{\omega}x^2$ 图是直线,斜率为a.

(8) 二次函数:自由落体公式 $s=v_0t+\dfrac{1}{2}at^2$,v_0、a为常量,则两边同除以t,得 $\dfrac{s}{t}=v_0+\dfrac{1}{2}at$,作 $\dfrac{s}{t}$-t 图是直线,斜率为$\dfrac{1}{2}a$,截距为v_0.

(9) 电容充放电方程:$q=Qe^{-\frac{t}{RC}}$,Q、R、C为常量,则取自然对数,得 $\ln q=\ln Q-\dfrac{t}{RC}$,作 $\ln q$-t 图是直线,斜率为$-\dfrac{t}{RC}$,截距为$\ln Q$.

(10) 等温方程:$PV=C$,C为常量,则 P-$\dfrac{1}{V}$ 图是直线,斜率为C.

例 2.6.2 某器件电阻与温度数值关系如下:

$t/℃$	22.5	31.8	41.0	52.2	62.4	71.1
R/Ω	43.10	43.10	44.40	46.45	48.35	51.45

用作图法求电阻温度关系.

解 在毫米方格纸上作图,如图 2.6.2 所示.横坐标代表温度,温差范围约50℃,图上取1cm代表5℃,自20℃开始到80℃.纵坐标代表电阻,电阻差约8Ω,取1Ω代表10Ω,自42Ω开始到52Ω.表明坐标代表符号、单位及分度值.用符号⊙标出实测数据"点",依实验点作图.作出曲线为直线,说明电阻与温度是线性关系.在直线上选取 A、B 两点,以符号△标出,读出两点的坐标分别为 $A(20.0,42.70)$、$B(70.0,51.45)$,将两点坐

标代入公式(2.6.2),可得斜率 b 为
$$b = \frac{51.45 - 42.70}{70.0 - 20.0} = 0.175$$
由于图中找不到截距,可用 B 点坐标代入方程(2.6.3),得截距 a 为
$$a = 36.4$$
最后可得电阻-温度关系为
$$R = 0.175t + 36.4$$

三、逐差法

所谓**逐差法**,就是把实验测量数据分成高低两组,将一定的对应项相减的方法. 它是物理实验中一种常用的数据处理方法之一. 但逐差法应用的前提是自变量等间距变化,且与因变量之间的函数关系为线性关系.

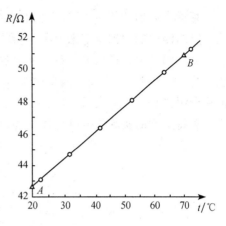

图 2.6.2　电阻与温度的关系
$(y=bx+a)$

原则上讲,对自变量与因变量之间为多项式函数关系
$$y = \sum_{i=0}^{n} a_i x^i \tag{2.6.4}$$
时,只要自变量是等间距变化的,都可以采用多次逐差法处理数据.

本课程主要介绍逐差法的一般应用,即用于自变量是等间距变化的线性函数关系处理中,可以方便地求出其线性关系式 $y=a+bx$ 中的斜率.

设两个变量之间满足线性关系 $y=a+bx$,且自变量 x 是等间距变化的. 把因变量 y 和自变量 x,将实验中得到的测量数据,按顺序分成对应的两组:
$$x_1, x_2, \cdots, x_i, \cdots, x_n \text{ 和 } x_{n+1}, x_{n+2}, \cdots, x_{n+i}, \cdots, x_{2n}$$
$$y_1, y_2, \cdots, y_i, \cdots, y_n \text{ 和 } y_{n+1}, y_{n+2}, \cdots, y_{n+i}, \cdots, y_{2n}$$
求出对应项的差值(即将后组各数据与前组各对应数据相减):
$$\begin{aligned}
\Delta y_1 &= y_{n+1} - y_1 = b(x_{n+1} - x_1) = b\Delta x_1 \\
\Delta y_2 &= y_{n+2} - y_2 = b(x_{n+2} - x_2) = b\Delta x_2 \\
&\vdots \\
\Delta y_i &= y_{n+i} - y_i = b(x_{n+i} - x_i) = b\Delta x_i \\
&\vdots \\
\Delta y_n &= y_{2n} - y_n = b(x_{2n} - x_n) = b\Delta x_{2n}
\end{aligned} \tag{2.6.5}$$
再求上面差值的平均值:
$$\overline{\Delta y} = \frac{1}{n} \sum_{i=1}^{n} \Delta y_i = \frac{1}{n} \sum_{i=1}^{n} (y_{n+i} - y_i) = \frac{1}{n} \sum_{i=1}^{n} b(x_{n+i} - x_i) = \frac{1}{n} \sum_{i=1}^{n} b \Delta x_i = b \overline{\Delta x} \tag{2.6.6}$$
于是有
$$b = \frac{\overline{\Delta y}}{\overline{\Delta x}} = \frac{\sum_{i=1}^{n} \Delta y_i}{\sum_{i=1}^{n} \Delta x_i} = \frac{\sum_{i=1}^{n} (y_{n+i} - y_i)}{\sum_{i=1}^{n} (x_{n+i} - x_i)} \tag{2.6.7}$$

根据求差项的相对位置,上面的逐差法实际上是"隔项逐差"或"分组求差"也叫组差法. 这样,测得的数据全都用上了,达到了多次测量取平均、减小误差的目的.

采用组差法处理数据,应把 $2n$ 个数据分成前后两组,各包含 n 个数据,对应项相减再求平均. 求出相差 n 个间距的平均值. 除了这种分组方法外,也可按其他规律分组,但这种前后分组方法间隔最大,误差最小.

若将上面的实验数据进行逐项逐差(即逐项相减),则有

$$\Delta y_i = y_{1+i} - y_i = b(x_{1+i} - x_i) = b\Delta x_i \tag{2.6.8}$$

$$b = \overline{\frac{\Delta y}{\Delta x}} = \frac{\sum_{i=1}^{n-1}(y_{1+i} - y_i)}{\sum_{i=1}^{n-1}(x_{1+i} - x_i)} = \frac{y_n - y_1}{x_n - x_1} \tag{2.6.9}$$

由此可见,结果只有第一个数据与最后一个数据参与运算,测量结果的误差只与这两个数值有关,达不到多次测量减小误差的目的.

正确应用逐差法,在线性关系、等间距测量中,把实验数据分组相减,可边实验边检查对应函数的差距是否相等并及时发现数据的规律和差错.

例 2.6.3 用受力拉伸弹簧的弹性系数时,在弹性范围内,伸长量 x 与拉力 F 之间满足线性关系 $F=kx$(胡克定律). 等间距改变拉力 F,测得数据见表 2.6.2.

表 2.6.2 等间距改变拉力 F 时测得数据

测量次数 i	拉力 $F/(9.8\text{N})$	弹簧伸长位置 x_i/cm	逐项相减 $(x_{i+1}-x_i)/\text{cm}$	等间距相减 $(x_{i+4}-x_i)/\text{cm}$
1	0.000	10.00		2.82
2	0.100	10.72	0.72	
3	0.200	11.42	0.70	2.83
4	0.300	12.11	0.69	
5	0.400	12.82	0.71	2.81
6	0.500	13.55	0.73	
7	0.600	14.23	0.68	2.82
8	0.700	14.93	0.70	
平均值			0.704	2.82

解 由表中看出,$x_{i+1}-x_i$ 基本相等,说明 x 与 F 成线性关系. $x_6-x_5=0.73$,偏大;$x_7-x_6=0.68$,偏小,说明测量值 x_6 误差稍大.

用逐项逐差计算:由逐项差虽然可以得到某些信息,但求每次拉力改变的平均伸长量时不能使用.

因为测得 $x_1,x_2,\cdots,x_8$ 后,如依次相减再求平均值,即

$$\overline{\Delta_1 x} = \overline{(x_{i+1}-x_i)} = \frac{1}{7}[(x_2-x_1)+(x_3-x_2)+\cdots+(x_7-x_6)+(x_8-x_7)]$$

$$= \frac{1}{7}(x_8-x_1) = 0.704\text{cm}$$

显然,结果只有第 1 个数据与最后第 8 个数据参与运算,测量结果的误差只与这两个数值有关,达不到多次测量减小误差的目的.

用隔项逐差——组差法计算:

把以上 8 个数据分成两组,前 4 个一组,后 4 个一组,两组对应项相减求差,再求平均. 得到拉力改变 4 次 $(0.4 \times 9.8 \text{N})$ 的平均伸长量,即

$$\overline{\Delta_4 x} = \overline{(x_{i+4} - x_i)} = \frac{1}{4}[(x_5 - x_1) + (x_6 - x_2) + (x_7 - x_3) + (x_8 - x_4)]$$

$$= \frac{1}{4}[(x_5 + x_6 + x_7 + x_8) - (x_1 + x_2 + x_3 + x_4)]$$

$$= 2.82 \text{cm}$$

显然,这样测得的 8 个数据全都用上了,达到了多次测量取平均减小误差的目的. 这种前后分组方法间隔最大,误差最小.

胡克定律 $F = kx$,其中的 x 为伸长变化量,在本例题中即为 Δx. 拉力 F 和 Δx 都取平均值,即 $\overline{F} = k \overline{\Delta x}$,则

用逐项逐差计算:

$$k_1 = \frac{\overline{F_1}}{\overline{\Delta_1 x}} = \frac{0.100 \times 9.8 \text{N}}{0.704 \text{cm}} = 1.392 \text{N} \cdot \text{cm}^{-1} \doteq 1.39 \text{N} \cdot \text{cm}^{-1}$$

用隔项逐差——组差法计算:

$$k_4 = \frac{\overline{F_4}}{\overline{\Delta_4 x}} = \frac{0.400 \times 9.8 \text{N}}{2.82 \text{cm}} = 1.390 \text{N} \cdot \text{cm}^{-1} \doteq 1.39 \text{N} \cdot \text{cm}^{-1}$$

四、线性拟合法

用作图法处理数据虽然有直观、简明、方便等优点,但根据作图法作出的图线所确定的实验方程形式和系数会由于绘图引入附加误差. 它不如数学解析方法准确,是一种粗略的数据处理方法. 例如,不同的人,用同一组数据作图,由于存在一定的主观随意性,所拟合出的直线(或曲线)往往是不一样的.

为克服这些缺点,通常采用更严格的数学解析的方法,从一组实验数据中找出一条最佳的拟合直线或曲线(即寻求一个误差最小的实验方程),称为**方程回归**,也叫**线性拟合**. 方程回归法中最常用的方法是**最小二乘法**,由最小二乘法所得的变量之间的函数关系称为**回归方程**,最小二乘法拟合也叫最小二乘法回归.

方程回归的具体过程为:首先根据理论或实验中数据变化趋势推断出方程的形式,然后根据最小二乘法确定有关系数(如斜率、截距),最后检验方程的合理性,并求相关系数.

限于本课程的教学要求,只讨论用最小二乘法进行最基本的一元线性拟合(即直线拟合). 有关多元线性拟合与非线性拟合,可在需要时查阅有关专著.

1. 求一元线性回归方程的最小二乘法原理

最小二乘法线性拟合的原理:若能找到一条最佳的拟合直线(或曲线),那么各测量值与这条拟合直线(或曲线)上各对应点的值之差的平方和,在所有的拟合直线(或曲线)中应该最小.

假设两个物理量 x 与 y 之间满足线性关系,其函数形式为一元线性回归方程,即

$$y = a + bx \tag{2.6.10}$$

实验中等精度地测得一系列数据(x_i, y_i) $(i=1,2,3,\cdots,n)$. 为了讨论简便,假设自变量x_i的测量精度比因变量y_i的高,而所有主要误差都只与y_i联系着. 那么,对于每一个自变量测量值x_i,都可按方程$(y=a+bx)$计算出一个计算值$Y_i = a+bx_i$,则每一个因变量测量值y_i与直线上对应点的Y_i值之间的偏差为

$$\nu_i = y_i - Y_i = y_i - (a+bx_i) \quad (i=1,2,\cdots,n) \tag{2.6.11}$$

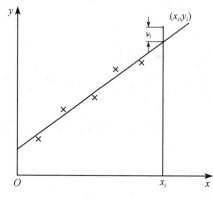

图 2.6.3 测量偏差示意图

从几何意义上讲,ν_i是实验点(x_i, y_i)与直线$y=a+bx$之间的纵向偏差,如图 2.6.3 所示. 根据最小二乘法原理,确定一元线性回归方程系数a、b的标准,应当是使这些偏差ν_i都很小,而总偏差S最小. 但由于ν_i有正有负,避免彼此抵消,总偏差S应取ν_i的平方和表示. 换言之,按照使所有y方向偏差ν_i的平方和 (总偏差$S = \sum\limits_{i=1}^{n} \nu_i^2$)最小的原则,确定$a$、$b$系数取值的方法,称为最小二乘法,即求

$$S = \sum_{i=1}^{n} \nu_i^2 = \sum_{i=1}^{n} [y_i - Y_i]^2 = \sum_{i=1}^{n} [y_i - (a+bx_i)]^2 \tag{2.6.12}$$

为最小值时的a、b.

根据求极值的条件,令S对a、b的一阶偏导数为 0,可得

$$\frac{\partial S}{\partial a} = \frac{\partial (\sum\limits_{i=1}^{n} \nu_i^2)}{\partial a} = \frac{\partial \sum\limits_{i=1}^{n} [y_i - (a+bx_i)]^2}{\partial a} = -2\sum_{i=1}^{n}(y_i - a - bx_i) = 0$$

$$\frac{\partial S}{\partial b} = \frac{\partial (\sum\limits_{i=1}^{n} \nu_i^2)}{\partial b} = \frac{\partial \sum\limits_{i=1}^{n} [y_i - (a+bx_i)]^2}{\partial b} = -2\sum_{i=1}^{n}(y_i - a - bx_i)x_i = 0 \tag{2.6.13}$$

整理后,得

$$na + (\sum_{i=1}^{n} x_i)b = \sum_{i=1}^{n} y_i$$

$$(\sum_{i=1}^{n} x_i)a + (\sum_{i=1}^{n} x_i^2)b = \sum_{i=1}^{n} x_i y_i \tag{2.6.14}$$

引入算术平均值符号:$\bar{x} = \frac{1}{n}\sum\limits_{i=1}^{n} x_i$, $\bar{y} = \frac{1}{n}\sum\limits_{i=1}^{n} y_i$, $\overline{x^2} = \frac{1}{n}\sum\limits_{i=1}^{n} \overline{x_i^2}$, $\overline{y^2} = \frac{1}{n}\sum\limits_{i=1}^{n} \overline{y_i^2}$, $\overline{xy} = \frac{1}{n}\sum\limits_{i=1}^{n} \overline{x_i y_i}$, 可得

$$a + \bar{x}b = \bar{y}$$
$$\bar{x}a + \overline{x^2}b = \overline{xy} \tag{2.6.15}$$

联立求解，可得

$$a = \bar{y} - b\bar{x}$$
$$b = \frac{\bar{x} \cdot \bar{y} - \overline{xy}}{(\bar{x})^2 - \overline{x^2}} \tag{2.6.16}$$

或者

$$b = \frac{n\left(\sum x_i y_i\right) - \left(\sum x_i\right)\left(\sum y_i\right)}{n\left(\sum x_i^2\right) - \left(\sum x_i\right)^2}$$
$$a = \frac{\left(\sum y_i\right)\left(\sum x_i^2\right) - \left(\sum x_i\right)\left(\sum x_i y_i\right)}{n\left(\sum x_i^2\right) - \left(\sum x_i\right)^2} \tag{2.6.17}$$

由上式计算出的 a、b，即为线性回归方程中的待定参数（回归系数）a、b 的最佳估计值. 将上面的 a、b 代入直线方程 $y=a+bx$，即可得到由实验数据 (x_i, y_i) 所拟合出的最佳直线方程（最佳经验公式），即一元线性回归方程.

2. 方程系数 a、b 及 y_i 的误差估算

一般地说，一系列实验数据点对直线的偏离大，即该系列测量值 y_i 的偏差 ν_i 大，那么由这列数据求出的 a、b 值的误差也大，由此确定的回归方程的可靠性就差；反之，亦然，即由 a、b 确定的回归方程 $y=a+bx$ 的可靠性就好.

可以证明，在前面假设只有 y_i 有明显随机误差条件下，a、b 的标准偏差，可以用下列公式估算，即

截距 a 的实验标准差：

$$S(a) = \frac{\sqrt{\overline{x^2}}}{\sqrt{n\left[\overline{x^2} - (\bar{x})^2\right]}} S(y) \tag{2.6.18}$$

斜率 b 的实验标准差：

$$S(b) = \frac{1}{\sqrt{n\left[\overline{x^2} - (\bar{x})^2\right]}} S(y) \tag{2.6.19}$$

其中，$S(y)$ 测量值 y_i 的实验标准偏差：

$$S(y) = \sqrt{\frac{1}{(n-2)}\sum_{i=1}^{n}\nu_i^2} = \sqrt{\frac{1}{n}\sum_{i=1}^{n}(y_i - a - bx_i)^2} \tag{2.6.20}$$

3. 相关系数 r

以上对线性回归方程 $y=a+bx$ 的确定，是在预先假定了 y-x 为线性关系时求得线性方程回归系数 a、b. 但这一结果是否合理，即上述一元线性拟合所找出的回归方程是否恰当，通常可用相关系数 r 来检验，一元线性回归的相关系数定义为

$$r = \frac{l_{xy}}{\sqrt{l_{xx} \cdot l_{yy}}} = \frac{\overline{xy} - \bar{x} \cdot \bar{y}}{\sqrt{(\overline{x^2} - \bar{x}^2)(\overline{y^2} - \bar{y}^2)}} \tag{2.6.21}$$

其中 $l_{yy} = \sum y_i^2 - \frac{1}{n}\left(\sum y_i\right)^2$.

相关系数 r 反映了数据的线性相关程度，即表示两个变量之间的关系与线性函数符合的程度. 可以证明，$|r| \leqslant 1$，即 r 总是在 0 与 ± 1 之间. 如果 $r = \pm 1$，表示 x、y 完全线性

相关,拟合直线通过全部实验数据点;|r|值越接近于1,表示实验数据点能聚集在所求直线附近,即 x、y 间存在线性关系,用最小二乘法作线性回归比较合理.

$r>0$ 时拟合直线的斜率为正,称为正相关;$r<0$ 时拟合直线的斜率为负,称为负相关;$r=0$,称为不相关.

注意

(1) 对于指数函数、对数函数、幂函数的最小二乘法线性拟合,可通过变量替换,使之成为线性关系,再进行拟合.

(2) 很多函数计算器都具有二维统计、函数回归功能,可直接利用计算器上的功能键,迅速得到 $\bar{x}$、S、σ 及 r、a、b 的数值.

参见附录 2 计算器二维统计 $\bar{x}$、S、σ. 附录 3 函数回归 r、a、b.

例 2.6.4 已知铜的电阻与温度关系为线性关系 $R_t=R_0(1+\alpha t)$,测得某一段铜丝不同温度 t 下电阻 R_t 为

$t/℃$	22.55	26.50	30.05	33.85	38.70	42.00	46.15
R_t/Ω	0.7810	0.7948	0.8060	0.8157	0.8306	0.8435	0.8530

利用最小二乘法求 R_0、α 以及相关系数 r. 并写出 $R_t=R_0(1+\alpha t)$.

解 利用计算器可算出:

$$\sum t = 239.80℃ \quad \sum t^2 = 8651.1 ℃^2,$$

$$\sum R = 5.7246\Omega, \quad \sum R^2 = 4.685\Omega^2, \quad \sum tR = 197.44℃\Omega$$

由 $R_t=R_0(1+\alpha t)=(\alpha R_0)t+R_0$ 可知

$$b=\alpha R_0 = \frac{n(\sum t_i R_i)-(\sum t_i)(\sum R_i)}{n(\sum t_i^2)-(\sum t_i)^2}$$

$$=\frac{7\times 197.44 - 239.80 \times 5.7246}{7\times 8651.1 - (239.80)^2}$$

$$=3.052\times 10^{-3}\Omega/℃$$

$$a=R_0=\frac{(\sum R_i)(\sum t_i^2)-(\sum t_i)(\sum t_i R_i)}{n(\sum t_i^2)-(\sum t_i)^2}$$

$$=0.7132\Omega$$

$$\alpha=\frac{b}{R_0}=4.279\times 10^{-3} K^{-1}$$

$$r=\frac{(\sum t_i R_i)-\frac{1}{n}(\sum t_i)(\sum R_i)}{\sqrt{\left[\sum t_i^2-\frac{1}{n}(\sum R_i)^2\right]\left[\sum R_i^2-\frac{1}{n}(\sum R_i)^2\right]}}$$

$$=\frac{197.44-\frac{1}{7}\times 239.80 \times 5.7246}{\sqrt{\left[8651.1-\frac{1}{7}(239.80)^2\right]\left[4.68567-\frac{1}{7}(5.7246)^2\right]}}$$

$$= 0.997$$

所以,有 $R_t = R_0(1+\alpha t) = \alpha R_0 t + R_0 = 3.052 \times 10^{-3} t + 0.7132(\Omega)$

2.6.2 实验结果表示(小结)

除了列表、作图等表示实验结果外,下面对用实验数值、平均值、不确定等数据来表示结果的方法,进行一下小结.

一、单次测量

单次测量时,测量值只有一个 x,因为只有系统误差,只计算 B 类不确定度.

$\sigma_{x_B} = \dfrac{\Delta_{ins}}{\sqrt{3}}$、$\sigma_{x_B} \approx \Delta_{ins}$ 或由实际情况决定 u_{x_B}.

结果表示 $\begin{cases} x \pm \sigma_{x_B} = (\quad \pm \quad)(单位) \\ E_x = \dfrac{\sigma_{x_B}}{x} \times 100\% = \quad\quad (\%)(p=0.683) \end{cases}$

二、多次测量

(1) 对于直接测量的物理量 x 的 n 次测量,其平均值 $\bar{x}$,A 类不确定度 σ_{x_A},B 类不确定度 σ_{x_B} 及 E_x,都要计算.

结果表示 $\begin{cases} x = \bar{x} \pm \sigma_x = (\quad \pm \quad)(单位) \\ E_x = \dfrac{\sigma_x}{\bar{x}} \times 100\% = \quad\quad (\%)(p=0.683) \end{cases}$

其中,
$$\bar{x} = \frac{1}{n} \sum_{i=1}^{n} x_i$$

$$\sigma_x = \sqrt{\sigma_{x_A}^2 + \sigma_{x_B}^2}$$

$$\sigma_{x_A} = t_p \cdot \sqrt{\frac{\sum_{i=1}^{n}(x_i - \bar{x})^2}{n(n-1)}}$$

$$\sigma_{x_B} = \frac{\Delta_{ins}}{\sqrt{3}},\ \sigma_{x_B} = \Delta_{ins}\ 或由实际情况决定\ \sigma_{x_B}.$$

(2) 若物理量 w 是间接测量量. 如:$w = f(x, y, z, \cdots)$,则需要先推导 w 的不确定度传递合成公式(参见 2.4.2).

$$\bar{w} = f(\bar{x}, \bar{y}, \bar{z}, \cdots)$$

$$E_w = \frac{u(w)}{w} = \sqrt{\left(\frac{\partial \ln f}{\partial x} u(x)\right)^2 + \left(\frac{\partial \ln f}{\partial y} u(y)\right)^2 + \left(\frac{\partial \ln f}{\partial z} u(z)\right)^2 + \cdots}$$

结果表示 $\begin{cases} w = \bar{w} + u(w) = (\quad \pm \quad)(单位) \\ E_w = \dfrac{u(w)}{\bar{w}} \times 100\% = \quad\quad (\%)(p=0.683) \end{cases}$

其中, $u(x) = t_p \sqrt{u_{x_A}^2 + u_{x_B}^2}$

$$u_{x_A} = t_p \cdot S_{\bar{x}} = t_p \sqrt{\frac{\sum_{i=1}^{n}(x_i-\bar{x})^2}{n(n-1)}}$$

$$u_{x_B} = \frac{\Delta_{\text{ins}}}{\sqrt{3}}, \quad u_{x_B} \approx \Delta_{\text{ins}} \text{ 或由实际情况决定 } u_{x_B}.$$

$u(y), u(z)\cdots$ 与 $u(x)$ 类同.

（3）对于电表类物理量的测量. 其不确定度根据电表的准确度等级 a 定义, 即

$$a\% = (\text{示数最大误差 } \Delta_{\text{ins}}/\text{量程}) \times 100\%$$

$$\Delta_{\text{ins}} = \text{量程} \times a\%$$

$$\sigma = \frac{\Delta_{\text{ins}}}{\sqrt{3}} (\text{均匀分布}), \text{ 或 } \sigma \approx \Delta_{\text{ins}}$$

例如: 伏安法测电阻: $R = \frac{V}{I}$, 估算 E_R 用下式, 即

$$E_R = \frac{\sigma_R}{R} = \sqrt{\left(\frac{\sigma_V}{V}\right)^2 + \left(\frac{\sigma_I}{I}\right)^2}$$

$$\sigma_V = V_{\max} \cdot a\%, \quad \sigma_I = I_{\max} \cdot a\%$$

其中 V, I 取任意实验点 (V_i, I_i), 而所估算的 R 也就是该点的电阻值 R_i, 即

$$R_i = \frac{V_i}{I_i}$$

$$E_{R_i} = \frac{\sigma_{R_i}}{R_i} = \sqrt{\left(\frac{\sigma_V}{V_i}\right)^2 + \left(\frac{\sigma_I}{I_i}\right)^2}$$

结果表示
$$\begin{cases} R = R_i \pm \sigma_{R_i} = (\quad \pm \quad)(\text{单位}) \\ E_{R_i} = \left(\frac{\sigma_{R_i}}{R_i}\right) \times 100\% = \quad (\%)(p=0.683) \end{cases}$$

特别注意: 本书一般结果表示都建议用标准不确定度表示结果, 此时, 上面的 $u(x)$ 可以写成 σ_x. 写 u_{x_A}、u_{x_B}、σ_{x_A}、σ_{x_B} 是为了明确 A 类分量、B 类分量. 实际应用过程中, 只要表述清楚, 不至于发生错误, 即可.

2.7 计算机数据处理软件与计算器统计功能简介

2.7.1 计算机数据处理软件简介

计算机数据处理软件很多, 发展也很快. 如 MATLAB、Excel、C++、Origin 等, 这里只介绍最简单的两种.

一、Origin 数据处理软件简介

Microcal 软件公司的 Origin 是一个短小精悍, 便于使用的科学用途数据绘图与数据分析处理工具软件.

Origin 是为研究人员研究各种科学规律而专门设计的全面的图形和分析解决方案.

Origin 为数据导入、转换、处理、作图、分析数据以及发布研究结果,提供了各种各样的工具和选项. 使用 Origin 时,用户可执行以下操作(有些用户可能只需要其中部分功能):

(1) 向 Origin 中输入数据;　　(2) 准备作图和分析所需的数据;
(3) 使用数据作图;　　　　　　(4) 分析数据;
(5) 自定义图形;　　　　　　　(6) 导出或打开图形以备发布或介绍;
(7) 组织项目;　　　　　　　　(8) 混合编程以提高效率.

OriginLab 的目标是创建一整套功能,提高 Origin 的易用性,并进一步拓展其分析能力. 通过重新设计旧的软件并引入新功能,已经实现了这个目标. 使用 Origin 7.5,已经显著地简化导入数据、创建图形以及为图形应用各种格式所需的步骤.

它在 Windows 平台下工作,可以完成物理实验常用的数据处理,误差计算、绘图和曲线拟合等工作. 这里结合例子说明 Origin 软件在物理实验中经常用到的几项功能.

1. 误差计算

例 2.7.1　用千分尺测量铜柱直径,并用 Origin 来处理测量数据.

在 Origin 中把要完成的一个数据处理任务称作一个"工程"(project). 当启动 Origin 或在 Origin 窗口下建立一个工程时,软件将自动打开一个空的数据表,供输入数据. 默认形式的数据表中一共有两列,分别为"A(X)"和"B(Y)".

将 10 次测量值输入到数据表的 A 列(或 B 列). 用鼠标点 A(X),选中该列. 点"Analysis"菜单,在下拉菜单项中选"Statistics on Columns",瞬间就完成了直径平均值(Mean)、单次测量值的实验标准差 $S(x)$(软件记作 sd)、平均值的实验标准差 $S(\bar{x})$(软件记作 se)的统计计算,其结果如图 2.7.1 所示.

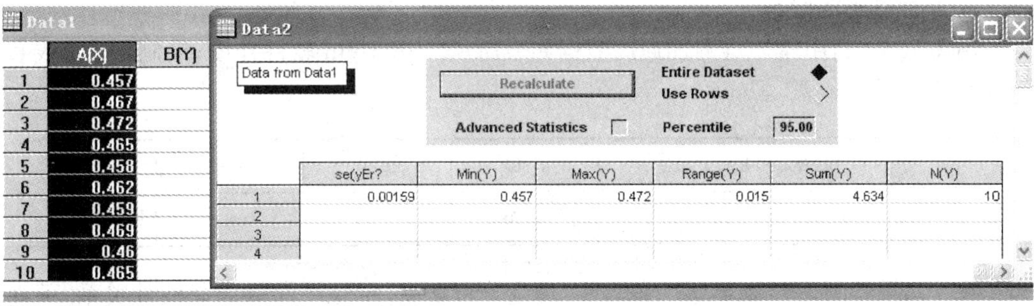

图 2.7.1　误差处理结果

2. 绘图

例 2.7.2　测量电阻 R 的伏安特性曲线,其数据如表所示. 用 Origin 软件作图;绘制电阻 R 的伏安特性曲线.

U/V	0.00	1.00	2.00	3.00	4.00	5.00	6.00
I/mA	0.00	2.04	3.98	6.04	7.98	10.04	11.98

解　将 U 的数据输入到 A 列,将 I 的数据输入到 B 列,如图 2.6.5. 在"plot"下拉菜单中选"Scattet",弹出一个对话框,鼠标点"A(X)",再在右边选"〈—〉X",则将"A(X)"设

为 x 的变量. 同样鼠标点"B(Y)", 再在右边选"〈一〉Y", 则将"B(Y)"设为 y 变量. 点"OK", 出现实验数据的图表, 如图 2.7.2 所示.

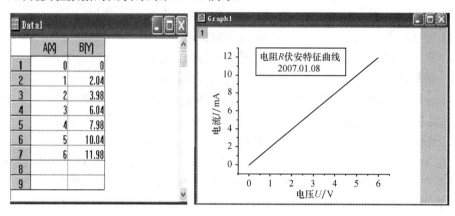

图 2.7.2　数据表及 R 的伏安特性曲线

Oringin 默认将图的原点设在第一个数据点的左下边, 但是可以改变这一设置. 在 Format 下拉菜单中点 Axis→X Axis, 可以修改 x 坐标的起止点和坐标示值增量. 同样点 Axis→Y Axis 可以修改 y 轴的设置. 此外, 点 X Axis Titles 和 Y Axis Titles 项可以修改两坐标轴的说明.

图的右上角有一个文本框. 鼠标双击文本框的空白处可以修改框内的内容. 单击下边工具条上的 T 按钮, 再在图中任意位置点一下, 还可以建立一个新的文本框. 文本框中可以输入必要的说明.

3. 函数图形的绘制

例 2.7.3　自由落体重力加速度数据如表所示. 用 Origin 软件作图; 绘制 S-t 曲线和 t^2-S 曲线.

S/m	0.00	0.20	0.40	0.60	0.80	1.00
t/s	0.000	0.202	0.298	0.346	0.418	0.456

解　如果绘制 S-t, 则不是一条直线. 理论分析证明, S 与 t^2 之间才是线性关系. 下面用以上数据来画 t^2-S 曲线. 在数据表窗口, 用鼠标选 Column 菜单下的 Add New Column 就会在数据表中增添 C(Y) 系列. 再用鼠标选 Column 菜单下的 Set Column Values, 弹出一个设定 C 列数据使用对话框. C 列的默认值是 col(B)-col(A), 即 B 列值与 A 列值之差. 在这里将其改为 col(B) * col(B) 即 B 列值的平方. 重复绘图的步骤, 只不过此时将 C(Y) 设为 y 变量, 就绘出了 t^2-S 曲线. 即选中 A(X) 和 C(Y) 两列, 或选作图线后, 鼠标点 "A(X)", 再在右边选 "〈一〉X", 则将 "A(X)" 设为 x 的变量. 同样鼠标点 "C(Y)", 再在右边选 "〈一〉Y", 则将 "C(Y)" 设为 y 变量. 点 "OK", 即可得实验数据的曲线, 如图 2.7.3 和 2.7.4 所示.

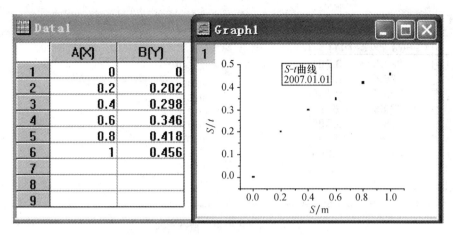

图 2.7.3 数据表及 S-t 曲线

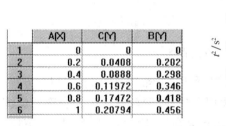
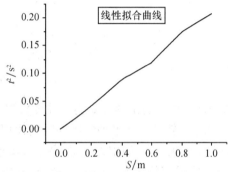

图 2.7.4 数据表及拟合曲线 t^2-S

同理,也可以画出三角函数、指数、对数等其他函数曲线.

4. 曲线的拟合

例 2.7.4 已知铜的电阻与温度关系为线性关系 $R_t = R_0(1+\alpha t)$,测得某段铜丝不同温度 t 下电阻 R_t 为

$t/℃$	22.55	26.50	30.05	33.85	38.70	42.00	46.15
R_t/Ω	0.7810	0.7948	0.8060	0.8157	0.8306	0.8435	0.8530

利用 Origin 软件求 R_0、α 以及相关系数 γ.

解 在 Origin 软件的数据表中录入数据,可得拟合直线,如图 2.7.5 所示.
所以,有
$$R = R_0(1+\alpha t) = A + Bt = 0.71302 + 0.00306t$$
$$R_0 = 0.71302\Omega, \quad \alpha = \frac{B}{A} = 0.00429\Omega \cdot ℃^{-1}$$
$$\gamma = 0.99884$$

可见,结果与例 2.7.2 基本一致.

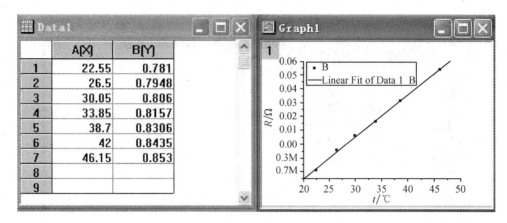

图 2.7.5 数据表及拟合直线

图 2.7.6 拟合结果

例 2.7.5 根据自由落体重力加速度数据,利用 Origin 软件求直线拟合方程.

解 Origin 软件具有多种常用函数曲线拟合功能.例如图 2.7.4 表现的应该是直线关系.在画出上面的 t^2-S 曲线后,在 Origin 图形表窗口,用鼠标选 Analysis 菜单下的 Fit Linear,就会完成直线 $y=a+bx$ 的拟合,并算出 a、b 值和相关系数 $\gamma(R)$,拟合结果如图 2.7.7 所示.

$$y = -0.00016 + 0.21034x$$

即

$$t^2 = -0.00016 + 0.21034S$$

$$\gamma = 0.99818$$

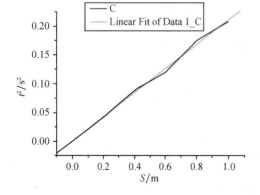
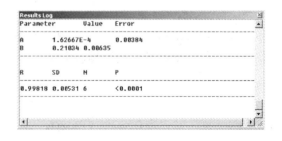

图 2.7.7 数据表及拟合直线

用类似的方法还可以进行多项式、指数等其他函数关系曲线的回归拟合.当然 Origin 软件的功能远不止这些.有兴趣的同学可以通过软件使用手册或软件的"帮助文件"了解其更多的使用功能.

另外,还有 Matlab 等数据处理软件,由于篇幅所限,这里不再一一介绍,感兴趣的同学可以查阅相关资料进行学习了解.

二、Excel 数据处理软件简介

使用 Microsoft Office XP Excel 处理实验数据也是一种简单方便的方法.Excel 具有很强的计算和处理数据的功能:例如,用 Excel 中提供的函数 AVERAGE 和 STDEV 这两个函数,可以对实验数据进行处理;用 Excel 中的线形回归法,可求得实验数据的经验公式;利用 Excel 的图表功能,可绘制实验数据的坐标图等.下面以几组实验数据为例介绍 Excel 的基本运算操作方法.

1. 简单的三角函数

(1) 打开 Excel 2003,在 Sheet1 中 A1 单元中输入"三角函数",选中 A1:C1 单元,合并单元格.

(2) 在 A2 中输入"X(弧度)",在 B2 中输入"SIN(X)",在 C2 中输入"COS(X)".

(3) 在 A3 中输入"0",在 A4 中输入"=A3+PI()/8".

(4) 将 A4 中的内容填充到,A5:A19 单元中去.

(5) 在 B3 中输入"SIN(A3)",将 B3 中的内容填充到,B4:B19 单元中去.

(6) 在 C3 中输入"COS(A3)",将 C3 中的内容填充到,C4:C19 单元中去,如图 2.7.8 所示.

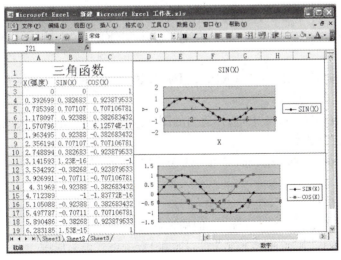

图 2.7.8

(7) 选择菜单栏中的"插入"→"图表"或单击工具栏中的"图表向导",如图 2.7.9 所示,在图表向导步骤 1 中,选择"X Y 散点图",在子图表类型中选择"平滑线散点图",单击"下一步".

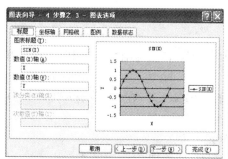

图 2.7.9

(8) 在图表向导步骤 2 中，选择适当区域，如只作正弦曲线，选择区域 B2：B19，如同时作正弦和余弦，选择区域 A2：C19。在对话框中"名称(N)"中填充"SIN(X)"，单击"下一步"。

(9) 在图表向导步骤 3 中，填入图表题标、X 轴、Y 轴、网格线、图例和数据标志，单击"下一步"。

(10) 在图表向导步骤 4 中，选择适当的图表位置，生成新的工作表或嵌入工作表。

2. 复杂的三角函数

(1) 打开 Excel 2003，在 Sheet1 中 A1 单元输入"y＝Asin(Bx＋C)"，选中 A1：C1 单元，合并单元格。

(2) 在 A3 输入"A＝"，在 C3 中输入"B＝"，在 E3 输入"C＝"，在 B3 输入"1"，在 D3 输入"1"，在 F3 输入"0"，A3、C3 和 E3 的格式设为右对齐。

(3) 在 B5 输入"X"，在 D5 输入"Y"，B5 和 D5 的格式设为居中。

(4) 在 B6 输入"0"，在 B7 输入"＝PI()/8＋B6"，然后将 B7 复制到 B8：B22。

(5) 在 D6 输入"＝B3＊SIN(B6＊D3＋F3)"，然后将 D6 复制到 D7：D22。

(6) 选择菜单栏中的"插入"→"图表"或单击工具栏中的"图表向导"，如图 2.7.9 所示，在图表向导步骤 1 中，选择"X Y 散点图"，在子图表类型中选择"平滑线散点图"，单击"下一步"。

(7) 在图 2.7.9 图表向导步骤 2 中,选择区域 B6：D22.在系列对话框中,在"名称(N)"中填充"＝Sheet1＄A＄1",然后单击"下一步"按钮.

(8) 在图表向导步骤 3 中,填入图表题标、X 轴、Y 轴、网格线、图例和数据标志,然后单击"下一步".

(9) 在图表向导步骤 4 中,选择适当的图表位置,生成新的工作表或嵌入工作表,如图 2.7.10 所示.

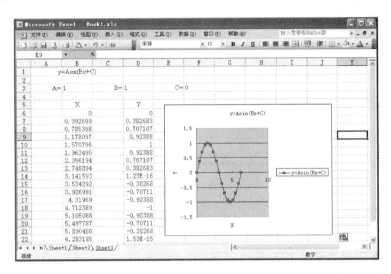

图 2.7.10

3. 李萨如图形

(1) 打开 Excel 2003,在 Sheet1 中的 A1 单元中输入"李萨如图形",设为宋体 22 磅,选中 A1：C1 单元,然后用合并单元格.

(2) 在 A3 输入"弧度",在 B3 输入"A＊SIN(B＊X＋C)",在 C3 中输入"A1＊COS(B1＊X＋C1)".

(3) 在 E8 中输入"A＝",在 E9 中输入"B＝",在 E10 中输入"C＝",在 F8 中输入"1",在 F9 中输入"1",在 F10 中输入"0";在 G8 中输入"A1＝",在 G9 中输入"B1＝",在 G10 中输入"C1＝",在 H8 中输入"1",在 H9 中输入"1",在 H10 中输入"0".E8、E9、E10、G8、G9 和 G10 的格式设为右对齐,F8、F9、F10、H8、H9 和 H10 的格式设为左对齐.

(4) 在 A4 中输入"0",在 A5 中输入"＝PI()/8＋A4",然后将 A5 复制到 A6：A20.

(5) 在 B4 中输入"＝＄F＄8＊SIN(＄F＄9＊A4＋＄F＄10)",然后将 B4 复制到 B5：B20.

(6) 在 C4 中输入"＝＄H＄8＊COS(＄H＄9＊A4＋＄H＄10)",然后将 C4 复制到 C5：C20.

(7) 选择菜单栏中的"插入"→"图表"或单击工具栏中的"图表向导",如图 2.7.11 所示,在图 2.7.9 图表向导步骤 1 中,选择"X Y 散点图",在子图表类型中选择"平滑线散点图",单击"下一步".

(8) 在图表向导步骤 2 中,选择区域 B4：C20.

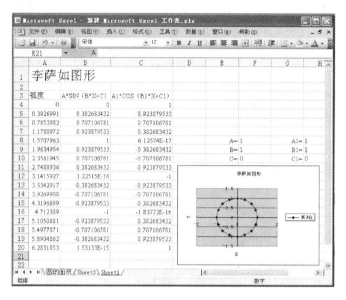

图 2.7.11

(9) 在图表向导步骤 3 中,填入图表标题、X 轴、Y 轴、网格线、图例和数据标志,单击"下一步".

(10) 在图表向导步骤 4 中,选择适当的图表位置,生成新的工作表或嵌入工作表.

(11) 在生成图中,双击"数值(X)"轴,将"刻度"对最小值和最大值分别设为 -2 和 2,即可得到如图 2.7.11 的李萨如图形.

4. 一元二次方程

(1) 打开 Excel 2003,在 Sheet1 中的 A1 单元中输入"一元二次方程",设为宋体 22 磅、居中,选中 A1:F1D 单元,然后合并单元格.

(2) A2 单元中输入"Y=A*X^2+B*X+C",设为宋体 22 磅、居中,选中 A2:F2D 单元,并合并单元格.

(3) 在 A3 单元中输入"A=",在 C3 单元中输入"B=",在 E3 单元中输入"C=",在 B3 单元中输入"1",在 D3 单元中输入"1",在 F3 单元中输入"0",A3、C3 和 E3 的格式设为宋体 12 磅、右对齐,B2、D3、和 F3、格式设为左对齐. 在 A4 单元中输入"X",在 B4 单元中输入"Y",A4 和 B4 的格式设为宋体 12 磅、右对齐.

(4) 在 A5 单元中输入"-10",在 A6 单元中输入"=5+1",然后将 A6 复制到 A7:A24.

(5) 在 B5 单元中输入"=\$B\$3*A5^2+\$D\$3*A5+\$F\$3",然后将 B5 复制到 B6:B24.

(6) 选择菜单栏中的"输入"→"图表"或单击工具栏中的"图表向导",如图 2.7.12 所示. 在图表向导步骤 1 中,选择"XY 散点图",在子图表类型中选择"平滑线散点图",单击"下一步"按钮.

计算器一般都具有统计功能. 统计功能可直接计算多个数据的和、平方和、平均值、均方以及单次测量的标准偏差等. 下面以 SHARP EL-5812 型计算器为例介绍统计功能.

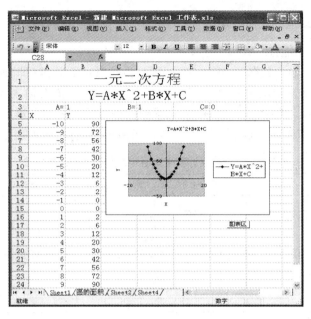

图 2.7.12

2.7.2 计算器的统计功能简介

一、计算器的统计功能键及其字符的意义

SHARP EL 型计算器的统计功能位于计算器最右边以 STAT 为首的方框内,按"2ndF"键,再按"STAT"键(即↕键)进入统计功能.此时,方框内各键不再具有键面字符功能,各键执行该键上方左边或右边字符代表的功能.左边字符为第 1 功能,右边字符为第 2 功能(先按"2ndF"再按该键执行此功能).键上字符意义见表 2.7.1.

表 2.7.1 计算器的统计功能键及其字符的意义

字 符	表达式	意 义
STAT	STATISTICAL	统计
n		输入数据个数
$\sum x$	$\sum\limits_{i=1}^{n} x_i$	输入数据的和
$\bar{x}$	$\dfrac{1}{n}\sum\limits_{i=1}^{n} x_i$	输入数据的平均值
S	$\sqrt{\sum\limits_{i=1}^{n}(x_i-\bar{x})^2/n-1}$	单次测量的标准差
σ	$\sqrt{\sum\limits_{i=1}^{n}(x_i-\bar{x})^2/n}$	样本总体标准差(本书不用此概念)
DATD		数据
CD	CLEAR DATA	清除输入数据

二、计算器的统计功能的使用方法

（1）进入统计功能：按"2ndF"键，再按"STAT"键．

（2）输入数据：输入数据时，按相应数字后，再按"DATA"键（即"M＋"键）使数据进入存储器，字屏上将显示出进到存储器的数据个数．用此法依次输入参与统计的所有数据．如输入数据有误，可利用 CD 键取消．错误数据经确认进入储存器后，再按该数据对应数字键后，按"2ndF"键和"CD"键（即"M＋"键）可取消该数据，参见表 2.7.2．

表 2.7.2　计算器计算平均值和标准偏差的操作方法

操作功能	CASIO fx-3600 型计算器	SHARP EL 型计算器
进入统计计算模式	MODE 3	STAT
清除内存	INV AC	
输入数据 $x_1, x_2, \cdots, x_i, \cdots, x_n$	数据 x_1，"DATA"；数据 x_2，"DATA"；…；数据 x_n，"DATA" 若由 m 个数据相同，可输入 x_i 后，键入乘 m，再按"DATA"	
显示算术平均值	$\bar{x}$（即 INV 1）	$\bar{x}$（即 $x \to M$）
显示标准偏差	$x\sigma_{n-1}$（即 INV 3）	S（即 RM）
显示测量次数	n（即 Kout 3）	n（即）

例如，伏安法测电阻的实验数据

U/V	0.00	2.00	4.00	6.00	8.00	10.00	12.00	14.00	16.00	18.00
I/mA	0.00	1.00	2.02	3.05	4.01	4.95	6.03	6.97	7.89	8.94

将实验数据输入具有二位统计功能的计算器，作一元线性回归计算，参见表 2.7.3．

表 2.7.3　用计算器计算作一元线性回归计算的操作方法

操作功能	按　键	显　示
进入二位统计功能	MODE 2	LR
清除内存	INV AC	0
输入 U_1, I_1	0.00$X_D Y_D$0.00DATA	0
输入 U_2, I_2	2.00$X_D Y_D$1.00DATA	1
…		…
输入 U_{10}, I_{10}	18.00$X_D Y_D$8.94DATA	8.94
求截距	A（即 INV 7）	0.31818181
求斜率	B（即 INV 8）	0.49490909
求相关系数	γ（即 INV 9）	0.999922763

注意：$X_D Y_D$ 操作即按键[（…；DATA 操作即按键"RUN"．

习　题

2.1　指出在下列情况下产生的测量误差是系统误差还是随机误差：
① 游标分度不均匀；② 天平不等臂；③ 视差；④ 灵敏电流计的零点漂移；⑤ 电表接入误差；
⑥ 单摆公式 $T = 2\pi \sqrt{l/g} \left(1 + \frac{1}{4}\sin^2\frac{\theta}{2} + \frac{3}{8}\sin^4\frac{\theta}{2} + \cdots\right)$ 不考虑摆角 θ 的影响，测 g 产生的误差．

2.2　用天平称物体的质量 m 5 次，结果分别为 3.127、3.122、3.119、3.120、3.125g，求平均值 $\bar{m}$ 和标准不确定度 σ_m，并表示结果 $m = \bar{m} \pm \sigma_m = ?$，$E_m = ?$

2.3 证明不确定度合成公式：

① 当 $\omega = x+y$ 时，$\sigma_\omega = \sqrt{\sigma_x^2 + \sigma_y^2}$

② 当 $\omega = xy$ 时，$\dfrac{\sigma_\omega}{\omega} = \sqrt{\left(\dfrac{\sigma_x}{x}\right)^2 + \left(\dfrac{\sigma_y}{y}\right)^2}$

2.4 根据不确定度的合成关系，由直接测量值的不确定度表示出间接测量的不确定度：

① $N = x+y-z^2$；② $g = \dfrac{4\pi^2 l}{T^2}$；③ $f = \dfrac{uv}{u+v}$；④ $n = \dfrac{\sin i}{\sin \gamma}$.

2.5 测一个铅圆柱体的体积的直径 $d=(2.04\pm0.01)$cm，高度 $h=(14.2\pm0.01)$cm，质量 $m=(519.18\pm0.05)\times 10^{-3}$kg，各值的置信区间内的置信概率皆为 68%. 计算铅柱密度 ρ 并表示其测量结果.

2.6 某电阻的测量结果为

$$R = (35.78\pm0.05)\Omega, \quad E_R = 0.14\%(p=0.683)$$

下面解释中哪种是正确的：

① 被测电阻是 35.73Ω 或 35.83Ω；
② 被测电阻在 35.73Ω 到 35.83Ω 之间；
③ 被测电阻的真值包含在区间 [35.73, 35.83]Ω 内的概率是 0.683；
④ 用 35.78Ω 近似的表示被测电阻值时，随机误差的绝对值小于 0.05Ω 的概率约为 0.68；
⑤ 若对该电阻阻值在同样测量条件下测量 1000 次，大约有 680 次左右测量值落在 35.73～35.83Ω 范围内.

2.7 把下列各数测量结果按四舍六入五凑偶规则取为四位有效数字：21.495、43.465、8.1308、1.798503（单位）.

2.8 按照结果表示和有效数字运算规则，改正以下错误：

① $N=(10.800\pm0.2)$cm

$q=(1.61248\pm0.28765)\times10^{-19}$C

$L=12\text{km}\pm100\text{m}$

$Y=(1.93\times10^{11}\pm6.79\times10^9)$Pa

② 有人说 0.2870 有五位有效数字，也有人说只有三位有效数字（因为"0"不算有效数字），请纠正，并说明原因.

③ 有人说 0.0008g 比 8.0g 测得准确，试纠正并说明理由.

④ 28cm=280mm.

⑤ $L=[28000\pm8000]$mm.

⑥ $0.0221\text{s}\times0.221\text{s}=0.0048841\text{s}^2$

⑦ $\dfrac{400\times1500}{12.60-11.6}=60000$（单位）

2.9 计算下列各式的测量结果和不确定度，即求 $x=\bar{x}\pm\sigma_x=?, E_x=?$

① $N=A+2B+C-5D$

其中 $A=(38.206\pm0.001)$cm $\quad B=(13.2487\pm0.0001)$cm

$C=(161.25\pm0.01)$cm $\quad D=(1.3242\pm0.0001)$cm

② $\rho = \dfrac{4M}{\pi D^2 h}$

其中 $M=(236.124\pm0.002)$g $\quad D=(2.345\pm0.005)$cm $\quad h=(8.21\pm0.01)$cm

2.10 设计用伏安法测电阻实验，其实验数值如下表：

U/V	0.00	1.00	2.00	3.00	4.00	5.00	6.00
I/mA	0.00	1.98	4.03	5.96	8.05	9.98	12.03

用直角坐标纸作图，从电阻的 I-U 伏安特性 I-V 曲线上求出电阻 R.

2.11 用乔里称测量水的表面张力，在不同温度下的数值如下表所示，设 $F=aT-b$，其中 T 为热力学温度，试用最小二乘法求常数 A，B 及相关的系数.

T/K	273	283	293	303	313	323	333
$F/(10^{-3}\text{N/m})$	73.33	72.83	70.91	69.88	67.91	66.89	63.93

2.12 测量一个做匀速直线运动的物体,在不同的时刻 t 的运动距离 S,其结果如下:

t/s	1.00	2.00	3.00	4.00	5.00	6.00	7.00	8.00
S/cm	15.9	22.3	28.6	34.0	40.1	45.2	50.6	56.8

① 用作图法求物体运动速度;
② 用最小二乘法求物体运动速度.

2.13 用计算机数据处理软件处理上面三题的结果.

2.14 分别用最小二乘法和作图法处理例 2.6.1 表中测量数据,求出 R_0、α、a、b、r,并写出 $R_t=R_0(1+\alpha t)=\alpha R_0 t+R_0$ 的表达式.

2.15 用一种仪器或量具对某物理量 x 进行了 n 次等精度测量,写出对其进行数据处理所用到的公式,如平均值 $\bar{x}$,不确定度 σ_x,相对不确定度 E_x,结果表示式.

第三章 测量方法与仪器调整原则和技术

物理实验方法是以一定的物理现象、物理规律和物理原理为依据,确立合适的物理模型,研究各物理量之间关系的科学实验方法. 而测量方法是指测量某一物理量时,根据测量要求,在给定条件下尽可能地消除或减少系统误差以及随机误差,使获得的测量值更为精确的方法. 如按测量内容,可分为电量测量和非电量测量;按测量性质,可分为直接测量、间接测量和组合测量;按测量进行的方式,可分为直读法、比较法、替代法、放大法、转换法、模拟法等;按被测量和时间的关系,可分为静态测量、动态测量和积分测量等. 由于现代实验技术离不开定量测量,所以实验方法和测量方法相辅相成,互相依存,甚至无法严格区分.

为使学生加深对物理实验的基本思想和基本方法的认识,本节仅对物理实验中最常见的几种基本测量方法作概括介绍,这些方法在其他学科和专业中也有着广泛的应用.

3.1 实验的基本测量方法和技术

3.1.1 比较法

比较法是将被测物理量与同类型标准量进行直接或间接比较以测出其大小的测量方法.

一、直接比较法

将待测量与量具直接进行比较测出大小,称为直接比较法.

属于直接比较范畴的还有平衡测量或零示测量等. 如:利用天平测物体质量,是利用天平在这一测量仪器的平衡将质量与标准件(砝码)直接进行比较. 电桥测电阻的平衡测量和电势差计的补偿测量也都属于直接测量. 直接比较法有如下特点:

(1) **同量纲**:即待测量与标准量的量纲相同,例如,用米尺测量某物体的长度,量纲都是长度.

(2) **直接可比性**:待测量与标准量直接进行比较,从而获得待测量的量值. 例如,用天平称量物体的质量,当天平平衡时,砝码的示数就是待测量的量值.

(3) **同时性**:待测量与标准量的比较是同时发生的,没有时间的超前与滞后. 例如,若用秒表测量某过程的时间,当过程开始时,启动秒表;当过程结束时,止住秒表. 此时指针指示的值即为该过程所经历的时间.

直接比较法的测量精度受到测量仪器或量具自身精度的限制,欲提高测量精度就必须提高量具的精度,为此就需要不同的标准件. 例如,用于长度测量的"块规",用于质量测量的高精度砝码等.

二、间接比较法

间接比较法是更普遍的测量方法. 因为多数物理量是无法通过直接比较测出的. 往往需要利用物理量之间函数转换关系制成的仪器以简化测量过程.

如,电流表是利用通电线圈受力达到平衡时电流大小与电表指针的偏转量之间具有一定的对应关系而制成的,因此可用电流表指针的偏转量间接比较出电路中的电流强度.

有些比较要借助于或简或繁的仪器设备,经过或简或繁的操作才能完成. 此类仪器设备称为比较系统. 天平、电桥、电势差计的等均是常用的比较系统. 为了进行比较,常用以下方法.

(1) **直读法**：用米尺测长度、用电流表测电流强度、用电子秒表测时间等,都是由标度尺示值或数字显示窗示值直接读出被测值,称为直读法. 直读法操作简便,但有时测量准确度低.

(2) **零示法**：在天平称衡时要求天平指针指零,用平衡天桥测电阻要求桥路中检流计指针指零. 这种以示零器示零为比较系统平衡的判据并以次为测量依据的方法称零示法(或零位法). 零示法操作手续较繁,由于人眼判断指针与刻线重合的能力比判断相差多少的能力强,故零示法精确度高,从而测量精密度也较高.

(3) **交换法**和**替代法**：当待测量无法与标准件直接比较时,可利用对某一物理过程的等效作用,而用标准件替代待测量得到测量结果. 这种方法实质上是平衡测量法的引申. 交换法和替代法常被用来消除系统误差,提高测量的准确度.

用天平称衡物体质量时,第一次称衡在左盘放置被测物体,第二次称衡在右盘放置被测物体,取两次称衡结果的平均值作为被测物体的质量,可以消除天平不等臂的影响. 在用平衡电桥测电阻时,可用标准电阻箱进行替代测量. 先接入待测电阻,调电桥平衡,再用可调标准电阻箱替换待测电阻,并保持其他条件不变,调整电阻箱的电阻重新使电桥平衡,标准电阻箱示值即为被测电阻的阻值.

类似的测量方法称为交换法、复制法. 复制法可以消除实验仪器部分系统不完全对称带来的测量误差. 复制法消除了天平由于两臂不完全对称所带来的称衡误差和天平本身的仪器系统误差.

我国古代著名的"曹冲称象"故事中所用的称象方法就是替代法的范例.

3.1.2 放大法

物理实验中常遇到一些微小物理量的测量. 为提高测量精度,常需要采用合适的放大法,选用相应的测量装置将被测量放大后再进行测量. 常用的放大方法有累计放大法、机械放大法、光学放大法和电子放大法.

一、累计(积累)放大法

此法是将若干个待测量累计后进行测量,如欲测均匀细丝的直径,可并排密绕100匝,量出宽度而求之. 又如用单摆测重力加速度和利用三线摆测转动惯量时,摆的周期可通过测量累计摆动五十或一百个周期的时间而得到,以使测得的有效数字增加一到两位,从而提高了测量精度.

二、机械放大法

可利用机械部件之间的集合关系使测量显示放大.如螺旋放大就是一种典型的机械放大法.螺旋测微器、读数显微镜和迈克耳孙干涉仪等测量系统机械部分都使用了螺旋测微装置.螺旋测微器的测量端与螺杆项链.螺杆的螺距为0.5mm.在螺杆的尾端固定一个测微鼓轮,起周界上刻有50个分格.因此,鼓轮转动一个小格,螺杆移动螺距的1/50,即0.01mm.这样就使沿轴线方向的微小位移用鼓轮圆周上较大的弧长精确的表示出来.

三、电子放大法

在物理实验中往往需要测量变化的电信号(电流、电压或功率)或者利用微弱的电信号去进行控制,这都需用电子放大器将微弱信号放大后才能有效地进行观察、控制和测量.电子放大由电子线路完成.一些弱信号探测装置和电子示波器中都有放大线路.

四、光学放大法

在物理实验中光学放大法是常用的基本测量方法之一.

(1) **视角放大**:视角放大是使待测物通过光学仪器形成放大的像,便于观察判别.由于人眼分辨率的限制,当物对眼睛的张角小于0.00157弧度时,人眼将不能分辨物的细节,只能将物视作一点.利用放大镜、显微镜、望远镜的视角放大作用,可增大物对眼的视角,使人眼能看清物体,提高测量精密度.如果再配合读数细分机构,测量精密度将更高.光学仪器中的测微目镜、读数显微镜就体现了这种原理.

(2) **角放大**:角放大亦称光杠杆法,是一种常用的光学放大法.它不仅可以测长度的微小变化,亦可以测角度的微小变化.该法通过测量放大后的物理量,间接测得较小的物理量.根据光的反射定律,若入射于平面反射镜的光线方向不变,当平面镜转过 α 角时,反射光线将相对原反射方向转过 2α 角,每反射一次便将变化的角度放大一倍且光线相当于一只无质量的常指针,能扫过标度尺的很多刻度.由此构成的镜尺结构,可使微小转角放大显示.例如,在用拉伸法测金属丝的杨氏弹性模量时,利用光杠杆法测量金属丝受到应力后长度发生的微小变化.在灵敏电流计中,直流复射式检流计就是一个典型的例子.所谓"复射",是指这种检流计作为"光指针"的光线多于一次反射后才投影到标尺上,从而达到延长"光指针"长度、放大线圈偏转角度、提高灵敏度的目的.用此原理制成了光杠杆及冲击电流计、复射式光点电流计的读数系统.

3.1.3 转换测量法

转换测量法是根据物理量之间的各种效应和定量函数关系利用转换原理进行测量的方法.由于物理量之间存在多种效应,所以有各种不同的换测法,这正是物理实验最富有启发性和开创性的一面.随着科学技术的发展,物理实验方法渗透到个学科、领域,实验物理学也不断地向高精度、宽量程、快速测量、遥感测量和自动化测量发展,这一切都与转换测量紧密相关.

换测法大致可分为参量换测法和能量换测法两大类.

一、参量换测法

参量换测法是利用参量的变换达到测量某一物理量的方法.这种方法几乎贯穿于整个物理实验领域中.例如,在实验 8 中,测量钢丝的杨氏模量 Y 是根据应变与应力成线形变化的规律,将 Y 的测量转换为应变量 $\Delta l/l$ 与应力量 F/S 的测量后得到 $Y=\dfrac{F/S}{\Delta l/l}=\dfrac{8mglB}{\pi l^2 b \cdot \Delta x_i}$. 又如,利用单摆测定重力加速度 g,是以周期 T 随摆长的变化规律将 g 的测量转换为 l、T 的测量.

二、能量换测法

这种方法是利用一种运动形式转换成另一种运动形式时物理量间的对应关系进行测量.

下面介绍几种比较典型的能量换测法.

(1) **热电换测**:将热学量转换成电学量进行测量.例如,利用温差电动势原理,将温度的测量转换成热点偶的温差电动势的测量.

(2) **压电换测**:这是一种压力和电势间的转换,话筒和扬声器就是大家熟知的这种换能器.话筒把声波的压力变化转换为相应的电压变化,而扬声器则进行相反的转换,即把变化的电信号转换成声波信号.

(3) **光电换测**:这是一种将光通量转换为电量的换能器.转换的原理是光电效应.转换元件有光电管、光电倍增管、光电池、光敏二极管、光敏三极管等.各种光电转换器件在测量和控制系统中已获得相当广泛的应用.近年来又用于光通信系统和计算机的光电输入设备(光纤)等等.

(4) **磁电换测**:这是一种利用半导体霍尔效应进行磁学量与电学量的转换测量.

注意 设计或采用某种转换测量方法应遵循下列原则.

① 首先要确认变换原理和参量关系式的正确性;

② 变换器(传感器)要有足够的输出量和稳定性,便于放大和传输;

③ 在变换过程中是否还伴随其他效应,若有,必须采取补偿或消除措施;

④ 要考虑变换系统和测量过程的可行性和经济效益.

3.1.4 补偿法

测量过程就是通过实验仪器检测待测系统真实参量的过程,与之相应的实验方法和检测手段应以不改变(或尽量少改变)待测系统的原有状态为原则.当系统受到某一作用时会产生某种效应,在受到另一类作用时,又产生了一种新效应,两种效应相互抵消,系统回到初始状态,称为补偿.换言之,根据某一测量原理,在提供一种可调的标准量来抵消待测量所显示的作用的条件下,天平臂发生反向倾斜,天平又回到平衡状态.这是砝码(的重力)补偿了物(的重力)的结果. 常用的电学测量仪器——电势差计就是基于补偿法. 补偿法往往要与零示法、比较法结合使用.

3.1.5 平衡法

平衡状态是物理学的一个重要概念,因为在平衡状态下,许多非常复杂的物理现象可以比较简单地进行描述,一些复杂的函数关系亦可变得比较简明,从而容易实现定量测量和定性分析.

利用平衡状态测量待测物理量的方法称为平衡法. 例如,利用等臂天平称衡时,当天平指针处在刻度尺的"0"位或者左右等幅摆动时,天平达到平衡. 它表示已知砝码和待测物体所受的重力对天平支点的力矩相等,且又在同一重力场下,所以待测物体的质量和砝码的质量相等.

3.1.6 模拟法与计算机仿真

模拟法以相似理论为基础. 它不直接研究自然现象和过程的本身,而用与这些自然现象和过程相似的模型进行研究. 模拟法可分为物理模拟法和数学模拟法. 两种模拟法配合使用,效果更好.

1. 物理模拟

物理模拟就是保持同一物理本质的模拟. 例如,用光测弹性法模拟工件内部应力分布情况;用"风洞"(高速气流装置)中的飞机模型模拟实际飞机在大气中的飞行等等.

2. 数学模型

数学模拟是指同一数学方程描述的两个不同本质的物理现象或过程之间的模拟. 例如,用恒稳电流场模拟静电场,就是基于这两种场的分布有相同的数学模型.

随着计算机技术的不断发展和广泛应用,人们通过计算机进行物理模拟已形成一种更新的实验方法——计算机仿真实验.

以上介绍的几种基本测量方法已在物理实验中得到广泛应用. 但具体的实验中,往往综合使用各种方法. 因此,实验者只有对各种实验方法有深刻了解,才能在实际工作中得心应手.

3.1.7 振动与波动方法

1. 振动法

振动是一种基本运动形式,许多物理量均可作为某振动系统的振动参量. 只要测出系统的振动参量,利用被测量与参量的关系就可得到被测量. 利用三线摆测转动惯量即是振动法的应用.

2. 李萨如图法

两个方向互相垂直的振动可合成为新的运动图像,图像因振幅、频率、位相的不同而不同,此图称李萨如图. 利用李萨如图可测频率、位相差等. 李萨如图通常用示波器显示.

3. 共振法

一个振动系统受到另一系统周期性的激励,若激励系统的激励频率与振动系统的频率与振动系统的固有频率相同,振动系将获得更多的激励能量,此现象称为共振.共振现象存在于自然界的许多领域(诸如机械运动、电磁振荡等),共振频率往往与系统的一些重要物理特性(例如压力)有关,而频率测量可以达到很高的准确度,因此共振法在频率和物理量的转换测量中有重要作用.

4. 驻波法

驻波是入射波与反射波叠加的结果,机械波、电磁波均会产生驻波.由于驻波有稳定的振幅分布,测量比较容易,故常用驻波法测量波长.如果又同时测出频率,则可知波的传播速度.

5. 位相比较法

波动是振动位相的传播.在传播方向上两相邻同相点的距离是一个波长,可通过比较位相变化测出波长.

3.1.8 光学实验方法

1. 干涉法

在精密测量中,以光的干涉原理为基础,利用对明暗交替干涉条纹间距的测量,可实现对微小长度、微小角度、透镜曲率、光波波长等的测量.双棱镜干涉、牛顿环干涉、迈克耳孙干涉仪即为典型的干涉测量仪器.

2. 衍射法

在光场中放置一线度与入射光波长相当的障碍物(如狭缝、细丝、小孔、光栅等),在其后方将出现衍射图样.通过对衍射图样的测量与分析,可测定出障碍物的大小.利用 X 射线在晶体中的衍射,可进行物质结构分析.

3. 光谱法

利用分光元件(棱镜或光栅)将发光体发出的光分解为独立的按波长排列的光谱的方法称为光谱法.光谱的波长、强度等参量可给出物质组分的信息.

4. 光测法

用单色性好、强度高、稳定性好的激光作为光源,再利用声—光、光—电、磁—光等物理效应将某些需精确测量的物理量转换为光学量而进行测量的方法叫光测法.光测法已发展为重要的测量手段.

3.1.9 非电量的电测法

根据物理量之间的各种效应和定量的函数关系,通过对有关的物理量的测量求出待测物理量的方法称为转换法.其中利用各种参量变换及其变换的相互关系来测量某一物理量的方法,称为参量换测法.参量换测法是一种常用的测量方法,该方法几乎贯穿于整个物理实验中,一般说来,非电量电测系统应包括传感器.它是把非电的被测物理量转换为电学量的装置,是非电量电测系统中的关键器件.随着电子信息技术的迅猛发展,传感器测量技术应用已成为现代实验方法中普遍应用的测量方法.

能量换测法是通过能量交换器将一种形式的运动变换成另一种运动形式的物理量的测量方法.能量换测法的种类很多,下面介绍几种比较典型的能量换测.

1. 温度-电压转换

热-电转换测量是将热学量转换成电学量进行测量.进行温度-电压转换可用热电偶实现.热电偶是根据温差电现象制成的.当两种不同的导体熔结后形成回路,且两接头的温度又不相同时,回路中产生电动势.温差电动势与材料性质及两接头的性质有关.若测出此电动势,并已知一端的温度(比如把此端置于冰水中),便可推知另一端的温度.这就是热电偶温度计的测量原理.

2. 压强-电压转换

压-电转换测量是压力和电压之间的转换测量.例如,话筒就是这种转换器.话筒把声波的压力变化作用于某些产生压电效应的材料上,实现压力与电压之间的转换.当沿着一定方向对某些电介质材料施力而使其变形时,内部产生极化现象,同时在它的两个表面上便产生符号相反的电荷,形成电势差,其大小与受力大小有关.当外力撤销后,又重新恢复不带电状态.当作用力的方向改变时,电荷的极性也随之改变.这种现象称为正压电效应.反之,当在电介质的极化方向上施加电场,则会引起电介质变形,这种现象称为逆压电效应.正压电效应可用来测力与压强的大小,如对压电传感器施以声压,则会输出交变电压,通过测量电压的相应参量而获得声波的信息.

3. 磁感应强度-电压转换

磁-电转换测量是磁学量与电学量的转换测量.磁感应强度是不易直接测量的,利用磁-电转换测量后,使其测量变得简便、快速.磁感应强度-电压转换可通过霍尔元件实现.霍尔元件是半导体材料制成的片状物,再沿 z 方向的磁场中,将霍尔原件垂直于 z 方向放置,在其内部沿 x 方向通以电流,则在 y 方向将有异号电荷积累,出现电势差.电势差的大小和方向与材料、电流大小及磁感应强度有关.该效应称为霍尔效应.用霍尔片可测得磁感应强度.

4. 光-电转换

光-电转换测量是光学量和电学量之间的转换测量,实现光-电转换的器件很多,其中有光电管、光电倍增管、光电池、光敏电阻、光敏二极管、光敏三极管等.利用光电效应制造的光电管、光电倍增管可测定相对光强.光敏电阻是根据某些材料的电阻率因照射光强不同而不同的性能制成的,因而可用它测量光束中谱线光强.光电池受到光照后会产生与光强有一定关系的电动势,从而可通过测电势来测量入射光线的相对强度.光敏二极管、光敏三极管等器件多用于电路控制中.

3.1.10 流体静力称衡法

所谓流体静力称衡法是利用密度与某些物理量之间存在的某种关系进行测量的间接测量法.它是一种与密度标准参考物质(例如已知的纯水、纯水银密度等)进行比较的测量.换言之,是间接的把测体积的问题转化为测质量的问题,而且回避了形状不规则的物体体积的测量和液体体积测量问题,从而有效解决了形状不规则的物体和液体的密度测量问题.

3.1.11 估测法

在大量的实际工作中,粗略估计透镜焦距是经常用的.其基本方法是用待测透镜对一个现成的无限远的光源(太阳光)进行成像.这时,像到透镜的距离可近似认为是该透镜的焦距.利用米尺测量时,所得到的测量值相对误差约为 5%～10%.

3.2 仪器调整的基本原则

仪器调整方法各异、项目繁多、测量中的注意事项和测量步骤也不相同,但一些基本原则是共同的.

3.2.1 调节顺序——"减少牵连、分别调整"

如果仪器需要调整的部分或旋钮较多,调节时应有一定的顺序,其中一个原则是尽量减少相互牵连并达到分别调整的目的.

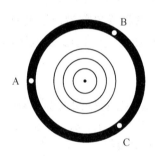

图 3.2.1

水平铅直调整:用水准仪调三足座水平时,应先将水准仪平行于二足(A、B)连线.此时,只有 A、B 二调节螺丝(足)起作用.调 A(或 B),使水准仪水平;再将水准仪沿 AB 的 CD 放置,再调 C 使水准仪水平,则 ABC 平面达到水平.图 3.2.1 为水准仪三足座水平调节示意图.

共轴调节:用光学仪器观测待测物体,需保证近轴成像,要求仪器装置中的光学元件的主光轴重合,因此要在光测前进行共轴调节.首先用目测进行粗调,把光学元件和光源的中心都调到同一高度,同时要求调节各光学元件相互平行且均垂直于水平面.这样各光学元件的光轴已接近重合.然后依据光学成像的基本规律来细调.调整可根据自准直法、二次成像法(共轭法)等,利用光学系统本身或借助其他光学仪器来进行.

如,分光计调节中,望远镜和平行光管调焦相互影响,可用自准法调节望远镜成像,再借助望远镜调平行光管光路.

3.2.2 调节方法——"先粗后细、先内后外、逐次逼近"

在仪器调节过程中,有时不是一次就能精确达到调整要求,必须先做粗调,再按一定要求做精细调整.有时还要反复调节、逐次逼近.特别是运用零示法的实验或零示仪器,如天平测质量、电势差计实验、电桥测电阻等实验中,采用"反向区逐次逼近"调节,效果显著.方法是:首先估计待测量的值,然后选择仪器的一个相应量程进行测量,根据偏离情况渐次缩小调整范围,达到所需结果.

例如,调节分光计时,应**"先粗后细、先内后外、同轴等高、各半调节"**,即先从外部目测粗调,然后再按一定顺序从内部细调.

又如,调节平衡时,应先做大的范围粗调,再依次缩小范围细调.如用天平测质量,先加大砝码,试测轻重,再依次添小砝码,直至平衡.电桥测电阻应先确定倍率,再调"标准"电阻,调节过程也是先调数量级大的电阻钮,再依次调节数量级小的旋钮,逐步逼近.

3.2.3 测量原则——"先定性、后观察、测量"

实验电路连好、光路调好后,不要急于测量,而是采用"先定性、后测量"的原则进行实验.具体做法是:在进行定量测量前,先定性地观察实验变化的全过程,了解物理量的变化规律.应先做一次操作练习、观察和粗测,了解测量全过程并检查仪器运行是否正常,实验数据变化规律是否符合要求,发现问题及时解决.应做到心中有数,如仪器怎样使用才算正确;物理量间的关系是直线还是曲线;什么地方变化快,什么地方变化慢.测量时可以在变化快的地方多测几个点,变化慢的地方少测几个点.这样做可将实验中的问题在正式测量前解决,避免实验进行到中途甚至到最后结束时才发现问题,返工重做.

3.2.4 测量注意——"减小视差、调整零点"

1. 减小视差

当被测物(或物像、刻度)与判断标线不在同一平面内,而目光上、下、左、右移动时,被测物与判断标线的相对位移造成的读数上的差异称为视差.

视差判断方法:在调整仪器或读取示值时,观察者眼睛稍稍移动,观察标线与标尺刻线剪是否有相对移动,若有,说明视差存在,要进一步调整仪器(如望远镜、显示镜等);或找到正确的读数方位(如指针式仪表).

消除视差方法:

(1)使被测物(物像刻度)与判断标线处于同一平面内,如测望远镜、微目镜、读数显微镜等.这些仪器在其目镜焦平面内侧装有作为读数准线的十字叉丝或是刻有读数准线的玻璃划分板,当我们用这些仪器观测待测物体时,有时会发现随着眼睛的移动,物体的像和叉丝间有相对位移,这说明二者之间有视差存在,必须进一步调整目镜(包括叉丝)与物镜的距离,边调节边稍稍移动眼睛观察,直到叉丝与物体所成的像之间基本无相对位移,则说明被测物体经物镜成像到叉丝所成的平面上,视差消除.

(2)每次观察读数使眼睛都处于同一方位.如电表读数盘上装有一面小镜子,测量时要看电表指针与镜中指针像"针像重合"后再读数,以保证每次读数视线都垂直于表盘.又如拉脱法测表面张力中的观测标准为"三线对齐",即保证每次测量时视线水平.

2. 调整"零点"

在实验中测量的起点不一定都是零点,而且仪器的零点也常有误差,因而测量时先检查仪器的零点(或起点)读数,然后才能用其进行测试使用.如果实验前未检查,校准,就将人为的引入系统误差.

零位校准有两种情况:(1)如仪器零点可调,应先调节零点,如天平、电表卡尺、千分尺的零点等.(2)如零点(或起点)不可调或不易调,可记下零点或起点读数,以备测量后将测量结果进行零点修正.

3.2.5　电学实验操作注意

（1）安全用电，注意人身安全和仪器的安全.

电学实验许多仪表都很精密，实验中既要完成测试任务，又要注意人身安全和仪器的安全.不要随意移动电源，接、拆线路时应先关闭电源，测试中不要触摸仪器的高压带电部位.

（2）合理布局、正确接线，谨记整理复原仪器.

实验前，首先对线路进行分析，按实验电路要求布置仪器的位置，经常操作和读数的仪表、开关放在面前便用的位置.

根据电路图按回路法，逐个回路接线，每个回路一般都由高电势到低电势的顺序接线；合理分配每个接线端上的导线，注意利用等势点，以使每个接线端的线尽量少；注意电表"＋""－"极；电子仪器"地"端要接到一个端子上，以防杂乱信号影响.

检查接线，确认电路无误后，将各种器件都置于正常使用状态.如电源及分压器的电压置于最小位置，限流器电阻置于最大位置处，电表选择适当挡位，电阻箱的电阻不能为零等.接通电路的顺序为：先接通电源，再接通测试仪器（示波器等）；断电时顺序相反.其目的是以防电源通或断时因含有感性元件产生瞬间高压损坏仪器.

实验完成后，先切断电源，再拆除线路，整理复原仪器，置于保护状态（如电源输出置于零位，如灵敏检流计开关至短路挡）.

3.2.6　光学实验操作注意

光学仪器是精密仪器，有些仪器结构复杂，操作时动作要轻缓，用力均匀平稳.

大部分光学元件是特种玻璃经过精密加工制成（如三棱镜），表面光洁；平时应注意防尘.有些表面有均匀镀膜（如平面发射镜），要防止磕、碰、打碎、擦、划、污损表面.若发现表面不洁，需用镜头纸，或用无水乙醇、乙醚来处理，切忌哈气、手擦等违规操作.

暗房各种工作器具、药品要按固定位置摆放，不能随意放置，以防用错，造成失误.

了解各种光源性能、正确使用.高亮度的光源不要直视，特别是激光，不要用眼睛正视，以防灼伤眼睛.

3.3　物理实验常用仪器

3.3.1　力学测量仪器

一、长度测量的基本仪器

1. 米尺

米尺有钢直尺和钢卷尺两种，实验室常用钢直尺量程为 500mm 以内，钢卷尺量程为 1m 和 2m，最小分度值为 1mm.

量程在 300mm 以下的钢直尺，仪器允许误差为 0.10mm，量程 1m 的钢卷尺允许误差为 0.6mm，2m 的为 1.2mm.

2. 游标尺

游标尺的构造：如图 3.3.1 所示．它主要由按米尺刻度的主尺 D 和可以沿着主尺滑动的游标 E 两部分组成．主尺 D 和量爪 A 及 A′相连，游标与量爪 B、B′(又称内卡)用来测量内径，深度尺 C(又称尾尺)用来测量孔、槽的深度，F 为固定螺丝．

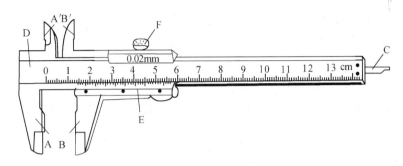

图 3.3.1　五十分游标卡尺示意图

游标尺的特点：游标上 k 个分格的总长与主尺上 $(k-1)$ 个分格的总长相等，假设 x 和 y 分别代表游标和主尺上的一个分格的长度，则有

$$kx = (k-1)y \tag{3.3.1}$$

游标尺的分度值：是主尺与游标的每一分格的差值 δ_k

$$\delta_k = y - x = y - \frac{(k-1)y}{k} = \frac{y}{k} \tag{3.3.2}$$

差值 δ_k 也称为游标尺的最小分度值，它正好是主尺的最小分度值 y 与游标的分格数 k 之比．在测量中，如果游标的第 n 条刻线与主尺上某刻线对齐，则游标零刻度线与主尺上左边相邻刻度线的距离为

$$l = ny - nx = n\frac{y}{k} = n\delta_k \tag{3.3.3}$$

游标尺的零点：可正可负，也可能为零．

(1) "10 分游标尺"．把游标等分为 $k=10$ 个分格的游标叫做"十分游标"，主尺上一个分格的长度是 $y=1$mm，而游标上 10 个分格的总长为：$kx=(k-1)y=(10-1)$mm$=9$mm．游标上每一个分格的长度：$x=\frac{y(k-1)}{k}=0.9$mm；"十分游标"尺的主尺与游标每一分格的差值，即游标尺的最小分度值：$\delta_k=\frac{y}{k}=\frac{1}{10}=0.1$mm．如果第 n 条刻线与主尺上的某条刻线对齐，则游标向右移动的距离就为 $l=n\frac{y}{k}=n\delta_k$．

如图 3.3.2 和图 3.3.3 所示．如果游标上的所有刻线都不与主尺上的刻线完全重合，可找最相近的二条刻线的平均读数，即最后的一位估读为"5"．游标 5、6 两条线与主尺刻度最接近，结果可读为 $l=0.55$mm．一般来说，游标尺的估读误差不大于分度值的一半．

十分游标一般已经不使用，现在常用的是二十分游标或五十分游标．

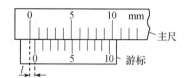 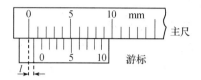

图 3.3.2　十分游标有重合刻度读数　　　　图 3.3.3　十分游标无重合刻度线读数
($l=0.60$mm)　　　　　　　　　　　　　　($l=0.55$mm)

(2)"二十分游标"."二十分游标"是将主尺上的$(k-1)=(20-1)$个分格,即 19mm 等分为游标上的 $k=20$ 格;或将主尺上的$(k-1)=(40-1)$个分格,即 39mm 等分为游标上的 $k=20$ 格,如图 3.3.4 和图 3.3.5 所示.二者相当,二十分游标的分度值均为

$$\delta_x = \frac{y}{m} = 1.0 - \frac{19}{20} = \frac{1}{20} = 0.05 \text{mm}$$

或

$$\delta_x = 2.0 - \frac{39}{20} = \frac{1}{20} = 0.05 \text{mm}$$

图 3.3.4　二十分游标卡尺分度值(0.05mm)示意图

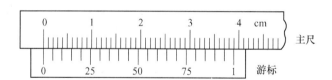

图 3.3.5　二十分游标卡尺分度值(0.05mm)示意图

(3)"五十分游标".它的量程是 125mm,分度值是将主尺上$(k-1)=(50-1)$个分格,即 49mm 等分为游标上 $k=50$ 格,它的分度值为 0.02mm,如图 3.3.6 所示,即

$$\delta_k = y - x = y - \frac{(k-1)y}{k} = \frac{y}{k} = 1.0 - \frac{(50-1)1.0}{50} = \frac{1}{50} = 0.02 \text{mm}$$

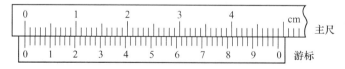

图 3.3.6　五十分游标卡尺分度值(0.02mm)示意图

游标尺的读数方法:以图 3.3.7 为例.
① 首先,从游标零刻度线前准确读出主尺的毫米整数,即主尺准确读数值:21mm;

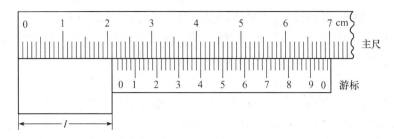

图 3.3.7　五十分游标卡尺读数示意图($l=21.44$mm)

② 然后,再找出游标上与主尺上的某一刻度对齐,即主尺与第 n 条刻度线对齐:$n=22$;

③ 再把 n 乘以游标的分度值 δ_k 得一数值,即游标读数值:22×0.02mm$=0.44$mm;

④ 主尺的准确读数值和游标读数值相加,即为所求读数:$l=21+0.44$mm$=21.44$mm.

注意

(1) 记录零点:零点可正可负,也可能为零.使用游标尺前先记录量程、分度值、零点,然后再测量.若将两量爪合拢,游标上和主尺上的"0"刻度重合,零点为零;如不重合,则游标的"0"刻线在主尺"0"刻线的右边时零点为正,在左边是零点为负;零点大小是游标"0"刻度距离主尺"0"刻线的距离.

(2) 使用游标尺时,右手持尺,左手持物体.如图 3.3.8 所示,先将量爪拉开,然后将待测物放于量爪之间,再向左推动游标,将物体轻轻卡住,(一般不必锁紧卡尺取下物体)即可读数.

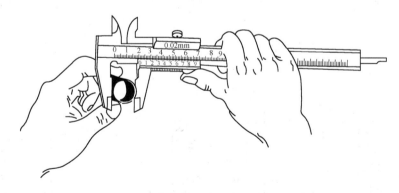

图 3.3.8　游标卡尺正确手持测量方法示意图

3. 螺旋测微器(千分尺)

螺旋测微器的构造:螺旋测微器又叫千分尺,主要由测微螺旋弓形尺架、测量砧口,大小棘轮螺旋柄、固定套筒标尺(主尺),微分筒组成.其中测微螺旋由一根精密的螺旋杆和螺母套管组成.如图 3.1.9 所示.它的量程为 25mm,分度值为 0.01mm.零点可正可负,也可能为零.

千分尺分度值:螺旋杆的螺距为 0.5mm,末端连着螺旋柄,在螺旋柄的套筒上沿圆周均匀地刻着 50 个等分格的微分筒.因此,当螺旋转过一周时,螺杆只能前进或后退

0.5mm；当微分筒的刻线转过一个分格，螺旋杆沿轴线方向前进或后退 0.01mm.（在工厂 0.01mm 俗称为一丝，1mm＝100 丝）这就是千分尺的分度值. 根据微分筒转过的格数，就可以准确地读出螺旋杆沿轴线方向移动的 0.5mm 以下的微小长度，这就是所谓的机械放大原理.

千分尺零点：当两测量砧口正好轻轻接触时，若微分筒锥面边缘和固定套筒上标尺（主尺）的"0"线对齐，而且微分筒上的"0"线与标尺上的"水平准线"对齐，这时千分尺零点读数为 0.000mm；若微分筒上的"0"线在标尺上"水平准线"下方（上方），则该零点为"正值"（"负值"），其大小为微分筒"0"线离开标尺"水平准线"之下（之上）的距离. 如图 3.3.9(a) 所示.

千分尺读数方法：当测量物体长度时，要先按逆时针方向转动棘轮旋柄，使微动螺旋杆推出，再把物体放到两测量面之间，然后轻轻的匀速转动后面的棘轮旋柄，使棘轮旋柄靠着摩擦力带动前进，从而使两测量面刚好与物体接触并发出 2～3 声喀、喀、响声为止. 此时，即可从固定套管上读出标尺上的毫米整数和 0.5mm 的半格数（标尺准线上、下两侧相邻刻度间的距离为 0.5mm，而准线同侧相邻两线间的距离为 1mm），再从微分筒上读出 0.5mm 以下的小数，并估计到 0.001mm，然后两者相加即得测量值. 如图 3.3.9(b)～(f) 的读数分别为：5.580mm、5.080mm、5.900mm、5.007mm 和 5.482mm.

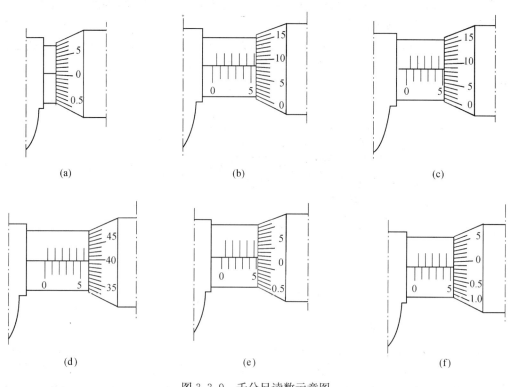

图 3.3.9 千分尺读数示意图

注意

（1）记录零点，对测量读数进行零点修正. 修正时，将测量读数减去零点读数.

(2) 记录零点或夹紧待测物体时,只许轻轻旋转后面的小棘轮旋柄,绝不能转动微分筒大棘轮,以免夹得过紧使待测物体发生形变,测量不准;但更重要的是会挤伤螺纹、损坏仪器. 棘轮转柄靠摩擦力带动螺旋杆,当测砧闭合或与被测物体接触时会自动打滑,而不再前进,这样即可使测量面和被测物体保持适当的压力,接触良好,使测量准确而又不损坏仪器. 所以,当转动棘轮听到喀、喀声时,应停止转动,进行读数.

(3) 使用完毕,要倒旋棘轮使两测量面留出一定间隔,以免热胀,损坏螺纹.

二、质量测量仪器——天平

天平是根据杠杆原理制成的一种称衡物体质量的仪器. 它的构造原理虽然简单,但制造却很精密. 有机械天平、电子天平. 精密度低的天平称为物理天平或工业天平;精密度高的天平称为分析天平.

天平的规格一般用称量、感量(或灵敏度)、分度值表示. 称量是天平所允许称衡的最大质量即量程. 机械式天平的感量是指天平的指针从标尺上的零点(平衡位置)偏转一个最小分格时,天平两秤盘上的质量之差,单位为 mg/格. 每台天平感量的大小一般都与它的砝码的最小值(或砝码的最小分度值)相对应. 天平的灵敏度为感量的倒数,即天平称衡时在一个称盘中加上单位质量后指针偏转的格数. 感量越小,灵敏度就越高.

1. 机械天平

(1) 机械天平的构造如图 3.3.10 所示. 天平衡梁的中点和两端共用三个刀口. 互相平行,且两端刀口与中间刀口的距离相等,中间刀口置于支柱套杆顶端的玛瑙刀垫上,作为横梁的支点. 两端刀口通过挂钩各悬挂一个称盘. 衡量中央的下面固定一个长指针,指针与横梁垂直. 当横梁摆动时,指针的下端就在支柱下端的标牌前摆动. 如指针是对准标

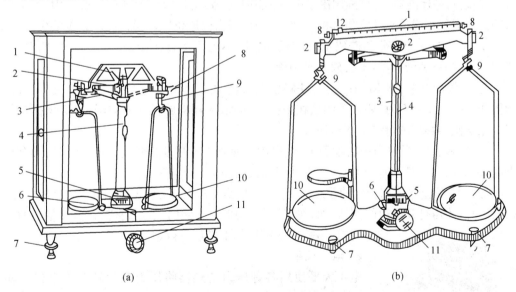

图 3.3.10 天平示意图

1. 横梁;2. 刀垫;3. 支架;4. 指针;5. 标尺;6. 水准器;7. 水平螺旋脚;
8. 平衡调节螺母;9. 挂钩;10. 称盘;11. 止动旋钮;12. 游码

牌中央做等幅摆动,天平就处于平衡状态.横梁上两段的平衡调节螺母是为了调节天平平衡而设置的.为了保护到刀口,在横梁的下面装有止动支架.支架固定在支柱上.支柱中有一套杆,上面与横梁支点的刀垫相接,下端与螺杆相连.底螺杆与开关旋钮相连.当逆时针转动这一旋钮时可以使横梁下降,从而把横梁的称盘托住,使三个刀口与刀垫离开,天平止动.这样就避免了刀口与刀垫之间的接触磨损,以保护天平.

另外,在标牌前的底座上有一个水泡水准器.通过调节底座前面两个水平螺旋脚,可以使天平刀垫处于水平状态.为了保护天平不受尘埃和空气气流的影响,精密天平都装在玻璃框内.框前有可以升降的玻璃窗,两侧有玻璃门.

（2）精密天平的操作步骤

① 调水平:调节水平螺旋脚,使水准器气泡位于中心,使天平处于水平状态.

② 调零点:顺时针转动开关旋钮,使横梁升起.观察摆动情况,判断天平是否平衡.如不平衡,则在指针经过标牌中央时,逆时针转动开关旋钮,止动天平后,再调节平衡调节螺母.这样反复数次,直至指针在标牌中央刻度的两侧做等幅摆动时,天平就达到平衡.

③ 检查灵敏度:天平灵敏度等于一称盘空着,在另一称盘中放入质量为 1mg 物体时指针所偏转的格数.天平的灵敏度与它的负载、横梁的重量及其重心位置有关.一般情况下,负载越重,灵敏度就越低;衡量越轻,重心越高,灵敏度就越高.

（3）精密天平的操作规则

① 天平的称载不能超过称量,以免损坏刀口或压弯横梁.

② 取待测物体、加减砝码、调节平衡和使用完毕时,都必须将天平止动,只有在观察时,才能将它启动.启动和止动时,转动开关旋钮必须缓慢进行,并且必须在指针经过标牌中央时才能止动,以免横梁受到过大的冲击,损伤刀口.

③ 砝码是标准器件,只准用镊子而不能用手拿取.使用时由大到小依次试用,对于片状的砝码只能用镊子夹住它折起的一边,用毕放回盒内原位置,不得乱放,以免丢失.

④ 天平的各个部分和砝码都要防锈、防蚀,不得用手直接接触.一切高温、低温、潮湿、腐蚀性物体和液体等,不得放入盘中称衡.

⑤ 一般情况下,物体放在左盘,砝码放在右盘,并尽量使重心靠近盘的中央.如待称物体和砝码不止一个时,要把重的放在中央,轻的依次环绕放在它的周围,以避免称盘的刀口扭摆倾斜影响测量结果和扭伤天平.

⑥ 在测量时,只要稍一启动天平(半启动),便能比较两盘的轻重,而不必把横梁全部支起,以免两盘质量相差太大时,天平受到较大的冲击.

⑦ 为了防止气流和灰尘的侵袭,精密天平都置于柜中.因此,只有在取、放物体和加、减砝码时,才需打开两边的侧门.加、取完毕,要随即关上侧门,然后再进行称衡.柜前的中门不得打开,柜内防潮用的干燥剂不得拿出.

图 3.3.11　电子天平

2. 电子天平

电子天平使用各种压力传感器将压力变化转变为电信号输出,放大后再通过 A/D 转换直接用数字显示出来.如图 3.3.11 所示电子天平使用方便,操作简单.普通电子天平分度值为 10mg,电子精密天平的分度值 d 为 1mg,电子分析天平的分度值达到

0.1mg. 表征电子天平的准确度等级和所允许的最大示值误差,一般用分度值 d 的倍数,如 $10d$ 等,参见电子天平说明书.

三、时间测量仪器

时间是一个基本物理量.时间测量广泛应用于现代科学技术的各个领域中.测量时间的仪器种类很多,现仅介绍物理实验中常用的几种.

1. 数字毫秒计

数字毫秒计是一种用数字显示的精确计时仪器,有的还可以用来测量频率、周期、脉宽等.它的最小测量时间间隔一般为 0.1ms.

基本原理是利用石英晶体振荡器产生的稳定电脉冲,在开始计数和停止计数的时间间隔内去推动计数器计数.例如 0.1ms 数字毫秒计的工作频率是 10kHz,石英晶体振荡器每秒产生一万个电脉冲,一个脉冲计一个数.任何两个相邻脉冲间的时间间隔就是万分之一秒,即 0.1ms.故通过计数器所计的数字,就可以知道从计数到停止这段间隔的时间,并由数码管(或液晶显示屏)显示出来.仪器面板随型号不同而异,但调节基本相同.如图 3.3.12 所示.

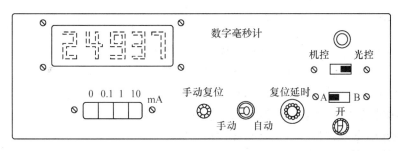

图 3.3.12 数字毫秒计面板示意图

数字毫秒计的计时控制方式有两种:机控和光控.机控指用电路的机械接触控制计时.使用机控时,即空插座中双线接通时开始计时,断开时停止计时.光控指光电控制.

2. 石英液晶精密计时器

在实验室里,测量时间时也可选用石英液晶精密计时器,见图 3.3.13.这种计时仪器的机芯有集成电路组成,利用石英振荡频率作为时基标准,用六位数液晶显示器.它能显示月、日、星期、时、分、秒,并有 1/100 秒技术的单针秒表和双针秒表功能,参见图 3.3.13.

由于此种表的功能较多,而且在实验室主要用于计时,因此只介绍 1/100 秒计数的使用方法.此表表壳配有三个按钮.S_1 为设置按钮;S_2 为开始/停止按钮;基本显示为时、分、秒,可连续累计显示 59 分 59.99 秒.

(1) 单针秒表用法:在计时显示时,按住 S_1 两秒,即呈现秒表功能.此时按一下 S_2 就开始自动计时,再按一下 S_2 及时停止,显示出所计数据.按下 S_1 自动复零.

(2) 双针秒表用法:若要记录甲、乙两件事,它们同时开始,但终止时间不同,则可采用双针秒表计时.首先按住 S_1 两

图 3.3.13 计时器示意图

秒,即呈现秒表功能,然后再按一下S_2开始自动计时,待甲时间终止时按一下S_1,即显示甲的秒数计数停止.此时在液晶屏的右上角出现"□"的记录信号.这里冒号仍在闪动,电路内部继续为乙事件累计计时.待乙终止时,再按S_2,冒号不闪,即内部秒计数停止,乙的时间贮存在内部.把甲的时间先计下来,然后再按S_1,呈现出乙的时间,记录下来后再次按S_1即可复位.

3. 机械停表

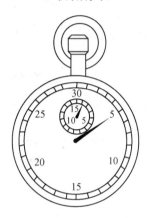

图 3.3.14 机械停表

机械停表是物理实验中常用的计时仪器,见图 3.3.14. 在精度要求不高的情况下,它具有方便可靠的优点. 停表的外形和普通怀表一样,旋紧发条后,按下它的发条旋钮时,指针就开始运动,在按发条旋钮,指针即停止运动,第三再按发条旋钮则指针恢复到零点位置. 用停表可以很方便地记录物体运动的时间,摆动周期等. 普通停表的最小刻度为 0.1s 或 0.2s,测量范围是 0~15min 或 0~30min.

使用停表时的测量误差可分以下两种情况来考虑.

(1) 短时间(几十秒以内)的测量误差主要是按表和读数的误差,其值约为 0.2s. 如果测量者本人的注意力不够集中或操作不够熟练时,这项的误差还可能增大.

(2) 长时间(一分钟以上)的测量误差主要是停表本身存在的误差,即停表走动的快慢和标准时间之差. 这种误差属于系统误差,其大小随停表的不同而不同. 因此,在需要做长时间测量时,使用前应根据标准校准停表.

停表机械精密,结构脆弱,使用时应特别注意.

① 使用停表要轻拿轻放,尽力避免震动和摇晃;
② 测量过程及其前后,不要随意按按钮,以免损坏指针;
③ 指针不指零时,应对开始时的读数及时修正;
④ 用完停表后一定放回盒内,绝对不能任意乱放,以免不慎碰落摔坏.

4. 光电计时(计数)装置

光电计时(计数)装置很多,这里就不一一介绍了.

四、常用力学实验仪器

1.单摆、2.自由落体仪、3.三线摆、4.扭摆、5.焦利秤、6.黏滞系数测量仪、7.杨氏模量测量(参见具体实验)

3.3.2 热学测量仪器

温度测量是热力学的基本测量之一. 常用的温度测量的仪器有很多种(详见具体实验).

一、温度计

(1)液体温度计;(2)气体温度计;(3)热电偶电阻温度计;(4)光测高温计等.

液体温度计选用的测温物质有水银、酒精、甲苯、煤油等,其中以水银应用最广.实验室用的水银温度计最小分度值有 1℃、0.5℃、0.1℃等多种,作为标准的还有 0.01℃.

二、加热器、保温器

(1) 磁力搅拌加热器;
(2) 保温瓶;
(3) 杜瓦瓶.

三、其他热学测量仪器

(1) 热膨胀系数测量仪;
(2) 气体比热容比测量仪;
(3) 大气压力计.

注意:
(1) 使用水银温度计时被测温度不得超过量限;
(2) 温度计浸入被测介质深度应等于计上刻度表明的深度;
(3) 为了减小视差,测量时眼睛应在温度计前与水银面同一高度读数;
(4) 注意轻拿轻放,用后还原处.

3.3.3 电学测量仪器

电磁学实验一般由电源、调节控制、指示读数和观察研究对象四大部分组成.常用的电源有稳压电源、蓄电池、干电池等是电路中的能量供给者,维持电路中的电流或电压.调节控制器(如各种开关、变阻器、电阻箱和电位器等)主要是根据实验需要,用来接通或断开电路,或改变电路电流的大小,或调节各部分电压的高低,或改变电路中电流的方向等.指示读数部分主要是各种检流计、电流表、电压表、欧姆表、磁通表等各种电器仪表和其他指示装置,用来指示或测出电路中的状态或参量.观察研究对象是各种用电装置、负载等.常用的电学测量仪器简要介绍如下.

一、电源

电源是把其他形式的能量转变为电能的装置,分为直流电源和交流电源两类.物理实验中常用的是直流电源.

1. 直流电源

目前实验室一般采用晶体管稳压电源.它是将交流电转变成直流电的装置,稳定性高,内阻小,输出连续可调,使用方便.如:输出电压为 0~15V,输出电流为 0~5A;输出电压为 0~30V,输出电流为 0~3A 等.这些都是低压晶体管稳压电源,还有输出电压达 500V~3000V 高压直流稳压电源.

2. 交流电源

常用的电网电源时交流电源.交流电的电压可通过变压器来调节.交流仪表的读数一般都是有效值.例如,交流 220V 就是有效值,其峰值为 $\sqrt{2}\times 220 \approx 310$V.

3. 干电池、甲电
4. 标准电池

标准电源器件不能当电源来用.

二、电表

1. 磁电式仪表结构及原理

电表是电学测量的基本仪表,如电流表、电压表、欧姆表等. 电表有磁电式、电动式和电磁式等. 实验室常用的大部分是磁电式电表,表头(电流计)构造如图 3.3.15 所示. 此种电表的固定部分装有强磁场的永久磁铁,在磁铁两极间有一圆弧形极掌. 极掌间装有一圆柱形铁心,与两极掌形成以气隙,以使磁场线集中于中间,并形成较强的均匀辐射磁场. 在气隙中装有一用漆包线绕在矩形铝框上的活动线圈,线圈通过转轴支在轴承上,可以在气隙间自由转动. 轴上装有一指针和用来产生反作用力矩的游丝(它同时又作为电流的引入线和引出线). 当有电线通过时,线圈受到点磁力矩的作用发生偏转,同时游丝产生一反作用力矩. 当两个力矩平衡时,线圈就停止了转动,指针就指在一定的位置上.

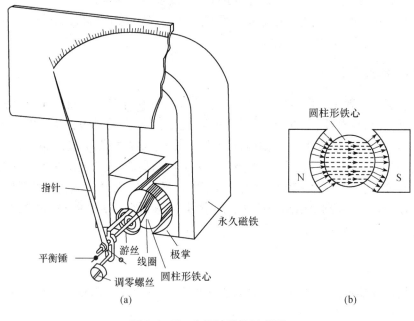

图 3.3.15 电流计结构示意图
(a)结构;(b)空气隙中磁场分布

设通入的电流为 I,气隙中的磁感强度为 B,线圈的匝数为 N,垂边的长尾 L,横边为 b,则作用在线圈上的电磁力矩为

$$M = BINLb \tag{3.3.4}$$

式中,恰为每匝线圈的面积 S,故

$$M = BINS \tag{3.3.5}$$

根据实验测量,游丝的反作用力矩与线圈转过的角度成正比.

当和达到平衡时,线圈就停止偏转,此时有 $M=M'$,即 $BINS=K\theta$,所以

$$\theta = \frac{BINS}{K} \tag{3.3.6}$$

式中,K 为游丝扭转系数.对于一定的游丝,它是个常数.

若转换成指针转过的弧长,则有

$$l = \frac{dBSN}{K}I \tag{3.3.7}$$

对于一个结构已定电表,式中 B、S、N、K 和 d 都是常数,可令 $\frac{dBSN}{K}$ 等于 S_i,故有

$$l = S_i I \tag{3.3.8}$$

即指针偏转与电流成正比.可见,指针偏转就可以直接代表通入线圈电流的大小,因而可用来直接测量电流了.

S_i 表示线圈通过 1 单位电流时指针偏转的大小.显然,对于同样的电流,愈大则指针的偏转也就愈大.这说明它对电流的反应愈灵敏.所以,S_i 称为电流计的灵敏度,单位为小格/安.S_i 的倒数称为电流计常数,即

$$K = \frac{1}{S_i} \tag{3.3.9}$$

在电表的结构中还有一个"调零器".它的一端与游丝相连,通过它可以把指针调至零位.磁电式仪表具有较高的灵敏度,偏转角度又与电流成正比,标尺分度为显性,损耗功率小,受外界磁场影响小,因而得到广泛应用.但由于磁场方向固定,只能用来测直流,不能测交流,如要测交流需先经过整流.

2. 常用电学测量仪表

(1) 检流计主要是用来测量小电流和检查电路中有无电流通过,又称指零仪.它分为指针式和光点反射式两类.它们的特点都是零点在刻度中央.因此,它可以向左右两边偏转,便于检查出不同方向的直流电.

使用时,通常串联一个可变的保护电阻,以免开始时因电流过大损坏检流计,待偏转减小后再逐步减小保护电阻,以至最后将它短路,以提高检测灵敏度.

(2) 电流表有微安表、毫安表、安培表等,是由表头并联一个小分流电阻而成,因而内阻较小.它们主要是用来测量电路中电流的大小.使用时,把它串联于待测电路中,并注意"＋""－"标记,使电流从电流表的"＋"端流入,从"－"端流出.

电流表的主要参数是量程和内阻.量程是指针偏到满格时的电流值,一般电流表均为多量程.内阻一般都在 0.1Ω 以下,而毫安表和微安表内阻较大,可达一、二百到一、二千欧姆.

(3) 电压表有毫伏表、伏特表等,是由表头串联一个大分压电阻而构成的,因而内阻较大.电压表用来测量电路中两点间电压.使用时并联于待测电压的两端,并使"＋"极接于电势高的一端,"－"极介于电势低的一端.同一电压表,量程不同时内阻亦不同,但各量程的每伏欧姆数却是一样的,一般都在 $1000\Omega/V$ 以上.所以,电压表的内阻一般用 Ω/V 统一表示,由此即可计算出其中某一量程的内阻,即内阻＝量程×每伏欧姆数.

(4) 万用电表(略)

3. 电表的误差及其准确度等级

在测量过程中,由于本身机构及环境的影响,测量结果会有误差. 如果误差是由环境(如温度、外界磁场、电表放置的位置不合规定等)产生的,称为电表的基本误差限. 电表在正确使用的情况下只有基本误差而没有附加误差. 此时,基本误差限就决定了电表的准确度. 电表的准确度等级 α 为

$$\alpha\% = \frac{\Delta_{\text{ins}}}{M} \tag{3.3.10}$$

其中,Δ_{ins} 为电表基本误差限,M 为电表的量程.

国家《GB776-76 电气测量指示仪表通用技术条件》规定,根据相对额定误差,电表的准确度等级分为:0.1、0.2、0.5、1.0、1.5、2.5 和 5.0 七级. 例如 0.5 级电表表示在正常工作条件下相对额定误差不超过 0.5%,仪器最大误差不超过 $M \times 0.5\%$.

例 3.3.1 若 0.5 级电压表,选用 10V 一挡时的极限误差和标准误差为

解 $\Delta = 10 \times 0.5\% = 0.05\text{V}, \sigma_V = \Delta/\sqrt{3} = 0.029\text{V}$

当用它来测量 1V 电压时,相对误差 $E = \dfrac{\sigma_V}{V} = \dfrac{0.029}{1.00} = 2.9\%$.

当测量 5V 电压时,相对误差为 $E = \dfrac{0.029}{5.00} = 0.58\%$.

当测量 10V 时,相对误差 $E = \dfrac{0.029}{10.00} = 0.29\%$.

即测量 1V 电压时的相对误差是测量 5V 时的 5 倍. 当测量值接近于满度 10V 时,它就接近于规定的标准度. 这一点对其他仪表也是同样适用.

例 3.3.2 用 0.5 级 300V 和 1.0 级 100V 的两个电压表分别测量约 100V 的电压,求测量的相对误差.

解 ① 用 0.5 级 300V 电压表进行测量时,有

$$E = \frac{\sigma_V}{M_i} = \frac{\Delta_V/\sqrt{3}}{M_i} = \frac{M \times a\%}{\sqrt{3} \times 100} = \frac{300 \times 0.5\%}{100\sqrt{3}} = 0.86\%$$

② 用 1.0 级 100V 电压表进行测量时有

$$E = \frac{\sigma_V}{M_i} = \frac{100 \times 0.5\%}{\sqrt{3} \times 100} = 0.58\%$$

可见,选择仪表并不是愈精密愈好. 如果量程选择得当,用 1.0 级表进行测量反而比用 0.5 级进行测量要准确.

我国规定,电器仪表的主要技术性能均以一定的符号标记在仪表的面板上,使用前一定要看清弄懂,并按规定正确使用. 表 3.3.1 列出一些常见仪表的版面符号.

表 3.3.1 常用电气仪表面板上的标记

名　称	符号	名　称	符号
指示测量仪器的一般符号	○	正端钮	+

续表

名　称	符号	名　称	符号
检流计	G	公共端钮	*
电流计	A	直　流	—
电压计	V	直流和交流	≃
微安表	μA	以标度尺量限百分数表示的准确度等级，例如1.5级	1.5
毫伏表	mV		
千伏表	kV	表指示值的百分数表示的准确度等级，例如1.5级	⓵.5
欧姆表	Ω		
兆欧表	MΩ	标度尺位置为垂直的	⊥
毫安表	mA	标度尺位置为水平的	⌒
负端钮	—	绝缘强度试验电压为2kV	☆

注意

（1）根据待测量内容选用不同种类的电表．

（2）要注意量程．使用时要根据待测电流或电压的大小选择合适的量程．量程小于通过的电流或电压值时会把电表烧坏；量程过大，指针偏转角度过小，降低了测量的精确度．所以，量程选择要合适，一般是略大于待测量即可．在使用前，先估计待测量的大小．如果无法估计时，则应选用最大的量程来试测，得知数值后，再改用合适的量程．为了方便使用，一般电表都由多量程构成．如图3.3.16(a)电压表的量程为2.5/5/10V，表示它有三个量程，满刻度分别是2.5V、5V、10V．图3.3.16(b)毫安表的量程为7.5/15/30/75/300/750/1500mA．

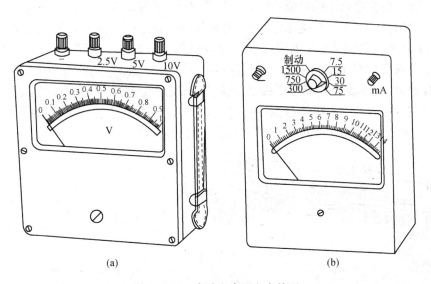

图 3.3.16　实验室常用电表外型
(a)电压表；(b)电流表

（3）要注意标记. 对磁电式直流电表, 由于磁场方向固定, 所以指针的偏转方向与通过电流方向有关. 因此, 一定要注意电表接线柱上的"＋""－"标记."＋"表示电流由此流入；"－"表示电流由此流出, 切勿接错, 以免撞坏指针.

（4）注意连接法. 电流表示测量电流的, 必须串联于被测电路中；电压表示测量电压的, 必须并联于待测电压的两段, 切勿接错. 尤其时电流表, 由于内阻很小, 一旦并联于电路中, 就会立刻烧毁.

（5）要正确读数. 首先, 电表在使用前要通过"调零器"调节指针指零. 其次在测量读数时, 眼睛一定要从指针正上方垂直向下看指针所正对的刻度来读数, 而视线偏向任何一方时, 都会产生视差. 为了减少视差, 1级以下的精密电表, 在指针下面的刻度旁都附有一面镜子. 当眼睛垂直往下看时, 指针和它在镜中的像重合时所对准的刻度才是它的准确读数. 读数时应根据电表的准确度等级和最小分度距离的大小估计到最小分度的 $\frac{1}{2}$、$\frac{1}{5}$、$\frac{1}{10}$.

同时还要注意, 一个多量程的电表, 刻度盘通常只按一个量程来标度, 用其他量程是这个量程的整数倍. 这样, 读数虽很方便, 但不注意也会读错, 所以读数前一定要弄清量程的分度值. 例如, 图 3.3.16(a)电压表的量程为 2.5/5/10V 三挡, 表盘满刻度为 100 格. 当用 2.5V 挡时, 分度值为 $\frac{2.5}{100}=0.025\text{V}$, 而用 5V 挡时, 为 $\frac{5}{100}=0.05\text{V}$, 100V 挡时为 $\frac{10}{100}=0.1\text{V}$.

三、电阻箱、变阻器

电阻可以改变电路中的电流或电压, 或作为电路中的特定部分而接于电路中. 它分为固定电阻和可变电阻两大类. 使用时除了注意阻值的大小外, 还应注意电阻的额定功率.

1. 滑线变阻器

它是用来改变电路中的电流和电压的装置, 外形和构造如图 3.3.17 所示. 它是把绝缘电阻丝（如镍铬丝）密绕在绝缘瓷筒上, 两端分别与固定在底座上的接线架 A、B 相连. 因此, A、B 间的电阻就是变阻器的总电阻. 在瓷管的上方装有一根和瓷管平行的金属棒. 棒的一端有接线柱 C, 以便于接线. 棒上还装有一紧压在电阻丝上的滑动接触器. 当它沿着金属棒滑动时, 就改变了滑动接头 C 的位置, 也就是改变了 AC 和 BC 之间的电阻（接触器与电阻丝接触处的绝缘物被刮掉）. 图 3.3.17(b)是它在电路中的代表符号. 学习时图 3.3.17(a)、(b)两图中的 A、B、C 三点要相互对照着看.

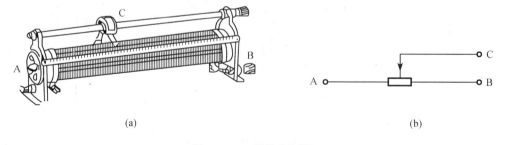

图 3.3.17 滑线变阻器
(a)滑线变阻器外形；(b)电路图

变阻器的规格主要有全电阻（A、B 间电阻）和额定电流（即变阻器所允许通过的最大电流）两个指标．变阻器的接法有变流接法和变压接法两种．

（1）**变流接法**（又称**限流器**）如图 3.3.18 所示，将变阻器的任意一个固定端 A 或(B)与滑动端 C 串联在电路中．使用时要注意：在接通电源前都要使滑动端滑到 B 端，即变阻器滑到最大电阻值，使电路中的电流最小，以保证仪表的安全．待接通电源后，再根据需要逐步减小电阻，使电流达到需要的量值．

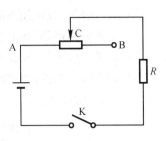

图 3.3.18　滑线变阻器的变流接法

（2）**分压接法**（又称**分压器**）如图 3.3.19 所示，把电阻器的两个固定端 A、B 分别与电源的两级相连，然后再由其中的任一固定端 B（或 A，图中用 B）和滑动头 C 引出，连接到外电路中．

使用时要注意：在接通电源前，一定要使分压器置于最小位置，以保证安全，以后再根据需要逐步调接到需要的数值．

小型变阻器称为电位器，如图 3.3.20 所示．它的 A、B、C 三个接线端分别于分压器的端钮相对应．它的功率一般较小．阻值有由电阻丝绕成的低阻值线绕电位器和由碳膜制成的高阻值电位器两种．它们的规格很多．

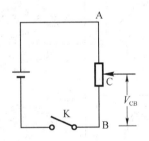

图 3.3.19　滑线变阻器分压接法

图 3.3.20　电位器

2. 旋钮式电阻箱

电阻箱是由锰铜丝绕成的一套标准电阻，按照一定的组合方式连接在特殊的转换开关上构成．旋转这一开关，就可以得到不同的电阻，从而准确地调节电路中的电阻值．精密度较高的电阻箱还可以用作电阻的标准量具．常用的 ZX21 型电阻箱的板面如图 3.3.21(a)所示．

四、部分电子器件

(1) 电容；
(2) 电感；
(3) 发光二极管：如发射/接收二极管（普通光、红外光等）；
(4) 发光三极管：如发射/接收三极管（普通光、红外光等）；
(5) 霍尔元件；

(6) 压电传感器:如压电陶瓷、压力传感器;
(7) 热敏传感器:如温度传感器等;
(8) 光电传感器:如红外光传感器等;
(9) 声波传感器:如超声波换能器;
(10) 气敏传感器:如CO_2传感器.

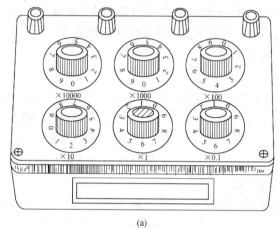

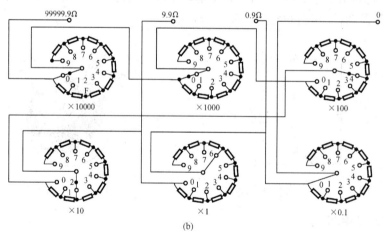

图 3.3.21　旋钮式电阻箱
(a)外形图;(b)内部线路示意图

表 3.3.2　常用电器元件符号

名　称	符　号	名　称	符　号
直流电源(干电池、蓄电池、晶体管支流稳压电源)	─┤├─	单刀开关	
220V 交流电源		双刀双向开关	

名　称	符　号	名　称	符　号
可变电阻		换向开关	
固定电阻		按钮开关	
滑线式变阻器		二极管	
电容器		稳压二极管	
电解电容器		导线交叉连接	
可变电容器		导线交叉不连接	
电感线圈		变压器	
铁心电感线圈		调压变压器	

五、开关

控制电路通断的装置都可称为开关,在电路图中一般用符号 K 表示. 开关的活动部分称作"刀",所要连通的路数称作"掷",可以根据"刀"和"掷"的数目命名开关,如"单刀单掷"、"双刀双掷","接触开关"等. 如图 3.3.22～图 3.3.25 所示.

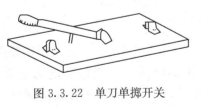

图 3.3.22　单刀单掷开关

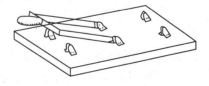

图 3.3.23　双刀双掷开关

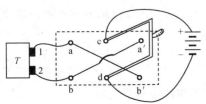

图 3.3.24　双刀双掷换向开关线路图

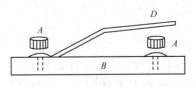

图 3.3.25　接触开关

双刀双掷开关经特殊连接就构成了物理实验中常用的"倒向开关",如图 3.3.24. 当双刀掷向右,"1"与"d"相连,"2"与"c"相连;当双刀掷向左,"1"与"c"相连,"2"与"d"相连,实现了倒向.

六、电势差计

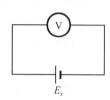

图 3.3.26 电压表直接测电动势

用一个普通电压表去直接测电池的电动势 E_x 是得不到准确值的(图 3.3.26),这是由于电池内阻 r 的存在,测得的结果为路端电压 U

$$U = E_x - Ir \tag{3.3.11}$$

要想准确测量电动势 E_x,必须设法使输出电流 I 为零. 在图 3.3.27 的电路里,工作电源 E 与电阻 R_n 组成一回路,电阻 R_n 上的电压 U_n 与待测干电池 E_x 极性相对而接. 若调整 R_n(或者 R_{CD}),使通过电流计 G 的电流 I_G 为零,即有

$$E_x = U_{CD} = IR_{CD} \tag{3.3.12}$$

这种测量电动势的方法称为补偿法. 电势差计就是根据这种补偿原理设计用来测量微小电压(电势差)的.

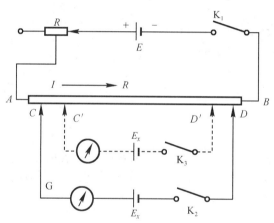

图 3.3.27 电势差计的原理图

为了进一步提高测量准确度,实际的电势差计除了采用补偿法外,还要采用比较法去获得测量结果,其原理如图 3.3.27 所示. 先用 R_n 上的电压去补偿标准电动势 $E_S = 1.0186\text{V}$(室温),使通过电流计 G 的电流 I_G 为零;再用 R_{CD} 上的电压去补偿待测电动势 E_x,使通过电流计 G 的电流 I_G 为零. 由于电源 E 与回路总电阻($R_n + r + R_{AB}$)不变,且 $I_G = 0$,无分路电流,因而两次补偿的工作电流 I_0 相同,于是可得

$$E_x = \frac{R_{CD}}{R_{AB}} E_S \tag{3.3.13}$$

E_x 与 R_{CD} 成正比,这意味着可将 R_{CD} 的值直接标定为被测电动势的值.

标准电池的电动势 E_t 是随温度变化的,即

$$E_t = E_{20} - [39.94 - (t-20) + 0.929(t-20)^2 - 0.90(t-20)^3$$

$$+ 0.00006(t-20)^4] \times 10^{-6} \text{V} \tag{3.3.14}$$

上式也称中国温度公式,其中,E_{20} 为 +20℃是标准电池的电动势,t 为环境温度.

电势差计具有多种规格与型号,不同型号的电势差计其准确度和测量范围有所不同,但调节原理与操作方法却大致相同.电势差计是一种高电势差计,测量上限为 1.911110V,准确度为 0.01 级,工作电流 $I_0=0.1$mA. 图 3.3.28 是一种电势差计的面板图,上方 12 个接线柱的功能在面板上已标明.调整工作电流或测量时,都应该先用"粗"、"中"钮调节,初步平衡后再用"细"钮调节达到最后平衡.

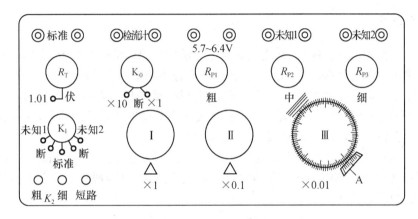

图 3.3.28 箱式电势差计

Ⅰ、Ⅱ. 十进位步进测量盘;Ⅲ. 滑线式测量盘;A. 游标示度尺;R_T. 温度补偿盘;
K_0. 量程转换开关;K_1. 测量选择开关;K_2. 检流计按钮;R_{P1}、R_{P2}、R_{P3}. 工作电流调节盘

电势差计的主要误差来源是仪器误差限及仪器灵敏度仪器的误差(当检流计等外部附件配套使用时通常可略去):

$$\Delta_{仪} = \alpha\% \left(U_x + \frac{U_n}{10} \right) \tag{3.3.15}$$

其中,α 为准确度等级,U_x 为测量示值,U_n 为有效量程的基准值,其大小为该有效量程内 10 的最高整数幂.

电势差计的准确度高,不仅可以用来检定标准直流电压发生器等,还常作为标准数字电压表进行检定.但是它需要配合检流计、标准电池等才能使用,操作也很不方便,在许多场合已被高精度数字电压表取代.在技术上已落后淘汰,但其实验方法对于工科学生的基础训练还有一定价值.

七、示波器

示波器不仅可以用来测量交、直流电压,还可以把各种交流电压波形显示出来.工作频率带宽是示波器的一项重要指标.简单的学生用示波器的带宽只有 5MHz,而广播、电讯及一些科学研究领域需要使用带宽为 500MHz 甚至更高的示波器.按可以接受的信号路数,示波器可以单通道、双通道、三通道、四通道等等.按显示屏上可以同时显示的波形条数,示波器又可以分为单踪、双踪、八踪等等.

随着电子技术和科研、生产的发展,各种新型高性能、多用途的示波器也不断推出. CRT 读数示波器可以通过活动光标在显示屏上直接读出信号电压幅值和时间间隔,长余辉示波器可以显示长达数十秒至数百秒的慢扫描信号. 存储示波器可以将瞬时信号存储下来. 示波器家族的后起之秀——数字存储示波器更是显示了强大的生命力,它除了可以显示、存储从超低频到高频的各种周期信号、脉冲信号外,还可以方便的与计算机连接,进行数据处理、远程传输、打印输出等等.

示波器的具体工作原理和使用见相关实验.

八、信号发生器

在电学实验中,提供各种标准交流测试信号的信号源称信号发生器,有的信号发生器带有功率输出,则不仅可以用做信号源,也可以作为小功率电源使用.

信号发生器最重要的参数之一是信号频率范围. 低频信号发生器产生的信号频率一般可以在 1Hz～1MHz 连续调节. 简单的信号发生器只能产生正弦波信号,而函数信号发生器能产生正弦波、方波、三角波、锯齿波及脉冲信号.

信号发生器输出电压的最大幅度(峰-峰值 V_{P-P})一般在 5～30V. 输出电压可以连续调节. 如果需要的输出幅度较小,则必须对信号进行衰减. 衰减幅度有分贝(dB)数表示. 设衰减倍数为 K,则

$$1(dB) = 20\lg K(dB)$$

例如衰减 1000 倍,就是 60dB;衰减 100 倍,就是 40dB,衰减 10 倍,就是 20dB.

九、电桥

1. 单臂电桥(惠斯通电桥);
2. 双臂电桥(开尔文电桥);
3. 交流电桥.

(参见具体实验)

3.3.4 光学测量仪器

一、望远镜

做普通物理实验要用测量瞄准望远镜. 简单的望远镜是由长焦距物镜和一个短焦距目镜装在镜筒里组成. 望远镜物镜焦点与目镜焦点在一起,并在它们共同的焦平面附近安装分划板或叉丝,便于观察和读数. 被观察物体通过物镜成实像在分划板(叉丝)平面上,再通过目镜把实像放大成倒立的虚像.

调整望远镜的顺序是:先移动目镜,直到分划板(叉丝)像清晰为止(从目镜到分划板的距离因人而异),然后移动调焦套筒,使物成像最清晰,并消除视差.

二、读数显微镜

50mm 读数显微镜是一种结构简单、操作方便、应用广泛的光学仪器,结构如

图 3.3.29 所示.它的最大测量范围为 50mm,最小分度值为 0.01mm.仪器可分为两部分.一是显微及其读数机构;二是支座部分.显微镜的光路原理和一般显微镜相同.为了测量物体的大小,在目镜中装了十字叉丝(或十字分划板).目镜用锁紧圈和锁紧螺钉紧固于镜筒内,物镜用丝扣拧入镜筒内.镜筒可沿圆筒导轨左右移动.导轨上装有 50mm 长标尺.测微鼓轮即是一个螺旋测微器.显微镜的左右移动距离可从标尺和螺旋测微器上读出.

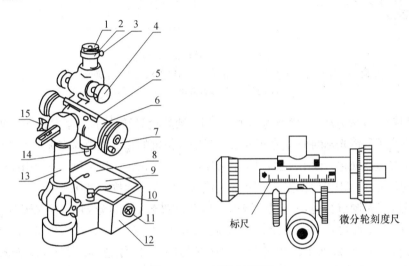

图 3.3.29 读数显微镜
1. 目镜;2. 锁紧圈;3. 锁紧螺钉;4. 调焦手轮;5. 标尺;6. 横杆;7 测微鼓轮;8. 台面玻璃;
9. 反光镜;10. 弹簧压片;11. 旋转手轮;12. 底座;13. 立柱;14. 物镜;15. 旋钮

支座部分由横杆和立柱及底座等组成.横杆和立柱能分别前后移动和上下升降.注意调至适当位置后一定用旋钮紧固.底座上装有弹簧压片、反光镜等.

调节方法如下:

(1) 转动反光镜的旋转手轮,使光经反光镜到台面玻璃上,将其照亮,从目镜望去,可显现出明亮的视场;

(2) 调节目镜,使分划板的十字刻线清晰;

(3) 轻轻转动测微鼓轮,观察镜筒左、右移动是否灵活平稳,再调到实验所需的位置;

(4) 对被测物体调焦时,镜筒应由下向上移动,反之容易碰伤物镜;

(5) 测量时,鼓轮应沿一个方向转动,中途不能反转.

三、测微目镜

测微目镜可用来测量微小距离(长度),结构如图 3.3.30 所示.旋转测微鼓轮时,通过传动丝杠,可推动活动分划板左右移动.活动分划板上刻有叉丝,移动方向垂直于目镜的光轴.测微鼓轮上有 100 个分格,每转一圈,活动分划板移动 1mm.因此,鼓轮每转过一分格,则活动分划板移动 1/100mm.

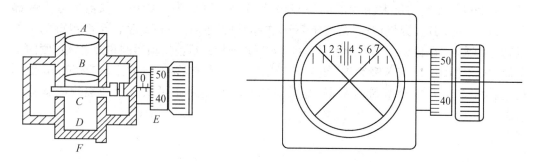

图 3.3.30 测微目镜示意图
A. 目镜；B. 具有毫米刻度的固定刻线板；C. 附有竖直双线和十字叉丝的活动刻线板；
D. 防尘玻璃；E. 读数鼓轮；F. 接头装置

测微目镜的读数方法与螺旋测微器相同，当读数鼓轮 E 转动时，目镜中的竖直双线和十字叉丝将沿垂直于目镜光轴的平面横向移动。叉丝竖线位置的毫米数由固定标尺上读出。毫米以下的位数由测微器鼓轮上读出。测微目镜的分度值为 0.01mm，可以估读至 0.001mm。它的十字中心移动的距离，可从固定刻线板的读数加上读数鼓轮上的读数而得到。

使用时，应先调节目镜，看清楚叉丝，然后转动鼓轮，推动分划板，使叉丝竖线与被测物像的一端重合，便可得到一个读数。继续转动鼓轮，是叉丝的竖线移到被测物像的另一端，有的可得一个读数。两个读数之差即为被测物的尺寸。注意：测量时应缓慢转动，而且鼓轮 E 应沿一个方向转动，中途不能反转。

四、光具座

光具座是一种多功能的通用光学实验仪器，由导轨、滑座及各种支架组成。在这些支架上可以安置光源、透镜等多种光学实验器件。常用的导轨长度为 1m，米尺位于导轨的一侧。滑座上有定位线，便于确定光学元件的位置。使用时可按需要将器件排列在导轨上。初学者遇到的一个最基本、最重要的调整问题是共轴调整，也可概括为"同轴等高"，就是把光具座上各光学元件中心相对于导轨调成等高，并使透镜的主光轴重合。这是保证光路准确性所需要的。

五、分光计（参见具体实验）

六、常用光学元件

1. 凸透镜、凹透镜；
2. 平面镜、全反射镜、半透半反射镜；
3. 三棱镜、双棱镜；
4. 光栅（平面光栅、全息光栅等）；
5. 放大镜；
6. 光杠杆。

（参见后面具体实验介绍）

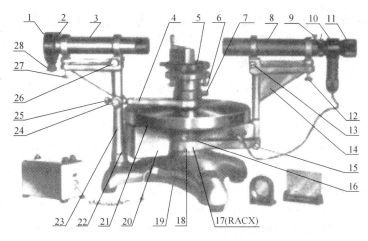

图 3.31.1 分光仪的结构图

1. 狭缝装置；2. 狭缝装置锁紧螺钉；3. 平行光管；4. 制动架；5. 载物台；6. 载物台调平螺钉；7. 载物台锁紧螺钉；8. 望远镜；9. 目镜镜筒锁紧螺钉；10. 阿贝式自准直目镜；11. 目镜调焦手轮；12. 望远镜光轴垂直调节螺钉；13. 望远镜水平调节螺钉；14. 支臂；15. 望远镜微调螺钉；16. 转座与度盘止动螺钉；17. 望远镜止动螺钉；18. 制动架2；19. 底座；20. 转座；21. 度盘；22. 游标盘；23. 立柱；24. 游标盘微调螺钉；25. 游标盘止动螺钉；26. 平行光管光轴水平调节螺钉；27. 平行光管光轴垂直调节螺钉；28. 狭缝宽度调节手轮

七、常用光源

光源是光学仪器和光学实验的重要组成部分. 实验过程中经常用到的光源有白炽灯、汞灯、氢灯和激光光源, 现介绍如下.

1. 白炽灯

它是根据热辐射原理制成的, 是一种具有热辐射连续光谱的复色光源, 例如钨丝灯.

2. 钠光灯

钠光灯是光学实验(特别是物理光学实验)中最常用的单色光源. 钠光灯是一种气体放电光源. 它的光谱在可见光范围内有两条强谱线 589.0nm 和 589.59nm. 通常取它们的中心近似值 589.3nm 作为钠黄光的标准参考波长. 许多光学常数以它作为基础. 因此, 钠光灯是光学实验中最重要的单色光源之一. 钠光灯的发光物质是金属钠的蒸气. 发光原理是电弧放电. 钠光灯泡的两端电压约 20V(AC), 电流为 1.0~1.3A. 钠光灯工作时需配扼流圈, 电源电压为交流 220V, 接通电源后 10min 左右即正常工作.

3. 汞灯(又名水银灯)

汞灯分低压和高压两种. 实验室中常用的是低压汞灯, 其外形和使用条件与钠光灯相同. 汞灯也是一种气体放电光源. 它的光谱在可见光范围内有五条强谱线, 即 579.07nm、576.96nm(黄双线)、546.07nm(绿线)、435.83nm(蓝线)、404.66nm(紫线). 若在光路中配以不同的滤光片, 则可获得纯度高的单色光. 在光学测试和光谱研究中, 它常被用作产生水银主要谱线的单色光源.

4. 氢灯

氢灯也是一种气体放电光源. 实验室用的氢灯是在一根与大玻璃管相连的毛细管内

充以氢气后放电时发出粉红色的光,工作电流一般为几毫安,管压降约几千伏.它的光谱线主要是氢原子光谱线,在可见光范围内是巴尔末系.几条强谱线为 656.28nm(红线)、486.13nm(青线)、434.05nm(蓝线)、410.17nm(紫线)、397.01nm(紫外线).由于氢灯两端加的电压很高、千万不能用手触及,以免发生人身事故.另外,常见的光谱管还有氦光谱管、氖光谱管等.

5. 激光光源

He-Ne(氦-氖)激光器是最常用的激光光源,输出波长为 632.8nm,光为鲜红色.这种光源具有很强的方向性(发散角很小)、单色性以及很高的空间相干性.使用时,需将它相连在专用的激光电源上.两端装有多层介质膜片的光学谐振腔是激光器的重要组成部分.使用激光管时注意保持清洁,防止灰尘和油污沾染,点燃后应严格按说明书控制(电流的范围不得超过额定值,低于阈值则激光易于闪烁或熄灭).由于激光管两端加有高电压(约 1500~8000V),所以操作时应严防触电.激光器射出的光波能量集中,所以切勿迎着激光束直接观看激光,否则会造成人视网膜永久性烧伤.

3.3.5 近代物理、综合应用与设计实验仪器

常用的近代物理、综合应用与设计实验仪器如下(详见具体实验).

一、微波布拉格分光仪

二、迈克耳孙干涉仪

三、光学平台(综合应用与设计实验平台)

四、全息照相实验仪

五、读谱仪

六、弗兰克-赫兹实验仪

七、密里根油滴仪

八、光强分布测量仪

图 3.3.32 光学平台

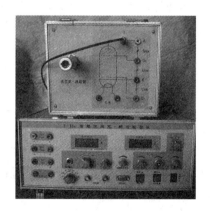

图 3.3.33 弗兰克-赫兹实验仪器

九、液晶电光效应仪

十、冲击电流计

十一、传感器系列实验装置

1. 力学传感器特性及其应用设计实验仪;
2. 热学传感器特性及其应用设计实验仪;
3. 电学传感器特性及其应用设计实验仪;
4. 光学传感器特性及其应用设计实验仪;
5. 声学传感器特性及其应用设计实验仪.

十二、低摩擦系统——气垫导轨

气垫导轨时有导轨、滑块和光电转换装置三部分组成. 如图 3.3.34 所示.

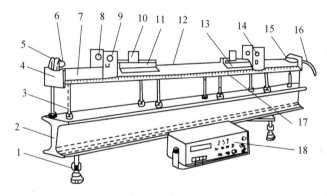

图 3.3.34 气垫导轨
1. 调节螺旋;2. 工字架;3. 调节螺杆;4. 堵头;5. 滑轮;6. 缓冲弹簧;7. 喷气小孔;8. 聚光灯泡;9. 光电二极管;10. 挡光片;11. 滑块;12. 导轨;13. 滑块;14. 光电门;15. 缓冲弹簧;16. 进气口;17. 标尺;18. 数字毫秒计

1. 导轨

导轨多用铝合金制成. 为了增加刚性,常把它固定在工字钢架上. 导轨一般长度为 1.5m,每个斜面宽约 40mm,上钻有两排均匀分布的喷气小孔. 导轨的一端封死,另一端装有进气嘴,用以向管腔内送入压缩空气. 空气从喷气小孔喷出,使轨道和滑块之间形成一层很薄的气垫将滑块浮起. 这样滑块在导轨表面上运动时就和导轨表面脱离接触,从而消除了直接接触摩擦力,剩下的仅仅是比摩擦力小的很多的空气黏滞力和空气阻力. 滑块的运动就可以看成是"无摩擦"的运动. 这不但大大提高了实验测量的准确度,而且可以使一些难做的力学实验得以实现.

为了避免部件损伤,导轨两端都装有缓冲弹簧,一端还装有气垫滑轮,供其他实验使用. 在工字钢架底部的两端装有三个底脚螺旋,用以进行调节. 双脚螺旋用来调节导轨两侧面使其等高. 单脚螺旋用来调节导轨水平,或将不同厚度的垫块垫入下面用来改变导轨的不同倾斜度,以供不同的实验用.

2. 滑块

滑块一般由长约 200mm 的角铝合金制成,内表面与导轨紧密吻合. 它是在导轨气垫上做运动的物体. 滑块两端装有缓冲弹簧,滑块上部有凹槽,可以安装用来测量时间间隔的挡光板、挡光框或是安装用来改变滑块质量的加重块等等.

3. 光电转换装置

光电转换装置又称光电门,是两个置于导轨两侧并且可以沿导轨移动的门字形金属框架. 在框架上方一侧安装一只光电二极管,在另一侧对应的位置上安装一只聚光小灯泡. 小灯泡点亮时正好照在光电二极管上,使光电管电阻迅速下降. 光电二极管在光照时电阻为几千欧到几十千欧,而在无光照时为 1MΩ 以上. 利用光电二极管在这两种状态下的电阻变化,就可以获得一个信号电压去控制计时器开始计时或停止计时.

4. 气垫导轨的水平调节

当导轨水平时,滑块在水平方向所受合外力为零. 此时,原来静止的滑块保持静止,运动的将沿着导轨匀速直线运动,即滑块在导轨上任意两点的速度相同,或者说滑块经过任意相同的距离所用时间相同. 反之,如果滑块在导轨上任意两点的速度不同,或者说滑块经过任意相同的距离所用的时间不同,则导轨为不水平. 显然,时间较短的一端较低,而另一端较高. 根据这一点可以检查导轨是否保持水平状态.

调节方法是将两光电门置于导轨的某一段上,两者相距约 30cm. 在滑块上装上宽度为 Δx 的挡光板,并轻轻推动,使它先后通过两光电门. 如果它经过两光电门的时间 Δt 相同或相近,则导轨处于水平状态,否则为不水平,需要通过单脚螺旋进行调节. 反复数次即可调平.

5. 使用气垫导轨的注意事项

(1) 导轨表面和滑块内表面要紧密平滑地吻合. 因此,光洁度、平直度要求很高,实验中要严防敲击、砸碰、划伤,各套仪器亦不得任意混合互换使用.

(2) 导轨未通气时,严禁将滑块放在导轨上来回滑动.

(3) 安装、更换或需要调整挡光板在滑块上的位置时,必须将滑块从导轨上取下,待安装完毕后再放上去,而不得在导轨上进行安装.

(4) 实验完毕时,应先将滑块从导轨上取下放入盒中,然后再关气阀.

3.3.6 声学测量仪

一、超声光栅声速测量仪

二、超声测量仪

(参见具体实验)

图 3.3.35 超声光栅测声速实验仪

第二篇 基础性、综合性、应用性实验

第四章 力学与热学实验

实验1 力学基本测量
——长度、质量和物体密度的测定

长度、质量是两个基本物理量,其测量也是物理实验中的基本测量.长度的测量常用米尺、带有游标或螺旋测微装置的量具完成;质量的测量常用天平完成.

本实验将分别使用游标卡尺、螺旋测微器测量某些规则物体的外形尺寸,并计算体积.用天平测量物体的质量,最后间接地算出物体的密度.

许多仪器常用毫米、厘米、米来刻度.温度计、电流表、电压表等仪器的标尺是以长度划分的.还有许多仪器的读数机构,是以游标和螺旋测微的原理制成的.因此,掌握这些基本仪器的结构原理和基本测量方法对今后的各项实验工作非常重要.

【重点、难点】

重点学习长度、质量等力学测量仪器结构原理和使用方法.学习直接测量和间接测量(如密度 ρ)的数据处理方法(列表法等).仪器参数(量程、分度值、零点、灵敏度等)记录,有效数字和不确定度的正确计算,结果表示等.

练习一 长度的直接测量

【目的要求】

(1) 学习游标卡尺和千分尺(即螺旋测微器)的构造、测量原理,并学会用其测量长度的正确方法.

(2) 学习力学测量仪器的读数规则和记录数据方法,掌握有效数字的基本知识和运算方法.

(3) 学习并掌握误差估算和一般结果表示的方法.

【实验仪器】

游标卡尺(50分游标 $\Delta_{分}=0.02\text{mm}$);螺旋测微器(千分尺 $\Delta_{分}=0.01\text{mm}$);圆筒、圆柱(图4.1.1)等.

图4.1.1 圆柱、圆筒

一、长度的直接测量——用游标卡尺测量圆筒尺寸

【实验内容与步骤】

(1) 首先将游标卡尺的编号、量程、分度值、零点正确读出,并记录在数据表 4.1.1 上方.

(2) 利用游标卡尺测圆筒内径 d、外径 D、高度 H、深度 h;重复测 5 次,并记录数据.

【数据处理】

(1) 求不确定度 B 分量:$\sigma_{仪x} = \dfrac{\Delta_{\text{ins}}}{\sqrt{3}}$ 或 Δ_{ins}

(2) 求不确定度 A 分量:$\sigma_{\bar{x}} = t_p \cdot S_{\bar{x}} = t_p \cdot \sqrt{\dfrac{\sum (x_i - \bar{x})^2}{n(n-1)}}$

(3) 求合成标准不确定度:$\sigma_x = \sqrt{\sigma_{\bar{x}}^2 + \sigma_{仪x}^2}$ ($p = 0.683$)

(4) 求相对不确定度:$E_x = \dfrac{\sigma_x}{\bar{x}}$

(5) 结果表示:$\begin{cases} x = \bar{x} \pm \sigma_x = (\underline{\qquad} \pm \underline{\qquad}) \times 10^{-3} \text{m} \\ E_x = \dfrac{\sigma_x}{\bar{x}} \times 100\% = \underline{\qquad} \% \end{cases}$

(注意:以上的 x 分别代表 D, d, H, h)

表 4.1.1

游标卡尺编号:_____,量程_____$\times 10^{-3}$m,分度值_____$\times 10^{-3}$m,零点_____$\times 10^{-3}$m

项 目 次 数	外径 $D/(10^{-3}\text{m})$	内径 $d/(10^{-3}\text{m})$	高 $H/(10^{-3}\text{m})$	深 $h/(10^{-3}\text{m})$
1				
...				
5				
平均值				
零点修正后平均值				

二、长度的直接测量——用游标卡尺测圆柱体高度

【实验内容与步骤】

(1) 首先将卡尺的编号、量程、分度值、零点正确读出,并记录在数据表 4.1.2 上方.

(2) 在圆柱体的不同方位,分别测量高度 h 5 次,并记录数据.

表 4.1.2

游标卡尺编号:_____,量程_____$\times 10^{-3}$m,分度值_____$\times 10^{-3}$m,零点_____$\times 10^{-3}$m

次 数 量 名	1	2	3	4	5	平均值	测量值 (经零点修正)
$h/(10^{-3}\text{m})$							

【数据处理】

方法同上

结果表示：$\begin{cases} h = \bar{H} \pm \sigma_h = (\underline{\qquad} \pm \underline{\qquad}) \times 10^{-3} \text{ m} \\ E_h = \dfrac{\sigma_h}{\bar{H}} \times 100\% = \underline{\qquad} \% \end{cases}$

三、长度的直接测量——用螺旋测微器测量圆柱体的直径

【实验内容与步骤】

(1) 将千分尺的编号、量程、分度值、零点正确读出，并记录在数据表 4.1.3 上方.

(2) 测量圆柱体不同方位的直径 d 共 5 次，每次测量 $d_i (i=1\sim5)$ 之前，先读零点 d_0，再测直径 d_i.

表 4.1.3

千分尺编号：_____，量程_____ $\times 10^{-3}$ m，分度值_____ $\times 10^{-3}$ m

量名	次数 i	1	2	3	4	5	平均值/(10^{-3}m)
零点 $d_0/(10^{-3}\text{m})$							
$d_i/(10^{-3}\text{m})$							
$d=(d_i-d_0)/(10^{-3}\text{m})$							

【数据处理】

方法同上

结果表示：$\begin{cases} d = \bar{d} \pm \sigma_d = (\underline{\qquad} \pm \underline{\qquad}) \times 10^{-3} \text{ m} \\ E_d = \dfrac{\sigma_d}{\bar{d}} \times 100\% = \underline{\qquad} \% \end{cases}$

四、计算间接测量值——圆柱体的体积 V

圆柱体的体积公式为

$$V = \frac{\pi}{4} d^2 h \tag{4.1.1}$$

推导出 V 的标准不确定度公式为

$$\frac{\sigma_V}{V} = \sqrt{4\left(\frac{\sigma_d}{d}\right)^2 + \left(\frac{\sigma_h}{h}\right)^2} \tag{4.1.2}$$

将表 4.1.2~3 中的数据处理结果 $\sigma_d、\bar{d}$ 及 $\sigma_h、\bar{H}$，代入 (4.1.1) 和 (4.1.2) 式，即得

$$\bar{V} = \frac{\pi}{4} \bar{d}^2 \bar{H}$$

$$E_V = \frac{\sigma_V}{\bar{V}} = \sqrt{4\left(\frac{\sigma_d}{\bar{d}}\right)^2 + \left(\frac{\sigma_h}{\bar{H}}\right)^2}$$

$$\sigma_V = \left(\frac{\sigma_V}{\overline{V}}\right)\overline{V}$$

结果表示为：$\begin{cases} V = \overline{V} \pm \sigma_V = (_____ \pm _____) \times 10^{-3} \text{m}^3 \\ E_V = \dfrac{\sigma_V}{V} = _____ \% \end{cases}$

【分析讨论题】

（1）游标卡尺的精度值如何确定？用其测量长度时如何读数？有无估读位数？

（2）螺旋测微计如何读数？零点读数的正负和大小如何判断？

（3）推导出圆筒体积、圆柱体积的标准不确定度公式．

（4）游标卡尺的游标上 20 格的长度与主尺上的 39mm 相等．其分度值是多少？为什么？

（5）当被测量分别是 1mm、10mm、10cm，欲使单次测量的百分误差小于 0.5%，问分别选用什么测量工具（仪器）最恰当，为什么？

（6）总结：力学基本测量的方法，主要测量工具和仪器使用方法及注意事项，数据处理方法（列表法等），直接测量和间接测量的 σ_x、E_x 计算方法，结果表示方法．

练习二　物体密度的间接测量

【目的要求】

（1）了解天平的构造原理，掌握使用方法．操作规则和维护知识．

（2）学习测量规则物体密度的一种方法．

（3）学习流体静力称衡法，测定不规则固体的密度．

（4）学习用交换法消除系统误差．掌握间接测量的误差传递运算和处理方法．

【实验仪器】

物理天平，电子天平，烧杯、温度计、圆柱等

【实验原理】

密度是物质基本属性之一．工业上，常通过测定物质密度进行成分分析和纯度鉴定．设一物体的质量为 M，体积为 V，将密度 ρ 定义为该物体单位体积内所含的质量大小，即

$$\rho = \frac{M}{V} \tag{4.1.3}$$

一、规则物体的体积与密度

对形状规则物体，可直接测量质量 M 和外形尺寸，并求其体积 V 和密度 ρ．例如，圆柱体的直径为 d，高度为 h，质量为 M，则体积 V 和密度 ρ 分别为

$$V = \frac{1}{4}\pi d^2 h$$

$$\rho = \frac{M}{V} \quad \text{或} \quad \rho = \frac{4M}{\pi d^2 h} \tag{4.1.4}$$

二、不规则物体的体积与密度

对形状不规则物体,难测其外形尺寸,但可采用转换方法测定体积和密度,如流体静力称衡法.

1. 用流体静力法测定外形不规则固体的密度

这一方法的基本原理是阿基米德原理,即物体在液体中所受的浮力等于它所排开液体的重量,如果不计空气的浮力,物体在空气中的重量为 $W=mg$,它浸没在液体中的视重 $W_1=m_1 g$,则物体所受的浮力

$$F = W - W_1 = (m - m_1)g \tag{4.1.5}$$

式中 m 和 m_1 视该物体在空气中及全浸入液体中称衡时相应的天平砝码质量,因物体所受浮力等于物体所排开液体的重量,即

$$F = \rho_0 V g \tag{4.1.6}$$

式中,ρ_0 是液体的密度;V 是排开液体的体积,亦即物体的体积. 所以有

$$(m - m_1)g = \rho_0 V g \tag{4.1.7}$$

$$\rho = \frac{m}{m - m_1} \rho_0 \tag{4.1.8}$$

用这种方法测密度,避开了不易测量的不规则体积 V. 不同温度下水的密度见本书附录.

2. 待测物体密度小于液体密度时的测定

如果待测物体密度 ρ_1 小于液体密度 ρ_0,则在测定不规则物体密度 ρ 时,先称物体在空气中相应于天平砝码的质量 m_2,然后,在物体上拴上一个重物,先使待测物体在液面之上而重物全部浸没在液体中进行称衡,相应的砝码质量为 m_3,如图 4.1.2(a)所示. 再将待测物体连同重物全部浸没在液体之中进行称衡,相应的砝码质量为 m_4,如图 4.1.2(b)所示. 则物体在液体中所受浮力

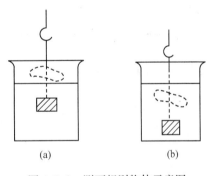

图 4.1.2 测不规则物体示意图
(a)待测物体在液面上方;
(b)待测物体在液体中

$$F = (m_3 - m_4)g \tag{4.1.9}$$

由阿基米德原理,得

$$F = (m_3 - m_4)g = \rho_0 V g \tag{4.1.10}$$

$$\rho_1 = m_2/V \tag{4.1.11}$$

$$\rho_1 = m_2 \rho_0/(m_3 - m_4) \tag{4.1.12}$$

3. 液体密度的测量

如果要测量液体密度 ρ_2,可以先将一重物分别放在空气中和浸没在密度 ρ_0 已知的液体中称衡,相应的砝码质量分别为 m 和 m_1,再将该重物浸没在待测液体中称衡,相应的砝码质量为 m_5. 根据阿基米德原理,重物在待测液体中所受的浮力

$$F = (m - m_5)g = \rho_2 V g \tag{4.1.13}$$

重物在密度 ρ_0 的液体中所受浮力

$$F' = (m - m_1)g = \rho_0 V g \tag{4.1.14}$$

由式(4.1.13)和式(4.1.14),可得待测液体密度

$$\rho_2 = (m - m_5)\rho_0 / (m - m_1) \tag{4.1.15}$$

【实验内容与步骤】

一、测量规则物体——圆柱体密度 ρ

(1)测量圆柱体的尺寸. 圆柱体的数据表格与数据处理方法,结果表示参见练习一.

(2)测质量. 调整天平备用,调整及使用方法详见3.3.1"质量测量仪器——天平".

① 用"单称法"称量圆柱体质量 M. 将圆柱体放在天平左盘,砝码放在天平右盘,测量3次.

② 用"交换法"(对换法)称量 M. 即将圆柱体和砝码位置交换测量两次,取其平均值.

数据记录参照表4.1.4或表4.1.5.

表 4.1.4

"单称法"表格　　　天平型号_____,称量(量程)_____g,分度值 Δ=_____mg,感量_____mg/格

次数 量名	1	2	3	平均值 $\overline{M}$/g
M/g				
ΔM/g				

【数据处理】

$$\sigma_{仪_M} = \frac{\Delta}{\sqrt{3}} \quad 或 \quad \Delta_{\text{ins}} \tag{4.1.16}$$

$$\sigma_{\overline{M}} = t_p \cdot S_{\overline{M}} = t_p \sqrt{\frac{\sum_{i=1}^{n}(M_i - \overline{M})^2}{n(n-1)}} \tag{4.1.17}$$

$$\sigma_M = \sqrt{\sigma_{仪_M}^2 + \sigma_{\overline{M}}^2} \tag{4.1.18}$$

M 的结果表示:

$$\begin{cases} M = \overline{M} \pm \sigma_M = (\underline{\quad\quad} \pm \underline{\quad\quad})\text{g} \\ E_M = \dfrac{\sigma_M}{\overline{M}} \times 100\% = \underline{\quad\quad}\% \end{cases}$$

因为

$$\rho = \frac{M}{V} = \frac{4M}{\pi d^2 h} \tag{4.1.19}$$

所以

$$\frac{\sigma_\rho}{\rho} = \sqrt{\left(\frac{\sigma_M}{M}\right)^2 + 4\left(\frac{\sigma_d}{d}\right)^2 + \left(\frac{\sigma_h}{h}\right)^2} \tag{4.1.20}$$

$$\sigma_\rho = \left(\frac{\sigma_\rho}{\rho}\right)\rho \tag{4.1.21}$$

ρ 的结果表示：

$$\begin{cases} \rho = \bar{\rho} \pm \sigma_\rho = (\underline{} \pm \underline{}) \text{kg/m}^3 \\ E_\rho = \dfrac{\sigma_\rho}{\bar{\rho}} \times 100\% = \underline{} \% \end{cases}$$

二、测量不规则金属物体的密度 ρ

1. 用交换法测量金属物体在空气中的质量 m

(1) 调整好天平；先把物体放在左托盘上，砝码放在右托盘上，称出物体质量 $m_左$，然后，交换物体与砝码在左、右盘的位置，再称出物体质量 $m_右$，观察 $m_左$ 与 $m_右$ 两者的差别，依此来判断天平不等臂误差的存在与否；用"交换法"或"单称法"重复测量物体质量3次. 数据记录参照表 4.1.5 或表 4.1.4.

(2) 平均值方法算出物体质量 $m_i = (m_左 + m_右)/2$，由此消除不等臂系统误差.

表 4.1.5

"交换法"表格　　　天平型号_____，称量(量程)_____ g，感量_____ mg/格，$\Delta_仪 = $_____ g

测量次数 i	$m_左/\text{g}$	$m_右/\text{g}$	$m_i(=(m_左+m_右)/2)/\text{g}$	$\bar{m}/\text{g}$
1				
...				

2. 称出物体浸没于水中的质量 m'

若天平的不等臂误差较大时，m' 可用"交换法"测量，一般的用"单称法"即可.

(1) 将盛水的烧杯置于天平托板上，并使物体浸没于水中，且使物体表面上没有附着的气泡；

(2) 在天平另一盘中，试加砝码，平衡时，所加砝码质量大小即为 m'；重复测量3次. 参照表 4.1.4 或表 4.1.5 记录数据.

【数据处理】

和前面相同.

三、用流体静力称衡法测液体的密度

＊该内容作为设计性实验进行，详见第八章.

【分析讨论题】

(1) 在使用天平测量前应进行哪些调节？如何消除天平不等臂误差？

(2) 用天平称量物体时，把砝码放在左盘，待测物放在右盘，是否可以？为什么？

(3) 调节天平零点时，为什么要使指针在标尺中央？

(4) 游标尺的分度值和游标的格值是否相同？为什么？

(5) 若待测物体的密度比水小，测其密度时应测哪些物理量？

(6) 测定不规则固体密度时，若固体浸入水中时表面吸附有气泡，则所得密度值是偏大还是偏小？为什么？

实验 2 用自由落体仪测定重力加速度

【目的要求】

（1）学会用数字毫秒计测量时间间隔.
（2）测定重力加速度,并与实验标准值进行比较（天津地区 $g_0=9.8017\text{m/s}^2$）.
（3）深刻理解自由落体及匀加速直线运动的规律.

【实验仪器】

自由落体仪（图 4.2.1）、光电计时装置、数字毫秒计.

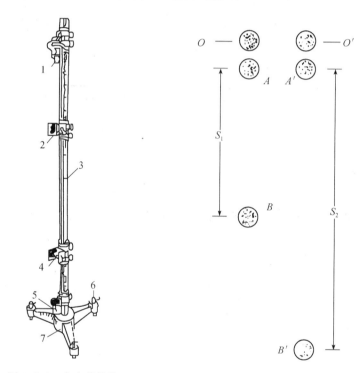

图 4.2.1 自由落体仪   图 4.2.2 自由落体示意图

【实验原理】

著名的伽利略比萨斜塔实验告诉我们,物体受重力作用而自由落下,如图 4.2.2 所示. 测量重力加速度的方法有多种. 本实验介绍两种方法.

一、初速度 $v_0=0$ 时测重力加速度 g

根据自由落体公式,初速度 $v_0=0$ 时,有

$$h=\frac{1}{2}gt^2 \tag{4.2.1}$$

h 为自由落体下落的距离,t 为下落 h 距离所需要的时间,采用电磁铁和数字毫秒计联动的方法,把小球放在刚好没挡着光电门光线的顶部位置. 光电门 1 放在接近小球下部的位

置.在小球开始自由下落的同时,开始计时.只要在记下小球下落的距离 h,同时又测出小球下落距离 h 所需要的时间 t,就可以根据式(4.2.1)计算出重力加速度 g.

这种方法有一定的困难:①h 不易准确测定,因为小球挡光的位置不容易准确的确定;②时间 t 不易测准;③电磁铁剩磁对测量有影响.

二、初速度 $v_0 \neq 0$ 时测重力加速度 g

测量原理如图 4.2.2 所示.首先,将光电门 1 放在靠近支柱顶部某一整刻度位置 A 处,光电门 2 放在中间某一刻度位置 B 处.记下 A、B 之间距离 $S_1 = \overline{AB}$.同时,记下小球相应的下落时间 t_1.然后,把光电门 2 下移,放在接近底部的位置 B',记下 A、B' 之间的距离 $S_2 = \overline{AB'}$,同时记下小球相应的下落时间 t_2.于是,有

$$S_1 = v_0 t_1 + \frac{1}{2} g t_1^2 \tag{4.2.2}$$

$$S_2 = v_0 t_2 + \frac{1}{2} g t_2^2 \tag{4.2.3}$$

式中,v_0 是小球经过 A 点的速度.两式联立求解,消去 v_0,得

$$g = \frac{2\left(\dfrac{S_2}{t_2} - \dfrac{S_1}{t_1}\right)}{t_2 - t_1} \tag{4.2.4}$$

如果 $S_2 = 2S_1$ 则可得

$$g = \frac{2S_1\left(\dfrac{2}{t_2} - \dfrac{1}{t_1}\right)}{t_2 - t_1} \tag{4.2.5}$$

【实验内容与步骤】

一、方法一(初速度为零法)

$v_0 = 0$ 时,根据 $h = \dfrac{1}{2} g t^2$,求 g.步骤如下.

(1) 将重锤悬挂在铁心上,调节支柱铅直.

(2) 接通电磁铁开关,吸住小球,将光电门 1 移至小球下端,使小球正好挡不住光电管,毫秒计刚好不被触发,调节光电门 1 与光电门 2 间的距离,使之基本为整数,并测出这一距离 $h = s$.

(3) 接通数字毫秒计电源开关,调节有关旋钮,使毫秒计处于等待计时状态.

(4) 断开电磁铁开关,小球自由下落,数字毫秒计开始计时.记录数字毫秒计显示时间 Δt_1、t、Δt_2,其中时间 t 就是小球通过两个光电门间距离 $h = s$ 所用的时间.重复上述步骤 3 次,求出 t 的平均值,记录数据在表中.

(5) 改变光电门 2 的位置,记录两个光电门间距离 $h' = s'$.再重复上述步骤三次,测出对应于 S' 的 t',求其平均值,并记录数据在表中.

(6) 自行设计数据表格,分别计算两种方法的 g 平均值,并估算 g 的误差.

二、方法二(初速度不为零法)

$v_0 \neq 0$ 时,根据 $g = \dfrac{2\left(\dfrac{S_2}{t_2} - \dfrac{S_1}{t_1}\right)}{t_2 - t_1}$ 及 $g = \dfrac{2S_1\left(\dfrac{2}{t_2} - \dfrac{1}{t_1}\right)}{t_2 - t_1}$,求 g.

根据式(4.2.5),分别取 $S_1=0.5000$m, $S_2=2S_1=1.0000$m,重复测量三次,并处理数据,实验步骤自行设计.

【分析讨论题】

(1)试分析本次实验产生误差的主要原因,并讨论如何减小 g 的测量误差.

(2)如果计时装置可测得小球通过某一位置 A 的挡光时间 t_1,并认为挡光距离就是小球的挡光直径 d,那么小球通过 A 点的瞬时速度 $V_i=d/t_1$,这样:

① 能否由公式 $v_1^2=2gh$ 求 g,试分析讨论之(其中 h_1 是小球落至 A 处的距离);

② 如再测出小球过另一点 B 的瞬时速度 $v_2=d/t_2$,能否由公式 $v_2^2-v_1^2=2g(h_2-h_1)$ 求 g,试用实测数值分析讨论.

实验3 用三线摆测物体的转动惯量

转动惯量是刚体转动时惯性大小的量度,是表征刚体特征的一个物理量.它与物体质量、转轴位置和质量分布(即形状、大小和密度分布)有关.如果刚体形状简单,且质量分布均匀,可以直接计算出它绕特定轴的转动惯量.对于形状复杂,质量分布不均匀的刚体,计算将非常困难,往往需要用实验方法测定,例如,机械零部件、电机转子以及炮弹的弹丸等等.测量刚体转动惯量的方法很多,如用"三线摆"、"扭摆"的方法.本实验介绍用三线摆测量转动惯量的方法.

【目的要求】

(1)学习三线摆的构造原理和使用方法.

(2)学习用三线摆或扭摆测量刚体的转动惯量.并将实验值和理论值进行比较.

(3)验证转动惯量的平行轴定理.

【实验仪器】

三线摆实验仪或扭摆、气泡水准器、游标卡尺、米尺、计时装置(秒表、光电计时装置,或用手机的秒表功能).

刚体试件:圆盘 m_0,铁圆环 M_A,铝圆环 M_B、铁(或铝)圆柱体 M_C 等.

【实验原理】

一、三线摆测刚体转动惯量原理

三线摆是一个匀质圆盘,以等长的三条线对称地悬挂在一个水平固定的小圆盘下面,如图 4.3.1~图 4.3.3 所示.下圆盘可绕两圆盘的中心轴 OO' 作扭转摆动.扭转的过程也就是圆盘势能与动能的转化过程.扭转的周期由下圆盘(包括置于"摆"上面的待测物体)转动惯量决定.根据摆动周期"摆"和有关几何参数就可以测定摆(或"摆"上物体)的转动惯量.

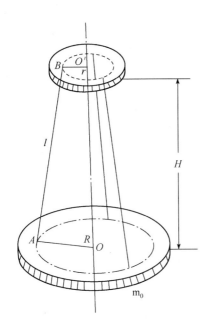

图 4.3.1 三线摆结构示意图

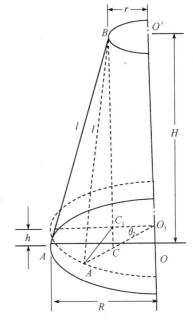

图 4.3.2 三线摆示意图

设下圆盘的质量为 m_0. 当以小角度摆动时,它沿轴线上升的高度为 h,增加的势能

$$E_1 = m_0 gh \tag{4.3.1}$$

当圆盘回转到平衡位置时,它所具有的动能

$$E_2 = \frac{1}{2} I_0 \omega_0^2 \tag{4.3.2}$$

式中,I_0 是下圆盘对于通过其重心且垂直于盘面 OO' 轴的转动惯量;ω_0 是圆盘转回到平衡位置时刻的角速度. 若不计摩擦力和空气阻力,根据机械能守恒定律得

$$\frac{1}{2} I_0 \omega_0^2 = m_0 gh \tag{4.3.3}$$

把下圆盘的小角度扭转摆动看作简谐运动,则圆盘的角位移和时间的关系是

$$\theta = \theta_0 \sin \frac{2\pi}{T_0} t \tag{4.3.4}$$

式中,θ 是圆盘在时间 t 的角位移;θ_0 是角振幅;T_0 是一个完全振动的周期,振动的初位相都认为是零. 于是角速度

$$\omega = \frac{d\theta}{dt} = \frac{2\pi\theta}{T_0} \cos \frac{2\pi}{T_0} t \tag{4.3.5}$$

在通过平衡位置的瞬间,即 $t=0, \frac{1}{2} T_0, T_0, \frac{3}{2} T_0, \cdots$ 时,ω 的最大值是

$$\omega = \frac{2\pi\theta_0}{T_0} \tag{4.3.6}$$

$$m_0 gh = \frac{1}{2} I_0 \left(\frac{2\pi\theta_0}{T_0}\right)^2 \tag{4.3.7}$$

可见,只要测出 h, θ_0, T_0, m_0,就可以求出 m_0 的转动惯量.

二、三线摆几何参数的关系

设悬线长度 $AB=l$，上、下圆盘的悬点到中心的距离分别为有效半径 r 和 R，上下圆盘间的垂直距离为 H，如图 4.3.1 和图 4.3.2 所示。摆动前有

$$(BC)^2 = (AB)^2 - (AC)^2 = l^2 - (R-r)^2 = H^2 \tag{4.3.8}$$

当摆角振幅为 θ_0 时，下圆盘上某悬点 A 移动到位置 A_1 时，圆盘轴上升高度

$$h = OO_1 = BC - BC_1 = \frac{(BC)^2 - (BC_1)^2}{BC + BC_1} \tag{4.3.9}$$

$$(BC_1)^2 = (A_1B)^2 - (A_1C_1)^2 = l^2 - (R^2 + r^2 - 2Rr\cos\theta_0) \tag{4.3.10}$$

$$BC + BC_1 = 2H - h \tag{4.3.11}$$

将上面公式整理，可得：

$$h = \frac{2Rr(1-\cos\theta_0)}{2H-h} = \frac{2Rr \cdot 2\sin^2\frac{\theta_0}{2}}{2H-h} \tag{4.3.12}$$

由于 $l \gg h$，所以 $2H - h \approx 2H$。当摆角 θ_0 很小时，有

$$\sin^2\frac{\theta_0}{2} \approx \left(\frac{\theta_0}{2}\right)^2 = \frac{\theta_0^2}{4}$$

$$h = \frac{Rr\theta_0^2}{2H} \tag{4.3.13}$$

$$m_0 g \frac{Rr\theta_0^2}{2H} = \frac{1}{2} I_0 \left(\frac{2\pi\theta_0}{T_0}\right)^2$$

因此，下圆盘对于通过其重心且垂直于圆盘 OO' 轴的转动惯量

$$I_0 = \frac{m_0 g R r}{4\pi^2 H} T_0^2 \tag{4.3.14}$$

上式是下圆盘对于 OO' 轴的转动惯量的计算式。只要测出等式右边各量 m_0、R、r、H 和 T_0，即可算出 I_0。但应注意上式成立的条件是：θ_0 很小（$\theta_0 < 10°$），三线 l 等长，线上张力相等，上下盘均水平，而且是绕与盘面垂直的中心轴扭转摆动，上下盘间距 $H = \sqrt{l^2 - R^2}$，要求不高时近似可取 $H \approx l$。

三、M_A 对 OO' 轴的转动惯量 I_A

欲测质量为 M_A 的待测物体对于 OO' 轴的转动惯量，只需要将该物体置于圆盘上，且同轴。根据式（4.3.14）先得待测物体和下圆盘二者共同对于 OO' 轴的转动惯量 I，即

$$I = \frac{(m_0 + M_A)gRr}{4\pi^2 H} T_A^2 \tag{4.3.15}$$

式中，T_A 为待测物体和下圆盘共同的一个完全摆动周期；m_0 为下圆盘的质量。于是得到待测物体 M_A 对于 OO' 轴的转动惯量

$$I_A = I - I_0 = \frac{(m_0 + M_A)gRr}{4\pi^2 H} T_A^2 - I_0 \tag{4.3.16}$$

四、平行轴定理

根据刚体转动惯量平行轴定理，刚体 M_C 绕某任意轴的转动惯量为 I'，等于通过此

刚体 M_C 以质心为轴的转动惯量 I_C 加上刚体质量 M_C 与两平行轴间距离 d 平方的乘积，即

$$I' = I_C + M_C d^2 \qquad (4.3.17)$$

可以用实验来验证这一定理．即将两个质量均为 M_C 且形状完全相同的圆柱体，对称的放在下圆盘 m_0 上，离圆盘中心的距离都为 d，如图 4.3.3 所示，按上法及公式可测得两圆柱体实验值绕圆盘中心轴 OO' 的转动惯量

实验值 $I_{C_{OO'}} = \dfrac{(m_0 + 2M_C)gRr}{4\pi^2 H} T_C^2 - I_0 \qquad (4.3.18)$

上式中，T_C 为下圆盘 m_0 与两个圆柱体 M_C 共同的一个完全摆动周期．按照平行轴定理(4.3.17)式，从理论上求得

理论值 $\quad I'_{C_{OO'}} = \dfrac{1}{2} M_C r_C^2 + M_C d^2 \qquad (4.3.19)$

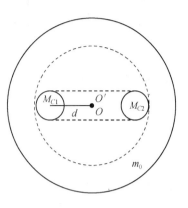

图 4.3.3 验证平行轴定理圆柱摆放示意图

式中，$r_C = \dfrac{D_C}{2}$ 为圆柱体的半径；$I_C = \dfrac{1}{2} M_C r_C^2$ 为圆柱体绕通过其自身质心中心轴的转动惯量．

将实验所得的 $I_{C_{OO'}}$ 与理论所得 $I'_{C_{OO'}}$ 进行比较，即可验证刚体转动惯量平行轴定理.

【实验内容与步骤】

一、各刚体几何参量和质量的测量

(1) 质量测量：用天平分别称出各刚体质量．一般的下圆盘 M_0、圆环 M_A、M_B 和圆柱体 M_{C1}、M_{C2} 的质量均已标刻在刚体表面上．

(2) 调整仪器：利用汽泡水准仪、铅垂线，调整支架底座螺旋和三悬线长度 l，使支架铅垂，上下圆盘水平．

(3) 几何测量：上下两圆盘间的垂直距离 $H = \sqrt{l^2 - R^2}$，近似取 $H \approx l$，下圆盘直径 D_0，圆环 A，B 的内外直径 $D_{A内}$、$D_{B内}$ 和 $D_{A外}$、$D_{B外}$，圆柱体直径 D_C 和柱体中心与下圆盘中心的距离 d．

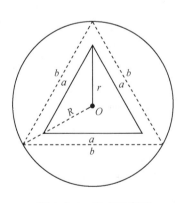

图 4.3.4 悬点示意图

测出上圆盘和下圆盘的三个悬点之间的距离 a 和 b，各取其平均值 $\bar{a}$ 和 $\bar{b}$．根据 $\bar{r} = \dfrac{\sqrt{3}}{3}\bar{a}$ 和 $\bar{R} = \dfrac{\sqrt{3}}{3}\bar{b}$ 算出上下圆盘有效半径 $\bar{r}$ 和 $\bar{R}$，如图 4.3.4 所示．

(4) 列表 4.3.1～表 4.3.3 记录所有测量数据，并处理．

二、测定圆盘，圆环和圆柱体绕中心轴 OO' 的转动惯量

(1) 调整仪器．利用铅垂线和气泡水准器调节支架底座螺旋和三悬线的长度，使支架铅垂，上、下圆盘水平．

(2) 测量各刚体扭转摆动周期：

① 轻轻扭动上圆盘带动下圆盘摆动，摆角在 5°左右，测定 $n=30\sim50$ 个完全振动周期的时间 t，可得的周期 $T_0=\dfrac{t}{n}$。重复测 3~5 次。

② 将 A、B 圆环放在下圆盘上，使重心通过下圆盘中心，测出周期 $\overline{T_A}$、$\overline{T_B}$。

③ 把质量相同、形状相同的两圆柱体对称的置于下圆盘上(图 4.3.3)，测出周期 $\overline{T_C}$。

【数据处理】

一、质量

表 4.3.1

天平型号_____ 量程_____ g 感量_____ mg/格 Δ分度值_____ mg

数 值 \ 刚体名称	下圆盘 m_0	圆环 M_A	圆环 M_B	小圆柱 M_C
$M_x/(10^{-3}\text{kg})$				

注：表中 x 代表 0、A、B、C。

二、几何尺寸

表 4.3.2

米尺：分度值 1.0×10^{-3}m 游标卡尺：量程_____10^{-3}m 分度值_____10^{-3}m $\sigma_{仪}=$_____$\times 10^{-3}$m

次数 \ 刚体与待测量名称 数值	圆环 A,B 内径/(10^{-3}m)		圆环 A,B 外径/(10^{-3}m)		小圆柱体尺寸/(10^{-3}m)	
	$D_{A内}=D_{B内}$	$R_{A内}=R_{B内}$	$D_{A外}=D_{B外}$	$R_{A外}=R_{B外}$	$D_C=2r_C$	d
1						
...						
平均值						

计算出 $\sigma_{R_{内}}$、$\sigma_{R_{外}}$、σ_{r_C}、σ_d，写出各刚体半径的结果表示。d 是小圆柱轴与下圆盘中心轴间距。

表 4.3.3

次数 \ 名称 测量值	悬线 l（选取在 450×10^{-3}m 左右）		上圆盘三个悬点之间距离 $a/(10^{-3}\text{m})$		下圆盘三个悬点之间距离 $b/(10^{-3}\text{m})$		下圆盘几何直径 $D_0/(10^{-3}\text{m})$	
	l	H	a	r	b	R	D_0	r_0
1								
...								
平均值								

计算出各量的 σ_x，下标 x 分别为 H、a、b、D_0、R、r_C 等，并表示其结果，上下圆盘间距 $\overline{H}$，有效半径 r、R 几何半径 r_0。

三、周期

表 4.3.4

取 $n=$ ___ 个周期　　　　　　　　　　计时装置名称_____,量程_____,分度值_____,单位:s

数值\次数\刚体和待测量名称	下圆盘 $t_0=nT_0$	圆环 A 与下圆盘中心重合 $t_A=nT_A$	圆环 B 与下圆盘中心重合 $t_B=nT_B$	两个圆柱面相相切点与下圆盘中心重合 $t_C=nT_C$
1				
...				
$\overline{t_x}=n\overline{T_x}$				
平均周期 $\overline{T_x}=\dfrac{\overline{t_x}}{n}$				

注:表中 x 代表 0、A、B、C.

四、计算各刚体的转动惯量

(1) 求各刚体的转动惯量实验值:I_0、I_A、I_B 和 $I_{C_{OO'}}$.

① 下圆盘:根据(4.3.14)有

$$I_0 = \frac{m_0 gRr}{4\pi^2 H}\overline{T_0^2}, \qquad (r=\frac{\sqrt{3}}{3}a, R=\frac{\sqrt{3}}{3}b)$$

② 圆环 A:根据式(4.3.16)有

$$I_A = I - I_0 = \frac{(m_0+M_A)gRr}{4\pi^2 H}\overline{T_A^2} - I_0$$

③ 圆环 B:同圆环 A,令 $M_A=M_B$ 即有

$$I_B = I - I_0 = \frac{(m_0+M_B)gRr}{4\pi^2 H}\overline{T_B^2} - I_0$$

④ 两个圆柱体:根据式(4.3.18)有

$$I_{C_{OO'}} = \frac{(m_0+2M_C)gRr}{4\pi^2 H}\overline{T_C^2} - I_0$$

(2) 求各刚体转动惯量的理论值:I'_0、I'_A、I'_B 和 $I'_{C_{OO'}}$.

① 下圆盘:

$$I'_0 = \frac{1}{2}m_0 r_0^2$$

② 圆环 A:

$$I'_A = \frac{1}{2}M_A(R_{内}^2 + R_{外}^2)$$

③ 圆环 B:

$$I'_B = \frac{1}{2}M(R_{内}^2 + R_{外}^2)$$

④ 一个圆柱体:

$$I'_{C_{OO'}} = \frac{1}{2}M_C r_C^2 + M_C d^2 = \frac{3}{2}M_C r_C^2 \qquad (d=r_C \text{ 时})$$

两个圆柱体：

$$2I'_{COO'} = 3M_C r_C^2 \quad \text{（当2个 } M_C \text{ 相切，切线与中心轴 } OO' \text{ 重合时，} d = r_C\text{）}$$

（3）求百分误差

表 4.3.5

数值\名称\刚体	质量/(10^{-3}kg)	转轴位置	实验值 $I_实 = I_X$ /(10^{-3}kg·m²)	理论值 $I_理 = I_{X'}$ /(10^{-3}kg·m²)	百分误差 $E = \dfrac{\|I_实 - I_理\|}{I_实}$ /%
下圆盘0		垂直于盘面且通过圆心			
A 环		垂直于盘面且通过圆心			
B 环		垂直于盘面且通过圆心			
C 柱		同上，且两圆柱轴距 $d = r_C$			
		同上，且两圆柱轴距 $d \neq r_C$			

【分析讨论题】

（1）调整仪器有何要求？如何使下圆盘扭转摆动？有何要求？

（2）如何测得周期，如何测得上、下圆盘悬点至中心的距离 r 和 R？

（3）验证平行轴定理时，两圆柱体如何放置？$I'_{COO'} = \dfrac{1}{2} M_C r_C^2 + M_C d^2$ 中 r_C 和 d 是什么量？M_C 是一个圆柱体还是两个圆柱体的质量？$I'_{COO'}$ 是 M_C 绕哪个轴的转动惯量？

（4）三线摆在摆动中受到空气阻力，振幅会越来越小，它的周期是否会变化？为什么？

（5）本实验能否用图解法来验证平行轴定理，如能，应如何安排实验？

（6）如何利用三线摆测定任意形状物体绕特定轴的转动惯量？

实验 4　扭摆法测定物体转动惯量

【重点、难点】

（1）用扭摆法测定物体转动惯量的原理和方法.

（2）测量仪器的结构、性能与使用方法.

【目的要求】

（1）用扭摆法测定几种不同形状物体的转动惯量，并与理论值进行比较.

（2）验证转动惯量平行轴定理.

【实验仪器】

（1）转动惯量测试仪（扭摆装置）：包括主机和光电传感器，如图 4.4.1 所示.

（2）电子秤、卡尺、天平、待测物体（空心圆筒、实心圆柱、木球、金属杆等）.

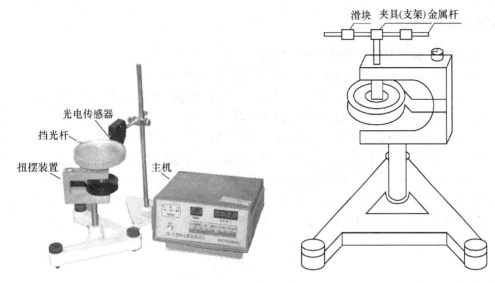

图 4.4.1 扭摆装置

【实验原理】

将物体在水平面内转过一角度 θ 后,在弹簧的恢复力矩作用下物体就开始绕垂直轴作往返扭转运动. 根据胡克定律(Hooke law),弹簧受扭转而产生的恢复力矩 M 与所转过的角度 θ 成正比,即

$$M = -K\theta \tag{4.4.1}$$

式中,K 为弹簧的扭转常数,根据转动定律:

$$\beta = \frac{M}{I} \tag{4.4.2}$$

式中,I 为物体绕转轴的转动惯量,β 为角加速度,令 $\omega^2 = \frac{K}{I}$,忽略轴承的磨擦阻力矩,得

$$\beta = \frac{d^2\theta}{dt^2} = -\frac{K}{I}\theta = -\omega^2\theta \tag{4.4.3}$$

可见,扭摆运动具有角简谐振动特性,角加速度与角位移成正比,且方向相反. 可解得

$$\theta = A\cos(\omega t + \varphi) \tag{4.4.4}$$

式中,A 为谐振动的角振幅,φ 为初相位角,ω 为角速度,此谐振动的周期为

$$T = \frac{2\pi}{\omega} = 2\pi\sqrt{\frac{I}{K}} \tag{4.4.5}$$

可见,只要测得扭摆的周期 T,I 和 K 任何一个量已知时,即可计算出另一个量.

本实验用一个几何形状规则的物体,它的转动惯量可以根据它的质量和几何尺寸用理论公式直接计算得到,再算出本仪器弹簧的扭转常数 K 值. 若要测定其他形状物体的转动惯量,只需将待测物体安放在本仪器顶部的各种夹具上,测定其摆动周期,由公式(4.4.5)即可算出该物体绕转动轴的转动惯量.

【实验内容与步骤】

1. 测量不同形状规则物体的转动惯量

(1) 调整扭摆基座底脚螺丝,使水平仪的气泡位于中心.

(2) 用游标卡尺测出待测物体的几何尺寸;用电子秤或天平测各物体质量 m.

(3) 测定扭摆的扭转常数(弹簧的扭转常数) K.

在转轴上装上金属载物盘,并调整光电探头的位置使载物圆盘上的挡光杆处于其缺口中央且能遮住发射、接收红外光线的小孔,并能自由往返的通过光电门.测量 10 个摆动周期所需要的时间 $10T_0$,测定其摆动周期 T_0.然后将塑料圆柱体垂直放在载物盘上,则总的转动惯量为 $I_0 + I_1'$,测量 10 个摆动周期所需要的时间 $10T_1$.测出其摆动周期 T_1,并根据圆柱体转动惯量理论值及 T_0、T_1 计算弹簧的扭转常数 K.由式(4.4.3)可得出

$$\frac{T_0}{T_1} = \frac{\sqrt{I_0}}{\sqrt{I_0 + I_1'}}$$

则弹簧的扭转常数:

$$K = 4\pi^2 \frac{I_1'}{T_1^2 - T_0^2} \tag{4.4.6}$$

在 SI 制中 K 的单位为 $kg \cdot m^2 \cdot s^{-2}$(或 $N \cdot m$).

(4) 测定塑料圆柱体、金属圆筒、木球与金属细杆的摆动周期,分别求出它们的转动惯量,并与理论值比较,求出百分误差.

2. 验证转动惯量平行轴定理

将金属滑块对称放置在金属细杆两边的凹槽内,如图 4.4.1 所示,此时滑块质心与转轴的距离 x 分别为 5.00cm,10.00cm,15.00cm,20.00cm,25.00cm,测定细杆的摆动周期,测量滑块不同位置时的摆动周期,据此计算出转动惯量,并于理论值进行比较,验证平行轴定理.(在计算转动惯量时,应扣除夹具的转动惯量 $I_{夹具}$).

【数据表格】

表 4.4.1 刚体转动惯量的测量

仪器型号_____,量程_____,最小分度值_____,准确度等级_____.

物体名称	质量 m_i/kg	几何尺寸 D/L /(10^{-2}m)	周期 T/s	转动惯量理论值 $I'/(10^{-4} kg \cdot m^2)$	转动惯量实验值 $I/(10^{-4} kg \cdot m^2)$	百分差 $E_0 = \frac{I' - I}{I'} \times 100\%$
金属载物圆盘			$10T_0$		$I_0 = \frac{I_1' \overline{T_0}^2}{T_1^2 - T_0^2}$	
			$\overline{T_0}$			
塑料圆柱体	m_1	D_1	$10T_1$	$I_1' = \frac{1}{8} m D_1^2$	$I_1 = \frac{K \overline{T_1}^2}{4\pi^2} - I_0$	
	$\overline{m_1}$	$\overline{D_1}$	$\overline{T_1}$			

续表

物体名称	质量 m_i/kg	几何尺寸 D/L /(10^{-2}m)	周期 T/s	转动惯量理论值 I'/(10^{-4} kg·m²)	转动惯量实验值 I/(10^{-4} kg·m²)	百分差 $E_0=\dfrac{I'-I}{I'}\times 100\%$
金属圆筒	m_2	$D_{外}$	$10T_2$	$I'_2=\dfrac{1}{8}m(D_{外}^2+D_{内}^2)$	$I_2=\dfrac{K\overline{T}_2^2}{4\pi^2}-I_0$	
		$\overline{D}_{外}$				
		$D_{内}$				
	$\overline{m}_2$	$\overline{D}_{内}$	$\overline{T}_2$			
木球	m_3	$D_{直}$	$10T_3$	$I'_3=\dfrac{1}{10}mD_{直}^2$	$I_3=\dfrac{K}{4\pi^2}\overline{T}_3^2-I_{支座}$	
	$\overline{m}_3$	$\overline{D}_{直}$	$\overline{T}_3$			
金属细杆	m_4	L	$10T_4$	$I'_4=\dfrac{1}{12}mL^2$	$I_4=\dfrac{K}{4\pi^2}\overline{T}_4^2-I_{夹具}$	
	$\overline{m}_4$		$\overline{T}_4$			

表 4.4.2 验证转动惯量平行轴定理

X/(10^{-2}m)	5.00	10.00	15.00	20.00	25.00
摆动周期 $5T$/s					
$\overline{T}$/s					
实验值 $I\left(=\dfrac{K}{4\pi^2}T^2\right)$/($10^{-4}$ kg·m²)					
理论值 $I'(=I'_4+I'_5+2mx^2)$/(10^{-4} kg·m²)					
百分差 $E_0=\dfrac{I'-I}{I'}\times 100\%$					

【分析讨论题】

(1) 为什么质量相同的物体其转动惯量不相同？转动惯量与哪些因素有关？

(2) 一个质量分布不均匀的物体，如何测量绕某特定转轴的转动惯量？

【思考题、练习题】

(1) 实验中，为什么在称木球和细杆的质量时必须分别将支座和安装夹具取下？为什么在计算其转动惯量时又未加考虑？

(2) 转动惯量实验仪计时精度为 0.001s，实验中为什么要测量 10T？

(3) 如何用本实验装置来测定任意形状物体绕特定轴的转动惯量？

实验 5　气垫导轨上滑块的碰撞
——动量守恒定律的验证

【重点、难点提示】

动量守恒定律；气垫导轨和光电自动控制计时器的使用．

【目的要求】

(1) 通过气垫导轨上滑块的碰撞验证动量守恒定律，掌握一种验证运动定律的方法．

(2) 学习并掌握如何使用气垫导轨和光电自动控制计时器．

(3) 通过本实验，要求对各种气垫运输工具（如磁悬浮列车、气垫船等）有更深的理解．

【实验仪器】

气垫导轨、光电门、光电记时器．

【实验原理】

如果一个系统受到的合外力为零，这个系统的总动量保持不变，这就是动量守恒定律，即

$$K = \sum_{i=1}^{n} m_i v_i = 恒量 \tag{4.5.1}$$

式中，m_i 和 v_i 为系统第 i 个物体的质量和速度；n 为系统中物体的个数．

若物体所受合外力在某个方向的分量为零，则该系统在此方向的总动量亦保持不变．本实验就是验证两物体沿一条直线发生碰撞这一简单情形．如果能使它们在碰撞方向上所受的合外力为零，则它们在碰撞前后的动量和保持不变．

设两物体的质量分别是 m_1 和 m_2，碰撞前的速度为 $\boldsymbol{v}_1$ 和 $\boldsymbol{v}_2$，碰撞后的速度为 $\boldsymbol{v}_1'$ 和 $\boldsymbol{v}_2'$，则有

$$m_1 \boldsymbol{v}_1 + m_2 \boldsymbol{v}_2 = m_1 \boldsymbol{v}_1' + m_2 \boldsymbol{v}_2' \tag{4.5.2}$$

在给定速度的正方向后，各速度就有了方向和正负号，上述动量的矢量式可以写成简单的标量式

$$m_1 v_1 + m_2 v_2 = m_1 v_1' + m_2 v_2' \tag{4.5.3}$$

只要系统所受到的合外力为零，不管碰撞是弹性的还是非弹性的，动量守恒定律都成立．至于机械能是否守恒，除了与碰撞过程中外力是否对系统作功有关以外，还与碰撞的性质有关．

一、弹性碰撞

根据弹性碰撞的动量守恒和机械能守恒公式,即

$$m_1v_1 + m_2v_2 = m_1v_1' + m_2v_2' \tag{4.5.4}$$

$$\frac{1}{2}m_1v_1^2 + \frac{1}{2}m_2v_2^2 = \frac{1}{2}m_1v_1'^2 + \frac{1}{2}m_2v_2'^2 \tag{4.5.5}$$

两滑块碰撞后的速度为

$$v_1' = \frac{(m_1 - m_2)v_1 + 2m_2v_2}{m_1 + m_2} \tag{4.5.6}$$

$$v_2' = \frac{(m_2 - m_1)v_2 + 2m_1v_1}{m_1 + m_2} \tag{4.5.7}$$

对于两滑块质量相等的特殊情况,$m_1 = m_2$ 且初始 $v_1 \neq 0, v_2 = 0$ 时,有

$$v_1' = 0 \tag{4.5.8}$$

$$v_2' = v_1 \tag{4.5.9}$$

即碰撞后滑块彼此交换速度.

二、完全非弹性碰撞

如果两个滑块碰撞后粘连在一起,并以同一速度运动,则是完全非弹性碰撞. 此时动量守恒,但机械能不守恒. 设此时两滑块一起运动的速度为 v,即 $v_1' = v_2' = v$(恢复系数等于零),则由式(4.5.4)得

$$v = \frac{m_1v_1 + m_2v_2}{m_1 + m_2} \tag{4.5.10}$$

当 $m_1 = m_2$,且 $v_1 \neq 0, v_2 = 0$,则有

$$v = \frac{1}{2}v_1 \tag{4.5.11}$$

即两滑块碰撞后的速度为滑块 m_1 原速度的一半.

三、恢复系数 e

为说明碰撞的特征,可定义恢复系数

$$e = \frac{v_2' - v_1'}{v_1 - v_2} \tag{4.5.12}$$

显然,根据上述公式可得不同碰撞情形下的恢复系数分别为

弹性碰撞:$e = 1$(因为 $v_2' - v_1' = v_1 - v_2$)

完全非弹性碰撞:$e = 0$(因为 $v_2' = v_1'$)

一般非完全弹性碰撞:$0 < e < 1$.

$m_1 = m_2$	$m_1 > m_2$	$m_1 < m_2$
$v_1 > 0, v_2 = 0$	$v_1 > 0, v_2 = 0$	$v_1 > 0, v_2 = 0$
$v_1' = 0, v_2' > 0$	$v_1' > 0, v_2' > 0$	$v_1' < 0, v_2' > 0$
$v_2' = v_1$		
$e = 1$	e	e

【实验内容与步骤】

一、同质量滑块弹性碰撞

1. 准备工作

（1）了解仪器构造（如图 4.5.1 所示）和使用方法. 两个滑块质量相等.

（2）调节气垫导轨成水平.

图 4.5.1　气垫导轨

（3）调节数字毫秒表处于正常工作状态. 打开气门，接通电源.

2. 弹性碰撞

（1）在两个质量相同的滑块上安装宽度相同的挡光板，其中的一块 m_2 静止的置于两光电门之间的某一合适位置，另一块 m_1 放于气垫的某一端.

（2）轻轻的将 m_1 推向 m_2，迅速记下 m_1 通过光电门 1 的时间 Δt_1. 紧接着记下两滑块发生碰撞后，m_1 静止，m_2 则以 v'_2 的速度通过光电门 2 的时间 $\Delta t'_2$. 记录数据于表 4.5.1 中，此时注意观察如下情况：Δt_1 和 $\Delta t'_2$ 是否相同或相近；两块滑块碰撞后，m_1 是否静止；

因为两滑块的质量相同，两挡光板的宽度相同，所以只需比较 Δt_1 和 $\Delta t'_2$ 是否相同，亦即 v_1 是否等于 v'_2 即可，而不必要真正的把动量的数值计算出来.

二、不同滑块质量的弹性碰撞

1. 准备工作

选用两个质量不相等的滑块质量，其余准备工作与同质量滑块弹性碰撞一样.

2. 弹性碰撞

取质量大的滑块作为 m_1，重复同质量滑块在弹性碰撞时的步骤，并分别记下碰撞前 m_1 通过光电门 1 的时间 Δt_1 和滑块碰撞后 m_2、m_1 分别先后通过光电门 2 的时间 $\Delta t'_2$，$\Delta t'_1$. 数据表格自行设计. 根据挡光板的宽度 Δx 求出 v_1、v'_1 和 v'_2. 计算碰撞前后系统的动量，验证动量是否守恒.

根据式（4.5.12）计算恢复系数，检验碰撞是否为完全弹性碰撞.

三、完全非弹性碰撞

1. 准备工作

（1）在两个滑块的相互碰撞端安装橡皮泥. 橡皮泥圆饼不要太大，直径约 5mm 大小即可，并要粘在碰撞部位的上部，以防止它粘到气轨表面堵住气孔.

（2）放倒 m_2 上的挡光板（其余准备工作同上）.

2. 完全非弹性碰撞

（1）仿照弹性碰撞中的步骤验证两个质量相等（$m_1 = m_2$）且 $v_1 \neq 0$，$v_2 = 0$ 时滑块做完全非弹性碰撞时的动量守恒情况. 数据记录于表 4.5.2 中.

（2）仿照弹性碰撞中的步骤验证两个质量不等（即 $m_1 \neq m_2$）且 $v_1 \neq 0$，$v_2 = 0$ 时滑块做完全非弹性碰撞时的动量守恒情况. 数据记录表自行设计.

【数据处理】

一、弹性碰撞

1. $m_1=m_2$、$v_2=0$ 时

表 4.5.1

$m_1=(\quad\pm\quad)$kg, $m_2=(\quad\pm\quad)$kg, $v_2=0$

次数 时间	1	2	3	4	5
$\Delta t_1/s$					
$\Delta t_2'/s$					

试述结论,并计算 $e=?$

2. $m_1 \neq m_2$、$(m_1 > m_2, m_1 < m_2) v_2=0$ 时(表格自行设计),试述结论,并计算 $e=?$

二、完全非弹性碰撞

1. $m_1=m_2$、$v_2=0$ 时

表 4.5.2

$m_1=(\quad\pm\quad)$kg, $m_2=(\quad\pm\quad)$kg, $v_2=0$

次数 时间	1	2	3	4	5
$\Delta t_1/s$					
$\Delta t_2'/s$					

试述结论,并计算 $e=?$

2. $m_1 \neq m_2$、$(m_1 > m_2, m_1 < m_2) v_2=0$ 时(表格自行设计),试述结论,并计算 $e=?$

【思考分析讨论题】

(1) 在实际操作中应如何才能保证验证动量守恒实验所需的条件?

(2) 做下列实验,并比较其结果:把两光电门放在靠近碰撞的位置好还是放在远离碰撞的位置好?碰撞的速度是大好还是小点好?

(3) 举例说明本实验的误差主要来源及如何减小主要测量误差?

实验6 气垫导轨上滑块的简谐振动

【目的要求】

(1) 观察简谐振动现象,测定简谐振动的周期.测定简谐振动的能量.

(2) 考察弹簧振子的振动周期与系统能量的关系.

【实验仪器】

气垫导轨、滑块、弹簧、砝码、光电门、数字毫秒计等.

【实验原理】

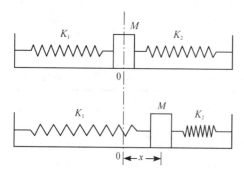

图 4.6.1 谐振动示意图

如图 4.6.1 所示，在水平气垫导轨上的滑块两端连接两根相同的弹簧，两弹簧的另一端分别固定在气轨的两端点．选取水平向右的方向作 x 轴正方向，又设两根弹簧的弹性系数均为 k．根据胡克定律，使弹簧伸长一段距离 x 时，需加的外力为 kx．当质量为 M 的滑块位于平衡位置 0 时，两个弹簧的伸长量相同，所以滑块所受的合外力为零．当把滑块从 0 点向右移动距离 x 时，左边弹簧被拉长，它的收缩力为 kx．右边弹簧被压缩，它的膨胀力达到 kx，结果滑块受到一个方向向左，大小为 $2kx$ 的弹性力 F 的作用．

考虑到弹性力 F 指向平衡位置 0，且跟位移 x 的方向相反，故有

$$F = -2kx \tag{4.6.1}$$

如果上述两根弹簧 K_1 和 K_2 的弹性系数不同，而分别是 k_1 和 k_2，上式中的 $2k = k_1 + k_2$，于是有

$$F = -(k_1 + k_2)x \tag{4.6.2}$$

在弹性力 F 的作用下，滑块要发生运动．按照牛顿第二定律可得

$$M \frac{\mathrm{d}^2 x}{\mathrm{d} t^2} = -(k_1 + k_2)x \tag{4.6.3}$$

令 $\omega^2 = (k_1 + k_2)/M$，则有

$$\frac{\mathrm{d}^2 x}{\mathrm{d} t^2} = -\omega^2 x \tag{4.6.4}$$

这个微分方程的解为

$$x = A\cos(\omega t + \varphi_0) \tag{4.6.5}$$

式中，A 为振幅，表示滑块运动的最大位移；ω 称为圆频率，只跟运动系统的特性 k_1、k_2 和 M 有关；φ_0 称为初位相．式(4.6.5)表明，滑块的运动是简谐振动．

从式(4.6.5)还看出，ωt 每增加 2π 时，滑块运动经过一周后回到原处，滑块运动一周所需时间叫做周期，用 T 表示，即

$$T = 2\pi/\omega = 2\pi \sqrt{\frac{M}{k_1 + k_2}} \tag{4.6.6}$$

可见，如果弹簧的弹性系数 k_1、k_2 和滑块质量 M 改变，周期也会随之改变．

将(4.6.5)式对时间求导数，可得滑块运动的速度

$$v = \frac{\mathrm{d} x}{\mathrm{d} t} = -A\omega \sin(\omega t + \varphi_0) \tag{4.6.7}$$

由于滑块只受弹性力(保守力)的作用，因此系统振动过程中机械能守恒．设滑块在位移 x 处的速度为 v，则系统在该位置的总能量应为

$$E = E_1 + E_2 = \frac{1}{2}(k_1+k_2)x^2 + \frac{1}{2}Mv^2 \tag{4.6.8}$$

$$E = \frac{1}{2}(k_1+k_2)A^2\cos^2(\omega t+\varphi_0) + \frac{1}{2}MA^2\omega^2\sin^2(\omega t+\varphi_0) \tag{4.6.9}$$

$$E = \frac{1}{2}(k_1+k_2)A^2 = \frac{1}{2}MA^2\omega^2 \tag{4.6.10}$$

式中,M、k_1、k_2 及 A 都是常数. 上式说明,在滑块振动过程中,虽然动能和势能随时间不断变化,但总能量不变. 实验中如滑块在最大位移 $x_{\max}=A$ 处,以初速 $v_0=0$ 开始运动,则动能为零,势能即为总能量. 当滑块运动到平衡位置,位移 $x=0$ 处,以速度最大值 $v_{\max}=A\omega$ 运动时,势能为零,动能即为总能量.

【实验内容与步骤】

一、测弹簧的弹性系数

(1) 将数字毫秒计的选择开关置于 A 档,打开电源,接通气源,把滑块 M 放在气轨上,将导轨调成水平.

(2) 如图 4.6.2 所示,将待测弹簧 K_1 一端挂在气轨里端,另一端与滑块 M 相连. 滑块 M 另一端再连一细线. 细线绕过气轨外端滑轮并吊一砝码托,托上加 100g 砝码使弹簧预伸长,记下滑块位置 x_1. 然后依次加 20g、40g、60g、80g、100g 砝码,并在表 4.6.1 中记下滑块相应的位置 x. 利用公式 $k=mg/(x-x_1)$,计算弹性系数 k_1.

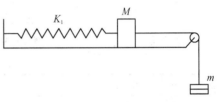

图 4.6.2　测弹性系数示意图

(3) 改换第二个弹簧 K_2,重复步骤 2,测出弹性系数 k_2.

二、测谐振动周期

(1) 将以上两根弹簧与滑块 M 按图 4.6.1 连接成弹簧振子系统. 将数字毫秒计拨至机控、手动复位,然后将滑块从平衡位置 x_0 移到 x_1(约移开 20cm),放手后仔细观察滑块的运动情况,并通过开关用数字毫秒计记下滑块完成 20 次全振动所用的时间 $t=20T$,将数据填入表 4.6.2.

(2) 改变初始位移,即振幅分别为 x_2-x_0、x_3-x_0,重复步骤 1,最后计算出谐振动周期的平均值 $\overline{T}$.

三、测振动系统的能量

(1) 将数字毫秒计再置 B 挡自动复位. 把一个光电门移至系统平衡位置 x_0,另一光电门置于远处,给滑块 M 一适当初位移 $A=x-x_0$(20~40cm),然后放手,滑块开始振动,记下平衡位置处滑块挡光时间 t_0. 将光电门移至 X_1 处($x_1=X_1-x_0=15$cm),再给滑块同一初位移 A,放手后记下滑块经 X_1 处的挡光时间 t_1.

(2) 给滑块不同初位移 A'、A'',重复步骤 1.

(3) 用天平称出滑块质量 M_1 和两根弹簧质量 M_2,计算振子系统的折合质量 $M=M_1+M_2/3$(振子系统弹簧折合质量为 $M_2/3$).

(4) 用卡尺量出挡光板计时宽度 l，计算滑块经 x_1 点与 x_0 点的速度和系统在各位置的总机械能，并比较说明.

【数据表格】

表 4.6.1 测弹簧的弹性系数

弹簧	初始位置 $x_1/(10^{-3}\mathrm{m})$	砝码质量 $m/(10^{-3}\mathrm{kg})$	移动位置 $x_1/(10^{-3}\mathrm{m})$	伸长量 $(x-x_1)$ $/(10^{-3}\mathrm{m})$	弹性系数 $k/(\mathrm{N\cdot m^{-1}})$	平均值 $\bar{k}$ $/(\mathrm{N\cdot m^{-1}})$	σ_k $/(\mathrm{N\cdot m^{-1}})$
1		20					
		⋮					
		100					

表 4.6.2 测谐振动周期

$k_1 =$ _____ $\mathrm{N\cdot m^{-1}}$，$k_2 =$ _____ $\mathrm{N\cdot m^{-1}}$，$M =$ _____ $10^{-3}\mathrm{kg}$

振幅$(x-x_0)$/cm	$20T$/s	周期 T/s	$\bar{T}$/s	$T'(=2\pi\sqrt{M/(k_1+k_2)})$/s	$E_T[=(\bar{T}-T')/\bar{T}]/(\%)$

表 4.6.3 测振动系统的能量

滑块质量 $M_1 =$ _____ $10^{-3}\mathrm{kg}$，弹簧质量 $M_2 =$ _____ $10^{-3}\mathrm{kg}$，振子折合质量 $M = M_1 + M_2/3 =$ _____ $10^{-3}\mathrm{kg}$，

平衡位置 $x_0 =$ _____ $10^{-3}\mathrm{cm}$，挡光计时宽度 $l =$ _____ $10^{-3}\mathrm{m}$

$A/(10^{-3}\mathrm{m})$	$x_1/(10^{-3}\mathrm{m})$	$t_1/(10^{-3}\mathrm{s})$	$t_0/(10^{-3}\mathrm{s})$	$v_1/(\mathrm{m/s})$	$v_0/(\mathrm{m/s})$	E_{P1}/J	$E_1(=E_{K1}+E_{P1})/\mathrm{J}$	$E_0=E_{K0}/\mathrm{J}$

【数据处理与结果表示】

(1) 计算弹簧的弹性系数

利用 $k = mg/(x-x_1)$，计算弹簧弹性系数平均值 $\bar{k}_1$ 和 σ_{k_1}，同理计算 $\bar{k}_2$ 和 σ_{k_2}.

(2) 计算谐振动周期的测量值 $\bar{T}$，并与理论值 $T' = 2\pi\sqrt{\dfrac{M}{k_1+k_2}}$ 比较，计算百分误差.

(3) 计算滑块经过 x_1 点与 x_0 点的速度 v_1、v_0 和系统在各位置的总机械能 E_1、E_0，并分析讨论结果.

【分析讨论题】

(1) 考虑滑块不可避免地要受到空气黏滞阻力的作用，能由此测出空气的黏度系数吗？

(2) 由于受到空气黏滞阻力的作用，简谐振动的振幅会随时间衰减，试分析简谐振动的衰减形式及衰减规律.

(3) 如果导轨未调到水平状态，对振动周期的测量有无影响？为什么？

(4) 如果把弹性系数分别为 k_1 和 k_2 的两根弹簧串联起来，这个串联弹簧的弹性系数是多少？如果并联起来，并联弹簧的弹性系数又为多少？

实验 7 弦振动的研究

【目的要求】

(1) 观察弦线上驻波的形成，用驻波法测量弦线上横波波长 λ 和振动频率 f.
(2) 研究弦线振动横波波长 λ 和线密度 ρ 与张力 T 的关系.
(3) 掌握曲线画直、对数作图的方法.

【实验仪器】

电动音叉、弦线、滑轮、砝码、米尺等.

【实验原理】

1. 弦线上横波的传播速度 v

在一根两端固定并水平拉紧的弦线上，令弦线长度方向为 x 轴，弦被拉动方向（与 x 轴⊥）为 y 轴，设弦长为 L，线密度为 ρ，弦上张力为 T，取弦上一微线元 $\mathrm{d}l$ 进行受力分析，如图 4.7.1 所示，在 $\mathrm{d}l$ 两端 A、B 处受到相邻线元的张力分别为 T_1、T_2，方向沿弦线的切线方向. 在弦线上的横波沿 x 方向传播，由牛顿第二定律，可得在 y 方向的运动方程

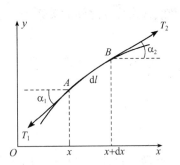

图 4.7.1 横波的传播

$$T_2\cos\alpha_2 - T_1\cos\alpha_1 = 0 \qquad (4.7.1)$$

$$T_2\sin\alpha_2 - T_1\sin\alpha_1 = \rho\mathrm{d}s\frac{\mathrm{d}^2 y}{\mathrm{d}t^2} \qquad (4.7.2)$$

考虑到 $\mathrm{d}l \approx \mathrm{d}x$，$\alpha_1 \approx \alpha_2 \approx 0$，得

$$T_1 \approx T_2 = T \qquad (4.7.3)$$

$$T\left(\frac{\mathrm{d}y}{\mathrm{d}x}\right)_{x+\mathrm{d}x} - T\left(\frac{\mathrm{d}y}{\mathrm{d}x}\right)_x = \rho\mathrm{d}x\frac{\mathrm{d}^2 y}{\mathrm{d}t^2} \qquad (4.7.4)$$

上式按泰勒公式展开，略去二级小量，并整理可得

$$\left(\frac{\mathrm{d}y}{\mathrm{d}x}\right)_{x+\mathrm{d}x} = \left(\frac{\mathrm{d}y}{\mathrm{d}x}\right)_x + \left(\frac{\mathrm{d}^2 y}{\mathrm{d}x^2}\right)_x \mathrm{d}x \qquad (4.7.5)$$

$$T\left(\frac{\mathrm{d}^2 y}{\mathrm{d}x^2}\right)_x \mathrm{d}x = \rho\mathrm{d}x\frac{\mathrm{d}^2 y}{\mathrm{d}t^2}$$

$$\frac{\mathrm{d}^2 y}{\mathrm{d}t^2} = \frac{T}{\rho}\frac{\mathrm{d}^2 y}{\mathrm{d}x^2} \qquad (4.7.6)$$

由简谐波的波动方程 $\frac{\mathrm{d}^2 y}{\mathrm{d}t^2} = v^2 \frac{\mathrm{d}^2 y}{\mathrm{d}x^2}$，可得

$$v = \sqrt{\frac{T}{\rho}}$$

2. 振动频率 f 与横波波长 λ、弦线张力 T、线密度 ρ 的关系

测量弦线上的波长 λ，用"驻波法"，即采用在弦线上形成驻波的方法测量. 将弦线的

一端固定在电动音叉的一个振动脚上,另一端经过支架上狭缝跨过滑轮挂一砝码,使弦线上有一定的张力,具体装置如图4.7.2所示.

图 4.7.2 弦振动实验仪

在维持张力 T 不变的情况下,横波在张紧的弦线上传播时的传播速度 v 与张力 T 及弦线线密度 ρ 之间的关系为

$$v = \sqrt{T/\rho} \tag{4.7.7}$$

设弦线的振动频率为 f,弦线上传播的横波波长为 λ,则根据 $v=f\lambda$,有

$$\lambda = \frac{1}{f}\sqrt{\frac{T}{\rho}} \tag{4.7.8}$$

$$f = \frac{1}{\lambda}\sqrt{\frac{T}{\rho}} \tag{4.7.9}$$

可见,如果弦振动频率为 f 和线密度 ρ 一定,则波长 λ 与张力 T 的平方根成正比.当振动频率 f 和张力 T 一定,则波长 λ 与密度 ρ 的平方根成正比.

将(4.7.9)式两边取对数,得

$$\ln\lambda = \frac{1}{2}\ln T - \frac{1}{2}\ln\rho - \ln f \tag{4.7.10}$$

可见,固定 f、ρ,改变 T,测 λ,可作 $\ln\lambda \sim \ln T$ 图,其斜率为 $K=1/2$ 的直线,则说明 $\lambda \propto \sqrt{T}$.

同理,固定 f、T,改变线密度 ρ,测 λ,可作 $\ln\lambda \sim \ln\rho$ 图,得一斜率 $K=-1/2$ 的直线,则说明 $\lambda \propto \rho^{-\frac{1}{2}}$.

3. 驻波的形成和特点

驻波可以由两列振动方向相同,频率相同,振幅相等,传播方向相反的简谐波叠加和干涉产生.

正向传播的波为

$$y_1 = A\cos 2\pi\left(ft - \frac{x}{\lambda}\right) = A\cos(\omega t - kx) \tag{4.7.11}$$

反向传播的波为

$$y_2 = A\cos 2\pi\left(ft + \frac{x}{\lambda}\right) = A\cos(\omega t + kx) \tag{4.7.12}$$

式中,x 为质点位置坐标;t 为时间;A 为振幅;f 为频率;$\omega=2\pi f$ 称为圆频率;λ 为波长;$k=2\pi/\lambda$ 称为波矢;$v=\lambda f$ 为波的传播速度.

两列波叠加的结果,任一点 x 的合成振动为驻波方程,即

$$y = y_1 + y_2 = 2A\cos kx \cos\omega t \qquad (4.7.13)$$

令 $\left|2A\cos\dfrac{2\pi x}{\lambda}\right| = 0$ 可得波节的位置坐标为

$$x = \pm(2m+1)\dfrac{\lambda}{4}, \qquad m = 0, 1, 2, \cdots$$

令 $\left|2A\cos\dfrac{2\pi x}{\lambda}\right| = 2A$ 可得波节的位置坐标为

$$x = \pm m\dfrac{\lambda}{2}, \qquad m = 0, 1, 2, \cdots$$

相邻两波节(或波腹)的距离为 $x_m - x_{m-1} = \dfrac{\lambda}{2}$

因此,在驻波实验中,只要测得相邻两波节或相邻两波腹的距离,就可以确定波长.

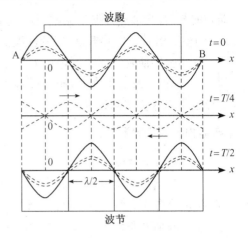

图 4.7.3

由于弦的两端可以分别由两劈尖支架 A、B 支撑,故两端点(支架)必为波节,又由于相邻两波节的距离为 $\lambda/2$,所以当弦上出现稳定驻波时,A、B 两端点的距离 L 必为 $\lambda/2$ 的整数倍,即

$$L = n\dfrac{\lambda}{2}, \qquad n = 1, 2, 3, \cdots \qquad (4.7.14)$$

称为驻波条件. 式中 n 为半波数,即 A、B 两点间出现的 $\lambda/2$ 的数目.

$$\lambda = \dfrac{2L}{n}, \qquad n = 1, 2, 3, \cdots \qquad (4.7.15)$$

即可求出驻波波长 λ.

如果弦是无限柔软的,可证明弦中横波的传播速度为:

$$v = \sqrt{\dfrac{T}{\rho}} = \sqrt{\dfrac{mg}{\rho}} \qquad (4.7.16)$$

式中 T 为弦线中的张力,ρ 为弦线的线密度,即单位长度的质量.

以 $v = \lambda f$ 代入

$$v = f\dfrac{2L}{n}$$

$$f = \dfrac{n}{2L}\sqrt{\dfrac{T}{\rho}} = \dfrac{n}{2L}\sqrt{\dfrac{mg}{\rho}} = \dfrac{1}{\lambda}\sqrt{\dfrac{T}{\rho}} \quad (n = 1, 2, 3, \cdots) \qquad (4.7.17)$$

满足上式时,弦上才能出现稳定驻波.

上式表明:为了调出稳定的驻波可以有 3 种方法,即把 f、m、L 三个量中的任两个固定,调节第三个. 常用的方法是在张力 T 不变的情况下,固定频率 f,调 A、B 间距离 L;或固定 A、B 两点间距离 L,调频率 f.

当电动音叉通电振动时,振动将沿弦线传播形成一个向右传播的横波. 传到支架狭缝处时,弦线受狭缝限制不能振动,造成波在此处反射,产生一个向左传播的横波. 这两个波的频率相同、振动方向相同、振幅基本一样. 这两个传播方向相反的横波相互叠加形成驻波. 弦上各点振幅随坐标位置呈周期性变化,有些点振幅为零而静止不动,称为波节;另外一些位置振幅最大,称为波腹,相邻波节(或波腹)间的距离为 $\lambda/2$. 实验中,支架缝内弦不动为波节,音叉端点处振动振幅很小也接近于波节.所以,当它们之间的距离 L 为半波长 $\lambda/2$ 的整数倍时产生共振,形成的驻波振幅最大而且最稳定.

在实验中使弦线形成振幅最大且最稳定的驻波,以便准确测出波长 λ 和频率 f,有两种方法:一种是改变张力 T,测弦长 L,计算出 λ、f;一种是固定张力 T,测弦长 L,计算出 λ、f.也可以兼用这两种方法.

【实验内容与步骤】

一、测音叉音频 f

(1) 按图 4.7.1 装好仪器,使音叉振动端与滑轮间距离约 1m,弦线上挂上适当的砝码(如 40g)将弦线拉直,接通电源,使音叉正常振动.

(2) 移动支架板改变弦长,使弦上产生 2~6 个稳定的驻波,观察驻波现象.

(3) 在固定张力 $T=mg=0.040\times9.8$N 的情况下,选取一定的波段数 n,如 $n=4$,反复测量 L 和波长 λ 5 次,(注意每次测量应仔细调节,形成稳定的驻波).根据给定的弦线密度 ρ,由式(4.7.9)计算音叉的振动频率 f.求 E_f,$f\pm\sigma_f$,$E_{百分差}$.

二、研究波长 λ 与张力 T 的关系

改变张力 T,如 $T=0.040$、0.060、0.080、0.100、0.120($\times9.8$N),测出相应的波段数 n 和弦长 L,并求驻波波长 λ,记录数据在表 4.7.2 中,根据数据在坐标纸上作 $\ln\lambda$-$\ln T$ 直线图,并求其斜率 K.亦可用线性拟合法求其斜率 K.

三、研究波长 λ 与线密度 ρ 的关系

固定弦线上的张力 T,取不同密度 ρ 的弦线,用驻波法测相应的波长,记录数据在相应的表中,在坐标纸上作 $\ln\lambda$-$\ln\rho$ 直线图,并求其斜率 K.

【数据处理】

一、测音叉频率 f

固定张力 T,测 L、n(可选取 $n=4$,保持 n 不变),求 λ、f,并将 f 和 $f_{0(标)}$ 比较,表示结果.

表 4.7.1　数据记录表

$\rho=$＿＿＿＿ kg/m,$T=mg$ ＿＿＿＿ N,$f_{0(标)}=$＿＿＿＿ Hz

次数	驻波段数 n	弦长 L/cm	波长 λ/cm	音叉频率 f/Hz
1				
…				
5				
平均值				

根据式(4.7.17)有

$$E_f=\frac{\sigma_f}{f}=\sqrt{\left(\frac{\sigma_L}{L}\right)^2+\left(\frac{1}{2}\frac{\sigma_T}{T}\right)^2+\left(\frac{1}{2}\frac{\sigma_\rho}{\rho}\right)^2}$$

或

$$E_f=\sqrt{\left(\frac{\sigma_\lambda}{\lambda}\right)^2+\left(\frac{1}{2}\frac{\sigma_T}{T}\right)^2+\left(\frac{1}{2}\frac{\sigma_\rho}{\rho}\right)^2}$$

计算音叉频率 f 表示结果.$f=\bar{f}\pm\sigma_f$,并计算 f 和 f_0 的百分差 $E_{f百}$.

二、$\ln\lambda$-$\ln T$ 关系

改变 T，测 L,n，求 λ，画 $\ln\lambda$-$\ln T$ 曲线，并计算其斜率 K。

表 4.7.2

$\rho=$ _____ kg/m, $f_0=$ _____ Hz

次数	砝码 $m/(10^{-3}\text{kg})$	张力 $T/(10^{-3}\text{N})$	$\ln T$	驻波段数 n	弦长 L/cm	λ/cm	$\ln\lambda$
1							
…							
6							

根据 $\ln\lambda=\frac{1}{2}\ln T-\frac{1}{2}\ln\rho-\ln f$，绘制 $\ln\lambda$-$\ln T$ 直线，求其斜率 K，并对结果分析说明。

三、$\ln\lambda$-$\ln\rho$ 关系

改变 ρ，用不同 ρ 的弦线，测量固定张力 T 时的波长 λ。根据 $\ln\lambda=-\frac{1}{2}\ln\rho+\ln T-\ln f$，描 $\ln\lambda-\ln\rho$ 曲线，并求斜率 K。$\ln\lambda$-$\ln\rho$ 的数据表格自拟。

注意

(1) 电动音叉有一定振动幅度，测 λ 时不能从音叉端点测起，至少应间隔半个波长。
(2) 弦线应与音叉振动方向垂直。
(3) 实验过程中应防止砝码托摆动。加减砝码要小心稳当，切忌不要用力撑弦线。
(4) 弦线密度 ρ 参考值 $\rho_{粗}=(4.49\pm0.03)\times10^{-4}\text{kg/m}$，$\rho_{细}=(2.29\pm0.03)\times10^{-4}\text{kg/m}$，$\Delta_L\approx1\sim5\text{mm}$，$\Delta_m\approx0.1\text{g}$。

【分析讨论题】

(1) 测量波长为什么要测几个半波长的总长？
(2) 如果弦线在不同张力作用下长度不同，对测量频率有何影响？应如何修正？
(3) 测绘 $\ln\lambda$-$\ln T$ 线时，为使图上数据点分布较均匀，砝码应如何改变？

实验 8　光杠杆镜尺法测定钢丝的杨氏弹性模量
——微小长度变化的测量

用一般测量长度的仪器测量微小长度的变化不易测准。利用光杠杆镜尺法测量原理，可以将微小长度的变化放大来测量，这是实现非接触式放大测量的一种常用方法，它已被广泛地应用于很多测量技术中。

【目的要求】

(1) 掌握光杠杆镜尺法测量微小长度变化的原理和正确的调整使用方法；
(2) 学会用拉伸法静态测量金属丝的杨氏弹性模量；
(3) 掌握用逐差法处理数据方法，间接测量不确定度的计算等。

【实验仪器】

杨氏模量仪、望远镜(附标尺)观测系统、光杠杆、千分尺、米尺、砝码(kg)等。

【实验原理】

一、拉伸法测定杨氏弹性模量 Y

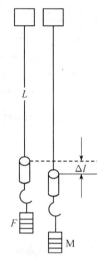

图 4.8.1 钢丝伸长

固体在外力作用下发生的形状变化称之为形变. 可以分为弹性形变与塑性形变两大类. 外力撤出后,固体能完全恢复原状的变化,称为弹性形变. 外力撤出后,固体不能完全恢复原状的变化,称为塑性形变. 本实验只研究弹性形变,即仅研究杨氏弹性模量.

如图 4.8.1 所示,设一根粗细均匀金属丝长度为 l、截面积为 s,将上端固定,下端悬挂砝码. 金属丝将在沿长度方向受外力 $F = mg$ 的作用,发生弹性形变,伸长量为 Δl. 此时比值 $\Delta l/l$ 称为应变,比值 F/S 称为应力.

根据胡克(R. Hooke)定律,在弹性限度内,物体的应变 $\Delta l/l$ 与物体的应力 F/S 成正比,即

$$\frac{F}{S} \propto \frac{\Delta l}{l}$$

$$Y = \frac{F/S}{\Delta l/l} \tag{4.8.1}$$

式中,比例系数 Y 只决定于物体材料的性质,与物体大小、形状和所受外力无关,称为该材料的杨氏弹性模量. 它是表征固体材料力学性质的重要物理量,在数值上等于产生单位应变 $\Delta l/l$ 的应力 F/S.

二、光杠杆镜尺法测量微小长度变化的原理

光杠杆构造如图 4.8.2 所示. 其中 C_3 到 C_1 与 C_2 之间的连线的垂直长度 b 称为光杠杆常数. 整个实验装置如图 4.8.3 所示.

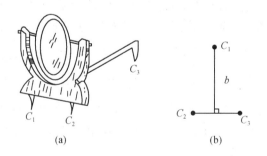

(a) (b)

图 4.8.2 光杠杆
(a)光杠杆;(b)光杠杆常数 b

假设已将整个实验装置调整妥当,如图 4.8.4 所示. 设未增加砝码(只有挂钩将钢丝拉直)时望远镜处于水平状态,光杠杆镜面法线与望远镜射线同轴等高,与望远镜内十字叉丝横线重合的标尺读数为 x_0. 当增加砝码时,金属丝伸长 Δl 光杠杆后脚 C_3 随之下降 Δl. 这时平面镜向上转过 α 角,镜面法线也转过 α 角. 根据光的反射定律及三角关系,反射线将转过 2α 角,标尺上刻度经镜面反射后进入望远镜,读出此时的标准刻度 x_i,则有

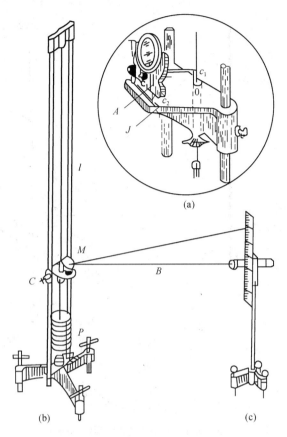

图 4.8.3 测量弹性模量装置
(a)光杠杆放置;(b)钢丝及光杠杆支架;(c)望远镜及其标尺支架

$$\tan 2\alpha = \frac{|x_i - x_0|}{B} = \frac{\Delta x_i}{B} \tag{4.8.2}$$

$$\tan \alpha = \frac{\Delta l}{b} \tag{4.8.3}$$

式中,B 为光杠杆镜面到标尺之间的距离,x_i 为标尺刻度读数变化量,Δl 是要测量的微小长度变化量,而 $\Delta l \ll b$,α 角很小,近似有 $\tan 2\alpha \approx 2\alpha$,$\tan \alpha \approx \alpha$,由此可得

$$\Delta l = \frac{b \Delta x_i}{2B} \tag{4.8.4}$$

由式(4.8.4)可知,光杠杆镜尺法的作用在于经光杠杆将微小长度变化量 Δl 转变为微小角度的变化. 同时,再经望远镜和标尺把它转变为直尺上较大的读数变化量 Δx_i,显然,对于同样微小长度变化量 Δl,B 越大,Δx_i 越大,相对误差也越小.

$$\beta = \frac{\Delta x_i}{\Delta l} = \frac{2B}{b} \tag{4.8.5}$$

β 比值称为光杠杆的放大倍数.

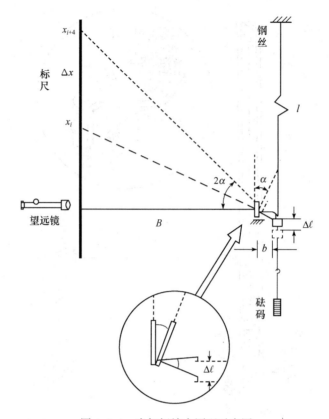

图 4.8.4　光杠杆放大原理示意图

三、钢丝杨氏模量的计算及直接测量

(1) 钢丝截面积：$S = \dfrac{1}{4}\pi d^2$　（d 为钢丝直径）

(2) 钢丝受力：$F = mg$　（m 为砝码质量）

(3) 钢丝长度变化量：$\Delta l = \dfrac{b \Delta x_i}{2B}$

(4) 钢丝杨氏模量：$Y = \dfrac{F/S}{\Delta l/l} = \dfrac{8mglB}{\pi d^2 b \cdot \Delta x_i}$ \hfill (4.8.6)

显然只要测出 l, B, d, b 以及在一定的力 $F = mg$ 作用下钢丝弹性形变伸长量 Δl 所对应的标尺读数变化量 Δx_i，即可由式(4.8.6)间接测得金属丝的杨氏弹性模量 Y。

求 Δx_i 及 $\overline{\Delta x}$ 要求用隔多项"逐差法"。

求 Y 值：$\overline{Y} = \dfrac{8mglB}{\pi \overline{d}^2 b \cdot \overline{\Delta x}}$

其中，$\overline{\Delta x} = \dfrac{1}{n}\sum\limits_{i=1}^{n} |\Delta x_i|$，$\overline{d} = \dfrac{1}{n}\sum\limits_{i=1}^{n} d_i$，$m = 4\,\text{kg}$

【实验内容与步骤】

一、仪器的调整

(1) "两直"调节：利用水准仪调节杨氏模量仪的三脚架使金属丝处于铅直状态，用挂钩使金属丝拉直(此重力不计入所加作用力 F 内).

(2) 正确放置光杠杆：前脚 C_1、C_2 放在平台前沟槽内，后脚 C_3 放在钢丝的圆柱上(参见图 4.8.3(a)的放大部分). C_3 足尖不要放在平台孔缝中，也不要紧靠金属丝，可以在金属丝正前方或其侧面附近.

(3) 调节光杠杆的平面镜大致铅直(镜面法线基本水平)、望远镜标尺铅直，使望远镜镜筒射线与光杠杆镜面法线基本同轴等高.

(4) 粗调：移动望远镜和标尺，使标尺在平面镜中成像，并使望远镜准星与标尺的像在同一直线上.

(5) 细调：第一步，调目镜，看清十字叉丝. 第二步，调节物镜，看清标尺读数. 第三步消除视差.

二、测量

(1) 首先读出钢丝初始被拉直(即 $F=0.000$ kg)时望远镜中标尺上的读数 x_0. 以后每增加 1.000kg 砝码(稳定不晃动后)，记录一次标尺上的读数并依次填入数据表格中.

(2) 然后，逐次减少 1.000kg 砝码，并且每减少一次相应的在表中倒着记录一次标尺上的读数.

(3) 根据要求，相继测出 B、l、d、b.

【数据处理】

一、测量 x_i、x_{i+4} 并计算 Δx_i

表 4.8.1

量具名称：米(标)尺，分度值：0.1×10^{-2}m，$\Delta = 0.1 \times 10^{-2}$m

i	负重 m_i/kg	镜中标尺读数 $x_i/(10^{-2}\text{m})$			负重 m_{i+4}/kg	镜中标尺读数 $x_{i+4}/(10^{-2}\text{m})$			标尺读数变化量 $\Delta x_i = x_{i+4} - x_i/(10^{-2}\text{m})$
		加重	减重	平均		加重	减重	平均	
0	0.000				4.000				
1	1.000				5.000				
2	2.000				6.000				
3	3.000				7.000				

外力变化 $F=mg=4\times9.8$N 时，标尺读数变化平均值 $\overline{\Delta x}=\dfrac{1}{n}\sum|\Delta x_i|(10^{-2}\text{m})$

二、单次测量 l、B、b，并处理数据，表示结果.

表 4.8.2

米尺：$\Delta_l = 1 \sim 5\text{mm}, \Delta_B \approx 5\text{mm}, \Delta_b = 1\text{mm}$

数据项目 物理量名称	单次测量值	(量具)分度值 $/(10^{-2}\text{m})$	给定误差限值 $\Delta/(10^{-2}\text{m})$	B分量 $\sigma_{仪}/(10^{-2}\text{m})$
$l/(10^{-2}\text{m})$				
$B/(10^{-2}\text{m})$				
$b/(10^{-2}\text{m})$				

三、多次测量钢丝直径 d，并处理数据，表示结果.

表 4.8.3

千分尺编号_____，量程_____$\times 10^{-2}\text{m}$，分度值_____$\times 10^{-2}\text{m}$

数据名称 \ 次数 i	1	2	3	4	5	6	7	8	9	10	平均值 (10^{-2}m)
直接读数 $d_i'/(10^{-2}\text{m})$											
零点读数 $d_0/(10^{-2}\text{m})$											
零点修正后 $d_i(=d_i'-d_0)/(10^{-2}\text{m})$											

四、推导 $\dfrac{\sigma_Y}{Y}$，并计算 Y 及 $\dfrac{\sigma_Y}{Y}$，表示结果 $\overline{Y} \pm \sigma_Y$，分析讨论.

$$E_Y = \frac{\sigma_Y}{Y} = \sqrt{\left(\frac{\sigma_l}{l}\right)^2 + \left(\frac{\sigma_B}{B}\right)^2 + \left(\frac{\sigma_b}{b}\right)^2 + \left(\frac{2\sigma_d}{d}\right)^2 + \left(\frac{\sigma_{\Delta x}}{\Delta x}\right)^2}, \quad \sigma_Y = Y \cdot \frac{\sigma_Y}{Y}.$$

其中，$d, \Delta x, Y$ 等，可直接用 $\overline{d}, \overline{\Delta x}, \overline{Y}$ 代替.

【分析讨论题】

(1) 光杠杆镜尺法的原理和优点？
(2) 如何在望远镜中较快的寻找标尺的像？
(3) 用什么方法求 Δx_i，从而得到 $\overline{\Delta x_i}$ 的？
(4) 由式(4.8.6)按间接测量误差传递公式推导 σ_Y 的表示式.
(5) 本实验中哪个量的测量误差对结果影响较大？如何改进？
(6) 本实验是否可用作图法求杨氏模量？如果可以应该怎样处理？

实验9　用拉脱法测液体表面张力系数
——用焦利秤测定微小力

由于液体表面内层分子的作用，液体的表面存在着一定的张力，称为表面张力. 测定液体表面张力系数的方法很多，如最大气泡压力法、平板法、拉脱法等. 在工业技术上，如浮选技术和液体输送技术、毛细现象、润湿现象、泡沫的形成等方面，都要对表面张力进行研究.

【目的要求】

(1) 掌握用焦利秤(或扭秤)测量微小力的原理和方法.
(2) 了解液体表面的性质，测定液体的表面张力系数.

【实验仪器】

焦利秤、∏型金属丝、砝码、镊子、气压计、温度计、纯水、玻璃器皿等.

一、焦利秤的结构

焦利秤是一个精密的弹簧秤(图 4.9.1),常用于测量微小力.

二、焦利秤的"三线对齐"使用方法

在使用焦利秤时,应使反光镜 D 上的水平刻线、玻璃管 E 的水平刻线和玻璃管水平刻线在反光镜 D 中的像重合,即"三线对齐".

用"三线对齐"方法可保证弹簧下端的位置始终是固定的,而弹簧的伸长量 Δx 便可以用米尺和游标测量出来(也即将弹簧伸长前、后两次的读数之差值测量出来).

【实验原理】

一、弹性系数 k

根据胡克定律,在弹性限度内,弹簧的伸长量 Δx 与所加的外力 F 成正比,即

$$F = k\Delta S \qquad (4.9.1)$$

式中 k 是弹簧倔强系数(也叫弹性系数).对于一个特定的弹簧,k 值是一定的.如果将已知重量的砝码加在砝码盘中,测出弹簧受 F 力后的伸长量 ΔS,由上式即可计算该弹簧的 k 值.这一步骤称为焦利秤的校准.焦利秤校准后只要测出弹簧的伸长量,就可算出作用在弹簧上的外力 F.

二、表面张力系数 γ

液体表面层(厚度等于分子作用半径,约 10^{-10} cm)内的分子所处的环境跟液体内部的分子不同.液体内部每一个分子四周都被同类其他分子包围,它所受到周围分子作用力的合力为零.由于气体的密度比液体密度小得多,当系统处于稳定平衡时,液体表面分子有尽量挤入液体内部使液面尽可能缩小的趋势.这种沿着液体表面的、使表面有收缩趋向的作用力就叫液体的表面张力.

表面张力的大小可以用表面张力系数 γ 描述.设想在液面上作一长为 L 的线段,则张力的作用表现在线段两边液面以一定的拉力 f 相互作用,而且力的方向恒与线段垂直,大小与线段长 L 成正比,即

$$f = \gamma L \qquad (4.9.2)$$

式中,γ 称为表面张力系数.它等于沿液面作用在分界线单位长度上的表面张力.

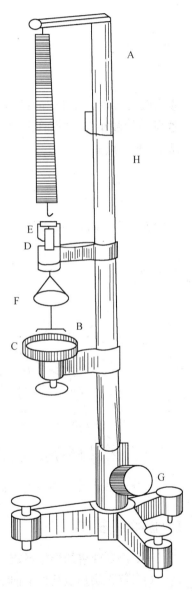

图 4.9.1 焦利秤示意图
A. 金属杆;B. "∏"型金属细丝;
C. 托架;D. 反光镜;E. 玻璃管;F. 砝码盘;G. 旋钮;H. 立柱

如在液体中浸入一长为 L 的"⊓"型金属细丝,则附近的液面将呈现出如图 4.9.2 所示的形状. 由于液面收缩而产生的沿着切线方向的力 f 就是表面张力,角 φ 为接触角. 当用力 F 缓慢提拉"⊓"型丝时,接触角 φ 逐渐减小而趋于零,即液膜被撕破的瞬间,表面张力垂直向下,如图 4.9.3 所示. 此时,由静力平衡条件得

$$F = mg + 2f \tag{4.9.3}$$

$$f = \frac{1}{2}(F - mg) \tag{4.9.4}$$

$$\gamma = \frac{f}{L} = \frac{F - mg}{2L} \tag{4.9.5}$$

表面张力系数 γ 与液体的种类、纯度、温度和它上方的气体成分有关. 实验表明,液体温度越高,γ 值越小;液体所含杂质越多,γ 值也越小. 只要上述这些条件保持一定,γ 就是一个常数. 本实验中,

$$F = k\Delta S = mg + 2f \tag{4.9.6}$$

$$\gamma = \frac{k\Delta S - mg}{2L} \tag{4.9.7}$$

实验要求不太高时,可忽略"⊓"细丝质量,则有

$$\gamma = \frac{k\Delta S - mg}{2L} \approx \frac{k\Delta s}{2L} \tag{4.9.8}$$

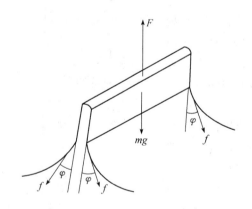

图 4.9.2 液体表面张力示意图

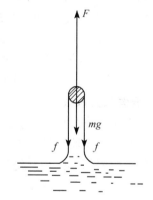

图 4.9.3 液体张力示意图

【实验内容与步骤】

一、测定弹簧的弹性系数 k

(1) 首先调整焦利秤下面三脚螺丝,使金属杆 A 处于铅直位置. 挂好锥形弹簧、砝码盘和小镜挂钩 D.

(2) 缓慢调节旋钮 G,使小镜上刻线、玻璃管上的刻线及其在镜子中的像对齐,即"三线对齐",记下此时米尺及游标 B 的读数 S_1.

(3) 依次将 0.2g、0.4g、0.6g、0.8g、1.0g 砝码放入砝码盒中,使"三线对齐". 同时,分别依次记下主尺及游标的读数 S_2、S_3、S_4、S_5、S_6.

(4) 然后,依次减少砝码,每次减少0.2g,并使"三线对齐",同时依次分别记下相应的读数 $S'_6, S'_5, S'_4, \cdots, S'_1$.

(5) 计算平均值 $\overline{S}_i = \frac{1}{2}(S_i + S'_i)$ 及 $\Delta S_i = \overline{S}_{i+3} - \overline{S}_i$ 值.

(6) 利用胡克定律,计算弹性系数 $k_i = \frac{F}{\Delta S_i}$.

【数据处理】

表 4.9.1

次数	砝码/(10^{-3}kg)	增重 $S_i/(10^{-3}$m)	减重 $S'_i/(10^{-3}$m)	求平均 $\overline{S}_i/(10^{-3}$m)	$\Delta S_i(=\overline{S}_{i+3}-\overline{S}_i)$ $/(10^{-3}$m)	k_i $/(N \cdot m^{-1})$	Δk_i $/(N \cdot m^{-1})$
1	0.00						
2	0.20						
3	0.40						
4	0.60						
5	0.80						
6	1.00						
求平均值:$\overline{\Delta S_i}$、$\overline{k}$、$\overline{\Delta k}$							

推导 k 值的标准不确定度的公式,计算并表示结果.

二、测定水的表面张力系数 γ

【实验内容与步骤】

自行设计实验内容与测量步骤,注意"三线对齐".

【数据处理】

利用公式推导不确定度 σ_γ、E_γ,计算并表示结果 $\gamma \pm \sigma_\gamma$.

表 4.9.2

平均温度_____℃,大气压_____Pa,"⊓"形丝框横长(　　±　　)10^{-3}m

次数	$S_0/(10^{-3}$m)	$S/(10^{-3}$m)	$\Delta S(=S-S_0)$ $/(10^{-3}$m)	平均值 $\overline{\Delta S}/(10^{-3}$m)
1				
...				
5				

【分析讨论题】

(1) 本实验主要的实验方法是什么?本实验所测物理量中对结果影响较大的是哪个?

(2) "三线对齐"是指哪三条线?

(3) 如何测弹簧弹性系数 k?何时读取并记录 S_0 及 S?

(4) 为什么要求"三线对齐"后才读数？

(5) 全面分析测量过程与测量结果，列出可能产生误差的原因．

(6) 你对计算机处理实时采集试验数据有何设想？

实验 10　用落球法测液体的黏滞系数

研究与测定液体的黏滞系数在物性研究、工农业生产和国防建设等各方面都有重要的实际意义．黏滞系数的测定方法很多，诸如毛细管法、转动法、落球法、扭摆法等．对于黏滞系数较大的透明液体可利用落球法测定．

【目的要求】

(1) 用落球法测定液体的黏滞系数．

(2) 弄懂黏滞力与液体的哪些性质有关．

【实验仪器】

黏滞系数测定装置、游标卡尺、米尺、读数显微镜、温度计、计时装置（机械秒表、数字秒表、手机秒表功能等）、磁铁、镊子夹等．

【实验原理】

当一个小球在液体中运动时，将受到与其运动方向相反的摩擦阻力的作用，这种阻力即黏滞力．这是由于粘附在小球表面的液层与邻近液层的摩擦而产生的．在无限广延液体中，若液体的黏滞系数较大，小球直径 d 很小，在运动中小球速度 v 较小，不产生旋涡．根据斯托克斯(Stokes)定律，小球受到的黏滞力为

$$f = 3\pi\eta dv = 6\pi\eta rv \quad (4.10.1)$$

式中，η 是液体的黏滞系数（也叫黏度），单位为 N·s·m^{-2}，记为 Pa·s；d 是小球直径；v 是小球的运动速度．

小球自由下落进入液体后受到三个作用力，如图 4.10.1 所示，浮力=排水量，即浮力 $F_\rho = \rho V g$，重力 $F_g = mg = \rho_0 V g$，黏滞力 f．其中 $V = \frac{4}{3}\pi r^3$ 为小球的体积；ρ 为液体的密度；ρ_0 为小球的密度；m 为小球的质量．开始下落时小球速度较小，因而黏滞力也较小，小球作加速运动．随着小球速度的增加，黏滞力 f 也将增加．当小球速度达到一定大小后，作用在小球上各力达到平衡，小球将作匀速运动．平衡时，有

$$F_g = f + F_\rho$$

$$mg = 3\pi\eta dv + \rho V g \quad (4.10.2)$$

$$\eta = (m - \rho V)g/(3\pi dv) \quad (4.10.3)$$

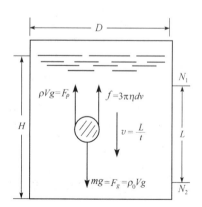

图 4.10.1　测液体黏滞系数示意图

显然,在同一液体中,小球速度 $v=\dfrac{L}{t}$ 越大,说明 η 越小;反之,η 越大.

实验中,小球是在内径为 D 的量筒中下落,不满足液体的广延条件,这里引入速度 v 的修正因子 $(1+2.4d/D)$,对式(4.10.3)加以修正. η 近似为

$$\eta=\dfrac{m-\rho V}{3\pi dv(1+2.4d/D)}g=\dfrac{\rho_0 V-\rho V}{3\pi dv(1+2.4d/D)}g=\dfrac{(\rho_0-\rho)d^2 g}{18v(1+2.4d/D)} \tag{4.10.4}$$

【实验内容与步骤】

(1) 调节盛蓖麻油量筒的底座螺丝,观察底座上水准仪,调水平,以保证量筒铅直.

(2) 用卡尺(或米尺)测出量筒内径 D,确定并量出量筒外壁两条标线 N_1、N_2 之间的距离 $S(100\sim 200\text{mm})$.

(3) 用千分尺或读数显微镜测小钢球直径 d,每个小钢球在三个不同方向测量三次,共测 3~5 个钢球,并编号待用.

(4) 用镊子夹起 1# 小钢球,为使其表面完全被油浸润,可先将小球在小油盒中浸一下,然后移至量筒口中央使之下落,用计时秒表测出小球下降通过路程 L 所需要的时间 t,则速度 $v=L/t$.

(5) 用磁铁轻轻靠近量筒,将 1# 小球沿筒壁吸到筒口,再重复步骤(4),如此反复测量 1# 小球 3 次以上.

(6) 按以上方法分别测量其余小球的下落 L 的时间 t 和速度 v.

(7) 用温度计记下每次测量时油的温度. 蓖麻油的密度 ρ 和小球密度 ρ_0 由实验室给出.

注意:小球必须用镊子夹;油的黏滞系数随温度变化显著,在实验中不要用手摸量筒.

【数据处理】

1. 测小球直径 d

表 4.10.1

千分尺量程:____ 10^{-3}m,$\Delta_{分}$____ 10^{-3}m,零点____ 10^{-3}m,显微镜型号_____,分度值=____单位:10^{-3}m

小球号 i	左读数 l_1	右读数 l_2	$d=|l_1-l_2|$	$\bar{d}$
...				

注:上表为用读数显微镜测小球 d 的表格,用千分尺测小球 d 表格略去. 也可以将 d 值直接填入下表中.

2. 测小球下落距离 L 及时间 t,温度 T

表 4.10.2

游标卡尺量程____×10^{-3}m,分度值____×10^{-3}m,零点____×10^{-3}m,计时器名称____,分度值____s

室温 $T_0=$____℃ 小球密度 $\rho_0=$____kg,量筒内径 $D=$____×10^{-3}m,油的密度 $\rho=$____kg·m^{-3}

球号	小球直径 $\bar{d}_i$ /(10^{-3}m)	油温 T/(℃)	下落时间 t/s	下落距离 L/(10^{-3}m)	下落速度 v/(m/s)	黏滞系数 η/(Pa·s)
1						
...						

(1) 计算 η、σ_η 及 E_η，表示结果 $\bar{\eta} \pm \sigma_\eta$.

(2) 计算出不同温度 T 下的 η，并在坐标纸上画出 η-T 关系曲线，分析实验结果.

【分析讨论题】

(1) 如何避免小球通过 N_1 和 N_2 的视差？

(2) 推导估算 η 的相对误差公式，分析产生误差的主要因素及减少误差的方法.

(3) 小球下落速度与时间的关系是 $v = v_0[1 + \exp(-18\eta/\rho d^2)t]$，开始下落时为加速运动，如当 $(v_0 - v)/v_0 < 10^{-4}$ m/s 时，就可以认为小球作匀速直线运动. 试根据有关数据估算液面与标线 N_1 间的距离应取多大.

(4) 因液体非无限广延液体，式(4.10.4)中对速度 v 引入修正因子 $(1 + 2.4d/D)$. 本实验中此因子能否被忽略？设计求出此因子的实验方案.

(5) 试讨论：液体黏滞系数 η 将如何随温度发生变化？可作为设计性实验写出实验方案.

(6) 雷诺数的影响和容器壁的影响，即湍流修正和速度修正因子.

为了判断是否出现湍流、层流、漩涡，可利用流体力学中一个重要参数雷诺数 $R_e = \dfrac{\rho d v}{\eta}$ 来判断，当 R_e 不很小时，小球所受黏滞力 f 应予修正，但在实际应用落球法时，小球的运动不会处于高雷诺数状态，一般 R_e 值小于 10，故黏滞阻力 f 可近似用下式表示：

$$f = 6\pi\eta' v r \left(1 + \frac{3}{16}R_e - \frac{19}{1080}R_e^2 + \cdots\cdots\right) \quad (4.10.5)$$

式中 η' 表示考虑到此种修正后的黏度. 由于筒内径 D 较小，不满足液体广延条件，因此可引入速度 v 的修正因子：$(1 + 2.4d/D)\left(1 + 3.3\dfrac{d}{2H}\right)$，进行修正.

因此，黏滞阻力 f 可近似写成：

$$f = 6\pi\eta' r v (1 + 2.4d/D)\left(1 + 3.3\frac{d}{2H}\right)\left(1 + \frac{3}{16}R_e - \frac{19}{1080}R_e^2\right)$$

因此，在各力平衡时，并顾及液体边界影响，可得

$$\eta' = \frac{(\rho' - \rho)g d^2 t}{18L} \frac{1}{\left(1 + 2.4\dfrac{d}{D}\right)\left(1 + 3.3\dfrac{d}{2H}\right)} \frac{1}{\left(1 + \dfrac{3}{16}R_e - \dfrac{19}{1080}R_e^2\right)}$$

$$= \eta\left(1 + \frac{3}{16}R_e - \frac{19}{1080}R_e^2\right)^{-1}$$

式中 η 即为式(4.10.4)求得的值.

实验 11 空气比热容比的测定

理想气体的定压比热容 C_P 和定容比热容 C_V 之比称为气体的比热容比，又称为气体的绝热系数，用 r 表示. 气体的比热容比是一个重要的热力学参量，在热力学研究和工程应用中起着重要作用.

【重点、难点】

测定空气比热容比的两种方法——绝热膨胀法和绝热压缩法；气体压力传感器；电流型集成温度传感器.

【目的要求】

(1) 用绝热膨胀法和绝热压缩法测定空气的比热容比；
(2) 观测热力学过程中状态变化及基本物理规律；
(3) 学习气体压力传感器和电流型集成温度传感器的使用方法.

【实验仪器】

空气比热容比测定仪、贮气瓶、冲气装置、光电门自动计数装置或秒表、钢球、温度计、压强显示仪等

【实验原理】

一、绝热膨胀法测空气比热容比 γ

实验装置如图 4.11.1 所示，我们以贮气瓶中的空气作为研究的热力学系统.

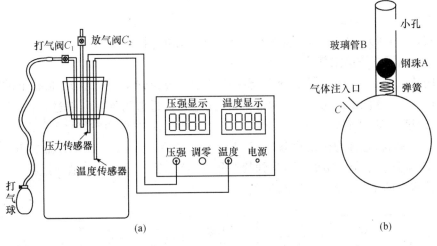

图 4.11.1 实验装置图
(a)、(b)为不同形状的贮气瓶

关闭放气阀 C_2，打开进气阀 C_1，用打气球将室温状态下的空气(P_0, T_0)输入到贮气瓶中，贮气瓶中压强增高，温度升高. 关闭 C_1，停止打气. 贮气瓶中空气与外界进行热交换，使瓶内温度逐渐下降至室温. 此时气体处于状态 I (P_1, V_1, T_0). 打开放气阀 C_2，使瓶内气体与大气相通，迅速膨胀，则瓶内空气压强迅速降至 P_0，立即关闭 C_2. 这时由于放气过程较快，可以近似认为瓶内空气来不及与外界进行热交换，因而其内空气温度由 T_1 降至 T_2，这一过程，可视为绝热过程，此时气体所处的状态为 II (P_0, V_2, T_1)(此时 $T_2 < T_1$，$V_2 > V_1$).

让瓶内空气与外界充分进行热交换(瓶内空气温度回升)，当温度与室温 T_0 相等时，瓶内空气压强随之增大为 P_2，此时空气所处的状态为 III (P_2, V_2, T_0)，这个过程是空气的等容吸热过程. 三种状态的变化如图 4.11.2 所示.

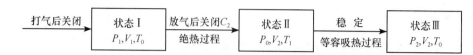

图 4.11.2 绝热膨胀法的三种状态

状态Ⅰ→Ⅱ是绝热过程，由绝热过程方程得

$$P_1 V_1^\gamma = P_0 V_2^\gamma \tag{4.11.1}$$

状态Ⅰ和状态Ⅲ的温度均为 T_0，由气体状态方程得

$$P_1 V_1 = P_2 V_2 \tag{4.11.2}$$

合并式(4.11.1)、(4.11.2)，消去 V_1、V_2 得

$$\gamma = \frac{\ln P_1 - \ln P_0}{\ln P_1 - \ln P_2} = \frac{\ln P_1/P_0}{\ln P_1/P_2} \tag{4.11.3}$$

由于本实验中压强变化相对于大气压来说比较小，因而可以作近似计算. 由(4.11.3)可得出：

$$\gamma = \frac{\ln P_1/P_0}{\ln P_1/P_2} = \frac{\Delta P_1}{\Delta P_1 - \Delta P_2} \tag{4.11.4}$$

其中，$\Delta P_1 = P_1 - P_0$，$\Delta P_2 = P_2 - P_0$.

由式(4.11.4)可以看出，只要测得 ΔP_1、ΔP_2 就可求得空气的 γ.

二、绝热压缩法测空气比热容比 γ

关闭放气阀，打开进气阀，用充气球将原处于环境压强 P_0、室温 T_0 状态下的空气经过气阀压入贮气瓶中. 打气速度如果非常快，此过程可近似为绝热压缩过程，瓶内空气压强增大、温度升高，达到状态Ⅰ(P_1, V_1, T_1)，关闭进气阀. 把瓶内空气原处于环境压强 P_0 及室温 T_0 下的状态称为初始状态 $O(P_0, V_0, T_0)$. 随后，瓶内空气通过容器壁和外界进行热交换，温度逐步下降至室温 T_0，达到状态Ⅱ(P_2, V_1, T_0)，这是等容放热过程.

三种状态的变化如图 4.11.3 所示.

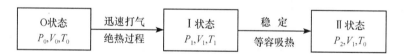

图 4.11.3 绝热压缩法的三种状态

如果打气的速度非常快，可近似认为从状态 O 到状态Ⅰ是绝热过程，满足绝热方程

$$P_0 V_0^\gamma = P_1 V_1^\gamma \tag{4.11.5}$$

从状态 O 到状态Ⅱ满足等温方程

$$P_0 V_0 = P_2 V_1 \tag{4.11.6}$$

将式(4.11.5)与式(4.11.6)消去何种参量得到

$$\left(\frac{P_0}{P_2}\right)^{\gamma-1} = \frac{P_2}{P_1} \tag{4.11.7}$$

由于本实验中的压强变化相对于大气压来说比较小，因而可以做近似计算. 将式(4.11.7)两边取对数，整理得到

$$\gamma = \frac{\ln P_1 - \ln P_0}{\ln P_2 - \ln P_0} = \frac{\ln P_1/P_0}{\ln P_2/P_0} = \frac{\Delta P'_1}{\Delta P'_2} \qquad (4.11.8)$$

其中，$\Delta P'_1 = P_1 - P_0$，$\Delta P'_2 = P_2 - P_0$.

三、温度传感器和压力传感器

本实验用电流型集成温度传感器测量贮气瓶内空气的温度. 它是一种利用半导体PN结的伏安特性与温度之间的关系制成的固态传感器，传感器的输出电流与传感器所处的热力学温度成正比.

用压力传感器测量贮气瓶内空气的压强与外界压强的差值. 给传感器提供一个恒定的输入电压，瓶内被测气压发生变化时，传感器输出电压的变化与压强的变化成正比，由此可得出待测气体的压强.

【实验内容与步骤】

一、绝热膨胀法测 γ

(1) 按图4.10.1接好仪器的电路. 开启电源，将电子仪器部分预热20分钟，然后用调零电位器调节零点，把"压强显示"电压表示值调到0.

(2) 把活塞 C_2 关闭，活塞 C_1 打开，用打气球把空气稳定地徐徐打进贮气瓶内，待瓶内空气压强为100mV时，停止打气，关闭 C_1，记录瓶内压强均匀稳定时的压强 ΔP_1 和温度 T_0 值(注意：待贮气瓶打气时，压强不得超过实验室给定值，否则温度传感器易损坏).

(3) 突然打开活塞 C_2，当贮气瓶的空气压强降低至环境大气压强 P_0 时(这时放气声消失)，迅速关闭活塞 C_2.

(4) 当贮气瓶内空气的温度上升至室温 T_0 时记下贮气瓶内气体的压强 ΔP_2. 数据记入表4.11.1中. 重复测量5次.

二、绝热压缩法测 γ

(1) 按图4.11.1的测量线路不变.

(2) 关闭活塞 C_2，打开活塞 C_1，用充气球将室温空气(P_0, T_0)迅速压入贮气瓶中，当打气达到50mV时，停止打气并关闭活塞，迅速记录"压强显示"表最大读数 $\Delta P'_1$.

(3) 静待一段时间，待瓶内空气温度降至室温 T_0 时，记录"压强显示"表的读数 $\Delta P'_2$. (数据表格自行设计). 重复测量5次.

三、研究内容

研究两种方法中，绝热过程条件不满足(绝热膨胀法中放气时间过长或过短，绝热压缩法中打气时间过长或过短)给实验结果带来的误差大小.

【数据表格】

表 4.11.1　绝热膨胀法测空气的热容比

大气压强 $P_0=$ ＿＿＿＿＿＿＿＿, 室温 $T_0=$ ＿＿＿＿＿＿＿＿

测量次数	状态Ⅰ		状态Ⅲ	
	ΔP_1	T_0	ΔP_2	T_0
1				
平均				

【数据处理】

分别用式(4.11.4)和式(4.11.8)计算两种方法测量的空气的比热容比 γ；将多次测量看作重复性测量，分别计算两种方法的不确定度 σ_γ；将测量值 $\bar{\gamma}$ 与标准值 $\gamma=1.40$ 比较，分别计算两种方法的百分误差.

【结果表示】

$$\gamma = \bar{\gamma} \pm \sigma_\gamma$$

$$E = \frac{|\bar{\gamma}-\gamma|}{\gamma} \times 100\%$$

注意：贮气瓶、放气阀、充气阀等都是玻璃制品，在开启、关闭阀门时，一定要小心仔细，防止破碎.

【分析讨论题】

(1) 两种方法测空气的比热容比 γ，哪种方法误差要大些，为什么？

(2) 实验中要求环境温度基本不变，如果环境温度改变，对实验结果有何影响？应如何处理之？

(3) 本实验所研究的热力学系统，是指哪部分气体？

(4) 绝热膨胀法中，打开放气阀 C_2 放气时，提早或推迟关闭 C_2，对实验结果有何影响？何时关闭 C_2 更可靠？

(5) 绝热压缩法中，打气时间的长短、$\Delta P_1'$ 的大小对实验结果有何影响？

实验12　稳态法测量不良导体导热系数

导热系数是反映材料导热性能的物理量，在加热器、散热器、传热管道、冰箱制造、建筑保温隔热设计等领域都涉及该设计参数. 材料的导热系数与材料的容重、孔隙率、湿度、温度等因素有关，小于 0.25 W/m·K 的材料为绝热材料.

导热系数的测量方法有稳态法和动态法两类，本实验采用稳态法.

【目的要求】

用稳态平板法测定不良导体的导热系数.

【实验仪器】

导热系数测定仪(见图 4.12.1,含 PID 控温装置、数字电压表、数字秒表、铜康热电偶)、杜瓦瓶(或保温杯,准备冰、水)、待测样品 B(橡皮、橡胶、电木等)、游标卡尺、千分尺、天平.

【实验内容】

(1) 测量不良导体导热系数.
(2) 测量空气的导热系数(选作).

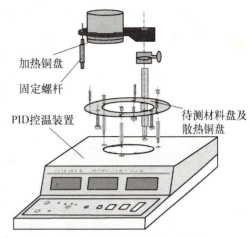

图 4.12.1 导热系数测定仪示意图

【实验原理】

导热是物体相互接触时,热量由高温部分向低温部分传播热量的过程.当温度的变化只是沿着一个方向(设 z 方向)进行的时候,热传导的基本公式可写为

$$dQ = -\lambda \left(\frac{dT}{dz}\right)_{z_0} ds \cdot dt \tag{4.12.1}$$

它表示在 dt 时间内通过 ds 面的热量为 dQ, dT/dz 温度梯度,λ 为导热系数,它的大小由物体本身的物理性质决定,单位为 $W/(m \cdot K)$,它是表征物质导热性能大小的物理量,式中负号表示热量传递向着降低的方向进行.

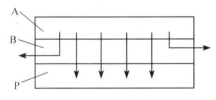

图 4.12.2 样品稳定导热示意图

对如图 4.12.2 所示的热学系统,当系统处于稳定状态时,待测样品 B 上、下两面的温度 T_1、T_2 不变,说明通过传热盘 A 向待测样品 B 的传热速率与待测样品 B 通过盘 P 的散热速率相等,否则 T_2 将继续升高,因此可通过求盘 P 的散热速率得到传热速率,而散热速率由盘 P 的冷却曲线求出.

在图 4.12.2 中,B 为待测样品,它的上下表面分别和上下铜盘接触,热量由高温铜盘 A 通过待测样品 B 向低温铜盘 P 传递,若 B 很薄,则通过 B 侧面向周围环境的散热量可以忽略不计,视热量沿着垂直待测样品 B 的方向传递,那么,在稳定导热(即温度场中各点的温度不随时间而变)的情况下,在 Δt 时间内,通过面积为 S、厚度为 h 的待测样品 B 的热量为

$$\Delta Q = -\lambda \frac{\Delta T}{h} S \cdot \Delta t \tag{4.12.2}$$

$\Delta T = T_1 - T_2$,表示待测样品 B 两板面的恒定温差.

$$\frac{\Delta Q}{\Delta t} = -\lambda \frac{\Delta T}{h} S \tag{4.12.3}$$

$\Delta Q/\Delta t$ 为待测样品 B 的导热速率.只要知道了导热速率,即可求出 λ.

实验中,使上铜盘 A 和下铜盘 P 分别达到恒定温度 T_1、T_2,并设 $T_1 > T_2$,即热量由

上而下传递,通过下铜盘 P 向周围散热.因为 T_1 和 T_2 不变,所以,通过 B 的热量就等于 P 向周围散发的热量,即 B 的导热速率等于 P 的散热速率,因此,只要求出了 P 在温度 T_2 时的散热速率,就求出了 B 的导热速率 $\Delta Q/\Delta t$.因为 P 的上表面和 B 的下表面接触,所以 P 的散热面积只有下表面面积和侧面面积之和,设为 $S_{部}$.而实验中冷却曲线 P 是全部裸露于空气中测出来的,即在 P 的上、下表面和侧面都散热的情况下记录出来的.设其全部表面积为 $S_{全}$,根据散热速率与散热面积成正比的关系得

$$\frac{\left(\frac{\Delta Q}{\Delta t}\right)_{部}}{\left(\frac{\Delta Q}{\Delta t}\right)_{全}} = \frac{S_{部}}{S_{全}} \tag{4.12.4}$$

式中:$(\Delta Q/\Delta t)_{部}$ 为 $S_{部}$ 面积的散热速率;$(\Delta Q/\Delta t)_{全}$ 为 $S_{全}$ 面积的散热速率.而散热速率 $(\Delta Q/\Delta t)_{部}$ 就等于导热速率 $\Delta Q/\Delta t$,设下铜盘直径为 D,厚度为 δ,有

$$\left(\frac{\Delta Q}{\Delta t}\right)_{部} = -\lambda \frac{\Delta T}{h} \cdot S \tag{4.12.5}$$

$$S_{部} = \pi\left(\frac{D}{2}\right)^2 + \pi D \delta$$
$$S_{全} = 2\pi\left(\frac{D}{2}\right)^2 + \pi D \delta \tag{4.12.6}$$

由比热容的基本定义 $C = \Delta Q/m \cdot \Delta T'$,得 $\Delta Q = Cm\Delta T'$,整理可得

$$\left(\frac{\Delta Q}{\Delta t}\right)_{全} = \frac{Cm\Delta T'}{\Delta t} \tag{4.12.7}$$

$$\left(\frac{\Delta Q}{\Delta t}\right)_{部} = \frac{D + 4\delta}{2D + 4\delta} CmK \tag{4.12.8}$$

$$\lambda = \frac{-CmKh(D + 4\delta)}{2S\Delta T(D + 2\delta)} \tag{4.12.9}$$

式中:下铜盘的质量 m,下铜盘的比热容 C,下铜盘直径为 D,厚度为 δ;待测样品面积为 S、厚度为 h;ΔT 分别为上铜盘 A 和下铜盘 P 达到的恒定温度差,并设 $T_1 > T_2$;$K = \frac{\Delta T'}{\Delta t}\bigg|_{T=T_2}$ 表示移走热源及待测样品 B 后,下铜盘自然冷却的温度降低速率,由实验测得.

【实验步骤】

(1) 测下铜盘 P 的直径 D、厚度 δ 和待测样品的直径,厚度 h.下铜盘的质量 m 由天平称出,其比热容 $C = 3.805 * 10^2 \text{J} \cdot \text{kg}^{-1} \cdot \text{℃}^{-1}$.

(2) 安置圆筒、圆盘时,须使放置热电偶的洞孔与杜瓦瓶(或低温实验仪)在同侧;热电偶插入小孔时,要干抹上些硅油,并插到洞孔底部,使热电偶测温端与铜盘接触良好;热电偶冷端浸入冰水混合物中.

(3) 根据稳态法,必须得到稳定的温度分布,为了提高效率,可先将电源电压打到高档,加热约 20min 后再打至低档.然后,每隔 5min 读一下温度示值,如在一段时间内(如 10min)样品上、下表面温度 T_1、T_2 示值都不变,即可认为已达到稳定状态.记录稳态时

T_1、T_2 值后,移去待测样品 B,再加热,当下铜盘温度比 T_2 高出 10℃ 左右时,移去加热圆筒,让下铜盘自然冷却。每隔 30s 读一次下铜盘的温度示值,最后选取邻近的 T_2 测量数据来求出冷却速率。

【实验数据记录与数据处理】

在实验中,当温度 T_1、T_2 不变时,取走待测样品 B,让 A 底直接与 P 盘接触加热,使 P 盘的温度上升到比 T_2 高 10℃ 左右后,再将 A、B 取走让 P 盘自然冷却,测量相隔 30s 的温度值,只比 T_1 低 5℃ 左右止,然后以时间 t 为横坐标,温度 T 为纵坐标,绘制冷却曲线,曲线上对应于 T_2 的斜率,即为 P 盘在温度 T_2 时的冷却速率。

(1) 自行设计记录表格,包括各次测量的铜盘、待测样品 B 的尺寸、质量等。

(2) 绘出 P 盘的冷却速率图(用坐标纸或用计算机作图,自己准备坐标纸)。

(3) 计算不确定度,对测量结果给予评价。

【分析讨论题】

(1) 试述手动温度控制的感受。

(2) 测量过程中,保温杯水中没有了冰,或热电偶的冷端脱离了冰水混合物,对实验结果有何影响?

(3) 该测量方法还有何缺点,可能的误差来源有哪些?

第五章 电磁学实验

实验 13 电学基本测量
——测绘线性电阻和非线性电阻的伏安特性曲线

通过元器件的电流随外加电压而变化的关系为该器件的伏安特性.它表示该器件的基本导电特性.很多物理现象和规律的发展和研究都要在一定的条件下对一些器件进行伏安特性测量,如光电效应的规律,半导体的导电性质等.因此,器件的伏安特性测量是物理实验的基本测量之一.

【重点、难点】

(1) 重点学习电学基本测量的方法、步骤及注意事项.
(2) 测绘电阻、二极管的 I-V 曲线,学习作图法以及最小二乘法处理数据的方法.
(3) 难点是正确连接线路、电表读数、计算不确定度,正确表示结果.

【目的要求】

(1) 通过电阻和二极管伏安特性曲线的测量,掌握电学基本测量的特点、步骤和方法.
(2) 学习滑线变阻器的分压特性和限流特性,学习电表的内、外接条件和方法.
(3) 学习电学实验数据处理的方法,如列表法,作图法,最小二乘法等.

【实验仪器】

电压表(伏特表)、毫安表、电源、滑线变阻器、开关、待测电阻 R、二极管 D 限流电阻 R_n 等.

【实验原理】

一、电学元件的 I-V 特性

元器件的伏安特性,即元件上所加电压与元件上通过电流的关系.如果器件通过的电流与加在器件上的外电压成正比,伏安特性曲线为一条直线.这类元件称为线性元件.线性元件两端电压与内部通过的电流之比称为该元件的电阻 $R=V/I$. 一般的金属导体的电阻就是线性电阻.在一定温度下,这类电阻阻值只决定于电阻的几何形状,而与外加电压的方向和大小无关.如图 5.13.1 所示.

若通过元件的电流与外加电压不成固定比例,则伏安特性曲线是一条曲线.如图 5.13.2 所示.如仍以 $R=V/I$ 表示电阻,则元件阻值 R 与元件所加电压大小和方向有关.这类元件称为非线性元件,常用的半导体器件、热敏电阻、白炽灯电阻等都是非线性元件.伏安特性电压和电流的测量,根据各元件的不同,测量仪表的型号和量程也可以完全不同(如电源、电压表、电流表、滑线变阻器等仪器).

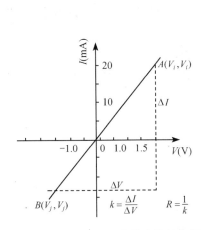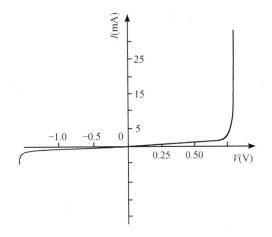

图 5.13.1　线性电阻的伏安特性曲线　　图 5.13.2　晶体二极管的伏安特性曲线

二、实验线路的比较与选择

在测量电阻 R 的伏安特性线路中,常用的基本电路有以下两种.

1. 电压表外接(外接法)

如图 5.13.3 所示. 这种接法电流表测出的确实是器件所通过的电流,但电压读数不再是器件两端的电压,而是器件和电流表上的电压之和. 因而产生了电压测量误差.

2. 电压表内接(内接法)

如图 5.13.4 所示. 用这种接法时,电压表测出的是被测器件两端的电压,而电流表测出的电流就不只是被测器件中的电流,而是被测器件和电压表所通过的电流之和. 因此,产生了电流测量误差.

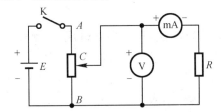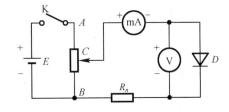

图 5.13.3　测电阻伏安特性的电路　　图 5.13.4　测晶体二极管正向伏安特性的电路

电压表和电流表都有一定内阻(分别记为 R_V 和 R_I),简化处理时,直接用电压表读数 V 除以电流表读数 I 得到被测电阻 R,即 $R=V/I$,但这样做会引起一定的系统误差.

当电压表外接时,电压表读数比电阻端电压值大,应有

$$R = \frac{V}{I} - R_I \tag{5.13.1}$$

当电压表内接时,电流表读数比 R 中流过的电流值大,这时应有

$$\frac{1}{R} = \frac{I}{V} - \frac{1}{R_V} \tag{5.13.2}$$

显然,如果简单地用 V/I 值作为被测电阻值,电压表外接时结果偏大,而电压表内接时结果偏小,都有一定误差. 在测量精度要求不太高时,为减少上述系统误差,可以选择下述测电阻的方案,即

(1) 比较 $\lg(R/R_1)$ 和 $\lg(R_V/R)$ 的大小,比较时 R 取粗略测量值或已知的约定值. 若 $\lg(R/R_1)$ 值大,采用电压外接法;

(2) 若 $\lg(R_V/R)$ 值大,采用电压表内接法.

数据处理方法1:当选用的电压表和电流表均为磁电式仪表,且量程 V_m 和 I_m 的准确度等级 α 一定时,若实验室约定 V 和 I 基本误差为

$$\alpha\% = \frac{\Delta V}{V_{\max}}, \quad \alpha\% = \frac{\Delta I}{I_{\max}} \quad (5.13.3)$$

或

$$\begin{cases} \sigma_V = \dfrac{\Delta V}{\sqrt{3}} = \dfrac{V_{\max} \cdot \alpha\%}{\sqrt{3}} \\ \sigma_I = \dfrac{\Delta I}{\sqrt{3}} = \dfrac{I_{\max} \cdot \alpha\%}{\sqrt{3}} \end{cases} \quad (5.13.4)$$

并由 $R = \dfrac{V}{I}$ 粗略估算某一个测量点的 R 值及其不确定度 E_R、σ_R,即

$$E_R = \frac{\sigma_R}{R} = \sqrt{\left(\frac{\sigma_V}{V}\right)^2 + \left(\frac{\sigma_I}{I}\right)^2} \quad (5.13.5)$$

可见,若想测量较准确,线路参数选择应使电流表和电压表读数尽可能接近满量程.

数据处理方法2:当电压表(电流表)内阻 $R_V(R_I)$ 及其不准确度大小 $\sigma_{R_V}(\sigma_{R_I})$ 已知时,可用 $R = \dfrac{V}{I} - R_I$ 或 $\dfrac{1}{R} = \dfrac{I}{V} - \dfrac{1}{R_V}$ 较准确的求出被测电阻值 R. R 的不确定度 σ_R 及 E_R 可根据电压表的外接或内接时的 R 公式(5.13.1)或(5.13.2)自行推算.

【实验内容与步骤】

一、测绘电阻的伏安特性曲线

1. 内容与步骤

(1) 连接电路:依据合理、方便和整齐的原则,将仪器摆好,选择好电压表、毫安表量程,电源 $E \approx 3\text{V}$ 或 6V. 然后严格按照回路法依图5.13.3接好线路. (实验中若选 $R = 200\Omega$;电压表内阻 $R_V \approx 1000\Omega/\text{V}$,其 3V 挡内阻 $R_V \approx 3000\Omega$;电流表 15mA 挡内阻 $R_I \approx 6\Omega$,30mA 挡 $R_I \approx 3\Omega$ 等). 因为 R_V 较大,R_I 较小,故选电压表外接电路.

注意:将变阻器上分压置于最小,电表量程选择适当,并且调零点.

(2) 检查线路:自己检查无误,并须经教师复查无误后方可接通电源,以防损坏电压表和毫安表.

(3) 测量正向 V、I:调节滑线变阻器使电压从零开始,逐渐增大,每隔 0.5V 记下相应电流一次,直到电压满量程 3V 为止.

*(4) 测反向 V、I:把电压调回到零,然后断开电路,将电阻 R 反向连接,相当于改变加在 R 上面的电压方向,然后再接通电源,依照上一步骤再测出反向电压和电流值.

2. 数据处理方法(可用以下两种)

(1) 列表法:在数据表中,任选一个实验点 $P(V_i, I_i)$,利用有关公式(5.13.1)~(5.13.5),求该实验点的 R_i 值,不确定度 σ_{R_i}、E_{R_i},并表示结果 $R_i \pm \sigma_{R_i}$.

(2) 作图法:以电压为横坐标、电流为纵坐标,在专用坐标纸上绘出此电阻的伏安特性曲线;并根据其图线,求出其斜率 k 和计算出 R 值.

在 I-V 曲线上选择相距较远的两个非实验点 A、B；从坐标纸上找出其坐标值即 $A(V_i、I_i)$，$B(V_j、I_j)$，求斜率 $k=\dfrac{\Delta I}{\Delta V}=\dfrac{I_i-I_j}{V_i-V_j}$，求电阻 $R=\dfrac{1}{k}$．

表 5.13.1

毫安表编号：____，量程：____mA，分度值：____mA，准确度等级 $a=$____
电压表编号：____，量程：____V，分度值：____V，准确度等级 $a=$____，被测电阻标称值 $R=$____Ω

量名 \ 次数	1	2	3	4	5	6	7
正反向电压 V/V							
(R 正接)正向电流 I/mA							
(R 反接)反向电流 I'/mA							

二、测绘 2AP 型二极管的伏安特性曲线

测量二极管正向特性．

（1）内容与步骤．

① 连接线路：首先根据图 5.13.4 摆好仪器，选择好电压表、毫安表的量程，电源 $E\approx$ 1.5V，然后严格按照回路法接好线路（注意开始时分压要置于最小）．图中电压表内接，毫安表外接，限流电阻 R_n 是保护二极管和电表的．

② 检查线路：必须经教师检查电路无误后方可接通电源，以防损坏仪表．

③ 测量：缓慢的增加电压．电压从零开始，每隔 0.1V 读数一次电压 V 和电流 I 值．（注意：曲线弯曲的地方，电压间隔还应小些，以便多测一些点，正确的绘出曲线），直至电流达到满量程 15mA 或 30mA 为止．数据处理记录在表 5.13.2 中．

（2）数据处理方法．

可用作图法：用专用坐标纸以电压为横坐标、电流为纵坐标，作晶体二极管的正向伏安特性曲线，即 I-V 曲线．

表 5.13.2

晶体二极管型号：_____，
电压表编号：_____，量程：____V，分度值：____V，$a=$____
毫安表编号：_____，量程：____mA，分度值：____mA，$a=$____

V/V								
I/mA								

三、绘出灯丝的伏安特性曲线

① 连接线路：将图 5.13.4 中的二极管换为小电珠，连接线路．

② 检查电路：经教师检查无误后方可接通电源．

③ 测量：缓慢增加电压每隔 0.5V 读取一次电流，直到 4.5V 为止．将数据记入表格．

【分析讨论题】

（1）图 5.13.3 和图 5.13.4 中电表接法有何不同？为何要采用这样的接法？

(2) 如何做 I-V 特性曲线？金属电阻的 I-V 特性曲线有何特点？

(3) 如何根据所测数据正确作图？

(4) 总结电学实验的基本要求、方法、步骤、注意事项、数据处理方法，不确定度计算和结果表示方法等.

实验 14 黑盒子实验

电池、电阻、电容、电感及半导体二极管是电子线路中的一些基本元件.本实验使用万用电表判定黑盒子中的电子元件及其连接方式，以加深学生对基本电子元件的了解与认识，培养其分析问题、逻辑推理以及初步分析电路的能力.

【目的要求】

(1) 熟悉万用电表的使用；

(2) 了解各种电子元件的性质以及如何在电路中加以判定；

(3) 标明所用黑盒子的编号；

(4) 列表记录各接线柱间的数据及现象和电表的具体档位，分析并判断出盒中所含元件及其具体位置并画出线路图.

【实验仪器】

万用表、黑盒子、信号发生器.

【实验内容与步骤】

有一封闭盒子，盒盖上有六个接线柱.在盒子内部，可能有的元件为电池、电阻、电容、电感及二极管.每两个接线柱间最多只有一个元件，也可能没有.黑盒子内各元件之间不构成回路，每种元件只出现一次.

在实验中，可使用万用电表合适的挡位，对各接线柱进行测量并加以判定，以下是通常采用的实验步骤.

(1) 首先确定盒中有无电池.可用万用电表的电压挡确定.如果有电池，就不能用欧姆挡测这两个接线柱的电阻.注意可能实测中不仅有一处出现稳定的电压，试判断其中原因.

(2) 判断有无二极管.可用万用电表(×1K 挡或×10K 挡)测两接线柱间电阻，交换表笔之后再测量.若两测量数值相差较大，可确定有二极管存在.由于欧姆表的红表笔接自带电源的负极，而黑表笔接自带电源的正极，则如图 5.14.1 所示：(a)的读数应远小于(b)的读数，由此可判定二极管的正负极.

(3) 判断有无电容.用万用表欧姆挡(×100 或 1K)测两个接线柱电阻，若出现断路且有充放电现象，即表针先有一偏转马上又回到∞处，可确定有电容存在.

(4) 判定电阻与电感.用万用电表欧姆挡互换表笔两次测量两接线柱间电阻，若阻值不变，则两接线柱间可能有电阻或电感.电阻与电感的区别在于通过交流电时，电阻元件的阻值不随交流频率的改变而变化，而电感元件的阻抗则随交流频率的改变而变化.可将信号发生器、万用电表电流挡和有阻值的接线柱相串联,如图 5.14.2 所示,保持信号发生器输出电压不变,改变其频率,观察万用表电流指示是否随频率变化而变化.若随频率变化则为电感元件,否则是电阻元件.

为便于分析和判定,一般可采用列表记录数据及现象.

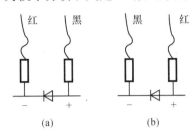

图 5.14.1 判断二极管正负极

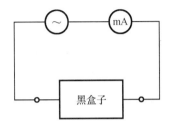

图 5.14.2 电阻、电感辨别电路

【分析讨论题】

(1) 如用万用表欧姆挡测量黑盒子 1、2 两端(假定 1、2 端只有一个元件连接),就下列每一种现象判断元件类型.

① 第一次测和交换红黑表笔后,测得的电阻值相同,且较小.

② 两次测量有一次指针根本不动.

③ 用×1K 挡两次测量均偏转,然后又回到∞.

(2) 如图 5.14.3 是两个黑盒子中的 1、2、3 脚连接线路图,若分别用红表笔接 1、黑表笔接 2,会出现何种现象?若交换表笔又会出现什么现象?

(3) 图 5.14.4 为黑盒子的 1、2、3 脚连接线路图.1N4007 的正向电阻为几～十几千欧左右,反向电阻为几兆欧,可以认为不导通.若用×100Ω 挡进行测量试根据表笔位置及测得的数据,判断现象并填入表 5.14.1.

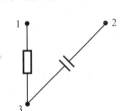

图 5.14.3 黑盒子内部电路

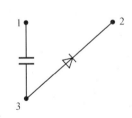

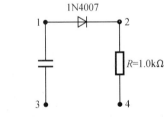

图 5.14.4 黑盒子内部电路

表 5.14.1

红笔位置	1	2	1	3	1	4	2	3	2	4	3	4
黑笔位置	2	1	3	1	4	1	3	2	4	2	4	3
数据及现象												

实验 15 直流单臂电桥(惠斯通电桥)测电阻

电桥电路是电磁测量中电路连接的一种基本方式.由于它测量准确、方法巧妙,使用方便,被广泛地应用在仪器的设计和物理量的测量中.电桥按用途可分为平衡电桥和非平衡电桥,按使用的电源又可分为直流电桥和交流电桥.直流电桥是用来测量电阻和与电阻有关的物理量的仪器,待测电阻阻值为中值电阻($1 \sim 100 \mathrm{k}\Omega$)时,用单臂电桥(惠斯通电桥),待测电阻为低值电阻($10^{-5} \sim 1\Omega$)时用双臂电桥(开尔文电桥);交流电桥主要用来测量电容、电感等物理量.本实验是用惠斯通电桥测中值电阻.

【重点、难点】

电桥平衡调整,用交换法消除装置不对称引起的系统误差.灵敏度的理解与误差计算.

【目的要求】

(1) 学习用惠斯通电桥测电阻的原理和方法,并选用滑线式、箱式、自组式电桥测阻值.
(2) 学习线路连接和排除简单故障的技能.
(3) 学习电桥灵敏度的概念和不确定度计算方法.
(4) 设计用控温式单桥测电阻的温度特性.

【实验仪器】

直流单臂电桥:箱式电桥、板式(滑线式)电桥、控温式电桥,也可以根据实际需要自行组装单臂电桥.电阻箱,滑线变阻器,待测电阻(Ω、$\mathrm{k}\Omega$ 数量级),检流计或其他电压指零仪表,直流稳压电源,开关等.

【实验原理】

1. 电路原理

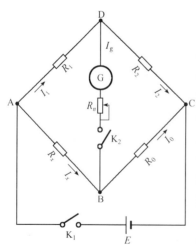

图 5.15.1 惠斯通电桥

直流单臂电桥的电路原理如图 5.15.1 所示.它主要是由四个电阻 R_1、R_2、R_3 和 R_0 连成的封闭回路 ABCD.每一条边称为电桥的一个臂,四个电阻 R_1、R_2、R_x 和 R_0 就是四个桥臂,其中 R_x 为待测电阻即测量臂,其余三个为比较臂,即可变标准电阻 R_0 及 R_1、R_2.A、B、C、D 称为桥路的顶点.在一对顶点 A 与 C 间接上电源,另一对应顶点 B 与 D 间接上指零仪表,一般是检流计 G,其作用就是对这两个点的电位直接进行比较,以确定电桥的平衡状态,这条对角线称为"桥".

当电源接通后,电路中将有电流通过,并分别在各桥臂的电阻上产生电压降.在一般情况下,B、D 点间将有电位差,因而,有电流 I_g 通过检流计,使检流计指针偏转.但适当调节 R_1、R_2 或 R_0 的电阻值,可以使 B、D 两点的电位相等,检流计中无电流通过,即 $I_g = 0$,称电桥达到了平衡.这时有

$$I_1 R_1 = I_x R_x, \quad I_2 R_2 = I_0 R_0 \tag{5.15.1}$$

同时,因 $I_1=I_2$,$I_x=I_0$,有

$$\frac{R_1}{R_2}=\frac{R_x}{R_0} \tag{5.15.2}$$

$$R_x=\frac{R_1}{R_2}R_0=\frac{l_1}{l_2}R_0=kR_0 \tag{5.15.3}$$

上式就是电桥的平衡条件,式中 $k=\frac{R_1}{R_2}$ 称为比较臂倍率. 在实用仪器中,它们是连动的,倍率可直接给出. R_0 称为比较臂,其阻值连续可变. R_x 称测量臂. 若 R_0、k 已知,即可得 R_x.

调节电桥平衡方法有两种:一种是保持 R_0 不变,调节 R_1/R_2 的比值;另一种是保持 R_1/R_2 不变,调节电阻 R_0. 本实验采用后一种方法,可采用滑线变阻器,在测量过程中不改变滑线变阻器触点位置,即保持 R_1/R_2 不变. 可以证明:在 $R_1/R_2=1$ 时,电桥最灵敏.

2. 电桥灵敏度

在实验中检流计指零即认为电桥平衡,(5.15.1)式成立. 因检流计的灵敏度是有限的(实验中使用的检流计灵敏度约为 10^7 格/安以上),从而给测量带来误差. 为此引入电桥灵敏度 S 的概念

$$S=\frac{\Delta n}{\Delta R_x} \tag{5.15.4}$$

式中 ΔR_x 是电桥平衡后 R_x 的微小改变量,Δn 是由改变量 ΔR_x 而引起的检流计指针偏转格数. 灵敏度 S 的物理意义是电桥平衡后,改变待测电阻阻值大小引起检流计指针偏转的格数. S 越大,灵敏度越高. S 还可以写成

$$S=\frac{\Delta n}{\Delta I_G}\cdot\frac{\Delta I_G}{\Delta R_x}=S_i\cdot S_l \tag{5.15.5}$$

式中 S_i 为检流计的灵敏度. 一般检流计灵敏度约为 10 格/μA. S_l 为线路灵敏度,它与电源电压、桥臂电阻及电阻位置有关. 电源电压越高,电桥灵敏度越高;桥臂电阻越大,电桥灵敏度越低. 定义相对灵敏度 $S_{相}$ 为

$$S_{相}=\frac{\Delta n}{\frac{\Delta R_x}{R_x}} \tag{5.15.6}$$

$$S_{相}=\frac{\Delta n}{\frac{\Delta R_x}{R_x}}=\frac{\Delta n}{\frac{\Delta R_0}{R_0}}=\frac{\Delta n}{\frac{\Delta R_1}{R_1}}=\frac{\Delta n}{\frac{\Delta R_2}{R_2}} \tag{5.15.7}$$

上式表明,可以通过测相对于标准电阻 R_0 的变化 ΔR,测量电桥的相对灵敏度. 在计算由灵敏度带来的不确定度时,通常假定检流计的 0.2 分度为难以分辨的界限,即取 $\Delta n=0.2$,由灵敏度带来的不确定度为

$$u_x=\frac{0.2}{S},\quad \frac{u_x}{R_x}=\frac{0.2}{S_{相}} \tag{5.15.8}$$

电桥平衡时若将检流计与电源易位,电桥仍然平衡,但易位前后电桥的灵敏度不同. 可以证明,电桥中 $R_1=R_2$,即 $R_1/R_2=1$,此时灵敏度最高,相对不确定度最小. 证明

方法之一是，将 $R_x=\dfrac{R_1}{R_2}$ 两边取对数，考虑到 $R_1+R_2=R$（常数），求导数，求极值，即令 $\dfrac{\mathrm{d}R_x}{R_x}=0$，可得 $R_1=R_2$，即说明此时电桥灵敏度最高，测量不确定度最小.

【实验内容与步骤】

一、滑线式电桥测电阻

滑线式电桥如图 5.15.2 所示. 它是将图 5.15.1 中直流单臂电桥的比率臂电阻 R_1 和 R_2 用一根均匀的电阻丝来代替. 电阻丝上装一个可以滑动的按键，按下它可将电阻丝分成 l_1 和 l_2 两段（相当于 R_1 和 R_2），各段长度可以从旁边的米尺读出. 根据均匀导线的电阻和长度成正比的关系，有

$$\frac{R_1}{R_2}=\frac{l_1}{l_2} \tag{5.15.9}$$

$$R_x=\frac{l_1}{l_2}R_0 \tag{5.15.10}$$

这就是滑线式电桥的平衡条件.

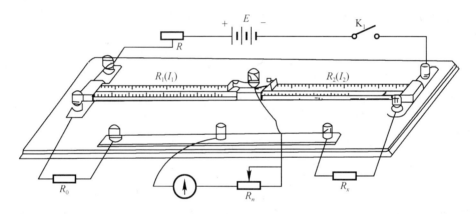

图 5.15.2 滑线电桥实验线路（惠斯通电桥）

图中比较臂电阻 R_0 由电阻箱充当，R 为变阻器，R_n 限流电阻. 刚开始，电桥处于很不平衡状态. 为避免过大的电流通过检流计，将限流电阻置于最大，以保护检流计. 至电桥接近平衡时再逐渐减小它的阻值，直至零，以提高线路灵敏度，在现在条件下尽可能精确测量 R_x.

为了消除倍率 l_1/l_2 的误差对测量结果的影响，实验中应在保持 l_1/l_2 不变的条件下，交换 R_0 和 R_x 位置前后，分别各测一次. 即当电桥两次平衡时，分别有 R_0、R_0'，即

交换前，测得 $\qquad\qquad\qquad R_x=\dfrac{l_1}{l_2}R_0$

交换后，测得 $\qquad\qquad\qquad R_x'=\dfrac{l_2}{l_1}R_0'$

$$R_{x_i}=\sqrt{R_x R_x'}=\sqrt{\frac{l_1}{l_2}\cdot\frac{l_2}{l_1}}\sqrt{R_0\cdot R_0'}=\sqrt{R_0 R_0'} \tag{5.15.11}$$

上式 R_{x_i} 为最后的测量结果，消除了 l_1/l_2 的误差对测量 R_{x_i} 的影响.

二、自组惠斯通电桥测电阻值及电桥灵敏度

按图 5.15.3 接线自组惠斯通电桥。图中 R' 是保护电阻,防止大电流通过检流计,保护检流计(允许通过的电流在 10^{-4} A 以下),但是保护电阻大,电桥灵敏度降低,如何使用保护电阻才能即保护检流计又使电桥灵敏度尽可能高? R 是滑线变阻器,由滑动端 B,将其分为 R_1 和 R_2,作为电桥的两个臂; K_3 是双刀双掷换向开关,其作用是在不需要拆线路的情况下方便地交换 R_x 和 R_0 的位置。

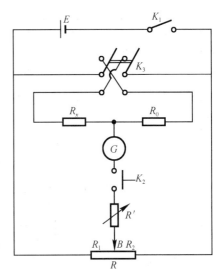

图 5.15.3 惠斯通电桥接线图

(1) 工作条件:电源电压取 4 伏; B 点在中间附近;

(2) 测量电阻时采用交换法,即将 K_3 打到一边,调整 R_0,使电桥平衡后有

$$\frac{R_1}{R_2} = \frac{R_x}{R_0} \qquad (5.15.12)$$

B 点不变,将 R_x、R_0 互换位置(将 K_3 打到另一边)再调整 R_0 为 R_0',使电桥平衡后有:

$$\frac{R_1}{R_2} = \frac{R_0'}{R_x} \qquad (5.15.13)$$

由式(5.15.12)和式(5.15.13)得:

$$R_x = \sqrt{R_0 \cdot R_0'} \qquad (5.15.14)$$

(3) 交换法消除了装置不对称引起的系统误差,待测电阻阻值只与标准电阻直接相关,不需滑线变阻器的读值。保证该测量方法的较高精度。

*(4) 测电桥的相对灵敏度 $S_{相}$。在电桥平衡时改变 R_0,使检流计偏转 3~5 格,由式(5.15.7)计算出 $S_{相}$。

三、用箱式电桥测电阻值及串、并联的阻值

使用箱式电桥(如图 5.15.4)前先熟悉仪器使用方法。根据待测电阻阻值的大小选择适当的倍率,即比率臂,选择标准为:使比较臂即标准电阻 R_0 所有的旋钮都用上,可保证尽可能多的有效数字位数。

注意:

(1) 拟好实验步骤,接好线路,经检查无误后方可通电实验,注意电源电压;

(2) 注意保护电阻的使用。在测量开始时,电桥通常远离平衡,必须通过大保护电阻保护检流计,在调整到平衡点附近后,又必须逐渐减少保护电阻阻值直至为零,以保证电桥足够灵敏;

(3) 检流计为灵敏易损仪器,须轻拿轻放,测量前先调零,测量时用"跃接法"。

*四、设计用单桥测电阻的温度特性(自行设计探索实验)

物体的电阻均与温度有关。在通常温度下,多数纯金属的电阻 R 与温度 t 成线性关系

$$R = R_0(1 + \alpha t) \qquad (5.15.15)$$

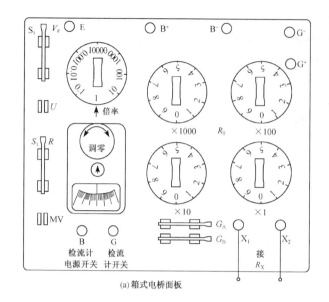

(a) 箱式电桥面板　　　　　(b) 箱式电实物图

图 5.15.4　箱式电桥面板及实物图

式中,R_0 是温度为 0 ℃时的电阻;α 称为电阻温度系数,单位为 1/℃. 在 0～100 ℃范围内,铜的 α 值变化很小,可看成常量,约为 0.0043/℃.

半导体的电阻与温度的关系和导体不同,在通常温度下,半导体的电阻随温度的升高而减小,它的变化规律为

$$R = R_0 e^{\frac{E}{kT}} \tag{5.5.16}$$

式中,E 和 R_0 是常量,k 为玻尔兹曼常量,T 为绝对温度. 利用半导体的这一性质制成的热敏电阻,在灵敏测温和自动温控装置中得到广泛应用.(如图 5.15.5).

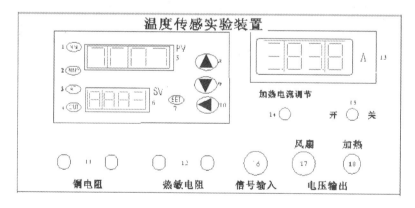

图 5.15.5　温控式电桥实验仪面板

【数据记录与处理】

一、滑线式电桥测电阻(自行设计处理数据)

滑线式电桥测电阻表 5.15.1.

表 5.15.1

取 $k=R_1/R_2=1$

电阻 i	交换前 $R_0(\Omega)$	交换后 $R_0'(\Omega)$	$R_{x_i}=\sqrt{R_0 R_0'}(\Omega)$
1			
1			

利用 $R_{x_i}=\sqrt{R_0 R_0'}$，计算 R_{x_i}，$\sigma_{R_{x_i}}$，$E_{R_{x_i}}$，并表示结果 $R_{x_i}\pm\sigma_{R_{x_i}}$．

二、自组惠斯通电桥测电阻值及电桥灵敏度

（1）数据记录与计算

表 5.15.2

单位(Ω)

	R_0	R_0'	R_x	Δn	ΔR_0	$\Delta n'$	$\Delta R_0'$	$S_{相}$	$S_{相}'$
R_{x1}									
R_{x2}									

（2）误差分析：实验为一次性测量，测量结果由 B 类测量不确定度评价．

① 电阻箱示值误差造成的测量不确定度 u_{x1}，因 $R_x=\sqrt{R_0\cdot R_0'}$，所以

$$\frac{u_{x1}}{R_x}=\sqrt{\left(\frac{u_{R_0}}{2R_0}\right)^2+\left(\frac{u_{R_0'}}{2R_0'}\right)^2} \tag{5.15.17}$$

其中 $u_{R_0}=a\%R_0+0.002n$，n 为使用电阻箱步进盘个数．a 为电阻箱相应量程的准确度等级．

② 由电桥灵敏度造成的测量不确定度 u_{x2}

$$\frac{u_{x2}}{R_x}=\sqrt{\left(\frac{0.2}{S_{相}}\right)^2+\left(\frac{0.2}{S_{相}'}\right)^2} \tag{5.15.18}$$

③ 总测量不确定度 u_x 为

$$u_x=\sqrt{u_{x1}^2+u_{x2}^2}=R_x\sqrt{\left(\frac{u_{R_0}}{2R_0}\right)^2+\left(\frac{u_{R_0'}}{2R_0'}\right)^2+\left(\frac{0.2}{S_{相}}\right)^2+\left(\frac{0.2}{S_{相}'}\right)^2} \tag{5.15.19}$$

测量结果：

$$R_x=\overline{R_x}\pm u_x \tag{5.15.20}$$

三、用箱式电桥测电阻值及串、并联的阻值

表 5.15.3

单位(Ω)

被测电阻	比例臂	比较臂	测量值	Δn	ΔR_0	$S_{相}$
R_{x1}						
R_{x2}						
串联						
并联						

四、设计用单桥测电阻的温度特性

1. 用(图 5.15.5 温控式)惠斯通电桥,测量不同温度下铜和热敏电阻的阻值.即设置 t 从室温升至 $70℃$,每隔 $5℃$ 左右测一次;分别记录实验数据 R 和 t(自拟步骤、表格).

2. 实验完毕后,打开风扇使炉内的温度快速下降至常温,然后关闭电源.

3. 用坐标纸画出热敏电阻和铜的 R-t 曲线;并求铜的电阻温度系数 α.

【分析讨论题】

(1) 为什么用电桥测电阻比用伏安法、欧姆表测电阻准确?

(2) 在自组电桥调平衡的过程中,保护电阻和标准电阻如何配合使用?

(3) 用惠斯通电桥测电阻时,为什么采用交换法?

(4) 如果在自组电桥通电后,无论如何调节 R_0,检流计指针始终①向一边偏;②始终不偏转.试分析电路故障原因.

(5) 下列因素是否使惠斯通电桥测量误差增大? ①电源电压不太稳定;②导线电阻不能完全忽略;③检流计没有调好零点;④检流计灵敏度不够高.

(6) 如何用直流电桥测定电表内阻?

实验 16　用双臂电桥(开尔文电桥)测小电阻及温度系数

【目的要求】

(1) 了解双臂电桥测小电阻的方法和原理.

(2) 用双臂电桥测量导体的电阻率和电阻的温度系数.用作图法求 R_0,a.

(3) 学习使用简单线性函数的最小二乘法处理实验数据.用最小二乘法求 R_0,a.

【实验仪器】

四端电阻:在双臂电桥中,电阻 R_x(或 R_s)有四个接线端.这类接线方法的电阻称为四端电阻.由于流经 $A_1R_xB_1$ 电流比较大,通常称 A_1 和 B_1 为"电流端",在双臂电桥上,用符号 C_1 和 C_2 表示.而结点 A_2 和 B_2 称为"电压端",在双臂电桥上,用符号 P_1 和 P_2 表示.采用这种接线可以大大减小导线电阻和接触电阻(总称附加电阻)对测量结果的影响.

双臂电桥的形式虽各有不同,但原理都一样.图 5.16.3 是携带式直流双臂电桥的线路图.该电桥的基本量限为 $0.001\sim11\Omega$,准确度等级为 0.2 级.图 5.16.4 是它的面板图.B 为接通电源的按钮,G 为接通检流计的按钮."调零"为检流计零点调节器."灵敏度"用来调节检流计的灵敏度.

【实验原理】

由于存在导线电阻和接点接触电阻(数量级为 $10^{-5}\sim10^{-2}\Omega$),用惠斯通电桥测量 1Ω 以下小电阻时误差较大.为了减少误差,将惠斯通(单臂)电桥改造成双臂电桥,也称为开尔文电桥.

当惠斯通(单臂)电桥平衡时,有

$$R_x = \frac{R_1}{R_2} R_s \qquad (5.16.1)$$

图 5.16.1 桥路中有 12 根导线和 A、B、C、D 四个结点,其中由 A、C 点到电源和由 B、D 点到检流计的导线电阻可分别并入电源和检流计的内阻 R_g 里,对实验结果并没有影响. 但桥臂的 8 根导线和四个结点的电阻会影响实验测量结果.

在电桥中,由于比率臂 R_1 和 R_2 可用阻值较高的电阻,因此和这两个电阻相连的四根导线(即由 A 到 R_1,C 到 R_2 和由 D 到 R_1,D 到 R_2 的导线)不会对测量结果造成较大误差,可以略去不计. 由于待测电阻 R_x 是一个小电阻,比率臂 R_s 也应该用小电阻,而且和 R_x、R_s 相连的导线及接点电阻 r 等会影响测量结果.

为了消除上述电阻的影响,采用图 5.16.2 的线路. 与图 5.16.1 比较看出,为了避免图 5.16.1 中由 A 到 R_x,和由 C 到 R_s 的导线电阻的影响,将此两段导线尽量缩短,最好缩短为零,使 A 点直接与 R_x 点相接,C 点直接与 R_s 点相接. 要消去 A、C 点的接触电阻,进一步可将 A 点分为 A_1、A_2 两点,C 点分为 C_1、C_2 两点,使 A_1、C_1 点的接触电阻并入电源的内阻,A_2、C_2 点的接触电阻并入 R_1、R_2 的电阻中. 但图 5.16.1 中 B 点的接触电阻和由 B 到 R_x 及由 B 到 R_s 的导线电阻就不能并入低压电阻 R_x 和 R_s 中,因而,需对惠斯通电桥 B 点进行如下改造.

首先增加一个比较臂 R_3 和 R_4,并将 R_s 和 R_x 的"两端电阻"形式改为"四端电阻"形式. 即在图 5.16.2 线路中,将原来的 B 点分为 B_1、B_2、B_3、B_4 四点,粗导线 r、R_3、R_4 和新 B 点组成一个一个回路,即使 B_3 点与 R_3 相连,B_4 点与 R_4 相连,B_1 与 B_2 相连. 检流计两接线端分别与 R_3、R_4 公共端及 R_1、R_2 公共端相连. 这时,B_3、B_4 点的接触电阻可并入两个较高的电阻 R_3、R_4 中. 将 B_1、B_2 两点用粗导线相连,并设 B_1、B_2 间接线电阻与接触电阻的总和为 r.

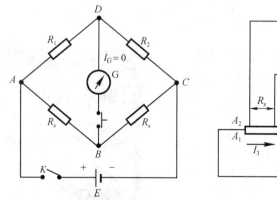

图 5.16.1 惠斯通电桥原理图

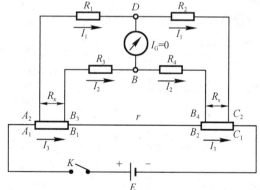

图 5.16.2 双臂电桥原理图

可以证明,适当调节 R_1、R_2、R_3、R_4 和 R_s 的阻值,就可以消去附加电阻 r 对测量结果的影响.

实际上,调节电桥平衡,就是调整电阻 R_1、R_2、R_3、R_4 和 R_s 使检流中电流 I_G 等于零的过程.

当图 5.16.2 双臂电桥达到平衡,即接检流中的电流 I_G 等于零时,通过 R_1 和 R_2 的电流相等,以 I_1 表示;通过 R_3 和 R_4 的电流相等,以 I_2 表示;通过 R_x 和 R_s 的电流也相等,以 I_3 表示.因为 B、D 两点的电势相等,故有下面等式和求解 R_x 结果

$$I_1 R_1 = I_3 R_x + I_2 R_3 \tag{5.16.2}$$

$$I_1 R_2 = I_3 R_s + I_2 R_4 \tag{5.16.3}$$

$$I_2 (R_3 + R_4) = (I_3 - I_2) r \tag{5.16.4}$$

$$R_x = \frac{R_1}{R_2} R_s + \frac{r R_4}{R_3 + R_4 + r} \left(\frac{R_1}{R_2} - \frac{R_3}{R_4} \right) \tag{5.16.5}$$

为消掉上式中的 r,必须令上式右边的第二项为零,即

$$\frac{r R_4}{R_3 + R_4 + r} \left(\frac{R_1}{R_2} - \frac{R_3}{R_4} \right) = 0 \tag{5.16.6}$$

$$R_x = \frac{R_1}{R_2} R_s = k R_s \tag{5.16.7}$$

$$\frac{R_1}{R_2} = \frac{R_3}{R_4} = k \tag{5.16.8}$$

可见,双臂电桥平衡的前提条件是:$R_1/R_2 = R_3/R_4$.

为了保证在电桥使用过程中 $R_1/R_2 = R_3/R_4$ 始终成立,通常电桥作成一种特殊的结构,即将两对比率臂($R_1 R_2$ 和 $R_3 R_4$)采用所谓双十进制电阻箱.在这种电阻箱里,两个相同的十进电阻的转臂连接在同一转轴上,因此在转臂的任一位置上都保持 R_1 和 R_3 相等、R_2 和 R_4 相等.这样就可以使 R_3、R_4 分别随原有臂 R_1、R_2 作相同的变化(增加或减少),并当其达到平衡即式(5.16.5)成立时,就可以消除附加电阻 r 的影响.因图 5.16.2 的线路比惠斯通电路增加了由两个电阻臂 R_3 和 R_4 组成的一个比较臂,故称作双臂电桥.式(5.16.7)和式(5.16.8)是双臂电桥的平衡条件.根据此式就可以算出低电阻 R_x.

一般箱式直流双臂电桥内部电路、面板及实物图如图 5.16.2～图 5.16.3.

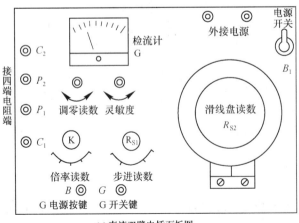

(a) 直流双臂电桥面板图

(b) 直流双臂电桥实物图

图 5.16.3 箱式直流双臂电桥面板及实物图

表 5.16.1

次数	d/mm	l/mm	K(倍率)	R_s=步进读数+滑线盘读数(Ω)	$R_x=kR_s(\Omega)$
平均值					

【实验内容与步骤】

一、测量导体的电阻率

一段导体的电阻与该导体材料的物理性质和它的几何形状有关. 实验指出,导体的电阻与长度 l 成正比,与截面面积 S 成反比,即

$$R = \rho \frac{l}{S} \tag{5.16.9}$$

式中,系数 ρ 称为导体的电阻率. 它的大小表示导体材料的性质. 圆柱形导体 ρ 为

$$\rho = R\frac{S}{l} = R\frac{\pi d^2}{4l} \tag{5.16.10}$$

式中 d 为圆柱形导体的直径.

测量内容与步骤自行设计,注意以下几点：

(1) 将一段圆柱形导体(如铝,铜等)做成四端电阻,如图 5.16.4 所示. 将电阻的电压端接在电桥的 P_1,P_2 接线柱上,电流端接在电桥的 C_1、C_2 接线柱上.

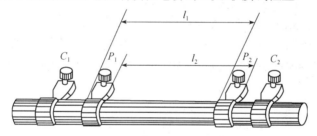

图 5.16.4 四端电阻的一种形式

(2) 注意调节检流计指针在"零"位置,在将灵敏度调到最低位置.

(3) 测量电阻值时,调节顺序是先粗调后细调,即先找倍率,再调节步进读数旋钮和滑线盘,直至电桥平衡并适当增加检流计灵敏度,R_x=倍率 k×(步进读数+滑线盘读数)测出待测电阻阻值. 求 $R_x \pm \sigma_{R_x}$,E_{R_x}.

(4) 测出圆柱形导体的直径 d,设法测出 P_1、P_2 间导体的长度 l. 数据如表 5.16.1.

(5) 求标准误差的传递公式,并进行数据处理,正确表示结果. $\rho \pm \sigma_\rho$,E_ρ.

二、测量导体电阻的温度系数

注意 $\sigma_{R_x}=\dfrac{k R_{\max} \cdot \alpha\%}{\sqrt{3}}$,$E_\rho=\dfrac{\sigma_\rho}{\rho}=\sqrt{\left(\dfrac{2\sigma_d}{d}\right)^2+\left(\dfrac{\sigma_l}{l}\right)^2+\left(\dfrac{\sigma_R}{R}\right)^2}$.

导体电阻 R 随温度 T 的升高而增加. R 与 T 的关系通常用下列经验公式表示：

$$R_T = R_0(1+\alpha T+\beta T^2+\gamma T^3+\cdots) \tag{5.16.11}$$

式中 R_T 和 R_0 是与温度 T℃和 0℃对应的电阻值；α、β、γ、$\cdots$ 为电阻温度系数,并且

$\alpha > \beta > \gamma > \cdots$. 对于金属导体,$\beta$ 已很小. 所以在温度不太高时,金属电阻与温度的关系可以近似认为是线性的,即

$$R_T = R_0(1+\alpha T) \tag{5.16.12}$$

在实验中,可用两种方法求出电阻的温度系数 α. 一种方法是不用冰水混合物测量 $0℃$ 时的 R_0,而是从 $R_1=R_0(1+\alpha T_1)$ 和 $R_2=R_0(1+\alpha T_2)$ 中消去 R_0,得到电阻温度系数

$$\alpha = \frac{R_2 - R_1}{R_1 T_2 - R_2 T_1} \tag{5.16.13}$$

另一种方法是以温度 T 为横坐标,以相应的电阻 R_T 为纵坐标作图得到一条直线. 由图可得直线在纵轴的截距 R_0 和斜率 m(或者用最小二乘法求出 R_0 和 m). 于是电阻温度系数 $\alpha = \frac{m}{R_0}$. 自行设计实验方法与步骤,注意以下几点:

(1) 将待测导体(如铜线)绕在绝缘体上,留出四根引线 C_1、C_2、P_1、P_2 做成四端电阻,并浸在油池中;

(2) 测出室温 T_1 下的电阻阻值 R_1;

(3) 加热油池,温度每上升 $3\sim4℃$ 测量一次电阻阻值;特别注意测量时应停止加热,并且在稍微经过搅拌后的状态下进行测量;

(4) 以温度 T 为横坐标、电阻阻值 R_T 为纵坐标作一条光滑直线 R_T-T 曲线,由图线上求出截距 R_0 和斜率 m,按公式 $\alpha = m/R_0$,计算出电阻温度系数 α;

(5) 用简单函数的最小二乘法处理数据求出 R_0 与 α.

注意 (1) 数据表格及处理方法,参见第二章例 2.6.1、例 2.6.2 和例 2.6.4.

(2) 通过被测电阻的电流较大时,在测量过程中通电时间应尽量短暂.

(3) 测量电阻的温度系数时,应尽量做到同时读温度计和电桥的度数.

【分析讨论题】

(1) 双臂电桥与惠斯通电桥有哪些异同?

(2) 双臂电桥怎样消除导线本身电阻和接触电阻的影响?试简要说明之.

(3) 计算出 $T=0℃$ 时,$R_0=?$ $R_T=0\Omega$ 时,$T=?$ 并说明超导现象的意义.

实验 17 用电势差计测量电动势

直流电势差计是应用电压的补偿原理来测量电势差的. 由于测量时被测回路中无电流通过,测量结果仅仅依赖于精度很高的标准电池、标准电阻和高灵敏度的检流计,因而结果准确、数据稳定、精度也很高,一般可达 0.01 级或者更高. 它不但可以直接和间接测电动势、电压、电流、电阻等,还可以通过换能器把一些非电学量(例如温度、压力、位移、速度和流量等)转变成电学量进行测量,还可以用来校验各种精密电表、电阻、电源、热电偶及热工仪表等,因而得到广泛应用.

近几年来,数字式电压表有了很大发展. 它具有内阻高、准确度高和测量范围广、操作方便、结果显示快等特点,已在很多的场合代替电势差计,成为测量电压和电动势的高精度仪器. 但是这种传统的十一线电位差计对于普通院校学生动手能力的训练还是有一定价值的.

【目的要求】

(1) 掌握电势差计的结构特点,工作原理和测量方法.
(2) 学习用线式电势差计测量电池电动势.

【实验仪器】

一、线式电势差计

线式电势差计又称十一线电势差计,如图 5.17.1 所示. 它是用一根长 11m 的粗细均匀的电阻丝代替如图 5.17.1 中的精密电阻 R_{AB},并往复地绕在木板上的 11 个插孔 0、1、2……、10 上. 每两个插孔间的长度为 1m,活动插头 C 每改插一位置,电阻丝的长度变化 1m. 在第"0"号电阻丝旁附有一根米尺和一个滑动按键 D. 按键 D 可以沿电阻丝滑动,这样 C、D 间电阻丝长度可由插头 C 在 $0\sim 10$m 间作步进式变化. 按键 D 可在"0"号线上作 1m 内的连续变化.

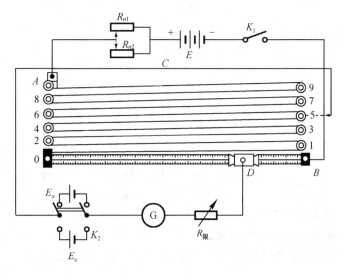

图 5.17.1 十一线式电势差计

E 稳压电源;G 检流计(指零仪表或万用表);E_s 标准电池;E_x 待测电池;K_1 单刀开关;
K_2 双刀换向开关;C 活动插头;D 滑动按键;R_{n1}、R_{n2} 变阻器

根据均匀导体的电阻跟长度成正比的关系,$R_{CD}/R_{CD'}=L_x L_s$,得

$$E_x = \frac{L_x}{L_s} E_s \tag{5.17.1}$$

此外,图中 R_n 是由 R_{n1} 和 R_{n2} 两只相并联的变阻器组成,用来调节工作回路中的工作电流 I. 其中 R_{n1} 阻值较小,作粗调用;R_{n2} 的阻值较大,作细调用. 使用时先粗调后细调. K_2 为双刀换向开关,用来接通标准电池 E_s 或待测电池 E_x. R 为保护标准电池和检流计的限流电阻,其阻值较大,达 100kΩ 以上. 在电势差计未接近补偿状态前,应使它置于最大值. 随着检流计指针偏转接近于零,应逐渐把它减少,直至于零,以提高电势差计灵敏度,准确地进行测量.

二、箱式电势差计

(1) 连线:仪器参见第三章图 3.3.28 箱式电位差计.将 K_1 指在"断"的位置上,按面板上的指示依次接上标准电池,检流计,工作电源.

(2) 校准工作电流:将 R_T 指在与标准电池电动势相同数值的位置,K_1 指在"标准"位置上.把工作电源的电压调到指定范围(5.7~6.4V),按下检流计的"粗"按扭,调节 R_p 使检流计近似指 0,再按"细"钮,精调 R_p,使检流计指 0,此时工作电流已调好,要保持其不改变.

(3) 测量:将 K_1 转至"未知 1"或"未知 2"的位置,测量电势差.调节Ⅰ、Ⅱ、Ⅲ使检流计指 0,就可读出所测电压,要注意乘上 K_0 所示倍率.

三、标准电池

标准电池(图 5.17.2)是专门用来作为电动势标准的电池,是韦斯顿于 1892 年首先提出来的.它按所用的硫酸镉溶液的浓度分为饱和标准电池和不饱和标准电池两种.本实验用的是饱和标准电池.

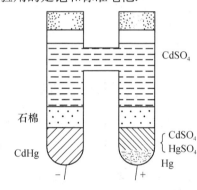

图 5.17.2 标准电池

在温度恒定时,标准电池的电动势也恒定.但温度变化时,它的电动势也要变化.1975 年我国对它的温度系数进行了精确的测定,提出 0~40℃具有国际领先水平的饱和标准电池的电动势温度公式,称中国温度公式,即

$$E_T = E_{20} - [39.94(T-20) + 0.929(T-20)^2 \\ - 0.0090(T-20)^2 + 0.00006(T-20)^4] \\ \times 10^{-6} \text{V} \tag{5.17.2}$$

式中,E_{20} 为+20℃时标准电池的电动势,其数据根据型号而定;T 为环境温度;E_T 是温度为 0~+40℃范围内标准电池的电动势,使用时根据室温按上式换算.

标准电池是精密标准件,价格昂贵,使用不当极易损坏,因此使用时特别注意.

(1) 由于标准电池是用松散的化学物质装入玻璃容器内构成,它的电极又处于固、液两相之间,因此使用时不得摇晃、震动和倒置(携带型的除外,但也要尽量避免震动);

(2) 标准电池内阻高,在充放电时极易极化,因此绝对不能把它当作电源使用,作校准用时也应尽量减少充放电时间,不能从标准电池中取过大的电流,不能用电压表或万用表去测量它的电压,更不能使它的两极短路或接反它的正负极.一般流入或取自标准电池的电流不能大于 10^{-5}~10^{-6}A,即几微安到几十微安;

(3) 由于它的电动势是随温度变化的,因此必须保存和使用于温度变化较小的环境下,级别高的还应恒温保存.标准电池中的去极化剂硫酸亚汞是光敏物质,在常温下光照就会变质,因此存放和使用时都要远离热源,并要避免阳光直接照射.

四、检流计

检流计是张丝式指针检流计,格值为 10^{-6}A.使用"跃按法"操作.也可以用万用表 mV 档、mA 或 μA 档代替检流计.

【实验原理】

一、补偿原理

如图 5.17.3～图 5.17.4，若将电压表并联到电池 E_x 的两端就有电流 I 流过电池内部. 由于电池有内阻 r，在电池内部就存在着电势降 Ir，因而电压表的指示值只是电池的端电压 $V=E_x-Ir$. 显然，只有当 $I=0$ 时，电池两端的电压 V 才等于电动势 E_x，即 $V=E_x$.

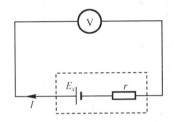

图 5.17.3　电压表与电池并联

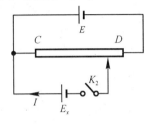

图 5.17.4　电压补偿原理图

怎样才能使电池内部电流 $I=0$，而又能测定电池的电动势 E_x 呢？这需要采用补偿法进行测量.

如果电池不是并联电压表，而是接在一个分压器上，并且电池的正极接分压器的高电势，负极接分压器的低电势（中间串联一开关），如图 5.17.4 所示，会出现下列三种情况：

(1) 当分压 $V_{CD}<E_x$ 时，接通 K_2，待测电池回路有顺时针方向电流通过；

(2) 当分压 $V_{CD}>E_x$ 时，接通 K_2，待测电池回路有逆时针方向电流通过；

(3) 当分压 $V_{CD}=E_x$ 时，接通 K_2，因 E_x 正极与 C 点电势相同，E_x 负极与 D 点电势相同，E_x 回路中电流 $I=0$，即待测电池 E_x 得到补偿.

由于被测电路在补偿时没有电流通过，接入后不会影响分压器的电压分配. 如果分压器已被校准，可根据补偿电压的大小得到 E_x. 电势差计就是根据这一补偿原理设计的，它的分压（电势差）大小是用标准电池校正的.

二、电势差计的原理

电势差的原理图如图 5.17.5 所示，电路分为三部分，分述如下.

(1) 工作回路（又称辅助回路）：即由电源 E、变阻器 R_n、精密电阻 $R=R_{AB}$ 和开关 K_1 组成的闭合回路. 其中 R_n 用来调整该回路的工作电流 I，以改变精密电阻 R_{AB} 上的电压（电势差）及各段电阻上的分压（电势差）.

(2) 校准回路：即由标准电池 E_s、检流计 G、精密电阻 $R_{CD'}$（共用）和开关 K_3 组成的闭合回路. 用于校准精密电阻上的电势差为一固定的标准值. 检流计用来检验该回路是否被补偿，即没有电流通过. 校准时，通过 R_n 调节工作回路的电流 I 或改变 C'、D' 点的位置使开关 K_3 接通时检流计中无电流通过，即电路达到补偿. 此时

$$E_s = V_{CD'} = IR_{CD'} \tag{5.17.3}$$

(3) 测量回路：即由待测电池 E_x、检流计、精密电阻 R_{CD}（共用）和 K_2 组成的回路，用于测量待测电池的电动势 E_x. 通过改变 C、D 点的位置可使电路得到补偿. 接通 K_2 回路中无电流通过，G 不偏转，即待测电路达到补偿. 此时

$$E_x = IR_{CD} \tag{5.17.4}$$

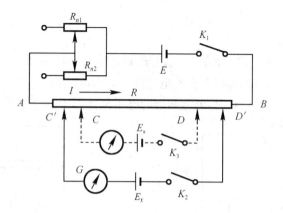

图 5.17.5 电势差计原理图

E 稳压电源；G 灵敏检流计(指针零位在刻度中央)；E_s 标准电池；R_n 可变电阻器；
E_x 待测电池；AB 粗细均匀的精密电阻丝；K_1、K_2、K_3 单刀开关

比较式中(5.17.3),(5.17.4)两式可得：

$$E_x = \frac{R_{C'D'}}{R_{CD}} E_s = \frac{L_{C'D'}}{L_{CD}} E_s = \frac{L_x}{L_s} E_s = \frac{E_s}{L_s} L_x \tag{5.17.5}$$

$$E_x = AL_x = \frac{E_s}{L_s} L_x \tag{5.17.6}$$

式(5.17.6)表明，待测电动势 E_x 与标准电动势 E_s 在同一工作电流 I 下,使电势差计得到补偿,对应的补偿电阻分别是 $R_{C'D'}$ 和 R_{CD}. 实验中用电势差计测电动势就是根据补偿原理把待测电动势 E_x 和标准电动势 E_s 通过分压器进行比较判断,判断标准就是补偿回路无电流通过.

【实验内容与步骤】

(1) 连线：摆好仪器后按电势差计的三个基本回路,分别连接好. 电源 $E \approx 3\text{V}$.

(2) 校准电势差计：校准 $V_{AB}=2.2\text{V}$,即 $A=0.2000\text{V/m}$.

① 计算出室温下(20℃)标准电池的电动势 E_T,要求不高时,可取 $E_T \approx E_{20} = 1.0186\text{V}$. $E_s \approx E_T$.

② 选定电阻丝单位长度的电压降为 $A = \frac{E_T}{L_s} = 0.2000\text{V/m}$,计算出补偿电阻丝的长度 L_s,并使 C、D 对准这一长度,即 $\overline{CD} = L_s = 5.0930\text{m}$. C 头插接在 5m 插孔上,D 按压接在"0"号线上 0.0930mm 处.

③ 经教师检查线路无误,接通 K_1,再将 K_2 接通 E_s,并用跃接法按下检流计开关 G 按钮和电势差计的 C 与 D 键,调整电源 $E \approx 3\text{V}$,并分别粗调 R_{n1} 和细调 R_{n2},直至检流计指零. 即电路达到"补偿"状态.

④ 减少保护电阻 R 直至电势差计有一个合适的灵敏度,同时不断调节 R_{n1},待指针接近于零后调节 R_{n2},并跃按 G 和 D,使检流计指针确实指零,此时,固定 E、R_{n1} 和 R_{n2} 不变,即保持工作回路中的电流 I 不变. 电阻丝上每米的电压降已准确地调准为 $A=0.2000\text{V/m}$.

(3) 测量干电池的电动势：$E_x = AL_x$.

① 先找出待测电动势的上、下限范围．将 R 调回最大值，D 移至米尺零点，K_2 倒向 E_x，然后利用插头 C 找到使检流计指针（或读数）偏转方向改变的两个相邻插孔．这就是待测电动势上下限的范围，并把它插在下限孔上．然后调节滑动按键 D，使检流计 G 指针不发生偏转．

② 调小限流电阻 $R_{限}$ 直至为 0，提高线路的灵敏度，并滑动 D 找到检流计的指针完全指零的位置，将该 C、D 间长度记为 $L_{x1} = \overline{CD}$.

③ 重复测量，并记录数据至表 5.17.1，求 $\overline{E_x} = A\overline{L_x}$，$E_x \pm \sigma_{E_x}$.

表 5.17.1

次数	E_s/V	L_s/m	$A/(V/m)$	L_x/m	$E_x = A \cdot L_x/V$
…	1.0186	5.0930	0.2000		

(4) 电势差计灵敏度的调节

一般通过调节检流计串联电阻（限流电阻）R，最后使灵敏度达到要求：当电势差计滑动按键 D 的读数每改变 $\Delta L = 1\text{mm}$（本实验 $A = 0.0002\text{V/mm}$），检流计指针偏转 1 小格左右．此时电势差计灵敏度 $\frac{\Delta L}{\Delta V} \approx 5000$ 格/V．

(5) 数据处理、误差计算、结果表示与讨论．注意 $\frac{\sigma_{E_x}}{E_x} = \sqrt{\left(\frac{\sigma_{E_s}}{E_s}\right)^2 + \left(\frac{\sigma_{L_s}}{L_s}\right)^2 + \left(\frac{\sigma_{L_x}}{L_x}\right)^2}$.
为简便，其中 σ_{E_s} 可忽略不计，$\Delta L_s \approx \Delta L_x \approx 1 \sim 5\text{mm}$ 或由实验室给出参考值.

【分析讨论题】

电势差计的优缺点是什么？
(1) 优点：①电势差计准确度等级很高．为什么？②内阻高，但不影响待测电路．③测量范围比较宽广，不仅可以测量一般电压，而且还可以测量小电压或电压的微小变化.
(2) 缺点是什么？如何克服？

实验 18　灵敏电流计基本特性研究

灵敏电流计是一种测量微小电流的直读式磁电式仪表．它用细而有弹性的金属丝悬挂线圈代替一般游丝弹簧，减少了轴承摩擦，并用光点显示代替机械指针，因此具有很高的灵敏度（一般可以检测 $10^{-10} \sim 10^{-6}$ A 的电流，或检测 $10^{-6} \sim 10^{-3}$ V 的电压）．它常用于光电流、生物电流、温差电动势等的测定，也可用作精密电桥、精密电势差计的平衡指示仪.

在获得高灵敏度的同时，灵敏电流计存在如何控制电流计指示迅速稳定和迅速回零的问题．因此，掌握灵敏电流计的构造原理和运动的阻尼特性，对于电流计的使用和调整具有实际意义.

【目的要求】

(1) 了解灵敏电流计的原理和构造.

（2）掌握灵敏电流计的运动特性.

（3）测定灵敏电流计的外临界电阻、内阻和电流计常数、灵敏度.

【实验仪器】

光点式灵敏电流计、伏特计、滑线变阻器、电阻箱（2只）、定值电阻、单刀电键、双刀电键、双刀换向电键、直流电源、按钮电键.

【实验原理】

1. 灵敏电流计的构造

小镜 M，线圈，永久磁铁 N、S，圆柱形的铁心 F，如图 5.18.1.

采用多次反射读数系统的灵敏电流计又叫复射式灵敏检流计，如图 5.18.1～图 5.18.3 所示. 它既有很高的灵敏度，结构有很紧凑，因此目前使用最为广泛.

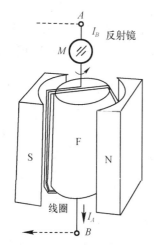

图 5.18.1 灵敏电流计结构

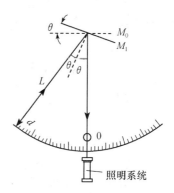

图 5.18.2 镜尺读数系统示意图

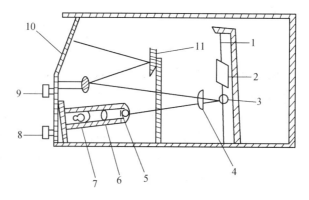

图 5.18.3 辐射式灵敏检流计结构示意图

1. 悬丝；2. 线圈；3. 反射镜；4. 球面镜；5. 光栏；6. 透镜；
7. 照明灯；8. 调零旋钮；9. 调零旋钮；10. 玻璃标尺；11. 反射镜

2. 灵敏电流计的运转特性

若 $R_外$ 为检流计外电路上的总电阻，M_3 为电磁阻尼力矩，则线圈的运动可分为三种状态(图 5.18.4)，现分述如下：

(1) 当 $R_外$ 较大时，M_3 较小，线圈将在平衡位置做振幅逐渐衰减的振动，长时间不能稳定下来。这种状态称为"欠阻尼"状态，如图 5.18.4 中曲线Ⅰ和Ⅰ′。

(2) 当 $R_外$ 较小时，M_3 较大，线圈将缓慢的趋向新的平衡位置。$R_外$ 越小，M_3 越大，达到平衡位置的时间越长。这种状态称"过阻尼"状态，如图 5.18.4 中曲线Ⅱ和Ⅱ′。

(3) 当 $R_外$ 适当时，线圈很快地达到平衡位置而又不发生振动。这是前两种状态的中间状态，称"临界"状态，如图 5.18.4 中实线Ⅲ和虚线Ⅲ′。这是对应的 $R_外$ 称为外临界电阻 R_c。

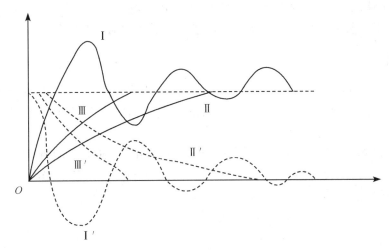

图 5.18.4　线圈阻尼衰减曲线

实线为通电达到稳定偏转时的情况，虚线为切断电流后返回零点的情况

【实验内容与步骤】

自行设计实验内容及步骤，测量并完成数据处理。

实验 19　用模拟法测绘静电场

静止带电导体在周围空间形成静电场。除简单情况外，用直接计算方法求解静电场分布都很困难。当精确度要求不高时，可采用实验方法测定，但直接测量也很困难，经常采用模拟法进行测量和研究。

如果两个现象和过程性质相似，服从相同的物理或数学规律，满足单值条件，则可用相似过程的研究代替直接过程的研究。这种方法称为模拟法。本实验就是利用稳恒电流场模拟静电场。

模拟法测量是一种基本的实验方法，实用范围很广。用稳恒电流场模拟静电场常用于各种电子管、示波管、电子显微镜等电真空器件中电极间电场分布及其他静电现象的研究中。

模拟法可分为物理模拟和数学模拟及计算机模拟。

物理模拟：人为制造的模型与实际研究对象保持相同物理本质的物理现象或过程的

模拟.例如,将飞机模型放在风洞中试验其性能;弹性结构(桥梁衍架)放在离心机上测试其性能等均属此类模拟.

数学模拟:将两个物理本质完全不同,但具有相同的数学形式的物理现象或过程的模拟.此模拟基于微分方程理论,即若泛定方程与边界条件一旦确定,则它们的解是唯一确定的,本实验用稳恒电流场模拟静电场就属于这种模拟.

计算机模拟:利用计算机庞大的计算功能,借助于模-数、数-模转换电路及各种传感器,在计算机上模拟各种过程(目前属于计算物理的范畴).

【目的要求】

①了解模拟法的概念,并用此方法测绘、研究静电场.
②通过用模拟法测绘静电场的等势面,进一步了解静电场的分布.

【实验仪器】

静电场描绘仪(箱式、自行组装式)、等势点探针或同步探针、带有各种形状电极的水盘或导电微晶板、耳机(或电压表、电流表、示波器等)、由等值电阻组成的分压器,低频信号发生器.

图 5.19.1(a)、(b)是利用导电微晶的箱式静电场描绘仪的外形图和电路图,图 5.19.2是及各种形状的模拟电极图;图 5.19.3是自行设计组装的静电场模拟实验仪.两种仪器原理完全一样,方法也类似.

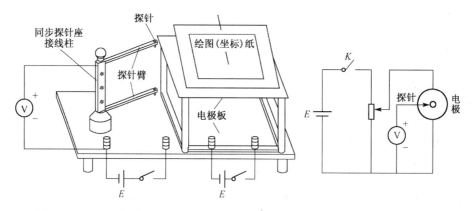

图 5.19.1 (a)(箱式)导电微晶静电场描绘仪示意图,(b)测同轴电缆电场电路图

【实验原理】

一、静电场

带电导体周围空间存在着电场.电场的分布用空间各点的电场强度 E 和电势 V 描述.为了形象化,也常用电力线和等势面表示电场的分布.场强 E 是矢量,测量困难;电势 V 是标量,易于测量.在实际测量中,电场中的电势分布多采用直接测量,再根据场强 E 和电势 V 的关系或电力线和等势面的正交条件得到电场强度的分布.

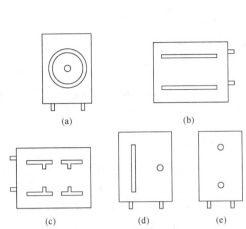
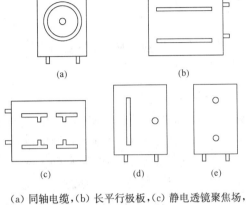

(a) 同轴电缆,(b) 长平行极板,(c) 静电透镜聚焦场,
(d) 劈尖型,(e) 长平行导线型

图 5.19.2 各种形状的模拟电极图

图 5.19.3 自行组装静电场模拟仪

1. 带异性电荷平行极板间电场

对于带异性电荷的无限大平板 A、B,由对称性和场强叠加原理可知,极板间是匀强电场,电力线垂直于平行极板均匀分布,等势面间的电势差等于电场强度 E 与等势面间距离 Δx 的乘积

$$\Delta V = E\Delta x \tag{5.19.1}$$

即等势面间的电势差 ΔV 与等势面的距离 Δx 成正比. 对于有限大平行极极板,极板中央可当作无限大平行板处理,电场为匀强电场,电力线垂直于极板,等势面平行于极板且等间距分布. 在平行极板的边缘处,电场为非匀强电场,等势面向两侧弯曲如图 5.19.6 中长平行平板 S 面模拟场(a)图所示.

2. 同轴圆柱面电场

无限长带异性电荷的同轴圆柱面 A、B 的半径分别为 r_a、r_b. 由高斯定理可得两柱面间与中轴线距离为 r 点的电场强度

$$E = \frac{\tau}{2\pi r\varepsilon_0} \tag{5.19.2}$$

式中,τ 为单位长度柱面上的带电量,即电荷密度;ε_0 为介电常数. 根据电势定义,该点与内柱面间电势差(设内筒为零电势)

$$V_r = \int_{r_a}^{r} E\mathrm{d}r = \frac{\tau}{2\pi\varepsilon_0}(\ln r_a - \ln r)$$

$$= \frac{-\tau}{2\pi\varepsilon_0}\ln\frac{r}{r_a} \tag{5.19.3}$$

B、A 两极板间的电势差

$$V = \frac{-\tau}{2\pi\varepsilon_0}\ln\frac{r_b}{r_a} \tag{5.19.4}$$

由式(5.19.3)和式(5.19.4)可得

$$V_r = \frac{V}{\ln\frac{r_b}{r_a}}\ln\left(\frac{r}{r_a}\right) = \frac{V}{\ln\frac{r_b}{r_a}}\ln r - \frac{V}{\ln\frac{r_b}{r_a}}\ln r_a \quad (5.19.5)$$

即
$$V_r = K\ln r + C \quad (5.19.6)$$

其中
$$K = \frac{V}{\ln(r_b/r_a)} \quad C = -\frac{V}{\ln(r_b/r_a)\ln r_a}$$

由此可知无限长带异性电荷的同轴柱面间电场是非匀强电场,等势面和极板间的电势差与等势面半径的对数值成线性关系,如图 5.19.4 所示.

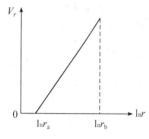

图 5.19.4 电势差与等势面半径的关系

二、用稳恒电流场模拟静电场

稳恒电流场和静电场是两种不同的场,但由电磁理论可以证明在满足模拟条件的情况下,稳恒电流和静电场具有相同(或相似)的电势分布,电流场各点的电流密度 j 的方向即可表示场强 E 的方向($E = \sigma j$).因此,可以通过电流场模拟静电场.本实验要模拟的是真空中或均匀介质中的静电场.它的模拟条件是:

① 模拟用的电极与被模拟电场的电极几何形状和相对位置相同或相似;

② 电流场载流物质的电阻率远大于电极材料的电阻率,以保证在电流通过电极时电极表面仍近似为一个等势面,同时还要求载流物质的电阻率远小于周围空间和其他接触材料的电阻率,以保证电流线仅分布在载流物质中;

③ 在模拟各向同性均匀介质中的电场时,载流物质的电阻率应处处均匀且各向同性;

④ 模拟电极系统的边界条件和被模拟系统边界条件应相同或对研究问题影响很小.

带电体电势分布应在空间进行模拟研究.但在带电体具有一定对称性的情况下,它产生的电场也具有同样的对称性.根据对称性可将问题简化为在特定平面上或局部空间进行模拟研究.

(1) 对于无限长的带电体.例如无限长带电平行极板(或同轴柱面和平行柱体等),由于对称性,电力线应垂直于极板.若垂直于极板,将空间横截出若干个等厚的小薄层,则各薄层内电极的形状和电场分布均相同.将任一个薄层垂直平移叠加都可得到整个空间的电场分布,即具有平移对称性.又由于电力线垂直于极板,各薄层的电力线不相互贯穿,模拟时,层间电流无相互流动,因此,问题可简化为一个均匀薄层内电场的模拟研究.层很薄时相当于均匀导电平面的电场,如图 5.19.5 所示.

(2) 一对无限大带电体平板.在垂直于极板的截面上带电平行板变成两条无限长带电平行线.由对称性可知,同一宽度任意一个垂直于极板的矩形内的情况完全相同,也具有平移性,且各条间无电流相互流动.因此,问题可进一步简化为垂直于极板的一个矩形内电场的模拟研究.

(3) 带电体是两个无限长同轴圆柱面.则在垂直于轴线的横截面上的电极为两个同心圆,其电力线呈辐射状(见图 5.19.6 中长同轴柱面 S 面上模拟场).它具有中心对称性,如将截面分成若干个顶角相等的小扇形,则每个扇形上电极的形状、电场的分布均相同.将其中任意一个小扇形旋转叠加即可得到整个截面上的电场情况即具有旋转对称性.因此,这个问题可以进一步简化为小扇形上电场的模拟研究.实验中用小角度楔形来近似小扇形.

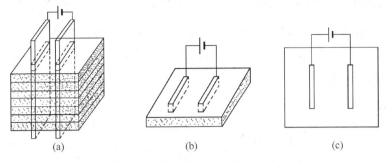

图 5.19.5 均匀导电平面电场
(a)无限长带电平行极板;(b)被截切的平行极板;(c)连接电路

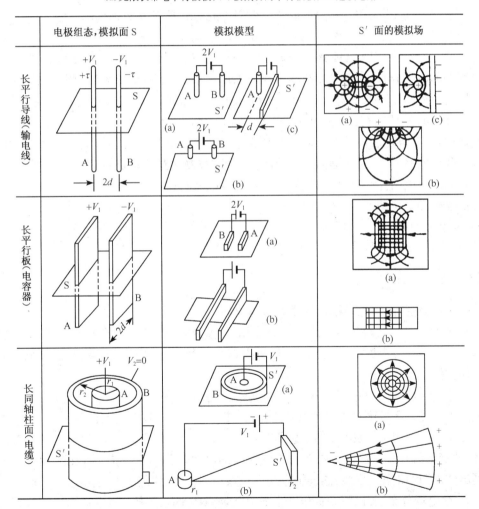

图 5.19.6 电场等势面、电力线的分布

在解决静电学问题时常用镜像电荷的"电像法"使问题简化,这在模拟实验中也可以使用.例如,一对带异号电荷的无限长圆柱体,在导电纸上用两个圆形电极加电压V_{AB}模拟,两个电极的离心连线的中垂线(面)是一个等势线(面).如将此等势线用电极连接,在左边电极 A 与等势线上加电压$V_{AO}=\frac{1}{2}V_{AB}$,测绘等势线右边的电势分布,则此电势分布与原电极的电势分布完全相同,原左边图形和电荷可以看作右边图形的镜像,如图 5.19.6 中长平行导线的(c)图.

三、实验方法

本实验是在平面上进行测量的,用来模拟无限长电极的一个横截薄层内的电场分布.载流导体是导电纸,电极是一对平行铜板.当矩形导电纸的长度大于铜板长度时,可用来模拟一对无限长而宽度有限的带电平行极板的静电场;当导电纸长度小于铜板长度时,可用来模拟无限大平行板间的电场;当导电纸为小角度楔形条时,可模拟一对同轴带电圆柱面的电场(实际上是一对正多边形同心柱面.在边数很多的情况下,它可近似为圆柱面).

在电极上加电压,导电纸上的电势分布原则上通过直接测量纸上各对电极的电压得到.但一般电压表的内阻并不远大于导电纸的内阻,如直接用电压表并接测量电压,将对导电纸上的电势分布产生影响.在本实验中采用补偿法(即电压平衡法)测量导电纸的电压.具体电路如图 5.19.3 所示.利用一个分压电路在电压表上加补偿电压$V_{C'A'}$.当电压$V_{C'A'}$与待测电压V_{CA}(待测点 C 与电极 A 之间的电势差)相等时达到补偿,检流计中将无电流通过,此时电压表指示电压即为电压V_{CA}.此种方法测量电压时,电压表通过的电流由补偿分压回路提供,对待测回路无分流作用(对被测回路来讲,电压表的内阻相当于无穷大).为简化电路,图中模拟电极与电压表补偿电路共用一个电源.

由电桥和电位差计实验中可知,利用补偿法进行测量,检流计电路的灵敏度应当是可调的,或检流计应有适当的保护.本实验中检流计采取限压保护,即检流计上所加的电压自动限压为 0.2V,而且使 0.2V 时检流计刚好满度.

【实验内容与步骤】

一、用导电微晶静电场模拟仪器模拟静电场

1. 按图 5.19.1(b)连接电路.根据不同的模拟内容,选择不同的电极(如模拟同轴电缆内部电场).将导电微晶上正负两电极分别与直流稳压电源的正负极相连接,电压表正极与同步探针正极相连接.

2. 将坐标纸压在平行极板磁条下.导电微晶静电场模拟仪下层是导电微晶(有的设计成放置水盘),上层平台可平铺绘图坐标纸,上下两层通过同步探针相联系.

3. 接通电源电压,如$E \geqslant 3V$.选择不同等位电压,移动同步探针,测绘同轴电缆的等位线(即等势线)簇.一般选择相邻两等位线间的电势差为 0.5V 或 1V,在坐标纸上先对称画出("米"状)8 条电场线;测同轴电缆等位线时,每条等位线上对称的打 8~16 个点.

4. 绘电场分布图.以每条等位线上各点到原点的平均距离 r 为半径画出等位线的同心圆簇;据电场线与等位线正交原理,画出电场线(电力线),标出电场强度方向;描绘 ln$V$-ln$r$ 曲线.比较电场分布测量值与理论值,分析误差.

5. 根据图 5.19.2 及以上同轴电缆电场测量方法,自拟实验步骤,分别测绘出两个无限长平行带电圆柱体、平行板、示波管电极等的静电场分布图(包括等势线及电力线). 描绘平行板静电场 V-x 曲线.

二、自行组装静电场模拟仪器模拟静电场

1. 按图 5.19.3 连接电路. 将导电纸分别裁成矩形(约 2cm×10cm)和 5°~10° 的扇形或楔形条,并将二者平行摆放,同时均匀地压在平行极板下的中间位置.

2. 选择电源 $E \geqslant 3V$;先调变阻器使电压表两端分压最小,试闭合开关 K;再调变阻器使该分压最大,并调整电源使电压表满量程,即两极板间电压 $V_{AB} = 3V$.

3. 测绘在 0.0~3.0V 间等位线. 调变阻器分别将电压表调到 0.5V、1.0V、1.5V、2.0V、2.5V,依次用探针分别在矩形、扇形导电纸上点出相应的等势点(即检流计电流为零的点),每条等位线上 5~10 个左右等势点. 注意用探针点压要轻,不要刺破导电纸.

4. 在矩形、扇形导电纸反面将等势点连成光滑的等位线,包括正负极板下 0.0V、3.0V,共测绘 7 条等位线,标出其电位大小;画出电场线及其方向.

5. 用米尺测量矩形导电纸上从负极到正极间每条等位线的距离 x,作 V-x 线,分析匀强电场情况.

6. 用米尺测量扇形导电纸上从圆心到正负极及其间每条等位线的距离 r(r_a, $r_{0.5}$,…,r_b),数据列表 5.19.1,作 V-$\ln r$ 曲线,分析非匀强电场情况.

表 5.19.1

V(V)	0.0	0.5	1.0	1.5	2.0	2.5	3.0
匀强电场(矩形)x/cm							
非匀强电场(扇形)r_i/cm							
$\ln r$							

【注意事项】

①导电纸必须保持平整切勿折叠,以免造成电介质不均匀,使模拟电场畸形.

②由于导电纸的边界条件(导电纸上的电流只能沿边线平行流过,而 $E = \sigma j$,故电场强度平行于边界,等势线与边线垂直)在一般情况下符合原电场边界条件,故太靠边界的等势线不必绘出(符合原电场的情况除外).

③电极与导电纸各处都应紧密接触(压紧),使模拟电极与实际电极一致.

【分析讨论题】

(1) 怎样由测得的等势面绘出电场线?电场线的疏密和方向如何确定?能否从你绘制的等势线或电场线图中判断哪些地方较强,哪些地方较弱?

(2) 实验中若水盘不平,水深处和水浅处等势分布将如何变化?平行板之一接触不好,等势线又将如何变化?

实验 20　示波器的使用

电子示波器又称阴极射线示波器,简称示波器. 它主要由示波管和复杂的电子线路组成,用它可以直接观察电压的波形,并能测定电压的大小. 所以,一切可以转化为电压的电

学量和非电学量都可以用示波器来观测,尤其是对那些瞬变过程更为适用.因此,示波器在生产和科研中得到广泛的应用.

【目的要求】

(1) 了解示波器的构造原理,学习示波器的使用方法.

(2) 用示波器来观察测绘交流电压、半波整流、全波整流和李萨如图形.

(3) 测量信号(如交流电压)的峰峰值 V_{P-P} 和有效值 $V_{有效}$.

【实验仪器】

示波器,交流、半波和全波整流电压源,低频信号发生器等.

【实验原理】

示波器的规格很多,但不管什么型号的示波器都包括图 5.20.1 所示的几个基本组成部分:显示系统、垂直系统、水平系统、触发系统等.其中显示系统包括示波管(又称阴极射线管,Cathode Ray Tube,简称为 CRT),另外还有直流电源、探头等部分组成.

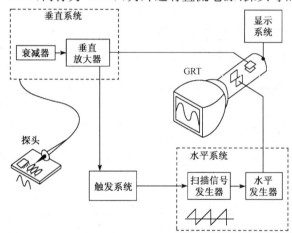

图 5.20.1 示波器示意图

一、示波管的构造和作用(查阅资料)

示波管由电子枪、偏转板和荧光屏三部分组成,如图 5.20.2 所示.

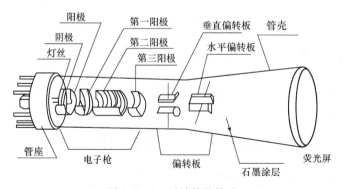

图 5.20.2 示波管的构造

二、示波器波形显示原理

(1) 如只在 Y 偏转板(简称 Y 轴)上加一正弦电压,则电子束打出的亮点将随电压变化在竖直方向来回运动. 若电压频率较高,看到的是一条竖直亮线. 图 5.20.3.

(2) 要想显示波形必须将其在水平方向展开,且使 X 轴与时间 t 成正比,即在 X 偏转板(简称 X 轴)上必须加一个扫描电压,使亮点沿水平方向拉开,且这种扫描电压须随时间 t 线性的增加到最大值后突然回到最小,此后再重复地变化. 这种扫描电压随时间 t 变化的曲线形同"锯齿",故称"锯齿波电压". 产生锯齿波扫描电压的电路在图 5.20.1 中用"扫描信号发生器"方框表示. 若仅在 X 偏转板上加此扫描电压,且频率足够高,则荧光屏上只显示出一条水平亮线——扫描线(图 5.20.4).

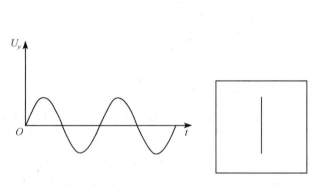
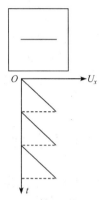

图 5.20.3　只在 Y 轴加正弦电压　　　图 5.20.4　只在 X 轴加扫描信号

(3) 如果在 Y 轴上加正弦电压,同时在 X 轴加"锯齿波"电压,电子的运动将是两个互相垂直的运动合成. 若扫描电压周期是 Y 轴信号周期的整数倍(图 5.20.5 中 $T_x = 2T_y$)则一次扫描就在荧光屏上显示出整数个完整的 Y 轴所加电压的波形图,如图 5.20.5 所示. 第二次扫描从 t_8 开始,U_y、U_x 继续按原规律变化,屏上的光点照第一次完全一样地重新描绘一次. 这样,我们只要保证每次扫描的起扫点重合,且让重复扫描的频率高于人眼的分辨率(约 25Hz),屏上就会看到一个稳定的波形.

(4) 若扫描锯齿波电压的周期不是被测(Y 输入)信号电压周期的整数倍,则每次扫描的起扫点不重合,波形会不稳定,可能左右跑动甚至更复杂.

为了获得稳定的波形,示波器上设有"扫描速度"、"扫描微调"旋钮,用来调节锯齿波电压的周期 T_x(或 f_x),使 $T_x = nT_y$ 成立. ($n = 1, 2, 3, \cdots$ 可自由选择)出现稳定波形.

(5) 输入 Y 轴的被测信号与示波器内部的扫描锯齿电压信号是互相独立的. 由于环境或其他因素的影响,它们的周期或频率可能发生微小的改变. 在观察高频信号时这一问题尤为突出. 为此示波器内装有扫描同步装置即同步调节(仪器上的触发电平调节),它使得扫描与被测信号同步. 电平调节旋钮调节触发信号的触发电平. 一旦触发信号超过由旋钮设定的触发电平时,扫描即被触发. 顺时针旋转旋钮,触发电平上升;逆时针旋转旋钮,触发电平下降. 当电平旋钮调到电平锁定位置时,触发电平自动保持在触发信号的幅度之内,不需要电平调节就能产生一个稳定的触发. 当信号波形复杂,用电平旋钮不能稳定触

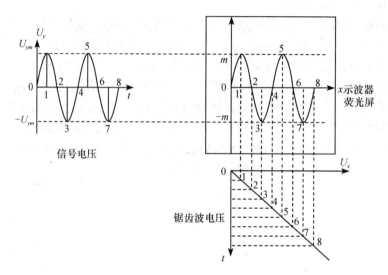

图 5.20.5　Y 轴加正弦电压、X 轴加扫描信号

发时,用释抑(Hold Off)旋钮调节波形的释抑时间(扫描暂停时间),能使扫描与波形稳定同步.

极性开关用来选择触发信号的极性.拨在"＋"位置上时,在信号增加的方向上,当触发信号超过触发电平时就产生触发.拨在"－"位置上时,在信号减少的方向上,当触发信号超过触发电平时就产生触发.触发极性和触发电平共同决定触发信号的触发点.

三、双踪示波器

(1) 特点:一般示波器在同一时间里只能观察一个电压信号,而双踪示波器可以在荧光屏上同时显示两个电压信号.为了在只有一个电子枪的示波管(称为单束示波管)的荧光屏上能够同时观察两个电压信号,这种示波器内设有电子开关线路.用电子开关来控制两个 Y 轴通道的工作状态,使得待测的两个电压信号 Y_A 和 Y_B 周期性的轮流作用在 Y 偏转板上,这样在荧光屏忽而显示 Y_A 信号波形,忽而显示 Y_B 信号波形.由于荧光屏荧光物质的余辉以及人眼视觉滞留效应的缘故,在荧光屏上看到的便是两个波形.图 5.20.6 是双踪示波器的控制电路方框图.

(2) "交替"与"断续"两种工作方式.双踪示波器的 Y 轴输入有两个通道,利用电子开关线路把信号 Y_A 和 Y_B 分别周期性轮流加到 Y 偏转板上.其工作方式可分为"交替"和"断续"两种.

① "交替"工作方式

常用 ALT 表示(Alternate 的缩写).它表示第 1 次扫描接通 Y_A 信号,那么第 2 次扫描就接通 Y_B 信号,如此重复下去,这就是"交替"工作方式."交替"工作方式不适用于观测低频信号.

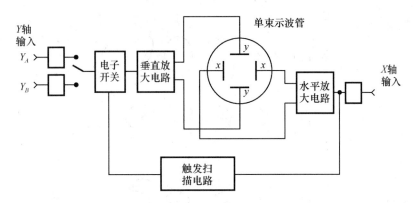

图 5.20.6　双踪示波器的控制电路方框图

② "断续"工作方式

常用 CHOP 表示（Chopping 的缩写）. 在每次扫描过程中,快速地轮流接通两个输入信号 Y_A 和 Y_B,这种方式称为"断续"工作方式. 这种工作方式仅仅用于低频信号测量.

四、李萨如图形

如果在垂直偏转板和水平偏转板同时加上正弦电压,则荧光屏上亮点的运动将是这两个互相垂直运动的合成,这些图形称为李萨如图形,如图 5.20.7 所示. 利用李萨如图形可以测未知频率. 如果以 f_y 和 f_x 分别代表加在垂直偏转板上电压的频率,n_x 为图形与水平边界相切点数（即图形在 X 方向上达到最大值的次数）,n_y 为图形与竖直边界线相切的切点数（即图形在 Y 方向上达到最大值的次数）,则有

$$\frac{f_y}{f_x} = \frac{n_x}{n_y} \tag{5.20.1}$$

如果 f_x 为已知,可由此求出未知频率 f_y.

另外示波器还可以用做物理量间函数关系的动态显示. 先把各物理量转化成一定的电压信号. 将作为自变量的物理量对应的电信号加至水平偏转板上,将作为函数的物理量对应的电信号加到垂直偏转板上. 当它们随时间变化时,示波器荧光屏上将显示出它们之间的函数关系.

五、示波器面板

不同型号的示波器,其面板大同小异,基本功能一致. 某种示波器各主要部件说明如图 5.20.8.

六、信号发生器

有很多种信号发生器或波形仪可以应用到该实验中（参见图 5.20.9(a)函数信号发生器,(b)整流滤波稳压波形仪）,具体设备说明请查阅有关资料.

七、正弦交流电

经半波和全波整流后的脉动电流如图 5.20.10 所示.

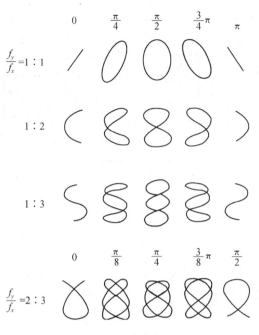

图 5.20.7 李萨如图形

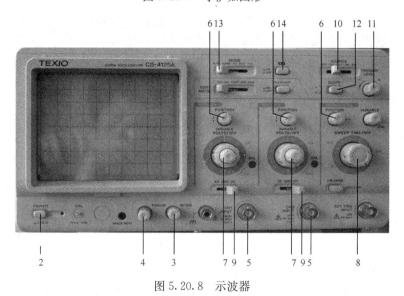

图 5.20.8 示波器

1、荧光屏.2、电源(Power).3、辉度(Intensity).4、聚焦(Focus).5、信号输入通道端:通道 1(CH1)、通道 2(CH2)、双通道(DUAL).6、位移(Position)旋钮(水平和垂直方向).7、垂直偏转因数选择(VOLTS/DIV)和微调(即通道信号衰减粗、细调节器).8、时基选择(TIME/DIV)和微调.9、输入耦合方式:交流(AC)、地(GND)、直流(DC).10、触发源(Source)选择:内触发(INT)、电源触发(LINE)、外触发 EXT).11、触发电平(Level)又叫同步调节.12、和触发极性(Slope).13、扫描方式(Sweep Mode):自动(Auto)、常态(Norm)和单次(Single).14、X—Y 工作方式.

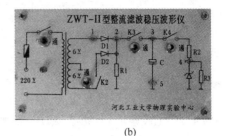

(a)   (b)

图 5.20.9 (a)信号发生器；(b)波形仪
1、正弦波；2、半波全波；3. 滤波；4. 稳压

示波器种类、型号很多,功能也不同. 但这些示波器用法大同小异,这里不针对某一型号的示波器,只是以图 5.20.8 为例,从概念上介绍示波器在实验中的常用功能.

其中,垂直偏转因数选择(VOLTS/DIV)和微调：在单位输入信号作用下,光点在屏幕上偏移的距离称为偏移灵敏度,这一定义对 X 轴和 Y 轴都适用. 灵敏度的倒数称为偏转因数. 垂直灵敏度的单位是为 cm/V,cm/mV 或者 DIV/mV,DIV/V,

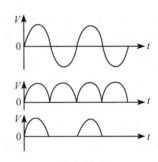

图 5.20.10 正弦波、全波、半波信号

垂直偏转因数的单位是 V/cm,mV/cm 或者 V/DIV,mV/DIV. "微调"旋钮用于时基选择(TIME/DIV)和微调：例如在 1μs/DIV 挡,光点在屏上移动一格代表时间值 1μs.

【实验内容与步骤】

1. 示波器的初步调整与校准

打开电源,通过调节辉度、聚焦、X 位移、Y 位移等旋钮,使扫描线亮度适中,位置居中,清晰明亮.

用示波器备用的探极,将示波器自身输出的($0.5\ V_{P-P}$,1KHz)标准信号输入到 CH1 或 CH2 输入端,调节 Y 轴衰减旋钮(V/DIV)和扫描时间因数旋钮(TIME/DIV)到适当位置,并使其微调旋钮一定处于"校准"位置,调节触发电平旋钮,使荧光屏上出现稳定的、幅值大小适中的两个完整周期的标准方波波形.

2. 观察输入信号波形,并测量其幅度(V_{P-P})、有效值($V_{有效值}$)

(1) 正弦信号观测

利用波形仪或信号发生器,将 50Hz 正弦信号输入示波器的 X 轴(CH1)或输入 Y 轴(CH2). 调整示波器 Y 轴灵敏度(衰减 V/DIV)、CAL(顺时针旋转到头)、水平和垂直位移、时基选择及微调(扫描时间因数 TIME/DIV)、同步调节等,直到调出 1 个、2 个、多个完整的正弦信号波形,并对正弦信号波形进行描绘和观测. 如图 5.20.10.

根据公式测量该正弦信号的幅度(峰峰值 V_{P-P}),并求其有效值($V_{有效值}$),即

$$V_{P-P} = N(格) \times 灵敏度(V/格)$$

$$V_{有效值} = V_{P-P}/2\sqrt{2}$$

* 测量不同周期 T(频率 f)正弦信号. 调整信号发生器正弦信号的输出频率为 500Hz、5kHz、50kHz,测量这三个正弦信号的周期 T、幅度(V_{P-P}),并求有效值($V_{有效值}$).

(2) 全波、半波整流(及滤波、稳压)信号观测

将半波、全波整流(及滤波、稳压)信号输入示波器的 x 轴(CH1)或 y 轴(CH2),方法同上.并对半波、全波整流等信号波形进行观测和描绘.如图 5.20.10.

3. 垂直振动的合成——李萨如图形观测、未知信号频率测量

(1) 李萨如图形观测

将波形仪输出的正弦信号(频率 $f_y = 50$Hz)输入示波器 y 轴(CH2),将信号发生器输出的正弦信号(频率 f_x 可调)输入示波器的 x 轴(CH1);调整示波器各相关旋钮,并使其处于 x-y 波形叠加工作方式;调整,当 x 轴和 y 轴两个信号的频率比值成整数比时,即满足(5.20.1)公式 $f_y/f_x = n_x/n_y$ 时,即可在示波器荧光屏上观察到稳定的李萨如图形.调整 f_x,分别观测 $f_y/f_x = n_x/n_y = 1/1、2/1、3/1、3/2$ 等频率比时的李萨如图形.

(2)未知信号频率测量

假设 y 轴信号频率 f_y 为未知待测频率,已知 x 轴信号的频率 f_x 可调,可以调整 f_x,使二者叠加形成的李萨如图形,即可利用公式,求出未知待测频率 $f_y = f_x n_x/n_y$.

注意 (1) 光点和曲线的亮度不能太强,更不能让光点长时间停留在荧光屏的一点上.

(2) 短时间不用示波器时,可将"辉度"旋钮反时针方向旋至尽头,截止电子束发射,使光点消失,而不要频繁地开、关示波器的电源,以延长示波器的使用寿命.

【分析讨论题】

(1) 荧光屏上看不见光点,怎样调节才能找到光点?

(2) 示波器上的正弦波形不断向"右跑",是何原因?是扫描频率偏高,还是偏低?

(3) 观察李萨如图形,当加在 X、Y 偏转板上的正弦电压频率相等或是成整数倍时,荧光屏上的图形还是在不停地缓慢转动,为什么?这时,使用示波器上的"同步"(即触发电平旋钮)能否把图形稳定下来?

实验 21 用示波器观测二极管伏安特性曲线

利用示波器可以直观地研究两个相关的物理量变化过程中的依赖关系.例如,示波器可以观察非线性元件(如半导体二极管、三极管)的特征曲线,铁磁材料的磁滞回线,有源或无源四端网络的频率响应曲线等.

【重点、难点】

设计、搭建测试电路,熟练使用示波器,观察研究通过非线性元件(如半导体二极管、三极管)的电流和电压的数值关系.

【目的要求】

(1) 了解示波器显示二极管输出特性的原理;
(2) 进一步熟悉示波器的使用.

【实验仪器】

双踪示波器、音频信号发生器、滑线变阻器、被测晶体二极管(2AP 型整流管或 2CW 型稳压管).

【实验原理】

碳膜电阻、金属膜电阻、线绕电阻等电阻元件通常被称为线性元件,半导体二极管、三极管等为非线性元件,是因为它们的伏安特性曲线不同.测试伏安特性曲线通常采用伏安法,即在被测元件两端加上直流电压,用电压表和电流表直接测出通过元件的电流与端电压之间的关系 $I=f(U)$,此方法因为是逐点描述,因此比较繁琐,本实验采用示波器观测,不仅方法简单,而且能观测其伏安特性全貌.

普通二极管的伏安特性曲线如图 5.21.1.从正向特性来看,当正向电压较小时,正向电流几乎为零,只有当正向电压超过死区电压(一般硅管约为 0.5V,锗管约为 0.1V)后,正向电流才明显增大,当正向管压降达到导通电压时(一般硅管约为 0.6~0.7V,锗管约为 0.2~0.3V),管子才处在正向导通状态.从反向特性可以看出,当反向电压较小时,反向电流很小,当反向电压超过反向击穿电压(一般在几十伏以上)后,反向电流突然增大,二极管处于击穿状态,普通二极管只能工作在单向导通状态.

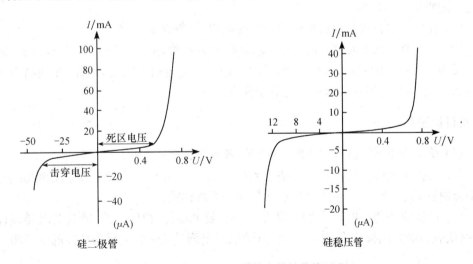

图 5.21.1 二极管伏安特性曲线

稳压管是一种特殊的 pn 结面接触型硅二极管.其伏安特性与普通二极管相似.其差异是反向特性比较陡.稳压管工作于反向击穿区,从反向特性曲线可以看出,当反向电压增高到击穿电压时,反向电流突然剧增,此后,虽然流过管子的电流很大,而管子两端电压变化却很小,达到"稳压"效果.稳压管与一般二极管不一样,它的反向击穿是可逆的,当去掉反向电压后,稳压管又恢复正常.但如果反向电流超过允许范围,它会因热击穿而损坏.

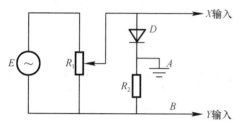

图 5.21.2 伏安特性测量电路

测试二极管伏安特性的电路如图 5.21.2,图中 E 为低频信号发生器,R_1 为滑线变阻器,D 为被测二极管,R_2 为一纯电阻,将 D 上的电压通过 X 轴传输线加至水平偏转板,将 R_2 上的电压通过 Y 轴传输线加至垂直偏转板,这个电压实质上反映了通过二极管的电流.这时荧光屏上就会直接显示出二极管的伏安特性曲线.

【实验内容与步骤】

(1) 在示波器荧屏上观测稳压管(或普通二极管)伏安特性的全貌.

(2) 在坐标纸上定量地描绘出伏安特性曲线(找出坐标原点,正确标出 X 轴和 Y 轴的单位和坐标,注意消除系统误差的影响).

(3) 从伏安曲线中给出二极管的正向导通电压,反向击穿电压值.

注意

(1) 在测二极管伏安特性时,原理上按图 5.21.2 接线,但有时受实验室现有仪器设备本身结构的限制,可能示波器 Y 轴信号被短路,因此,在实际电路设计中,将图 5.21.2 中 B 点作为接地点,A 点作为 Y 输入端.这种情况相当于伏安法测量中的电表内接方式,为了减小系统误差,R_2 选用电阻箱,且值尽可能小($R≈50Ω$).同时,在数据处理时,应消除这个测量误差的影响.

(2) 在实验中要求正确选择低频信号的频率,一般取 50~500 Hz.

(3) 二极管在加电时,为保证其不受损坏,对普通管,正向有最大整流电流的限制,反向有反向击穿电压的限制,对稳压管,反向有最大稳定电流的限制,因此,在观测中,要特别注意被测二极管的这些参数,以免管子受损.

【分析讨论题】

(1) 伏安法与示波器测非线性元件特性各有什么优缺点?

(2) 当把示波屏上的特性曲线描绘到坐标纸上时,应注意什么?如何消除由于实际接地点由图 5.21.2 中 A 点变为 B 点而带来的系统误差?

(3) 用伏安法测二极管特性时,提供下列仪器和器件:稳压电源、滑线变阻器、限流电阻、毫伏表、伏特计、微安表、锗二极管等,分别画出测量二极管正反向特性的电路图.

实验 22 用霍尔元件测量磁场

利用霍尔效应制成的霍尔元件是一种磁电转换元件(又称霍尔传感器),它具有频率响应宽、小型、无接触测量等优点,使它在测试、自动化、计算机和信息处理技术等方面,得到了极为广泛的应用.

【重点、难点】

重点：理解霍尔效应，理解该实验方法．
难点：进行正确的实验操作，尤其在四种副效应比较显著的条件下．

【目的要求】

（1）了解产生霍尔效应的机制，掌握其测量磁场的原理．
（2）学会用霍尔元件测量磁场的基本方法．

【实验仪器】

霍尔元件、电磁铁、电势差计、安培表、毫安表、检流计、双刀双掷换向开关、电源、变阻器等．

【实验原理】

霍尔效应测磁场原理

如图 5.22.1 所示，把一块半导体薄片（锗片或硅片）放在垂直于它的磁场 B 中（B 的方向沿 z 轴自下而上）．在薄片的四个侧面 A、A'、D 和 D' 分别引出两对电极．当沿 AA' 方向（y 轴方向）通过电流 I_S 时，薄片内定向移动的载流子受到洛伦兹力 f_B 的作用而发生偏转．

$$f_B = e v \times B \quad (5.22.1)$$

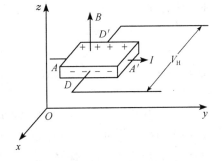

图 5.22.1 霍尔效应原理图

式中 e 和 v 分别是载流子的电量和移动速度．载流子受力偏转的结果导致在垂直于电流和磁场方向上的 DD' 两侧分别积聚着正负电荷．从而形成附加的横向电场 E_H．DD' 间产生电势差（图中设载流子是负电荷，故 f_B 沿负 y 轴方向），这一现象称为霍尔效应．这个电势差称为霍尔电势差，用 V_H 来表示．显然，电场 E_H 是阻止载流子继续向侧面偏移，当载流子所受的横向电场力 $f_E = eE_H$ 与洛伦兹力 f_B 相等时，载流子所受合力为零，即

$$eE_H = evB \quad (5.22.2)$$

$$V_H = E_H b, I = nevbd$$

可证明：

$$V_H = K \cdot I \cdot B \quad (5.22.3)$$

式中，$K = -\dfrac{1}{ned}$ 称为霍尔元件的灵敏度，n 为载流子浓度，e 为载流子电荷电量．d 为半导体薄片厚度．由（5.22.3）式可知，如果磁感应强度 B 已知，测出纵向电流 I_S 和相应的 V_H 值，即可算出该霍尔元件的灵敏度 K_H，即

$$K_H = \dfrac{V_H}{I_S \cdot B} \quad (5.22.4)$$

为使 V_H 尽可能大,一般希望 K_H 越大越好. 因为它与载流子的浓度 n 成反比,而半导体的载流子浓度又远比金属的载流子浓度小,所以用半导体材料做霍尔元件的灵敏度比较高. K_H 还与霍尔片的厚度 d 成反比,所以霍尔片都切得很薄,一般只有 0.2mm 厚. 对于一个已标定灵敏度的霍尔元件,如测出纵向电流和相应的 V_H 值,即可算出待测磁场的磁感应强度,即

$$B = \frac{V_H}{I_S \cdot K_H} \tag{5.22.5}$$

式(5.22.5)是在理想情况下得到的. 实际在产生霍尔效应的同时,还伴随着几个副效应的产生,它们都在 V_H 上产生附加电压,这些副效应有:

(1) 埃廷斯豪森效应(Ettingshausen effect):由于载流子的运动速度不等,它们在磁场中所受的作用力也不相等. 平衡时,$|f_B|=evB$. 速度大于 v 的载流子受力 $|f_B|>|f_E|$,速度小于 v 的载流子受力 $|f_B|<|f_E|$,从而使其朝不同方向偏转. 这样在霍尔元件上下两面中,其中一面速度快的载流子多,因而两面之间会有一温度差,从而产生温差电压 V_T. 显然,V_T 的正负与 B、I 的方向均有关.

(2) 能斯特效应(Nernst effect):由于电极 A、A' 之间电阻不相等,通电后发热程度不同,使 A、A' 两端存在温度差,于是在 A、A' 之间会出现热扩散电流,它在磁场作用下也在 D、D' 间产生附加电压 V_p. V_p 的正负只与 B 的方向有关.

(3) 里吉 勒迪克效应(Righi-leduc effect):在能斯特效应中,由于扩散载流子的迁移速率不同,类似于埃廷斯豪森效应,也在 D、D' 间产生附加电压 V_s,V_s 的正负只与 B 的方向有关.

(4) 不等位效应:由于材料不均匀和制作上的困难,D、D' 两点不一定恰好在同一等位面上. 这样,即使 B 不存在,只要元件中有电流通过,D、D' 两点间就会有电势差 V_0. V_0 的正负只与 I_S 的方向有关.

上述四种副效应的存在,会造成实验测得的 DD' 两电极之间的电压并不等于真实的 V_H 值. 而是包含着四种副效应引起的附加电压,因此,必须设法消除. 根据以上副效应产生的机理,除 V_T 外,原则上都可以通过改变工作电流和磁场方向的对称测量法来消除和减小. 具体的做法是:保持 I_S 和 $B(I_M)$ 的大小不变,并在设定电流和磁场的正、反方向后,依次测量由下列四组不同方向的电流 I_S 和磁场 $B(I_M)$ 组合的 DD' 两电极之间的电压 $V_{DD'}$ 即

$$+B(I_M), +I_S \quad V_1 = +V_H + V_t + V_p + V_s + V_o$$
$$+B(I_M), -I_S \quad V_2 = -V_H - V_t + V_p + V_s - V_o$$
$$-B(I_M), -I_S \quad V_3 = +V_H + V_t - V_p - V_s - V_o$$
$$-B(I_M), +I_S \quad V_4 = -V_H - V_t - V_p - V_s + V_o$$

合并上述四式可得

$$V_H = \frac{+V_1 - V_2 + V_3 - V_4}{4} - V_T \tag{5.22.6}$$

通过上述的对称测量法,虽然还不能消除 V_T 副效应,但其与 V_H 相比小的多,可忽略. 还应指出,测恒定磁场 B 时,工作电流 I_S 也可以用交流. 这时,霍尔电压 V_H 也是交变的,而公式中的 I_S 和 V_H 均应理解为有效值.

实际实验中,一般同时改变 B(励磁电流 I_M)和 I_S(工作电流)的方向前后,分别测出 V_{H_1} 和 V_{H_2},再利用下面近似公式求出 V_H,即

$$V_H = \frac{V_{H_1} + V_{H_2}}{2} \tag{5.22.7}$$

【实验内容与步骤】

实验电路如图 5.22.2,分成以双极转换开关 K_1、K_2 和 K_3 为中心的三个部分:即供给励磁电流部分、供给霍尔元件工作电流部分和测量霍尔电压部分.转换开关 K_1、K_2 的倒向可以分别改变磁场 B 和工作电流 I 的方向.当 B 或 I 换向引起 P、S 之间电压的极性改变时,可转换 K_3 的倒向,使接至电位差计"未知"端的正负极性不变(或用表 mV 挡 V_H 极性不变).在普通的磁场中霍尔电压 V_H 一般比较小(约几个 mV),要求用电势差计测量.具体步骤如下:

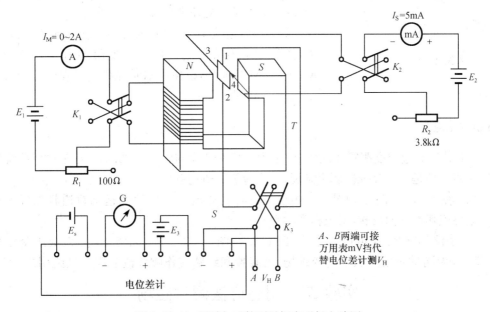

图 5.22.2 用霍尔元件测量恒定磁场电路图

K_1、K_2、K_3—双极转换开关;E_s—标准电池;E_1、E_2—直流稳压电源;E_3—干电池;H—霍尔元件;T—电磁铁;mA—毫安表;A—直流安培表;G—灵敏检流计;R_1、R_2—滑线变阻器;P_0—电势差计

(1) 按图 5.22.2 连接电路.其中 E_1、E_2 共用一个电源,电压取 12V. R_1 阻值约 100Ω,R_2 阻值为 1~3kΩ. 电路未经教师检查合格,不得接通电源.

(2) 将霍尔元件固定安置在电磁铁磁极间隙中.用滑线电阻 R_2 调节工作电流 I 恒等于 5mA. 用滑线电阻 R_1 调节励磁电流 I 为 0.2A. 按原理中所述的顺序将 B、I 换向,测出相应的电压(注意,如果电势差计总调不到补偿状态,即检流计不能指零时,可将开关 K_3 换向),并代入式(5.22.7)算出 V_H,再由式(5.22.5)计算磁极间的 B 值(灵敏度 $K ≈ 10~30$(mV/mA·T)为已知量,由实验室给出).

(3) 保持工作电流 I_S 不变.将励磁电流 I_M 依次取为 0.4,0.6,…,1.6A,按上述步

骤将得到的各组 V_H、B 值,记入表格 5.22.1 中,并在坐标纸上绘出 B-I_M 关系曲线.参见图 5.22.3.

表 5.22.1

$I_S=5\text{mA}, k=\underline{\qquad}(\text{mV/mA}\cdot\text{T}), E_1=E_2=12\text{V}$

Im/A	0.0	0.2	0.4	0.6	0.8	1.0	1.2	1.4	1.6
V_{H_1}/mV									
V_{H_2}/mV									
V_H/mV									
B/T									

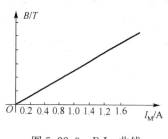

图 5.22.3 B-I_M 曲线

注意

(1) 霍尔元件质脆、引线的接头细,使用时不可碰压、扭弯,要轻拿轻放.

(2) 工作电流不得超过额定值,否则元件会损坏. A 表、mA 表、V 表一定不要反接.

(3) 励磁电流 I_M 和霍尔元件的工作电流 I_S 相差很大,注意一定不要将它们的调节变阻器 R_1(~100Ω)、R_2(~3.8MΩ)颠倒,以免霍尔元件和毫安表通过较大电流而烧毁.

【分析讨论题】

(1) 若磁感应强度跟霍尔元件 xy 平面不完全正交,按式(5.22.5)算出的磁感应强度比实际值大还是小?要准确测定磁场,实验应怎样进行呢?

(2) 在图 5.22.1 中,如果工作电流 I_S 换向,载流子(电子)的运动轨道将怎样弯曲呢?如果磁场的方向反转,又怎样弯曲呢?

(3) 用霍尔元件也可以测量交变磁场.在图 5.22.2 中,如将 E_1 换为低压交流电源,那么,为测量磁极间隙中交变磁场.其装置和线路应作哪些改变呢?试说明之.

实验 23 用感应法测量磁场

在现代科学技术与生产应用中,经常需要开路测量软磁材料.用感应法测磁场经常用到亥姆霍兹线圈仪.该仪器是由两个尺寸大小、结构完全相同的圆形磁场线圈和测量线圈构成.当两个线圈的距离等于线圈的半径 R 时,称为亥姆霍兹线圈.

【目的要求】

(1) 了解通电圆形线圈和亥姆霍兹线圈的磁场分布.

(2) 学习用感应法测磁场的原理和方法.

【实验仪器】

亥姆霍兹线圈磁场分布实验仪如图 5.23.1 所示.说明如下:

(1) 可以改变两个磁场线圈的距离,改变范围为 3~23cm;

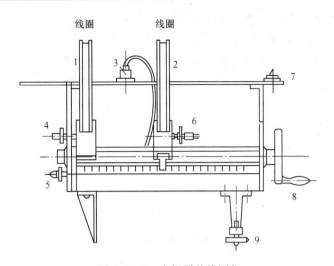

图 5.23.1 亥姆霍兹线圈仪

1、2. 磁场线圈;3. 测量线圈;4. 线圈;5. R_x 电阻接线柱;6. 线圈 2 接线柱;
7. 水平仪;8. 可改变线圈位置的转轮;9. 调节水平的螺丝

(2) 仪器上装有水平仪,可用来调节仪器的水平,供测地磁场水平分量时用;

(3) 仪器装有 10Ω 的无感电阻,供测交变电流时用,并带有测量线圈;

(4) 亥姆霍兹线圈磁场分布仪可用交、直流两用电源供电.

【实验原理】

1. 通电圆形线圈轴线上磁场的分布

由毕奥-萨伐尔定律和磁场叠加原理可求出半径为 R、通电电流为 I 的圆形线圈轴线上一点 P 处的磁感应强度 B.其数值

$$B = \frac{\mu_0}{2} \cdot \frac{IR^2}{(R^2+x^2)^{3/2}} \tag{5.23.1}$$

如图 5.23.2 是圆电流为 I,且多圈密绕,其内、外半径平均值为 $\overline{R}$ 的线圈示意图(图中只画出一圈圆电流,实际为多圈密绕形成).其磁感应强度

$$B = \frac{\mu_0}{2} \cdot \frac{NI\overline{R}^2}{(\overline{R}^2+x^2)^{3/2}} \tag{5.23.2}$$

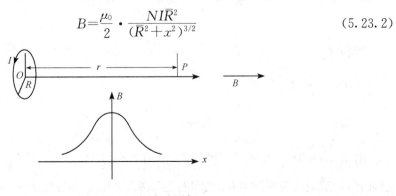

图 5.23.2 源电流磁场

2. 通电亥姆霍兹线圈轴线上磁场的分布

两个尺寸、结构完全相同的圆线圈,一个固定,另一个的位置可沿其同轴线平行移动. 两线圈通以同方向的电流. 根据叠加原理,由式(5.23.1)可求得轴线上任一点的磁感应强度. 若 O 点为两线圈轴线中点(图5.23.3),两线圈在 P 点产生的磁感强度方向沿轴线向右,则

$$B = \frac{\mu_0 NIR^2}{2\left[R^2+\left(\frac{a}{2}+x\right)^2\right]^{3/2}} + \frac{\mu_0 NIR^2}{2\left[R^2+\left(\frac{a}{2}-x\right)^2\right]^{3/2}} \tag{5.23.3}$$

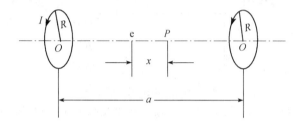

图 5.23.3 两个圆电流产生的磁场

由上式看出,磁场分布与两线圈距离 a 有关. 当间距 a 等于线圈半径 R 时,二线圈之间的空间磁场最均匀. 此结论可用 $\left(\frac{dB}{dx}\right)_{x=0} = 0$、$\left(\frac{d^2B}{d^2x}\right)_{x=0} = 0$ 证明. 即当 $a=R$ 时,在 $x=0$ 处,即在两线圈之间的中间位置处,B-x 曲线的斜率变化很缓慢. 因此,在 $x=0$ 附近磁场最均匀. 实验中常把这种情况用作强度较弱的准均匀磁场.

当两线圈距离 a 与半径 R 相差愈远时,磁场分布则愈不均匀. $a>R$ 和 $a<R$ 的磁场完全不同. 当 $a>R$ 时,磁场沿轴线分布为中心点最小.

3. 求感应电势

本实验是用感应方法和探测线圈测量圆形电流的磁场分布. 因此,圆形线圈需要通交变电流. 感应法实质上是测量变化磁场在探测线圈中产生的感应电动势 E,可用毫伏计测量它的有效值. 测量电路如图 5.23.4 所示. 磁场线圈与 R_s 串联后,接到交流电源上. 在探测线圈Ⅲ中有交变磁场,根据法拉第电磁感应定律

$$\varphi = NSB_m \cos\omega t \tag{5.23.4}$$

可得感应电动势 $\varepsilon = -\dfrac{d\varphi}{dt} = NSB_m\omega\sin\omega t = \mathscr{E}_m \sin\omega t$;感应电动势最大值 $\mathscr{E}_m = NSB_m\omega$;电动势有效值 $E = \dfrac{\mathscr{E}_m}{\sqrt{2}}$

$$B_m = \frac{\mathscr{E}_m}{2\pi fNS} = \frac{E}{\sqrt{2}\pi fNS} \tag{5.23.5}$$

图 5.23.4 中 K 是双刀双掷开关,倒向 b 端可测出待测线圈Ⅲ中的感应电动势有效值,倒向 a 端毫伏表可测出 R_s 两端的电势差 V. 因此,通过线圈Ⅰ、Ⅱ的电流 $I = \dfrac{V}{R_s}$,代入式(5.23.3)可与理论值加以比较.

【实验内容与步骤】

测量线圈轴向磁场分布的步骤如下：

(1) 按图 5.23.4 连接电路.

(2) 调节两磁场线圈距离 a，使 $a=10$cm.

(3) 打开电源，调频率为 $100\sim400$Hz 间的任一固定频率(50Hz 也可).

(4) 开关 K 掷向 a 一边，使电源输出电压，毫伏表指示为 100mV.

(5) 开关 K 掷向 b 一边，且读取在 x 轴上不同位置上不同位置时的电压 E. 各取 10 个点. 点与点间距离为 1cm. 注意测量线圈平面要严格垂直磁场. 电动势

$$E = B_m \sqrt{2}\pi fNS$$

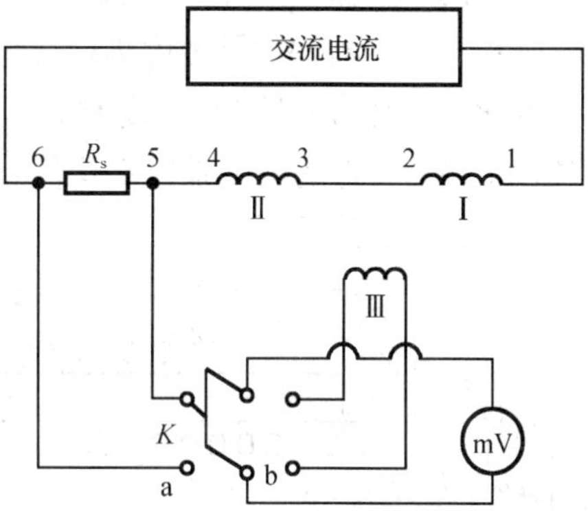

图 5.23.4 测量电路

式中，E 为交变磁场产生的电动势；B_m 为磁感应强度；f 为输出电压频率；S 为测量线圈面积；N 为测量线圈匝数.

(6) 将电压、频率代入公式

$$H_m = \frac{B_m}{\mu_0} = \frac{E}{4\sqrt{2} \times 10^{-7}\pi^2 fN_{测}S}$$

式中，H_m 为磁场强度；N 测为测量线圈匝数.

画出磁场 B_m 沿 x 轴分布曲线(B-x 曲线).

(7) 改变二线圈距离，分别使 $a=20$cm(大于 R)和 $a=6$cm(小于 R)，每隔 2cm 取一点，测量磁场沿 x 轴分布，并作出 B-x 曲线.

【思考题、练习题】

(1) 圆电流轴线上的磁场分布有什么特点？实验中如何测定磁场的大小和方向？

(2) 亥姆霍兹线圈能产生强磁场吗？为什么？

实验 24 霍尔效应法测螺线管磁场

【目的要求】

(1) 掌握霍尔效应法测磁场的工作原理和方法.

(2) 学习使用对称测量法消除实验的系统误差.

【实验仪器】

螺线管磁场测定实验组合仪一套. 它是由实验仪和测试仪两部分组成.

1. 螺线管磁场测量仪(图 5.24.1)

(1) 长直螺线管

长度 $L=280.0$mm，半径 $r=11.0$mm，单位长度的线圈匝数 N(匝/米)标注在实验仪上.

(2) 霍尔器件和调节机构

霍尔器件如图 5.24.2 所示,它有两对电极 D、D' 和 A、A',其中 D、D' 电极用来测量霍尔电压,A'、A 电极用来输入工作电流,两对电极用四线扁平线经探杆引出,分别接到实验仪的 V_H 输出开关和 I_S 换向开关处.

由于霍尔器件的灵敏度 K_H 与载流子浓度成反比,而半导体材料的载流子浓度随温度变化而变化,故 K_H 与温度有关. 实验仪上给出了该霍尔器件在 20℃时的 K_H 值以及 K_H 在 20℃附近的温度系数平均值 α(%/℃),α 值为负,表示 K_H 随温度升高而下降.

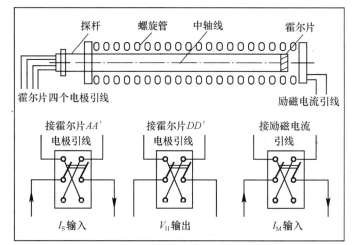

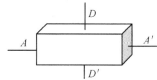

图 5.24.1　螺线管磁场测量仪　　　　图 5.24.2　霍尔器件

探杆固定在二维(x、y 方向)调节支架上. 其中 y 方向调节支架通过旋钮 Y,调节探杆中心轴线与螺线管内孔轴线位置,应使之重合. x 方向调节支架通过旋钮 X_1、X_2 调节探杆的轴向位置.

二维调节支架上,设有 X_1、X_2 及 Y 测距尺,用来指示探杆的轴向及纵向位置. 探杆中心轴线与螺线管内孔轴线事先已经调整好,因此,实验中 Y 旋钮无需调节.

如使霍尔探头从螺线管的右端移至左端,为调节顺手,应先调节 X_1 旋钮,使调节支架 14.0cm,反之,要使探头从螺线管左端移至右端,应先调节 X_2,读数从 14.0cm→0.0,再调节 X_1,读数从 14.0cm→0.0.

霍尔探头位于螺线管的右端、中心及左端、测距尺指示如表 5.24.1 所示.

表 5.24.1

位置		右端	中心	左端
测距尺读数(cm)	X_1	0	14	14
	X_2	0	0	14

(3) 工作电流 I_S 及励磁电流 I_M 换向开关、霍尔电压 V_H 输出开关,三组开关与相对应的霍尔器件及螺线管之间连线均已接好.

2. 测试仪

(1) 测试仪内有两组恒流源,第一组为霍尔片提供工作电流 I_S,第二组为螺线管提供励磁电流 I_M. 两组电流源彼此独立,输出电流大小的调节如下:

① "I_S 输出". 霍尔器件工作电流源,输出电流 $0\sim 10\mathrm{mA}$,通过 I_S 调节旋钮连续调节.

② "I_M 输出"螺线管励磁电流源,输出电流 $0\sim 1.0\mathrm{A}$,通过 I_M 调节旋钮连续调节.

上述两组恒流源读数可通过"测量选择"按键共用的一只 3.5 位 LED 数字电流表显示:按键测 I_M,放键测 I_S.

(2) 测量霍尔电压 V_H 或不等位电压 V_0.

霍尔电压 V_H 和 $D、D'$ 之间的不等位电压 V_0 通过换向开关由同一只数字电压表进行测量. 电压表零位可通过调零电位器进行调整,若显示器的数字前出现负号,则表示被测电压极性为负值,若显示器的数字出现 1.×××,则表示被测电压已超出表的量程.

【实验原理】

1. 霍尔效应测磁场原理

测量原理与实验 23(用霍尔元件测磁场)相同. 只是待测对象与所使用的设备不同.

2. 螺线管轴线上的磁感应强度

对一个半径为 r,长为 L,共有 N 匝的螺旋管(图 5.24.3)当通过电流 I_M 时,其轴线 x 上的磁感应强度为

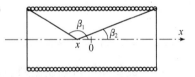

图 5.24.3 螺线管轴线上的磁感应强度

$$B(x) = \frac{\mu_0 \cdot I_M N}{2 \cdot L}(\cos\beta_2 - \cos\beta_1) \quad (5.24.1)$$

若以轴线为 x 轴,螺旋管中心为坐标原点则有

$$B = \frac{\mu_0 \cdot I_M \cdot N}{2 \cdot L}\left\{\frac{\frac{L}{2}-x}{\left[\left(\frac{L}{2}-x\right)^2+r^2\right]^{1/2}} + \frac{\frac{L}{2}+x}{\left[\left(\frac{L}{2}+x\right)^2+r^2\right]^{1/2}}\right\} \quad (5.24.2)$$

螺旋管中心处($x=0$)的磁感应强度为

$$B(0) = \frac{\mu_0 \cdot I_M \cdot N}{(L^2+4r^2)^{1/2}} \quad (5.24.3)$$

由理论计算出螺旋管中心轴的磁场分布,再通过本实验进行验证.

【实验内容与步骤】

1. 测绘 V_H-I_S 曲线

保持 I_M 不变(取 $I_M=0.50\mathrm{A}$),改变 I_S 的值,测量并计算相应的 V_H,填入表 5.24.2 中,在坐标纸上作 V_H-I_S 曲线并求斜率.

表 5.24.2 测绘 V_H-I_S 曲线表

$I_M = 0.500A$

$V_{D'D}$/mV I_s/mA	V_1 $+B, +I_s$	V_2 $+B, -I_s$	V_3 $-B, -I_s$	V_4 $-B, +I_s$	$V_H = \dfrac{V_1 - V_2 + V_3 - V_4}{4}$
0.00					
...					

2. 测绘 V_H-I_M 曲线

保持 I_S 不变(由实验室提供),改变 I_M 的值,测量并计算相应的 V_H,填入表 5.24.3 中,在坐标纸上作 V_H-I_M 曲线并求斜率.

表 5.24.3 测绘 V_H-I_M 曲线表

I_S 不变(由实验室提供)

$V_{D'D}$/mV I_M/A	V_1 $+B, +I_s$	V_2 $+B, -I_s$	V_3 $-B, -I_s$	V_4 $-B, +I_s$	$V_H = \dfrac{V_1 - V_2 + V_3 - V_4}{4}$
0.100					
...					
0.500					

3. 测量螺线管轴线上的磁场分布并与理论值比较

保持 I_S 不变(由实验室提供),I_M 不变($I_M = 0.5A$).从中心点处每隔一定间距测一点,在螺线管端部磁场变化较大,应恰当增加数据采集点.求出各点磁感应强度 B,填入表 5.24.4 中.作出完整的 B-x 曲线,并与理论值比较.

表 5.24.4 测绘 B-x 关系曲线表

$x = 14 - x_1$	x_1	x_2	$V_1(+I_s, +B)$	$V_2(-I_s, +B)$	$V_3(-I_s, -B)$	$V_4(+I_s, -B)$	V_H/mV	$B_{测量}$/(10^{-3}T)	$B_{理论}$/(10^{-3}T)
0.0	14.0	0.0							
3.0	11.0	0.0							
...									
14.0	0.0	0.0							

注意

(1) 测试仪面板上的接线柱的正确连接.

(2) 霍尔片性脆易碎、电极极细易断,严防撞击或用手触摸,否则霍尔片即遭损坏.

(3) 开机前应将调节旋钮逆时针旋到底端,使其输出电流为最小状态,再开机.

(4) 接通电源,预热数分钟,当按下测量选择键时电流表应显示.000;放开测量选择按键时电流表应显示.000;电压表应显示为 0.00.若不为零,则可通过面板左下方小孔内的电位器来调整.当测量的 V_H 值超量程时,电压表将显示为 1.×××.

(5) 关机前,应将"I_M 调节"和"I_S 调节"旋钮逆时针方向旋到底,并切断电源.

【思考题、练习题】

(1) 霍尔电压 V_H 是怎样产生的？它的大小、符号各与哪些因素有关？

(2) 本实验的磁场是怎样产生的？励磁电流 I_M 由哪里提供？I_M 和 I_S 的量值各为多少？连线时应注意什么？V_H、V_0 怎样测量？

(3) 实验中变换 I_S 和 I_M 的方向测出四个 V_H 的值取平均，这样做可以消除哪些因素引起的误差？

如果 $+B$、$+I_S$ 与 $-B$、$-I_S$ 的数值相差较多，则这主要是由哪种因素引起的？

如果 $+B$、$-I_S$ 与 $-B$、$+I_S$ 的数值相差较多，则这主要是由哪种因素引起的？

实验 25　电磁感应法测磁场原理

【目的要求】

(1) 掌握电磁感应法测磁场的工作原理和方法.

(2) 学习使用冲击电流计.

【实验仪器】

电阻箱，滑线变阻器，冲击电流计，带探测线圈的长直螺线管，直流稳压电源，标准互感器($M=0.05H$)，安培表(0.5 级 1A).

【实验原理】

如图 5.25.1 所示，根据法拉第电磁感应定律，当待测磁场 B 在 Δt 时间内由 B 变为 0 或由 0 变成 B 时，探测线圈 L 中将有一磁通变化 $\Delta \varphi$，感应电动势 $\mathscr{E}$ 及脉冲电流 I. 脉冲电流产生迁移电量 Q.

感应电动势

$$\mathscr{E} = -\frac{\mathrm{d}\varphi}{\mathrm{d}t} \quad (5.25.1)$$

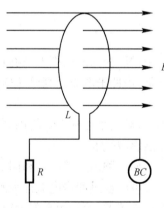

图 5.25.1　电磁感应电路

感应电流

$$i = -\frac{1}{R}\frac{\mathrm{d}\varphi}{\mathrm{d}t} \quad (5.25.2)$$

迁移电量

$$Q = \int_0^{\Delta t} i\,\mathrm{d}t = \int_0^{\Delta t}\left(-\frac{1}{R}\frac{\mathrm{d}\varphi}{\mathrm{d}t}\right)\mathrm{d}t$$

$$= \int_{\Delta\Phi}^0 \left(-\frac{1}{R}\right)\mathrm{d}\varphi$$

$$= \frac{1}{R}\Delta\Phi \quad (5.25.3)$$

设探测线圈 L 的匝数为 N，截面积为 S，则

$$\Delta\varphi = NBS \quad (5.25.4)$$

由式(5.25.3)、(5.25.4)可得到

$$B = \frac{RQ}{NS} \tag{5.25.5}$$

实验电路如图 5.25.2 所示. 为了测量载流 I 的螺线管 L_1 内某处的磁感应强度 B, 将探测线圈 L_2 移动到该处, 并将 L_2 接入冲击电流计的输入回路. 合上 K_1, 将 K_2 拨向 I, 这时在 L_1 中便通有稳恒电流 I, 螺线管内就产生稳定的磁场. 当 K_1 通或断时, L_1 中电流将产生 $0 \to I$ 或 $I \to 0$ 的变化, 螺线管内某处的磁感应强度也随之有 $0 \to B$ 或 $B \to 0$ 的变化, 这时通过 L_2 的磁通量的变化量为

$$\Delta \phi = N_2 B S \tag{5.25.6}$$

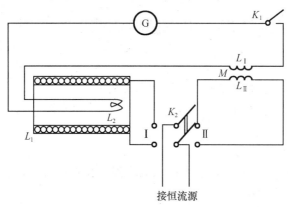

图 5.25.2 电路图

式中, N_2 为探测线圈 L_2 的匝数; S 为其有效横截面面积. 设 R 为冲击电流计输入回路总电阻, 当冲击电流计测得迁移电量 Q 时, 则

$$B = RQ/(N_2 S) \tag{5.25.7}$$

因此, 对一个已标定好的探测线圈, 只要测出线圈回路电阻和迁移电量即可算出待测磁场的磁感应强度.

如何测出迁移电量和回路电阻 R?

可以通过冲击电流计来测出迁移电量. 因为冲击电流计名为电流计, 实际上不是用来测量电流的, 而是用来测量短时间内脉冲电流所迁移的电量. 实验中所使用的是数字冲击电流计, 它使用了 MOS 集成电路和等性能运算放大器, 内部的积分电路将迁移电量积累起来(实现数学积分式: $Q = \int_0^{\Delta t} i \, dt$), 再进行检测, 然后以数字形式显示出来.

而冲击电流计输入回路总电阻 R (亦为线圈 L_2 所在回路的总电阻), 是一个与测量条件有关的量, 它是个未知量, 并且很难测得. 为此采取比较法绕过对它的测量: 选用标准互感器 M, 将 M 的付线圈 L_{II} 事先与探测线圈串联在一起(如图 5.25.2) 目的是保证实验时, 冲击电流计所在回路的总电阻 R 始终不变. 将标准互感器 M 的原线圈 L_I 与双刀双掷开关 K_2 相连. 当 K_2 拨向 II 端. 此时, 标准互感器的原线圈 L_I "相当于" 螺线管, 标准互感器的付线圈 L_{II} "相当于" 探测线圈. 这时, 当恒流源提供电流 I_0 时, 由冲击电流计测得迁移电量 Q_0 与标准互感初级电流 I_0 之间满足确定的关系

$$Q_0 = MI_0/R \tag{5.25.8}$$

这个过程称为标定过程. 由于在测量和标定时,冲击电流计输入回路总电阻 R 始终不变. 故将式(5.25.7)和式(5.25.8)并联,并消去 R,得到

$$B = (MI_0/N_2S) \cdot (Q/Q_0) \tag{5.25.9}$$

【实验内容与步骤】

(1) 按图 5.25.2 连接电路,其中电流表可选用电表的不同量程.

(2) 调整好冲击电流计. 电流计预热后,选好量程Ⅱ(199.9×10^{-9}C). 按动功能开关到"调零"位置,调节调零电位器,使其显示"000". 然后按动功能开关到"测量"位置.

(3) 调整好冲击电流计量程,为使冲击电流计不超量程,要选择量程Ⅱ(199.9×10^{-9}C).

(4) 将 K_2 掷向Ⅱ,调节恒流源输出电流,使标定回路中的电流为 10mA.

(5) 将探测线圈移到螺线管中央位置,即水平移动尺指向 14.0cm 处. 开闭开关 K_2 各 3 次,记录 6 次互感线圈 M 迁移电量 Q_0 的绝对值,填入表 5.25.1.

(6) 将 K_2 拨向Ⅰ,选好量程Ⅱ(199.9×10^{-9}C). 调恒流源输出电流,使测量回路电流为 500mA.

(7) 保持电流不变,逐次移动探测线圈 L_2 在螺线管中的位置,直到螺线管的端部,在每个位置开闭开关 K_2 各 4 次,分别记录 8 次迁移电量 Q 的绝对值,填入表 5.25.2(当显示"±1"时仪器过载). 选择测点时,距螺线管中心处间隔以 5cm 左右为宜,距端部近处间隔以 1~2cm 为宜.

【数据记录与处理】

表 5.25.1 实验数据表

$N_1=2800$ 匝,$L=280$mm,$r_0=14.0$mm,$N_2S=$_____ m², $I=10$mA,$M=0.05$H(数值由实验室提供)

次数	1		2		3	
开关状态	开	合	开	合	开	合
$Q_0/(10^{-9}$C)						
Q_0 的平均值						

表 5.25.2 磁感应强度测量记录表

$I=500$M,$M=0.05$H

X/cm		0.0	0.5	1.0	3.0	6.0	10.0	14.0
Q /(10^{-9}C)	1							
	...	...	...	...	...	...	...	...
$Q/(10^{-9}$C)								
$B/(10^{-3}$T)								
B 理$/(10^{-3}$T)								
$E/(\%)$								

注意

(1) 数字冲击电流计要预热5分钟.

(2) 互感器要尽量远离稳压电源和冲击电流计,以免受影响.

(3) 实验电路连接中,要拧紧各接线柱,经教师检查后方可通电.

【思考题、练习题】

(1) 电磁感应测磁场电路可分为几个回路?各回路有何作用?

(2) 测量中,如何使用标准互感器?它的作用是什么?

实验26 铁磁材料的磁化曲线和磁滞回线的测绘

铁磁材料是一种性能特异、用途广泛的材料.远到太空探测开发,近到现代科技的发展,如通信、自动化仪表及控制等无不用到铁磁材料.铁磁物质(铁、钴、钢、镍、铁镍合金等)的磁性有两个显著的特点:一是在外磁场作用下能被强烈磁化,故磁导率 μ 很高,而且磁导率随磁场而变化;二是磁化过程有磁滞现象,即磁化场作用停止后,铁磁质仍保留磁化状态.因而它的磁化规律很复杂.要具体了解某种铁磁材料的磁性,就必须测出它的磁化曲线和磁滞回线.

【重点、难点】

(1) 测绘磁化曲线和磁滞回线的原理和方法.

(2) 弄清实验原理图及接线图;复习示波器的使用方法.

【目的要求】

(1) 加深对铁磁材料磁化特性的理解,比较两种典型的铁磁物质的动态磁化特性.

(2) 测定样品的基本磁化曲线,作 μ-H 曲线及样品的 H_c、B_r、B_m、H_m 和 $[B_m H_m]$ 等参数.

(3) 测绘样品的磁滞回线,估算其磁滞损耗.

【仪器设备】

智能磁滞回线测试仪(由实验仪和测试仪两部分组成)、双踪示波器.

(1) 实验仪:配合示波器使用,即可观察铁磁性材料的基本磁化曲线和磁滞回线.

(2) 测试仪:测试仪与实验仪配合使用,能定量、快速测定铁磁性材料在反复磁化过程中的 H 和 B 之值,并能给出其剩磁、矫顽力、磁滞损耗等多种参数.

【实验原理】

1. 起始磁化曲线、基本磁化曲线和磁滞回线

图 5.26.1 为铁磁物质的磁感应强度 **B** 与磁化场强度 **H** 之间的关系曲线.当磁场 **H** 从零开始增加时,磁感应强度 **B** 随之缓慢上升,并当 H 增至 H_s 时,B 到达饱和值 B_s,oabs 称为起始磁化曲线.由图 5.26.1 比较线段 OS 和 SR 可知,H 减小 B 相应也减小,但 B 的变化滞后于 H 的变化,这现象称为磁滞,磁滞的明显特征是当 $H=0$ 时,B 不为零,而保留剩磁 B_r.

当磁场反向从 0 逐渐变至 $-H_D$ 时,磁感应强度 B 消失,说明要消除剩磁,必须施加反向磁场,H_D 称为矫顽力,它的大小反映铁磁材料保持剩磁状态的能力,线段 RD 称为退磁曲线.

图 5.26.1 中的闭合曲线称为磁滞回线. 当铁磁材料处于交变磁场中时(如变压器中的铁心),将沿磁滞回线反复被磁化→去磁→反向磁化→反向去磁. 在此过程中要消耗额外的能量,并以热的形式从铁磁材料中释放,这种损耗称为磁滞损耗,可以证明,磁滞损耗与磁滞回线所围面积成正比.

应该说明,当初始态为 $H=B=0$ 的铁磁材料,在交变磁场强度由弱到强依次进行磁化,只有经过十几次反复磁化(称为"磁锻炼")以后每次循环的回路才相同,形成一个稳定的磁滞回线. 只有经"磁锻炼"后所形成的磁滞回线,才能代表该材料的磁滞性质.

由于铁磁材料磁化过程的不可逆性具有剩磁的特点,在测定磁化曲线和磁滞回线时,首先必须将铁磁材料预先退磁,以保证外加磁场 $H=0$ 时,$B=0$;其次,磁化电流在实验过程中只允许单调增加或减小,不可时增时减.

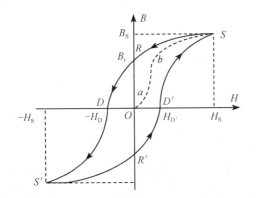

图 5.26.1 铁磁质起始磁化曲线和磁滞

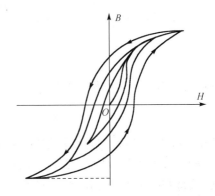

图 5.26.2 同一铁磁材料的一簇磁滞回线

如图 5.26.2 所示,这些磁滞回线顶点的连线称为铁磁材料的基本磁化曲线,由此可近似确定其磁导率 $\mu=\dfrac{B}{H}$,因 B 与 H 非线性,故铁磁材料的 μ 不是常数而是随 H 而变化. 铁磁材料的相对磁导率可高达数千乃至数万,这一特点使它用途广泛.

软磁材料的磁滞回线狭长、矫顽力、剩磁和磁滞损耗均较小,是制造变压器、电机和交流磁铁的主要材料. 而硬磁材料的磁滞回线较宽,矫顽力大,剩磁强,可用来制造永磁体,应用在电表、录音机和静电复印等诸多方面.

2. 测量磁滞回线和基本磁化曲线

观察和测量磁滞回线和基本磁化曲线. 待测样品为 EI 型矽钢片,N 为励磁绕组,n 为用于测量磁感应强度 B 而设置的绕组. R_1 为励磁电流取样电阻,L 为样品的平均磁路长度,设通过 N 的交流励磁电流为 i,根据安培环路定律,样品的磁化场强为

$$H = \frac{N}{LR_1} \cdot U_1 \tag{5.26.1}$$

式中的 N、L、R_1 均为已知常数,所以由 U_1 可确定 H.

在交变磁场下,样品的磁感应强度瞬时值 B 是测量绕组 n 和 R_2C_2 电路给定的,根

据法拉第电磁感应定律

$$\varphi = \frac{1}{n}\int \mathscr{E}_2 \mathrm{d}t$$

由于样品中的磁通 φ 的变化,在测量线圈中产生的感生电动势的大小为

$$\mathscr{E}_2 = n\frac{\mathrm{d}\varphi}{\mathrm{d}t}$$

$$B = \frac{\varphi}{S} = \frac{1}{nS}\int \mathscr{E}_2 \mathrm{d}t \tag{5.26.2}$$

式中 S 为样品的截面积. 如果忽略自感电动势和电路损耗,则回路方程为: $\mathscr{E}_2 = i_2 R_2 + U_2$ 式中 i_2 为感生电流,U_2 为积分电容 C_2 两端电压. 设在 Δt 时间内,i_2 向电容 C_2 的充电电量为 Q,则

$$\mathscr{E}_2 = i_2 R_2 + \frac{Q}{C_2}$$

如果选取足够大的 R_2 和 C_2,使 $i_2 R_2 \gg \dfrac{Q}{C_2}$,则

$$\mathscr{E}_2 = C_2 R_2 \frac{\mathrm{d}U_2}{\mathrm{d}t} \tag{5.26.3}$$

由(5.26.2)及(5.26.3)两式可得

$$B = \frac{C_2 R_2}{nS} U_2 \tag{5.26.4}$$

上式中 C_2、R_2、n 和 S 均为已知常数. 所以由 U_2 可确定 B.

综上所述,将 U_1 和 U_2 分别加到示波器的"X 输入"和"Y 输入"便可观察样品的 B-H 曲线;如将 U_1 和 U_2 加到测试仪的信号输入端可测定样品的饱和磁感应强度 B_S、剩磁 B_r、矫顽力 H_D、磁滞损耗〔BH〕以及磁导率 μ 等参数.

【实验内容与步骤】

(1) 电路连接:选样品 1 按实验仪所给的电路图连接线路,并令 $R_1 = 2.5\Omega$,"U 选择"置于 O 位. U_H 和 U_2(即 U_1 和 U_2)分别接示波器的"X 输入"和"Y 输入",插孔 ⊥ 为公共端.

(2) 样品退磁:开启实验仪电源,顺时针方向转动"U 选择"旋钮,令 U 从 0 增至 3V,然后逆时针方向转动旋钮,将 U 从最大值降为 0,其目的是消除剩磁,确保样品处于磁中性状态,即 $B = H = 0$.

(3) 观察磁滞回线:开启示波器电源,令光点位于坐标网格中心,令 $U = 2.2$V,并分别调节示波器 x 和 y 轴的灵敏度,使显示屏上出现图形大小合适的磁滞回线(若图形顶部出现编织状的小环,这时可降低励磁电压 U 予以消除).

(4) 观察基本磁化曲线:按步骤 2 对样品进行退磁,从 $U = 0$ 开始,逐挡提高励磁电压,将在显示屏上得到面积由小到大一个套一个的一簇磁滞回线. 这些磁滞回线顶点的连线就是样品的基本磁化曲线,借助长余辉示波器,便可观察到该曲线的轨迹.

(5) 观察、比较样品 1 和样品 2 的磁化性能.

(6) 测绘 μ-H 曲线:接通实验仪和测试仪之间的连线,开启电源,对样品进行退磁后,依次测定 $U=0.5,1.0,\cdots,3.0\text{V}$ 时的 10 组 H_m 和 B_m 值,作 μ-H 曲线.

(7) 令 $U=3.0\text{V},R_1=2.5\Omega$ 测定样品 1 的 B_m,B_r,H_c 和 $[BH]$ 等参数.

(8) 取步骤(7)中的 H 和其相应的 B 值,作 B-H 曲线,(实验数据点数可取 32~40 点即每象限 8~12 点),并估算曲线所围面积.

【数据表格】

表 5.26.1 基本磁化曲线与 μ-H 曲线

U/V	$H_m/(10^4\text{A/m})$	$B_m/(10^2\text{T})$	$\mu=B_m/H_m/(\text{H}\cdot\text{m}^{-1})$
0.5			
1.0			
⋮			
3.0			

表 5.26.2 B-H 曲线

$H_D=\text{A}\cdot\text{m}^{-1}$,$B_r=\text{T}$,$B_m=\text{T}$,$[BH]=\text{J}\cdot\text{m}^{-3}$

NO	$H/(10^4\text{A}\cdot\text{m}^{-1})$	$B/(10^2\text{T})$	NO	$H/(10^4\text{A}\cdot\text{m}^{-1})$	$H/(10^2\text{T})$	NO	$H/(10^4\text{A}\cdot\text{m}^{-1})$	$B/(10^2\text{T})$

表 5.26.3 磁滞回线实验数据记录

U/V	U_{HC}	U_{BC}	H_c	B_r	A	H_m	B_m	位相差
0.5								
1.0								
⋮								
3.0								

【分析讨论题】

(1) 怎样使铁磁材料退磁和"磁锻炼",两者在操作上有何区别?

(2) 在确定磁滞回线上各点的 **H** 和 **B** 值时,为什么要严格保持示波器的 X 轴和 Y 轴增益在显示该磁滞回线的位置上?

(3) 观察样品 1 和样品 2 的磁滞回线的不同,说明样品 1 和样品 2 的磁性优劣?哪个样品为软磁材料,哪个样品为硬磁材料?

(4) 从 B-H 磁化曲线与 μ-H 曲线可以了解哪些磁特性?

(5) 怎样使样品完全退磁,即如何使其处在 $H=0$,$B=0$ 点上?

(6) 什么是磁化过程的不可逆性?要得到正确的磁滞回线,最重要的应该注意什么问题?

实验 27 电容器的充放电

【目的要求】

（1）掌握电阻电容串联电路及其充放电过程的规律.
（2）学会测量 RC 电路的时间常数 τ.

【实验仪器】

秒表、直流电压表、电容电阻组合板、直流稳压电源、示波器、滑线变阻器等.

【实验原理】

一、充电过程

在图 5.27.1 中，电容器 C 经过电阻 R 与直流电源 E 连接，这样的电路叫做电容电阻串联电路(简称 RC 电路). 将开关 K 闭合，电源便通过电阻 R 对电容器 C 充电. 开始一瞬间，电容器上没有电荷，电容两端的电压 U_C 为零，电源电动势 E 全部加在 R 上，即 $U_R = E$. 此时充电电流最大($I_0 = E/R$，电源内阻比 R 小得多，可忽略不计). 随即电容两极板逐渐积累电荷，电容两端的电压 U_C 也随之增大，并与极板上积累的电荷 q 成正比：

$$C = \frac{q}{U_C} \tag{5.27.1}$$

即电荷积累的越多，电容两端的电压 U_C 也越高. 由于

$$U_R = U_C = E \tag{5.27.2}$$

所以电阻两端的电压 U_R 将逐渐减小，充电电流也逐渐减小，直到电容两端电压 $U_C = E$ 时，充电过程终止，电路达到一个新的稳定状态. 为求电容充电过程中随时间的变化关系，将上式改成

$$U_R + U_C = IR + U_C = E \tag{5.27.3}$$

将 $I = \dfrac{dq}{dt}$，$U_C = \dfrac{q}{C}$ 代入式(5.27.3)得

$$R\frac{dq}{dt} + \frac{q}{C} = E \tag{5.27.4}$$

由初始条件 $t=0, q=0$，可求出微分方程式(5.27.4)的解为

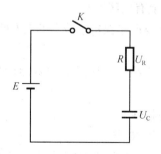

图 5.27.1 RC 串联电路

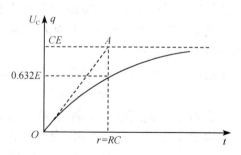

图 5.27.2 RC 串联电路充电曲线

$$q = CE(1 - \mathrm{e}^{-t/RC}) \tag{5.27.5}$$
$$U = q/C = E(1 - \mathrm{e}^{-t/RC}) \tag{5.27.6}$$

上式表明,q 和 $U(U_C)$ 都随时间 t 成指数规律增加,如图 5.27.2 所示. 显然,q 是按指数规律向 CE 趋近,U 即 U_C 按照指数规律向 E 趋近.

下面具体讨论上述结果:

(1) 电路 RC 的"时间常数"τ

由式(5.27.6)可知,当 $t=RC$ 时,有
$$q = CE(1 - \mathrm{e}^{-1}) = 0.632CE \tag{5.27.7}$$
$$U_C = 0.632E \tag{5.27.8}$$

即曲线上升到最终值的 63.2% 时称为电路 RC 的"时间常数",通常用 τ 表示,即 $\tau=RC$.

(2) 设电容器充电至最终电压(或电流)的一半所需时间为 $T_{1/2}$. 由式(5.27.5)和式(5.27.6),当 $t= T_{1/2}$ 有
$$q = \left(\frac{1}{2}\right)CE = CE(1 - \mathrm{e}^{-T_{1/2}/\tau}) \tag{5.27.9}$$
$$U_C = \left(\frac{1}{2}\right)E = E(1 - \mathrm{e}^{-T_{1/2}/\tau}) \tag{5.27.10}$$
$$T_{1/2} = \tau \times \ln 2 \times 0.602\tau \quad 或 \quad \tau = 1.44 T_{1/2}$$

(3) 理论上,当为无穷大时,才有 $U_C=E$,即充电过程结束. 实际上当 $t=4\tau$ 或 $t=5\tau$ 时,有
$$U_C = E(1 - \mathrm{e}^{-4}) = 0.982E \tag{5.27.11}$$
$$U_C = E(1 - \mathrm{e}^{-5}) = 0.993E \tag{5.27.12}$$

即认为电容已充电完毕.

二、放电过程

实际测量时,往往要在电容上并联一个电压表,如图 5.27.3 所示. 因电压表有内阻,设为 R,所以图 5.27.3 电路实际上可用图 5.27.4 表示. 图中 r 是一个小电阻,将 K 合向 E 时,电流经过小电阻 r 向电容 C 充电,几乎立刻就可达到最大值 U_0,然后将 K 合向 R,电容即经电阻 R 放电. 放电过程可以用如下方程来表达:
$$U_C = IR = RC(\mathrm{d}U/\mathrm{d}t) \tag{5.27.13}$$

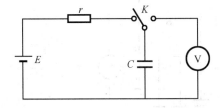
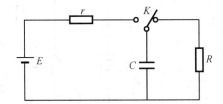

图 5.27.3 电压表与电容并联电路   图 5.27.4 RC 电路放电电路

由初始条件,当 $t=0$ 时,$U=U_0$ 可解得
$$U_C = U_0 \mathrm{e}^{-t/RC} \tag{5.27.14}$$

上式表明:U_C 按 t 的指数规律减小,如图 5.27.5 所示. 不难算出,$t=RC$ 时,有

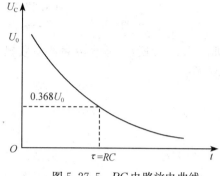

图 5.27.5 RC 电路放电曲线

$$U_C = U_0 e^{-1} = 0.368 U_0 \quad (5.27.15)$$

即曲线下降到最大值的 36.8%.

由上可知,在充放电过程中,RC 电路电容两端的电压是随时间按指数规律变化的,变化速度取决于时间常数 τ 的大小. 当 τ 大时,充放电速度慢;当 τ 小时,充放电速度快. 所以,时间常数是衡量充放电快慢的标志.

为进一步说明 τ 的物理意义,取式(5.27.6)对时间微商,并用 τ 代替原式中的 RC,得

$$\frac{dU}{dt} = \frac{E}{\tau} e^{-t/\tau} \quad (5.27.16)$$

$$\left.\frac{dU}{dt}\right|_{t=0} = \frac{E}{\tau} \quad (\text{当 } t = 0 \text{ 时}) \quad (5.27.17)$$

$$\tau = \frac{E}{[dU/dt]_{t=0}} \quad (5.27.18)$$

上式分母部分代表起始点电容充电的速度,其中 U 即 U_C. 可见,时间常数正是假定电路以起始点的充电速度均匀充电并使电压充到 E 时所用时间. 在图 5.27.2 的充电曲线中,过原点 O 作切线,与代表稳态值 E 的虚线交于 A. A 点对应的时间就是 τ. 当然用这种作图法求值误差较大. 通常是通过测 $T_{1/2}$ 来间接测量 τ.

【实验内容与步骤】

一、测 RC 电路的时间常数

图 5.27.6 为实验电路. 接通电源开关 K_1 后,合 K_2 上,则对电容器 C_1 充电;断开 K_2,C_1 就通过万用表内阻 R 放电. 用秒表可以直接测出电容器 C_1 放电至一半时所需时间 $T_{1/2}$. 再根据 $\tau = 1.44 T_{1/2}$,便可计算时间常数 τ. 过程如下:

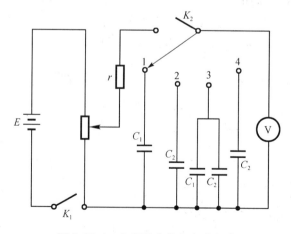

图 5.27.6 电容器充放电实验电路

(1) 按图 5.27.6 连好线路,调节万用表到直流电压 25V 挡.注意若所用电容有正负之分,正极接高电势,负极接低电势,正负极不能接反,否则会损坏电容.

(2) 接通开关 K_1,调节滑线变阻器使万用表读数为 15.0V,然后调节转换开关使之指向 C_1,合上 K_2,数秒钟后充电完毕.再断开 K_2,同时按下秒表计时.当电压表的指针偏至 7.5V 时(即减为原电压一半时),立即停止计时,计下 C_1 的时间 $T_{1/2}$.测量三次,读数差别不应超过(如超过则重测).

(3) 同样用上述方法,使转换开关转向 2,测出 C_2 的 $T_{1/2}$.

二、用本实验测 $T_{1/2}$ 的方法来验证电容的串并联公式

(1) 使转换开关指向 3(即 C_1 与 C_2 并联),重复 1 中的第②步出 C_1 与 C_2 并联的 $T_{1/2}$.

(2) 使转换开关指向 4(即 C_1 与 C_2 串联),测出 C_1 与 C_2 串联的 $T_{1/2}$.

三、作 RC 电路的放电电压与时间 U-t 曲线

将图 5.27.6 中转换开关指向 C_1(只测一条放电电压曲线),调节滑线变阻器使万用表读数为 15.0V,并用秒表测出 15.0V→12.5V,15.0V→10.0V,15.0V→8.0V,…,15.0V→2.5V 各放电电压所对应的时间,重复测两次取平均值.

四、用示波器观察 RC 电路的充放电曲线

【数据处理】

(1) 用实验室已给的电容 C_1 和 C_2 的数值和万用表内阻的数值计算 τ_1 和 τ_2,并与实验结果比较,求出它们的相对误差.

(2) 根据实验测得的 τ_3' 和 τ_4',由公式 $C=\tau'/R$ 分别计算 C_3' 和 C_4',并与按串并联公式计算出的 C_3 和 C_4 比较,求出它们的相对误差.

(3) 画出 U_C-t 曲线,从曲线上查找 $0.368U_0=0.368\times15.0=5.52$V 对应的 t,即时间常数 τ.

(4) 画出 $\ln U_C$-t 曲线,求出该直线斜率的倒数,此倒数即为时间常数.

表 5.27.1

$C_1=$___μF,$C_2=$___μF,电源 $E=15.0$V,电压表内阻 $R=$___kΩ

计算 $\tau(=RC)/s$	实测 $T_{1/2}$ 次数			$\overline{T_{1/2}}$/s	$\tau'(=1.44T_{1/2})$/s	相对百分差 $E=\dfrac{|\tau-\tau'|}{\tau}\times100\%$
					$\tau_1'=$	
					$\tau_2'=$	

计算 C 值:$C_{3并}=$___μF,$C_{4串}=$___μF.

表 5.27.2

测 $T_{1/2}$/s				$\tau(=1.44T_{1/2})$/s	$C(=\tau'/R)/\mu$F	相对百分差 $E=\dfrac{|C-C'|}{C}\times100\%$
1	2	3	平均			
				$\tau_3'=$	$C_3'=$	
				$\tau_4'=$	$C_4'=$	

计算:$C_1=$___μF,$\tau=RC_1=$___s.

表 5.27.3

U/V		15.0	12.5	10.0	8.0	6.0	4.5	3.5	2.5
lnU		2.71	2.53	2.30	2.03	1.79	1.50	1.25	0.92
t/s	1								
	2								
	平均								

【分析讨论题】

(1) 为什么说时间常数是电路充放电速度的标志？

(2) 给出两个电容器，能不能用万用表来鉴别哪个是好的，哪个是坏的？如果两个都是好的，能否用万用表来鉴别哪个电容大，哪个电容小？

实验 28 用冲击电流计测电容和高阻

冲击电流计专门用来测量短时间内脉冲电流所迁移的电量. 例如，电容器的快速放电或者在磁通突然改变时，感应线圈中产生的瞬时感生电动势会引起脉冲电流. 冲击电流计在电磁测量中应用广泛，已形成了专门的测量方法——冲击法. 本次实验是通过测出在一段已知时间内，电容器经过电阻放电后的剩余电荷量来确定电阻的阻值. 用这种方法能测出高阻阻值 $10^8\,\Omega$ 以上.

【目的要求】

(1) 了解冲击电流计的结构特点，测量原理和调节方法.

(2) 测定在开路状态下的冲击常数和未知电容.

(3) 学习利用放电法测高阻.

【实验仪器】

冲击电流计，电压表，滑线变阻器，标准电容箱，直流稳压电源，停表，待测高电阻（数量级为 $10^9\,\Omega$），高绝缘单刀双掷开关，换向开关等.

【实验原理】

一、概述

冲击电流计是磁电式电流计的一种. 它与灵敏电流计的主要区别在于线圈的转动惯量大，有的线圈比较宽，有的在转动系统上有一个厚边圆盘，且转动周期长. 灵敏电流计的转动周期一般为 1～2 s，而冲击电流计为 10～20 s. 如果冲击电流计通过一个瞬时脉冲电流，且通电时间与转动周期相比可以忽略，可认为通电时线圈仍处于平衡位置. 但在此过程中，脉冲电流使线圈受到强的脉冲磁力矩的作用，得到一定的初角速度，因而有初动能. 通电结束，具有初动能的线圈，克服电磁阻尼力矩和悬丝恢复力矩的作用，使线圈达到最大偏转角，称为冲掷角. 而冲掷角正比于迁移电量. 测量冲掷角即可计算迁移电量.

二、线圈的运动方程

电流计的线圈原来静止在零位. 当瞬时脉冲电流 $I(t)$ 通过时,线圈受到磁力矩 $M_{磁}=NBSI(t)$ 的作用(式中 N,B,S 分别是线圈的匝数,电流计磁隙中的磁感应强度,线圈包围的面积),因通电时间 τ 很短,线圈基本处于零位. 此时,悬丝扭力矩与电磁阻尼力矩均可忽略不计. 根据动量矩原理,有

$$\int_0^\tau M_{磁}(t)\mathrm{d}t = J\omega$$

式中,J 为运动系统的转动惯量. 由此可得

$$\omega_0 = NBS/J \int_0^\tau I(t)\mathrm{d}t = BNSQ/J \tag{5.28.1}$$

即在瞬时脉冲电流作用后,线圈所获得的角速度 ω_0 正比于电流迁移的电量 Q. 当电流计线圈以角速度 ω_0 开始转动后,便受到悬丝扭力矩 $M_{扭}$ 和阻力矩 $M_{阻}$ 的作用逐渐减速. 设冲掷角为 θ,在此时间内,电流计线圈的运动方程为

$$J(\mathrm{d}^2\theta/\mathrm{d}t^2) = M_{扭} + M_{阻} = -D\theta + P(\mathrm{d}\theta/\mathrm{d}t)$$

$$J(\mathrm{d}^2\theta/\mathrm{d}t^2) + P(\mathrm{d}\theta/\mathrm{d}t) + D\theta = 0 \tag{5.28.2}$$

式中,D 为悬丝的扭转常数. 忽略空气阻力,阻力系数 P 等于电磁阻尼系数

$$P = (NBS)^2/(R_g + R_{外}) \tag{5.28.3}$$

为讨论方便,把脉冲电流作用完毕的 τ 时刻作为计算线圈运动的时间起点,方程(5.28.2)的初始值

$$\theta|_{t=0} = 0$$

$$\mathrm{d}\theta/\mathrm{d}t|_{t=0} = NBSQ/J = \omega_0 \tag{5.28.4}$$

微分方程(5.28.2)的解,即冲掷角 θ 的不同可分为三种情况:

$$\theta = A_1 e^{-at}\sin b_1 t \qquad (P^2 < 4JD) \tag{5.28.5}$$

$$\theta = A_2 e^{-at}\sin b_2 t \qquad (P^2 < 4JD) \tag{5.28.6}$$

$$\theta = A_3 t e^{-at} \qquad (P^2 = 4JD) \tag{5.28.7}$$

其中

$$a = P/2J, b_1 = \mathrm{sqrt}(4JD-p^2)/2J, b_2 = \mathrm{sqrt}(P^2-4JD)/2J$$

$$A_1 = 2NBSQ/\mathrm{sqrt}(4JD-p^2), A_2 = 2NBSQ/\mathrm{sqrt}(p^2-4JD), A_3 = NBSQ/J$$

图中 5.28.1 曲线 Ⅰ 表明,线圈在此条件下作振幅按指数规律衰减的准周期振动,称为欠阻尼运动状态. 曲线 Ⅱ 表明,线圈回零时作非周期性衰减运动,且以缓慢速度回到零点,称为过阻尼状态. 曲线 Ⅲ 说明线圈被冲掷后回零也以非振动方式作衰减运动,但却以最短的时间回到零点,这就是临界阻尼运动状态. 此时,线圈的外电路的电阻称为"临界外阻".

从式(5.28.5)~(5.28.7)和 A_1 A_2 A_3 的表达式可以看出,无论冲击电流计处于哪种阻尼状态,线圈的冲掷角 θ_M 都与脉冲电量 Q 成正比,由(5.28.5)~(5.28.7)三式也可计算出 θ 的最大值 θ_M.

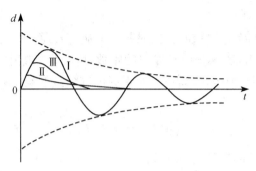

图 5.28.1 阻尼运动状态的曲线

Ⅰ. 欠阻尼运动状态；Ⅱ. 过阻尼运动状态；Ⅲ. 临界阻尼运动状态

三、冲击电流计常数

实际使用中的冲击电流计与反射式灵敏电流计一样，也是借助于调好的光杠杆装置把线圈的冲掷角按比例转化为光标上的最大偏转距离 d_m，因此有 $d_m \propto \theta$，即

$$d_m = QS_d \tag{5.28.8}$$

$$Q = d_m C_d \tag{5.28.9}$$

式中，称 C_d 为冲击常数，单位是 C/mm。实验中调好的 AC4/3 型冲击电流计的冲击常数 C_d 约为 $(2-4) \cdot 10^9$ C/mm。$S_d = 1/C_d$ 称为"电量灵敏度"，单位为 mm/C。

冲击常数不是固定不变的。线圈回路的电阻值不同，冲击常数也不同。冲击电流计外电路电阻越大，电磁阻尼就越小，冲击常数也越小。因此，在使用冲击电流计时应先测出 C_d 值，并且测定该常数时回路电阻要和工作时完全一致。根据 C_d 值及冲击电流计光标第一次偏转的最大距离 d_m，由式(5.28.9)就可确定通过电流计的冲击电量。

测电容和高电阻时，冲击电流计工作在开路状态，相当于 $R_{外} \to \infty$，并不计空气阻力。此时 $P=0$，满足式(5.28.5) $P^2 < 4JD$ 的条件，为线圈欠阻尼运动的极限情况。此时线圈运动近似为自由振动，振动周期为：

$$T_0 = 2\pi \mathrm{squr}(J/D)$$

本实验所使用的冲击电流计自由振动周期 T_0 为 20s 左右。

四、电容充电法测量高阻

电容器 C_0 被充电后，所带电量 $Q_0 = C_0 U_0$，充电电压为 U_0。若电容器又通过电阻 R 放电，用冲击电流计测量经过放电时间 t 后的剩余电量 Q，则

$$Q = Q_0 \exp[-t/(RC_0)] = C_0 U_0 \exp[-t/(RC_0)] \tag{5.28.10}$$

若 C_0 与 U_0 已知，测出 Q 后，由式(5.28.10)即求出 R 的阻值。为了减少偶然误差，实验中常测出不同放电时间所对应的 Q 值，以期测的更准确的 R 值，为此(5.28.10)将式取对数，即

$$\ln Q = \ln(C_0 U_0) - t/(RC_0) \tag{5.28.11}$$

$$\ln d = \ln(C_0 U_0/C_d) - t/(RC_0) \tag{5.28.12}$$

此式表明 $\ln d$ 与 t 是线性关系。只要测出一系列放电时时间所对应的冲击电流计光标偏转读数 d，作出 $\ln d$-t 曲线，从曲线斜率上就可求出电阻 R。

【实验内容与步骤】

一、测冲击常数 C_d

(1) 按图 5.28.2 接好电路,经教师检查无误后,将 K_2 闭合,接通电源.

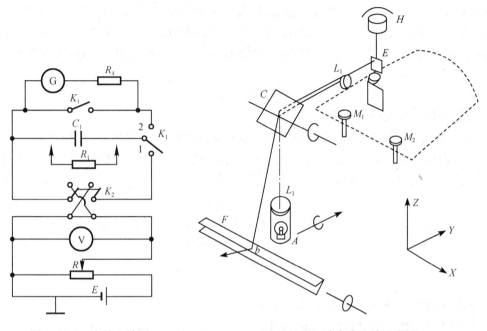

图 5.28.2 实验电路图　　　图 5.28.3 冲击电流计示意图

(2) 接通电流计照明电源,使光标位于零点附近(基本调好冲击电流计,只要光标在零点附近就可以了).

(3) 调节变阻器,使充电电压 $U=0.6V$,将开关 K_1 合到"1"位置,使电容器充电片刻,再将 K_1 倒向"2"使电容器放电,读下冲击电流计读数 d. 注意读完 d 值后将 K_3 关闭,使光点迅速回零,下次读数前再将 K_3 打开.

(4) 将 K_2 反向,重复以上步骤.

(5) 将充电电压依次递增 $0.6V$,直到 $3V$,同时,按以上两个步骤使电容器放电,记下冲击电流计对应读数 d.

(6) 由于 $Q=C_d d=C_0 U$,即

$$d = C_0 U / C_d \tag{5.28.13}$$

作 U-d 曲线,由直线斜率求冲击常数 C_d.

二、用电容放电法测量高阻

(1) 将一阻值 $R_x=10^9 \sim 10^{10} \Omega$ 的高阻并联在电容器 C_0 的两端.

(2) 测量时开关 K_1 合到"1"使电容器充电,再将 K_2 打开,同时开始计时. 经一定的放电时间后将电键 K_1 合到位置"2",读出冲击电流计光标的最大偏转 d. t 与 U_0 值由实验室给出.

(3) 将电键 K_2 反向,重复以上步骤,将正反向冲击电流计偏转读数取平均值.

(4) 改变放电时间 5 次,并分别重复以上步骤.

(5) 作 $\ln d$-t 曲线,由曲线斜率求电阻 R_x.

(6) 检查和测量电容箱漏电电阻.

为此要从电路中拆下电阻 R_x,让电容器充电后只通过本身的漏电电阻放电,观测不同的放电时间时电流计对应的偏转读数. 若没有显著差别,电容箱漏电影响可忽略;若有明显差别,则需再次测出 $\ln d'$-t 曲线以确定电容箱漏电电阻 R. 此时步骤⑤中测得的 R_x 是高电阻 R'_x 与漏电电阻 R_0 的并联电阻,必须通过 $\ln d'$-t 曲线求出 R,再利用电阻并联公式求出高阻 R'_x,即

$$R'_x = (RR_0)/(R_0 - R) \tag{5.28.14}$$

三、用冲击电流计测电容

这里采用比较法测电容. 在电路中拆去电阻 R_x,如图 5.28.2 所示. 过程如下:

(1) 将电键 K_1 倒向位置"1",使电容 C_0 充电. 经片刻后将 K_1 倒向"2",对电流计放电,计下冲击电流计的最大偏转 d_0,则

$$Q_0 = C_d d = C_0 U_0 \tag{5.28.15}$$

(2) 将电容 C_0 换成未知电容 C_x,重复以上步骤,记下电流计的最大偏转 d_x,则

$$Q_x = C_x U_0 = C_d d_x \tag{5.28.16}$$

$$C_x/C_0 = d_x/d_0 \tag{5.28.17}$$

注意

(1) 冲击电流计已基本调好,不得乱调.

(2) 线路切勿接错,以免损坏电流计.

(3) 每次测量前不必把电流计恰好调到标尺零点,但必须等光点停稳,才能通电测量.

(4) 每次测完后将冲击电流计"短路开关"K_3 合上,以使冲击电流计尽快平稳回零,下次测量再打开.

(5) 实验完毕,将 K_3 闭合,以保护冲击电流计.

【思考题】

(1) 通过实验中读取偏转量 d 的急缓程度及测量原理,说明测量电量时,为什么要求冲击电流计的转动周期必须足够长?

(2) 作 $\ln d$-t 曲线求斜率时,怎样理解 $\ln d$ 是一无量纲的量? $\ln d$-t 曲线和 $\ln Q$-t 曲线的斜率是否一致? 为什么?

(3) 如何用冲击法由 $0.1\mu F$ 的已知电容测量 $0.01\mu F$ 左右的无知电容,使冲击电流计的偏转相差不大?

第六章 光学实验

实验29 光学基本实验(一)
——薄透镜焦距的测定

透镜是光学仪器中最基本的元件.反映透镜特性的一个重要参量是焦距.测定透镜焦距的常用方法有平面镜法(自准法)和物距像距法.对于凸透镜还可用移动透镜二次成像法(又称共轭法).应用这种方法,只需要测定透镜本身的位移,测法简便,测量的准确度较高.

【目的要求】

(1) 学习光学基本测量的方法,掌握基本光路的调整方法(同轴等高,消除视差、左右逼近等).

(2) 学习测量薄透镜焦距的几种方法(自准法、物距像距法、共轭法).

(3) 学习描绘基本光路;并分析其成像原理、特点和用途.

【实验仪器】

凸透镜、凹透镜、光源、物屏、像屏、光具座、光学平台等.

【实验原理】

一、透镜成像公式

透镜分凸透镜、凹透镜.

(1) 凸透镜具有使光束聚合的作用.当一束平行于透镜主光轴的光线通过透镜后,将会聚到主光轴上,会聚点 F 称为透镜的焦点.透镜光心 O 到焦点 F 的距离称为焦距(图 6.29.1(a)).

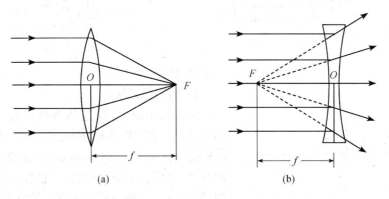

图 6.29.1 透镜的焦点焦距
(a)凸透镜;(b)凹透镜

(2) 凹透镜具有使光束发散的作用,即一束平行于透镜主光轴的光线通过凹透镜后散开.把发散光的反向延长线与主光轴的交点 F 称为该透镜的焦点.透镜光心 O 到焦点 F 的距离称为它的焦距 f(图 6.29.1(b)).

当透镜的厚度与焦距相比为很小时,这种透镜称为薄透镜.在近轴光线的条件下,薄透镜(包括凸透镜和凹透镜)成像规律可表示为

$$\frac{1}{u}+\frac{1}{v}=\frac{1}{f} \tag{6.29.1}$$

式中,u 为物距,v 为像距,f 为透镜的焦距.u、v 和 f 均从透镜的光心 O 点算起.物距 u 恒取正值,像距 v 的正负由像的实虚确定.实像时,v 为正;虚像时,v 为负.凸透镜的 f 取正值;凹透镜的 f 取负值.

为了便于计算透镜焦距 f,式(6.29.1)可以改为

$$f=\frac{uv}{u+v} \tag{6.29.2}$$

只要测得物距 u 和像距 v,便可算出透镜的焦距 f.

二、凸透镜焦距的测量原理

1. 自准法

当发光点(物) A 处在凸透镜 L_1 的焦点平面时,它发出的光线通过透镜 L_1 后将成为一束平行光.若用与主光轴垂直的平面镜 M 将此平行光反射回去,反射光再次通过透镜 L_1 后仍会聚于透镜的焦平面上,呈现一个大小相等方向相反的实像如图 6.29.2 所示.透镜焦距 f 为物点 A 和凸透镜 L_1 之间的距离.即 $f=\overline{AO}$.

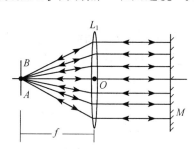
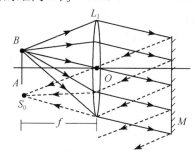

图 6.29.2 自准法测凸透镜的焦距

2. 物距像距法

物体发出的光,经过凸透镜折射后将成像在凸透镜另一侧.将测出的物距 $u=\overline{AO}$ 和像距 $v=\overline{OA'}$ 代入式(6.29.2)即可算出透镜的焦距.如图 6.29.3 所示.$u>v$,呈现一个缩小的倒立的实像;反之,$u<v$,则呈现一个倒立的放大的实像.

图 6.29.3 物距像距法测凸透镜的焦距

3. 共轭法

如图 6.29.4,设物 A 和像屏 M 间的距离为 L (要求 $L>4f$),并保持不变.移动透镜 L_1,当它在 O_1 处时,屏上将出现一个放大的清晰的

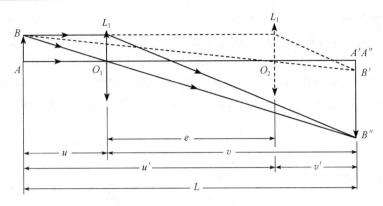

图 6.29.4 共轭法测凸透镜的焦距

倒立的实像(设此时物距 $u<$ 像距 v);当透镜 L_1 在 O_2 处(设 O_1O_2 间的距离为 e,$u'>v'$)时,在屏上又得到一个缩小的清晰的倒立的实像.

按照透镜成像公式(6.29.1),在 O_1、O_2 处分别有

$$\frac{1}{u}+\frac{1}{L-u}=\frac{1}{f} \qquad \frac{1}{u+e}+\frac{1}{v-e}=\frac{1}{f} \tag{6.29.3}$$

因式,而 $v=L-u$,解得

$$u=\frac{L-e}{2} \tag{6.29.4}$$

$$f=\frac{L^2-e^2}{4L} \tag{6.29.5}$$

物距等距方法的优点是,把焦距的测量归结为对于可以精确测定的量 L 和 e 的测量,避免了在测量 u 和 v 时,由于估计透镜光心位置不准确所带来的误差(因为在一般情况下,透镜的光心并不一定跟它的对称中心重合).

三、凹透镜焦距的测量原理

1. 自准法

如图 6.29.5 所示,将物点 A 安放在凸透镜 L_1 的主光轴上,测出它的成像位置 B. 固定凸透镜 L_1 在 O_1 点,并在 L_1 和像点 B 之间 O_2 处插入待测的凹透镜 L_2 和一平面镜 M. 移动 L_2,可使由平面镜 M 反射回去的光线经 L_2、L_1 后,仍成像于 A 点. 此时,B 点就成为由平面镜 M 反射回去的平行光束的虚像点,也就是凹透镜 L_2 的焦点. 测出 L_2 的位置 O_2,则间距 $\overline{O_2B}$ 即为该凹透镜的焦距 $f=\overline{O_2B}$.

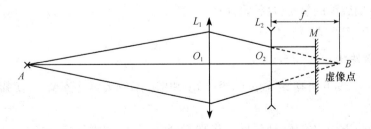

图 6.29.5 自准法测凹透镜的焦距 $f=\overline{O_2B}$

2. 物距像距法

图 6.29.6 所示,从物点 A 发出的光线经过凸透镜 L_1 后会聚于 B 点. 假若在凸透镜 L_1 和像点 B 之间插入一个焦距为 f 的凹透镜 L_2,然后调整(增加或减少) L_2 与 L_1 的间距,则由于凹透镜的发散作用,光线的实际会聚点将移到 B' 点. 根据光线传播的可逆性,如果将物置于 B' 点处,则由物点发出的光线经透镜 L_2 折射后所成的虚像将落在 B 点.

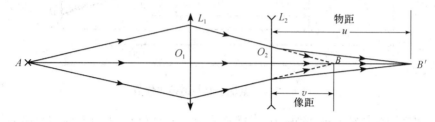

图 6.29.6 物距像距法测凹透镜的焦距

令 $\overline{O_2B'}=u$, $\overline{O_2B}=v$,又考虑到凹透镜的 f 和 v 均为负值,由式(6.29.1)得

$$\frac{1}{u} - \frac{1}{v} = -\frac{1}{f} \tag{6.29.6}$$

$$f = \frac{uv}{u-v} \tag{6.29.7}$$

【实验内容与步骤】

一、光学元件同轴等高的调整(自行设计)

二、测量凸透镜的焦距(自行设计)

1. 自准法(图 6.29.2): $f = \overline{AO}$.

2. 物距像距法(图 6.29.3): $f = \dfrac{UV}{U+V}$.

(1) 在物距 $u>2f$ 和 $2f>u>f$ 范围内,各取两个 u 值,用测读法分别测出相应的像距. 按式(6.29.2)算出焦距 f. 测读时可同时观察像的特点.

(2) 取 $u=2f$,用测读法测出像距,计算出焦距 f,测量时可同时观察像的特点.

3. 共轭法(图 6.29.4)

注意取物和像屏的间距 $L>4f$, $f = \dfrac{L^2-e^2}{4L}$.

三、测量凹透镜的焦距(自行设计)

1. 自准法(图 6.29.5): $f = \overline{O_2B}$.

2. 物距像距法: $f = \dfrac{UV}{U-V}$.

(1) 按图 6.29.6 将物屏、辅助凸透镜 L_1 和像屏装在光具座支架上,使物屏与像屏间距略大于 $4f_1$.

(2) 移动凸透镜的位置,使像屏上出现清晰适度、不太大的像,固定凸透镜 L_1,并测读像屏位置 B.

(3) 在 L_1 和像屏间插入待测凹透镜 L_2，由于凹透镜的发散作用，成像在 B'.

(4) 根据 $O_2B'=u$，$O_2B=v$，由式(6.29.7)算出焦距. 重复测量，求平均值和误差.

【数据处理】

1. 凸透镜焦距的测量

表 6.29.1　自准法测凸透镜焦距

凸透镜编号：_____（单位：cm）

测量次数 n	物(像屏)位置(A)	透镜位置(O)	焦距 f
1			
...			
平均			

表 6.29.2　物像距法测凸透镜焦距

凸透镜编号：_____（单位：cm）

测量次数 n	物位置(A)	透镜位置(O)	像位置(B)	u	v	f
1						
...						

表 6.29.3　共轭法测凸透镜焦距

凸透镜编号：_____（单位：cm）

测量次数 n	物位置(A)	像位置(B)	L	透镜位置Ⅰ(O_1)	透镜位置Ⅱ(O_2)	e	f
1							
...							

2. 凹透镜焦距的测量

表 6.29.4　自准法测凹透镜的焦距

凹透镜编号：_____（单位：cm）

测量次数 n	物位置(A)	辅助凸透镜位置(O_1)	像Ⅰ的位置(B)	凹透镜的位置(O_2)	f
1					
...					

表 6.29.5　物距像距法测凹透镜焦距

凹透镜编号：_____（单位：cm）

测量次数 n	物位置(A)	辅助凸透镜位置(O_1)	像Ⅰ位置(B)	凹透镜位置(O_2)	像Ⅱ位置(B')	$u(O_2B')$	$v(O_2B)$	f
1								
...								

以上均要求计算不确定度，并正确表示结果.

【分析讨论题】

(1) 试说明在用共轭法测凸透镜焦距 f 时，为什么要选取物和像的距离大于 $4f$？

(2) 凸透镜成大像和小像实验时,大像中心在上,小像中心在下,说明物的位置偏上还是偏下?请画光路图分析.

(3) 在什么条件下,光通过由凸透镜和凹透镜组成的光学系统将得到一个实像?

(4) 用自准法测凸透镜焦距时,平面镜与凸透镜之间的距离对成像位置和清晰度有什么影响?平面镜法线与光轴的夹角对成像位置有什么影响?(通过实验观察后,画出光路图分析说明)

实验 30 光学基本实验(二)
——组装显微镜、望远镜、幻灯机及放大倍数测量

练习一 组装显微镜

【目的要求】

学习显微镜的基本原理和结构,并掌握其调节,使用和测量它的放大率的一种方法.自己设计组装一个显微镜光路.

【仪器装置】

如图 6.30.1,带有毛玻璃的白炽灯光源 S、1/10mm 分划板 F_1、物镜 L_o:$f'_o=15$mm、目镜 L_e:$f'_e=20$mm、半透半反镜 B、1/5mm 分划板:F_2.

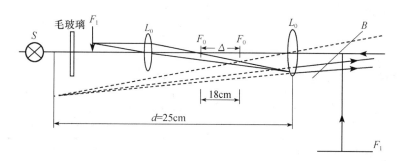

图 6.30.1 仪器装置及光路

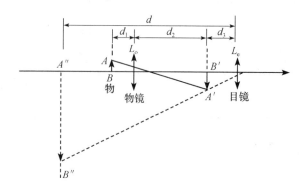

图 6.30.2 显微镜的放大作用

【实验原理】

  显微镜及其放大率：显微镜由物镜和目镜组成，特点是物镜的焦距很短，为了尽量减少各种像差，实用的显微镜其物镜的结构是相当精细复杂，被观察的目的物 AB 放置在物镜焦点外少许，经过物镜成一高倍放大的实像 $A'B'$（中间像），常用的目镜也是惠更斯型，作用和望远镜中的目镜一样，目镜把中间像再次变成放大的虚像，虚像距目镜约等于明视距离，眼睛也要贴近目镜观察.

  显微镜的放大作用：可用横向放大率来描写，横向放大率 β 定义为像长 $A''B''$ 和物长 AB 之比，即

$$\beta = \frac{A''B''}{AB} \tag{6.30.1}$$

显然，它等于物镜的横向放大率 β_o 和目镜的横向放大率 β_e 的乘积.

$$\beta = \left(\frac{A''B''}{A'B'}\right) \cdot \left(\frac{A'B'}{AB}\right) \tag{6.30.2}$$

$$\beta_o = \frac{d_2}{d_1} \qquad \beta_e = \frac{d}{d_3} \tag{6.30.3}$$

从图 6.30.2 看出，中间像 $A'B'$ 是在目镜焦点 F_e 附近 $d_3 \approx f_e$；又因 f_o 很短，$d_2 \approx \Delta$，Δ 是物镜的后焦点 F'_o 目镜的前焦点 F_e 的距离，称光学间隔，代入式(6.30.2)及式(6.30.3)，得

$$\beta_e = d/f_e, \qquad \beta_o = \Delta/f_o \tag{6.30.4}$$

$$\beta = \frac{d\Delta}{f_e f_o} \tag{6.30.5}$$

  一般规定 $d = 25 \text{cm}$，$\Delta = 16 \text{cm}$. 已知 $f_o = 15 \text{mm}$ 和 $f_e = 20 \text{mm}$，由(6.30.4)式即可计算出 β_e 及 β_o.

【实验方法与步骤】

  (1) 把全部器件都夹好，放在标尺导轨上，靠拢，目测调至共轴.
  (2) 把透镜 L_1，L_e 的间距固定为 18cm.
  (3) 沿标尺导轨前后移动 F_1，（F_1 紧靠玻璃装置）；直至在显微镜系统中看清分划板 F_1 的刻线.
  (4) 在 L_e 之后置一与光轴成 45°的半透半反镜 B，并在与光轴垂直方向相距 25cm 处放一与 F_1 相同的分划板 F_2.
  (5) 读出未被放大的 F_2 上的 100 个格所对应于显微镜放大的 F_1 的格数 a.

【实验数据与处理】

  显微镜的测量放大率：$M = 100/a$
  显微镜的计算放大率：$M = \dfrac{25\Delta}{f_o f_e}$

练习二 组装望远镜

【目的要求】

(1)学习望远镜的基本原理和结构,掌握其调节使用方法,自己设计组装望远镜光路.

(2)学习测量望远镜的放大倍率的两种方法.

【实验仪器】

如图 6.30.3 所示,带有毛玻璃的白炽灯光源 S、1/10mm 分划板 F、物镜 $L_o:F_o=261$mm、目镜 $L_e:F_e=45$mm.

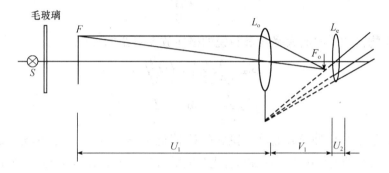

图 6.30.3 仪器装置及光路

【实验原理】

望远镜的放大作用:可用视角放大率来描写,视角放大率 γ 定义为像对眼睛的张角和不用望远镜时远处的物对眼睛的张角之比,从图 6.30.4 可知

$$\gamma = \frac{\dfrac{A''B''}{d}}{\dfrac{AB}{d_0}} = \frac{A''B''}{AB} \cdot \frac{d_0}{d} \qquad (6.30.6)$$

$$\frac{A'B'}{AB}=\frac{d_2}{d_3} \qquad \frac{A''B''}{A'B'}=\frac{d}{d_1}$$

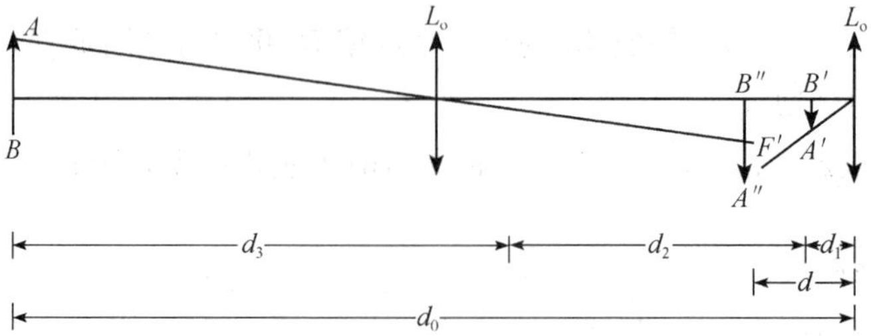

图 6.30.4 望远镜的放大作用

实际上,物和望远镜的距离远大于望远镜的长度,$d_3 \approx d_0$,且 $d_2 \approx f_o$,$d_1 \approx f_e$,f_o、f_e 分别是物镜和目镜的焦距,代入式(6.30.6)后得

$$\gamma = \frac{d}{d_1} \cdot \frac{d_2}{d_3} \cdot \frac{d_0}{d} \approx \frac{f_o}{f_e} \tag{6.30.7}$$

即望远镜的角放大率决定于物镜和目镜焦距之比.

望远镜的角放大率的测量方法:

(1) 最简单的方法是把物长和像长直接对比. 把望远镜对准远处放置的标尺 AB,调节望远镜的筒长改变目镜到物镜的距离使像 $A''B''$ 清晰可见. 观察者用一只眼睛(譬如左眼)观察望远镜视野中标尺的像,另一只眼睛(譬如右眼)同时不通过望远镜直接观察标尺. 经过几分钟的适应性训练,不但可以同时看清楚 AB 及 $A''B''$,而且还能比较它们的视角. 例如,看到 $A''B''$ 一格的长度相当于 AB 的 N 格的长度(视角相等),那么,N 就是测得的视角放大率.

(2) 利用公式(6.30.7)测量 γ

先把望远镜聚焦到无穷远,使目镜和物镜的距离等于 $f_e + f_o$. 然后取下物镜,并在物镜的位置装上透明标尺,把标尺用小灯照明,则标尺通过目镜成一缩小的实像. 已知标尺的长度为 L_1,若测出的实像的长度为 l_1,又用 d_4, d_5 分别表示物距和像距,则因

$$\frac{L_1}{l_1} = \frac{d_4}{d_5} \tag{6.30.8}$$

由透镜公式

$$\frac{1}{d_4} + \frac{1}{d_5} = \frac{1}{f_e}, \qquad \frac{1}{d_5} = \frac{d_4 - f_e}{d_4 f_e}$$

代入(6.30.8)式得

$$\frac{L_1}{l_1} = \frac{d_4 - f_e}{f_e}$$
$$d_4 = f_e + f_o$$

所以

$$\frac{L_1}{l_1} = \frac{f_o}{f_e} = \gamma \tag{6.30.9}$$

由此即可求出 γ.

【实验方法及步骤】

(1) 把全部器件夹好,放在标尺导轨上,靠拢,目测调至共轴.

(2) 把 F 和 L_e 的间距调至最大,沿导轨前后移动 L_o,使一只眼睛通过 L_e 看到清晰的分划板 F 上的刻线.

(3) 再用另一只眼睛直接看分划板 F 上的刻线,读出直接看到的 F 上的 100 条线对应于通过望远镜所看到的 F 上的刻线格数 a.

(4) 用屏 H 找到 F 通过 L 所成的像,分别读出 F, L_o, H, L_e 的位置 a, b, c, d.

【实验数据及处理】

望远镜的比较放大率: $\qquad M = 100/a$

望远镜的计算放大率：
$$M=\frac{V_1(U_1+V_1+V_2)}{U_1U_2}$$

式中：$U_1=b-a$，$V_1=c-b$，$U_2=D-C$.

练习三 组装透射式幻灯机（投影系统）

【目的要求】

了解幻灯机原理和聚光镜的作用，掌握对透射式投影光路系统的调节.

【实验仪器】

参见图 6.30.5～图 6.30.6，带有毛玻璃的白炽灯光源 S、聚光镜 L_1：$f_1=50$mm、幻灯底片 P、干版架、白色像屏 H.

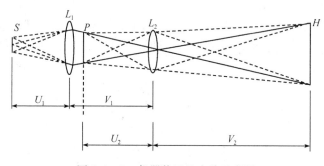

图 6.30.5 仪器装置及光路示意图

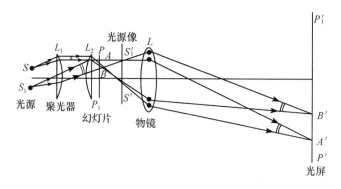

图 6.30.6 幻灯机成像示意图

【实验原理】

幻灯机能将图片的像放映在远处的屏幕上，但由于图片本身并不发光，所以需用强光照亮图片，因此幻灯机的构造总是包括聚光和成像两个主要部分. 在透射式的幻灯机中，图片是透明的，成像部分主要是物镜 L、幻灯片 PP_1 和远处的屏幕. 为使这个物镜能在屏幕上产生高倍放大的实像，PP_1 必须放在离物镜 L 的物方焦平面外很近的地方，即物距稍大于 L 的物方焦距.

【实验内容与步骤】

(1) 把全部器件夹好,靠拢,目测调至共轴;

(2) 将 L_2 与 H 的间隔固定在 1.2m 左右,前后移动 P,使其经 L_2 在屏 H 上成一最清晰的像;

(3) 将聚光镜 L_1 紧挨底片 P 的位置固定,拿去底片 P,沿导轨前后移动光源 S,使其经聚光镜 L_1 刚好成像于放映物镜 L_2 的平面上;

(4) 再把底片 P 放在原位,观察像面上的亮度和照度的均匀性;

(5) 把聚光镜 L_1 拿去,再观察像面上的亮度和照度的均匀性.

放映物镜焦距和聚光镜焦距的选择:

放映物镜的焦距: $$f_2 = \frac{M}{(M+1)^2} \cdot D_2$$

聚光镜的焦距: $$f_1 = \frac{D_2}{(M+1)} - \frac{D_2}{(M+1)^2} \cdot \frac{1}{D_1}$$

其中: $D_2 = U_2 + V_2$,$D_1 = U_1 + V_1$,M 为像的放大率.

实验 31 分光仪的调节和使用

分光仪又叫分光计、测角仪,是精确测量光线偏转角度的一种光学仪器.通过有关角度的测量,可以测定如折射率、光栅常数、光的色散率、光的波长等许多物理量.

【重点、难点】

分光仪的调节方法:亮"+"字的寻找,同轴等高,先外后内,先粗后细,各半调节等.

【目的要求】

(1) 了解分光仪的结构和工作原理;

(2) 掌握分光仪的调节方法,将分光仪调整到可测量的状态.

【实验仪器】

分光仪,汞灯,双平行平面反射镜等.

【实验原理】

分光仪的结构:分光仪主要由平行光管、狭缝、望远镜、载物台、中心轴、度盘、左右游标、平行平面反射镜等组成.分光仪的型号有多种,但基本结构都大同小异,如图 6.31.1 所示是分光仪一种型号的结构示意图.

1. 平行光管

它是一个柱形圆筒,在筒的一端装有一个可伸缩的套筒.套筒末端有一狭缝,旋转手轮可改变狭缝宽度(可调范围 0.02～2mm).圆筒的另一端装有消色差透镜组.当狭缝恰位于透镜组焦平面上时,平行光管射出平行光束.平行光管光轴方向可通过水平和垂直调节螺钉进行调节.

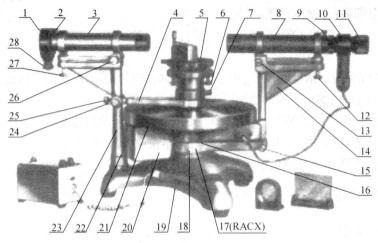

图 6.31.1　分光仪的结构图

1. 狭缝装置；2. 狭缝装置锁紧螺钉；3. 平行光管；4. 制动架；5. 载物台；6. 载物台调平螺钉；7. 载物台锁紧螺钉；8. 望远镜；9. 目镜镜筒锁紧螺钉；10. 阿贝式自准直目镜；11. 目镜调焦手轮；12. 望远镜光轴垂直调节螺钉；13. 望远镜水平调节螺钉；14. 支臂；15. 望远镜微调螺钉；16. 转座与度盘止动螺钉；17. 望远镜止动螺钉；18. 制动架 2；19. 底座；20. 转座；21. 度盘；22. 游标盘；23. 立柱；24. 游标盘微调螺钉；25. 游标盘止动螺钉；26. 平行光管光轴水平调节螺钉；27. 平行光管光轴垂直调节螺钉；28. 狭缝宽度调节手轮

2. 望远镜

它是由物镜、自准目镜和分划板(或叉丝)组成的圆筒.常用的自准目镜有高斯目镜和阿贝目镜两种.

本仪器所用的自准目镜是阿贝目镜,结构如图 6.31.2 所示.它是在分划板下方装有一个小棱镜,棱镜前面有一个开有"＋"字形窗口的反光片,棱镜下方装有照明灯.当光线经反射将反光片照亮时,"＋"字形窗口因光线透过,形成一个亮"＋"字,整个分划板的视场如图 6.31.3 所示.当望远镜调焦时,分划板调到物镜的焦平面上,透过光形成的亮"＋"字通过平面镜反射回来的像将落在分划板上,即达到对无穷远调焦的目的.

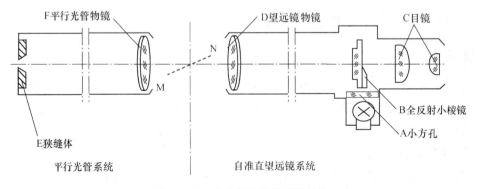

图 6.31.2　分光仪的光学系统结构

望远镜装在支臂上,与转座固定在一起并套在度盘上,可绕中心轴旋转.当松开止动螺钉时,度盘与转座可相对转动;当旋紧螺钉时,度盘可随望远镜绕中心轴旋转.望远镜光轴可通过水平和垂直调节螺钉对高低和水平方向进行微调.

3. 载物台

它是供放置分光元件用的,套在游标盘上可绕中心轴旋转.它可根据需要升高或降

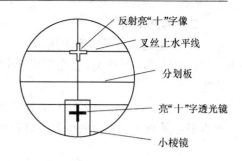

图 6.31.3　望远镜视野

低.当锁紧载物台锁紧螺钉和游标止动螺钉后,借助立柱上的微调螺钉可对载物台进行微调(旋转).载物台下面还装有三个调平螺钉,用来调节载物台平面与旋转轴中心线垂直.

4. 读数装置

它由刻度盘和游标盘组成.刻度盘上刻有720等分的刻线,最小刻度值为 $30'$. 小于 $30'$ 的利用游标读出.游标盘上刻有30小格(游标30格和度盘29格相等),格值为 $29'$,故分度值为 $1'$.读数方法和游标卡尺相似.当游标的第 n 条刻线和刻度盘上某刻线对齐时,其读数为 n'.例如,图 6.31.4 所示的应读为 $116°12'$,位置即主尺读数 $116°+$ 游标 $12'=116°12'$.

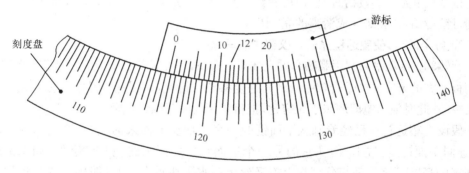

图 6.31.4　刻度盘和游标读数示例:$116°+12'=116°12'$

【实验内容与步骤】

分光仪调节原则是"先外后内,先粗后细,各半调节".

分光仪调整主要目标是实现平行光管发平行光并与望远镜光轴"同轴等高",载物台平面与主轴垂直,光轴与主轴垂直.

一、外部目测粗调

把仪器摆正后,先用目视法将望远镜和平行光管调到大致与仪器主轴垂直,使平行光管和望远镜光轴大致平行,再调载物台调平螺钉,使载物台平面大致与仪器主轴垂直.

二、内部细调

1. 使望远镜对无穷远聚焦

（1）打开电源开关，点亮照明小灯，调节目镜与叉丝间距离，直至分划板刻线成像清晰；

（2）将光学平行平面反射镜放到载物台的中心轴上，放置位置如图 6.31.5 所示，即光学平面垂直于载物台两个调平螺钉的连线.

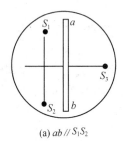
(a) $ab \mathbin{/\mkern-5mu/} S_1S_2$

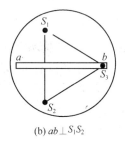
(b) $ab \perp S_1S_2$

图 6.31.5

（3）松开游标盘止动螺钉，转动 360°盘（载物台和平面镜也随之转动），让眼睛在望远镜旁边（同一高度）向平行平板看去，能看到平面镜反射回来的亮"十"字像在望远镜的下部（如果看不到则需要微调载物台下的调节螺钉或望远镜下微调螺钉，直到看见为止）. 再从目镜观察并适当转动游标盘，即可看到一亮"十"字光斑. 松开目镜镜筒锁紧螺钉，前后移动目镜镜筒，使亮斑变成清晰的亮"十"字.

2. 各半调节，使望远镜光轴与仪器主轴垂直

旋转360°盘观察并利用载物台的上述 S_1、S_2、S_3 三个调平螺钉，将亮"十"字调节到与分划板上方的十字叉丝重合（为什么？），往复移动目镜镜筒，使亮"十"字与分划板十字叉丝无视差. 此时望远镜即调焦于无穷远，把目镜筒的锁紧螺钉拧紧.

假设在望远镜中已经看到从平面镜的一个平面反射回来的亮"十"字像，现在把平台（连同平面镜）转过 180°，从它的另一个平面找反射回来的亮"十"字像. 如果两面反射回来的亮"十"字像都与分划板上方叉丝十字水平线重合，则说明望远镜与仪器主轴垂直，这也是判断"垂直"的标准. 这里所说的"重合"，是指亮"十"字像与分划板叉丝上方的上水平线等高. 各半调节时，有以下三种情况：

（1）两面反射回来的像都偏上（或都偏下），如图 6.31.6(a)，且两个像的水平高度相同，根据光的反射定律分析可知，这时应该调节望远镜的水平高低使反射像达到正确位置.

（2）两面反射回来的像一面偏上、一面偏下，如图 6.31.6(b)，且两个像关于叉丝上水平线对称. 根据光的反射定律分析可知，这时应该调节载物平台下的水平螺丝使反射像达到正确位置.

（3）两面反射回来的像一面偏上、一面偏下，但是两个像关于叉丝上水平线不对称，说明上述两种情况同时存在. 这时可先调节望远镜的水平高低使两个像关于叉丝上水平线对称，此时形成图 6.31.6(b)所示情况，然后再调节载物平台下的水平螺丝使反射像达到正确位置.

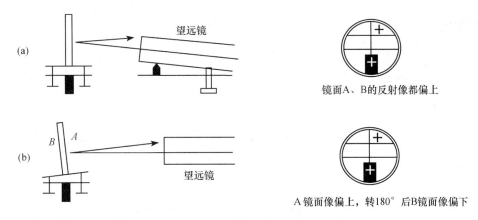

图 6.31.6 "十"字像和望远镜、平台的关系

各半调节的原则:调望远镜的水平高低,使亮"十"字向上或向下往正确的目标位置(分划板上方的十字叉处)移动 1/2 的距离;调整载物台下 3 个水平螺丝,使亮"十"字向上或向下,往正确的目标位置(分划板上方的十字叉处)移动 1/2 的距离.

3. 调整平行光管,使其光轴与仪器主轴垂直并且能够发出平行光

(1) 调整平行光管光轴与仪器主轴垂直.

平常狭缝是竖直的,转过 90°以后则为水平的,再转过 180°同样也是水平的. 从望远镜中看这两个水平的狭缝像,如果都和叉丝中间水平线重合或对称地位于水平线两侧,则说明平行光管已经与仪器主轴垂直. 如果不是,则需调节平行光管下面的螺丝达到要求.

(2) 使平行光管发出平行光.

用已调好的望远镜作为基准,改变狭缝与平行光管透镜间的距离(拉进拉出狭缝体),使望远镜中看到清晰的狭缝像,并且没有视差,这时平行光管即已能够发出平行光. 同时,调整狭缝的宽窄约 1mm 左右,清晰可见无视差.

至此,分光仪主轴分别与望远镜和平行光管垂直,望远镜光轴与平行光管等高. 平行光管能够发出宽窄合适的平行光. 分光仪达到可以测量读数的状态.

【思考题、练习题】

(1) 用自准法调望远镜时,如望远镜中分划板在物镜焦点外或内,经平行平板反射回来的像将成在何处?

(2) 在分划板的下方有一个十字透光孔,为什么反射回来的亮十字和分划板上方的十字线重合才恰好说明平行板与望远镜光轴垂直?试用光路图来说明.

实验 32 用分光仪测定三棱镜顶角

【重点、难点提示】

熟练调整分光仪工作状态是应用分光仪进行一系列光学实验的基本技术,既是本实验的重点,也是本实验的难点.

【目的要求】

(1) 进一步熟悉分光仪结构与调整方法.
(2) 测量三棱镜的顶角.

【实验仪器】

分光仪,汞灯,三棱镜,双平行平面反射镜.

【实验原理】

1. 用自准法测量三棱镜的顶角

图 6.32.1 为用自准法测量三棱镜顶角的示意图. 利用望远镜自身产生平行光,固定平台,转动望远镜,先使棱镜 AB 面反射的十字像与叉丝重合(即望远镜光轴与三棱镜 AB 面垂直),记下刻度盘两边的方位角读数 θ_1、θ_2. 然后再转动望远镜使 AC 面反射的十字像与叉丝重合(即望远镜光轴与 AC 面垂直),记下读数 θ_1' 和 θ_2'(注意方位角标 1、2 不能颠倒),两次读数相减即得 $\angle A=\alpha$ 的补角 φ. 故 $\angle \alpha=180°-\varphi$,即

$$\angle \alpha = 180° - \frac{1}{2}(\varphi_1 + \varphi_2) \tag{6.32.1}$$

$$= 180° - \frac{1}{2}[(\theta_1' - \theta_1) + (\theta_2' - \theta_2)]$$

2. 用平行光法(又叫反射法、分裂光束法)测量三棱镜顶角

图 6.32.2 为用平行光法测量三棱镜顶角示意图. 使三棱镜的顶角对准平行光管,平行光管射出的光束照射在三棱镜的两个光学面上. 将望远镜转到一侧(如左边)的反射方向上观察,把望远镜叉丝对准狭缝像,此时读出两个窗口的方位角读数 θ_1 和 θ_2;再将望远镜转到另一侧,把叉丝对准狭缝像后读出 θ_1' 和 θ_2',则三棱镜的顶角为

$$\angle \alpha = \frac{1}{2}\varphi = \frac{1}{4}[(\theta_1 - \theta_1') + (\theta_2 - \theta_2')] \tag{6.32.2}$$

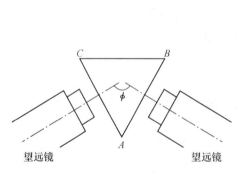

图 6.32.1 用自准法测三棱镜顶角

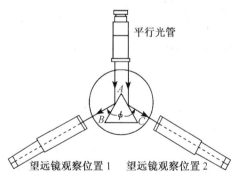

图 6.32.2 用平行光法测量三棱镜顶角

【实验内容与步骤】

1. 分光仪的调节

调节时,首先应该进行目测粗调,使望远镜、平行光管大致垂直于仪器主轴,使载物平台下的三个调节螺丝支撑平台高度基本一致.

在粗调的基础上进行细调,调节时按如下三个步骤进行:

(1) 使望远镜对无穷远聚焦.

(2) 用"各半调节",使望远镜光轴与仪器主轴垂直.

(3) 调整平行光管,使其光轴与仪器主轴垂直并且能够发出平行光.

2. 测量三棱镜的顶角

(1) 调节三棱镜:要求三棱镜的待测顶角 A 的两个侧面都与仪器主轴平行.

① 把三棱镜放在平台上,为了便于调节,可将棱镜三边分别垂直于平台下三个螺丝的连线,如图 6.32.3 所示.

② 转动平台使 AB 面正对望远镜时,调节 S_2 螺丝,使反射回来的十字像与叉丝上横线重合.

③ 使 AC 面正对望远镜,调节 S_1 螺丝,使反射回来的十字像与叉丝上水平线重合.

④ 重复调整,使两个面反射回来的十字像都与叉丝上水平线重合. 这时三棱镜待测顶角 A 的两个侧面都已经与仪器主轴平行.

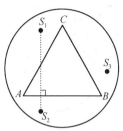

图 6.32.3 三棱镜在平台上的放法

(2) 用自准法测三棱镜顶角:按实验原理测量两次取平均值.

(3) 用平行光法测三棱镜顶角:按实验原理测量两次取平均值.

注意:

(1) 调节分光仪时必须严格按照步骤进行,注意先后次序.

(2) 分光仪调整好以后,放上三棱镜测量时,不能再调望远镜和平行光管的聚焦和高低等,否则前功尽弃.

(3) 做实验内容 2 时,三棱镜在平台上的放法注意参看图 6.32.2,顶角应放在接近平台中心位置的地方,否则会给找狭缝像带来困难.

(4) 注意计算 φ 角时,如果出现 $|\theta_1-\theta_1'|>180°$ 或 $|\theta_2-\theta_2'|>180°$ 时,应将小示数的值加上 $360°$ 再参与运算.

【数据记录与处理】

表 6.32.1 测顶角 α

测量方法	游标	望远镜位置1	望远镜位置2	$\theta_1-\theta_2$(或 $\theta_1'-\theta_2'$)	顶角 α
自准法	左游码 θ_i				
	右游码 θ_i'				
平行光法	左游码 θ_i				
	右游码 θ_i'				

【思考题、练习题】

(1) 在调节望远镜时,如何判断十字叉丝和十字像是否在同一平面上(即有无视差)?

(2) 调节望远镜光轴与仪器主轴的垂直关系时,两平面镜反射回来的十字像都偏上

(或都偏下);一面偏上、一面偏下,分别应如何调节? 如果一面偏上 $3a$,另一面则偏下 a,这时应如何调节,怎样迅速使两面反射的像都与叉丝重合?

(3) 载物平台下边有三个调节螺丝用来调节其倾斜度,为了在实验中便于调节,对于平面镜和三棱镜应分别如何放置(画图说明)?

(4) 在测角时某个游标读数第一次为 $343°56'$,第二次为 $33°28'$,游标经过圆盘零点和不经过圆盘零点时所转过的角度分别是多少?

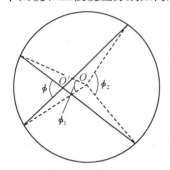

图 6.32.4 O 与 O' 不重合

(5) 若角游标刻度盘中心 O 跟游标中心 O' 不重合(如图 6.32.4,但画时夸大了),则游标转过 ϕ 角时,从刻度盘读出的角度 $\phi_1 \neq \phi_2 \neq \phi$,但 ϕ 总等于 ϕ_1 和 ϕ_2 的平均值,即

$$\phi = \frac{1}{2}(\phi_1 + \phi_2)$$

试证明之.

(6) 用平行光法测量三棱镜顶角时,为什么应把顶角置于载物平台中心附近? 试作图说明之.

实验33 用分光仪测量绿光最小偏向角和折射率

折射率是描写介质材料光学性质的重要参量. 通过它,能了解材料的纯度、浓度、透光性、色散等性能. 测定固体的折射率方法很多,本实验采用最小偏向角法.

【重点、难点提示】

了解三棱镜的分光作用;观察各色光的偏向角;寻找最小偏向角的位置.

【目的要求】

(1) 进一步掌握分光仪的调节和使用;观察各色光的最小偏向角的位置;
(2) 测量绿光最小偏向角法测定三棱镜玻璃的折射率.

【实验仪器】

分光仪,光学双平行平面反射镜,三棱镜,汞灯.

【实验原理】

光线以入射角 i_1 投射到三棱镜的 AB 面上,相继经 AB、AC 两个面折射后,以 i_2 角从 AC 出射,出射光线和入射光线的夹角 δ 称为偏向角(图 6.33.1). δ 的大小随入射角 i_1 而改变. 当入射光在某一特定方位时,偏向角 δ 有最小值,称为最小偏向角,用 $\delta_{\min}$ 表示. 可以证明,当 $i_1 = i_2$ 时,偏向角取极小值 $\delta_{\min}$,称为最小偏向角. 它与三棱镜的顶角 α 和折射率 n 之间有如下的关系:

$$n = \frac{\sin\frac{\delta_{\min}+\alpha}{2}}{\sin\frac{\alpha}{2}} \tag{6.33.1}$$

只要测出三棱镜的顶角 α 和最小偏向角 $\delta_{\min}$，就可按上式求出三棱镜材料（玻璃）的折射率.

由于透明介质的折射率是波长的函数，同一棱镜对不同波长的光具有不同最小偏向角，也就具有不同的折射率.

【实验内容与步骤】

1. 测量绿色谱线最小偏向角

（1）调节好分光仪. 调节三棱镜顶角 A 的两个侧面（光学面）与仪器主轴平行. 调节方法见实验"分光仪的调节".

（2）如图 6.33.2 所示，转动载物平台，使三棱镜顶角 A 两个侧面（光线入射面和光线出射面）中的光线出射面大致垂直于平行光管（注意：这里说的只是"大致"，而且仅仅是开始放的位置，以后的实验过程中还要转动平台，在找最小偏向位置时，不要受这个所谓"垂直"关系的限制）.

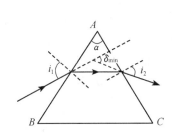 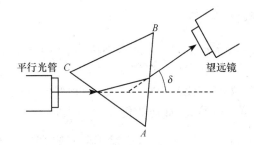

图 6.33.1 偏向角示意图　　　图 6.33.2 测偏向角时三棱镜的位置

（3）观察偏向角的变化时，用光源（汞灯）照亮狭缝，根据折射定律判断折射光的出射方向. 用眼睛在此方向观察，可以看到几条平行的彩色谱线. 将望远镜转至此方位，从望远镜中能清楚地看到彩色谱线，但此时偏向角不一定是最小. 缓慢转动载物台，使谱线向里（入射光方向）靠，即偏向角减小. 如谱线向外偏，可反向转载物台（望远镜要随时跟踪谱线）. 此过程以绿色谱线（546.07nm）为参考. 向偏向角减小方向继续转载物台，直至谱线移动方向出现"逆转"."谱线刚要出现逆转"时的出射光线与入射光线的夹角即为最小偏向角.

（4）测最小偏向角的谱线方位时，分别向顺时针方向和逆时针方向轻轻转动载物平台（即改变入射角），找出待测谱线逆转的准确位置，固定载物台，再使望远镜分划板上十字叉丝的竖线对准该谱线中央. 此时可拧紧望远镜止动螺钉，用望远镜微调螺钉，使十字叉丝竖线准确对准谱线，读出该位置上左右游标示数 θ_1 和 θ_2.

（5）移去三棱镜，将望远镜对准平行光管，使望远镜十字叉丝竖线准确对准狭缝像，记录左、右游标的示数 θ_0 和 θ_0'，由公式

$$\delta_{\min} = \frac{1}{2}[(\theta-\theta_0)+(\theta'-\theta'_0)] \qquad (6.33.2)$$

计算出 $\delta_{\min}$ 的值.

(6) 重复上述步骤,共测量三组数据,最后求 $\delta_{\min}$ 的平均值.

2. 计算玻璃三棱镜对绿光的折射率

将三棱镜顶角和绿光的最小偏向角代入式(6.33.3),求得玻璃对汞绿光的折射率.并进行不确定度计算.

【数据记录与处理】

表 6.33.1 测最小偏向角

测量次数		最小偏向位置	狭缝原始位置	$\delta_{\min}$
1	左游标 θ_0			
	右游标 θ			
...				

以顶角 $\alpha=60°\pm10'$ 代入公式(6.33.1)计算折射率 n,并算出测量的不确定度.

【思考题、练习题】

(1) 测最小偏向角时能否不转动平台,只转动三棱镜相对平台来获得,为什么?

(2) 在实验中如何确定最小偏向角的位置?不同的光最小偏向角是否相同?

(3) 如果三棱镜的质料不变,顶角变大(或变小),用同样的光源测量,其折射率及最小偏向角有无变化,如何变化?

实验 34 光的干涉实验(一)
——薄膜干涉(牛顿环)

【背景介绍】

光的干涉是重要的光学现象之一.在科研、生产实践和生活中光的干涉有着广泛的应用,如薄膜厚度、微小角度、曲面的曲率半径等几何量的测量,也普遍应用于光学元件表面光洁度和平整度的检验,光波波长的测量等."牛顿环"和"劈尖"是其中十分典型的例子.牛顿环和劈尖干涉都是由分振幅法产生的干涉.本实验用牛顿环装置测量平凸透镜的曲率半径,由此可以深刻地理解等厚干涉原理及其应用.

牛顿环是光的干涉现象的极好演示.牛顿为了研究薄膜颜色,曾经用把凸透镜放在平面玻璃上的方法做实验.1675 年,他在给皇家学会的论文里记述了这个被后人称做牛顿环的实验.19 世纪初,托马斯·杨用光的干涉原理解释了牛顿环,并参考牛顿的测量计算了与不同颜色的光对应的波长和频率.

【重点、难点】

牛顿环产生的原理,曲率半径测量公式,实验装置的调整及读数方法.

【目的要求】

（1）观察和研究等厚干涉现象及其特点.
（2）练习用干涉法测量透镜的曲率半径、微小直径（或厚度）.

【实验仪器】

读数显微镜（分度值 0.01mm）、牛顿环装置、低压钠灯.如图 6.34.1 所示.

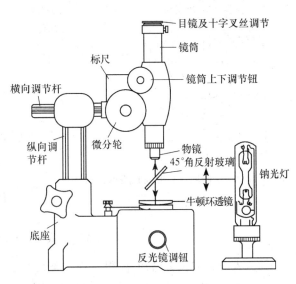

图 6.34.1　读数显微镜

【实验原理】

一、等厚干涉

利用透明薄膜上下两表面对入射光的依次反射,可将入射光的振幅分解为有一定光程差的几个部分.这是一种获得相干光的重要途径,被多种干涉仪所采用.若两束反射光在相遇时的光程差取决于产生反射光的薄膜厚度,则同一干涉条纹所对应的薄膜厚度相同.这就是所谓等厚干涉.

二、用牛顿环测平凸镜曲率半径

将一块曲率半径 R 较大的平凸透镜的凸面置于一光学玻璃板上,在透镜的凸面和平玻璃板之间就形成一层空气薄膜,其厚度从中心接触点到边缘逐渐增加.当以平行单色光垂直入射时,通过平凸镜球面和平面镜形成的空气薄膜,产生具有一定光程差的两束相干光.显然,它们的干涉图样是以接触点为中心的一系列明暗交替的同心圆环——牛顿环.其光路如图 6.34.2 所示.

(1) 由光路分析可知，入射到平面镜表面的光反射后，产后"半波损失"，所以与第 k 级条纹对应的两束相干光的光程差 δ_k 为

$$\delta_k = 2e_k + \frac{\lambda}{2} \tag{6.34.1}$$

(2) 几何关系：由图 6.34.1 可知 $R^2 = r_k^2 + (R-e_k)^2$，

$$r_k^2 = 2e_k R - e_k^2$$

(3) 略去小量：空气薄膜厚度 e_k 远小于透镜曲率半径 R，即 $e_k \ll R$，可略去二级小量 e_k^2，于是有

$$e_k = \frac{r_k^2}{2R} \tag{6.34.2}$$

$$\delta_k = \frac{r_k^2}{R} + \frac{\lambda}{2}$$

(4) 干涉条件：

$$\delta_k = \frac{r_k^2}{R} + \frac{\lambda}{2} = \begin{cases} k\lambda & \text{明条纹} \\ (2k+1)\frac{\lambda}{2} & \text{暗条纹} \end{cases}$$

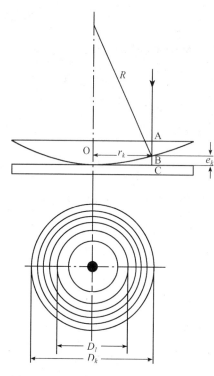

图 6.34.2　牛顿环及其形成光路示意图

$$r_k^2 = kR\lambda \quad (k=0,1,2,\cdots) \tag{6.34.3}$$

可见，入射光波长 λ 已知，测得 k 级暗条纹的半径 r_k，即可由上式算出曲率半径 R.

(5) 附加光程差 a：观察牛顿环时，会发现牛顿环中心不是一个点，而是一个不甚清晰的暗或亮的圆斑．其原因是透镜和平玻璃板接触时，由于接触压力引起形变，使接触处为一圆面，或者镜面上可能有微小灰尘等存在，从而引起附加的光程差 a．e_k 变为 $e_k \pm a$，则有

$$\begin{cases} \delta_k = 2(e_k \pm a) + \frac{\lambda}{2} \\ e_k \pm a = \frac{r_k^2}{2R} \end{cases}$$

$$\delta_k = 2(e_k \pm a) + \frac{\lambda}{2} = (2k+1)\frac{\lambda}{2} \tag{6.34.4}$$

$$r_k^2 = kR\lambda \pm 2Ra \tag{6.34.5}$$

由于凸透镜和平玻璃之间不是一个理想的接触点，中心的干涉点就不是一个点，而是不太规则的圆形，其圆心不能准确找准，在测 r_k 时就很难测准确.

消除附加光程差（系统误差）方法：即采用两个暗条纹半径平方差的方法处理.

取第 k、l 级暗条纹,则对应暗环半径的平方及其平方差为

$$r_k^2 = kR\lambda \pm 2Ra$$

$$r_l^2 = lR\lambda \pm 2Ra$$

$$r_k^2 - r_l^2 = (k-l)R\lambda \tag{6.34.6}$$

可见,$r_k^2 - r_l^2$ 与附加厚度 a 无关.

(6) 改测半径为测直径:因暗环圆心不易确定,半径 r_k,r_l 难以测量,故改测直径 D_k、D_l,即

$$D_k^2 - D_l^2 = 4(k-l)R\lambda$$

$$R = \frac{D_k^2 - D_l^2}{4(k-l)\lambda} \tag{6.34.7}$$

由此式可得透镜曲率半径 R.

【实验内容与步骤】

用牛顿环测透镜的曲率半径

1. 调整测量装置

(1) 将望远镜置于读数显微镜米标尺中央.

(2) 调节 45°反射镜使入射光垂直向下,显微镜目镜视场中亮度最大.调目镜焦距看清"十"字叉丝.

(3) 调物镜,使镜筒自下而上移动,直到看清楚干涉条纹为止.(若调物镜向下,须注意不要撞到牛顿环).

(4) 移动牛顿环,使明暗相间的同心圆环干涉条纹圆心处于视场中央.

2. 测量牛顿环的直径

(1) 旋转测微鼓轮,使镜筒从中心向左、右移动,两边都能看到 50 环以上,否则重调牛顿环位置.

(2) 单向测量:即分别测出左右两侧第 $5,10,\cdots,45,50$ 环的位置.为了消除鼓轮正反旋转时,因螺距旷量产生的系统误差,鼓轮应总是沿着单向转动,中途不得倒转.所以测量自一侧最大测量环位置开始.单向测量到另一侧相对应的最大测量环位置.例如,先依次测出右侧 $50,45,\cdots,10,5$ 环的位置,通过中心顺序旋转到左侧,然后依次测出左侧 $5,10,\cdots,45,50$ 环的位置.

3. 逐差法数据处理

先由测得数据求出各级牛顿环的直径,用逐差法,求相差 25 环($k-l=25$)的直径平方差,再求出差的平均值 $\overline{D_k^2 - D_l^2}$,并由此得透镜的曲率半径

$$\overline{R} = \frac{\overline{\Delta D^2}}{4(k-l)\lambda} = \frac{\overline{(D_k^2 - D_l^2)}}{4(k-l)\lambda}$$

计算不确定度 σ_R、E_R,正确表示结果,$\overline{R} \pm \sigma_R$.

表 6.34.1　　　　　　　　　　　　　　　　　　　　（单位：10^{-3} m）

环数 k		50	45	40	35	30
k 环位置	$x_{k左}$/mm					
	$x_{k右}$/mm					
k 环直径 $D_k(=x_{k左}-x_{k右})$/mm						
环数 l		25	20	15	10	5
l 环位置	$x_{l左}$/mm					
	$x_{l右}$/mm					
l 环直径 $D_l(=x_{l左}-x_{l右})$/mm						
$\Delta D^2(=D_k^2-D_l^2)$/mm^2						
$\overline{\Delta D^2}$/mm^2						
平凸镜曲率半径 R/m						

【思考题】

（1）为什么说读数显微镜测量的是牛顿环的直径，而不是显微镜内牛顿环的放大像的直径？

（2）在牛顿环中，如果透镜球面有微小的凹凸，则该处空气薄膜厚度和干涉条纹如何畸变？

（3）透射光的牛顿环是如何形成的？它与反射光牛顿环有何不同？

（4）若在读数过程中，读错条纹数，讨论对结果有多大影响？

实验 35　光的干涉实验（二）
——劈尖干涉

劈尖干涉也是一种典型的等厚干涉．劈尖干涉不仅可以用来测量细丝直径和微小厚度，还可以用来检验光学表面．将待检验表面与标准的光学表面相对叠合，用单色光垂直入射并在反射方向上观察干涉条纹，同时用手轻压使空气薄膜厚度发生变化，通过干涉条纹的图样及其相应的变化（形状、疏密分布、移动方向等）判定被检验表面的质量．这种方法普遍用于光学元件（凸透镜、凹透镜、平晶）的冷加工中．

【目的要求】

（1）观察劈尖干涉的特征．

（2）学习利用劈尖干涉测量微小厚度（或金属细丝的直径）的方法．

【实验仪器】

读数显微镜、劈尖装置、钠光灯．

【实验原理】

将两块光学平玻璃板叠在一起，在一端插入薄片（或细丝等），则在两玻璃间形成一空气劈尖如图 6.35.1 所示．当用单色光垂直照射时，和牛顿环一样，在空气薄膜上下表面间反射的两束光发生干涉．其光程差为

$$\delta = 2d + \frac{\lambda}{2} \tag{6.35.1}$$

产生的干涉条纹是一簇与两玻璃板交接线平行且间隔相等的平行条纹. 如图 6.35.1 所示. 显然

$$\delta = 2d + \frac{\lambda}{2} = (2k+1)\frac{\lambda}{2} \quad (k=0,1,2,\cdots) \text{ 干涉条纹为暗纹} \tag{6.35.2}$$

$$\delta = 2d + \frac{\lambda}{2} = k\lambda \quad (k=0,1,2,\cdots) \text{ 干涉条纹为明纹} \tag{6.35.3}$$

与 k 级暗条纹对应的薄膜厚度

$$d = k\frac{\lambda}{2} \tag{6.35.4}$$

在实际测量中,当干涉条纹非常密时,干涉级数 k 必然很大,所以将式(6.35.4)稍作变换来求薄膜厚度或细丝直径等微小量.

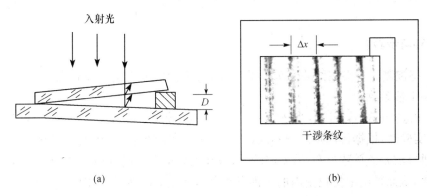

图 6.35.1 劈尖干涉
(a)空气劈尖;(b)干涉条纹

显然 $d=0$(棱边)处,对应 $k=0$,是暗条纹,称为零级暗条纹,$d_1=\lambda/2$ 处为一级暗纹,第 k 级暗纹处空气薄膜厚度为

$$d_k = k\frac{\lambda}{2} \tag{6.35.5}$$

两相邻暗纹(或亮纹)对应的劈尖厚度之差为

$$\Delta d = d_{k+1} - d_k = \frac{\lambda}{2} \tag{6.35.6}$$

若两暗纹之间的距离为 Δx,则劈尖的夹角 θ 利用下式可求得

$$\sin\theta = \frac{\lambda/2}{\Delta x} \tag{6.35.7}$$

此式表明,在 λ、θ 一定时,Δx=常数,即条纹是等间距的;而且当 λ 一定时,θ 越大 Δx 越小,条纹越密,因此 θ 不宜太大.

设金属细丝(或薄纸片)至棱边的距离为 L,欲求金属细丝的直径(或薄纸片的厚度) D,则可先测出 L(棱边到金属细丝直径或薄纸片距离)和条纹间距 l,由(6.35.7)式及 $\sin\theta=D/L$,求得

$$D = L\sin\theta = \frac{L}{\Delta x} \cdot \frac{\lambda}{2}$$

或

$$D = \frac{L}{\Delta x} \cdot \frac{\lambda}{2} \tag{6.35.8}$$

这就是本实验利用劈尖干涉测金属细丝的直径（或薄纸片的厚度）的公式。如果 N 很大，实验上往往不是测两条相邻条纹的间距，而是测相差 N 级（比如 50 级或 100 级）的两条暗纹的间距，从而使测量结果更准确，即

$$D = N \cdot \frac{\lambda}{2} \tag{6.35.9}$$

如果 N 很大，为了简便，可先测出单位长度内的暗纹条数 N_0 和从交线到金属丝的距离 L，那么 $N = N_0 L$，则

$$D = N_0 L \cdot \frac{\lambda}{2} \tag{6.35.10}$$

【实验内容与步骤】

(1) 将被测薄片夹在两块平玻璃的一端，置于读数显微镜底座台面上，调节显微镜，观察劈尖干涉条纹。

(2) 由式(6.35.4)可知，当波长 λ 已知时，只要读出干涉条纹数 k，即可得相应的薄片厚度 D。实验时，根据待测物厚薄不同，产生的干涉条纹数值不同，若 k 值较小（在 100 以内），可通过数 k 值总数求 D。若 k 值较大，数起来易出现差错，可先测出某长度 L_x 间的干涉条纹 X，从而得出单位长度内的干涉条纹数 $n = X/L_x$。然后再测出劈尖棱边到薄片的距离 L，则 $k = nL$。薄片厚度为 $D = k\frac{\lambda}{2} = nL\frac{\lambda}{2}$。

【数据表格】

自拟表格记录实验数据。

【数据处理与结果表示】

(1) 测量条纹间距的平均值并用逐差法求 l。

(2) 测量棱边到金属细丝直径（或薄纸片）边缘间距（测 5 次）：$\overline{L} = |x_d - x_0|$

其中 x_0 为棱边位置，x_d 为金属细丝直径（或薄纸片）边缘（靠近棱边且与之平行）的位置。

(3) 计算 $\overline{D} = \frac{\overline{L}}{\Delta x} \cdot \frac{\lambda}{2}$，并求出不确定度。

【分析讨论题】

(1) 利用劈尖干涉如何测量头发丝直径？劈尖干涉的条纹定域在何处？试画出光路。

(2) 实验中观察到劈尖棱边处是亮纹还是暗纹？棱边处是否为一直线？为什么？

(3) 在劈尖中，如果透镜球面有微小的凹凸，则该处空气薄膜厚度和干涉条纹如何畸变？

(4) 若在读数过程中，读错条纹数，讨论对结果有多大影响？

实验 36　光的干涉实验（三）
——双棱镜干涉实验

利用菲涅尔（A. J. Fresnel）双棱镜可以实现光的干涉．菲涅尔双棱镜干涉实验曾在历史上为确立光的波动学说起到过重要作用，它提供了一种用简单仪器测量光的波长的方法．

【重点、难点】

光的波动性；双棱镜干涉现象；双棱镜干涉测波长；光路的调整．

【目的要求】

(1) 观察由双棱镜所产生的干涉现象，并测定单色光波长．

(2) 加深对光的波动性的了解，学习调节光路的一些基本知识和方法．

【实验仪器】

光源、光具座、狭缝、双棱镜、凸透镜、测微目镜．

【实验原理】

双棱镜形状如图 6.36.1 所示，其折射角很小，因而折射棱角接近 180°．今设有一平行于折射棱的缝光源 S 产生的光束照射到双棱镜上，光线经过双棱镜折射后，形成两束犹如从虚光源 S_1 和 S_2 发出的相干光束．它们在空间传播时有一部分重叠而发生干涉，结果在屏幕 E 上显现明暗相间的干涉条纹，如图 6.36.2 所示.

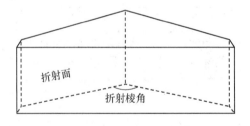

图 6.36.1　双棱镜示意图

干涉条纹以 O 点为对称点上下交错地配置．用不同的单色光源作实验时，各干涉条纹的距离也不同，波长越短的单色光，条纹越密；波长越长的单色光，条纹越稀．如果用白色光作实验，则只有中央亮条纹是白色的，其余条纹在中央白条纹两边，形成由紫而红的彩色条纹．

利用干涉条纹可测出单色光的波长．单色光的波长 λ 可根据迈克尔逊干涉原理及图 6.36.4 所示光路几何关系决定，即

$$\delta = 2a\sin\theta = k\lambda, \quad \sin\theta \approx \tan\theta = \frac{\Delta x}{D}, \quad \lambda = \frac{2a}{D}\Delta x \tag{6.36.1}$$

式中 $2a$ 为 S_1S_2 间的距离，D 为 S_1S_2 到 E 幕的距离，Δx 为任意相邻两条明（暗）或条纹之间距离．

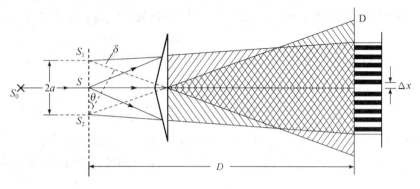

图 6.36.2 双棱镜干涉光路及条纹图

【实验内容与步骤】

一、调整光路

本实验的具体装置如图 6.36.3 所示,由光源发出的光通过狭缝变为缝光源,再经双棱镜折射,就可获得两个相干光源,因而能在测微目镜里看到干涉条纹.测微目镜的构造和使用参见第三章 3.3.4"光学测量仪器".

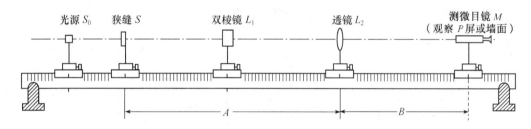

图 6.36.3 双棱镜干涉装置图

(1) 粗调整光路.打开光源 S_0,先调狭缝 S 垂直且不要太宽,使光通过狭缝后能清晰照射到双棱镜 L_1 的棱背并射到观察屏 P 或射入目镜.

(2) 细调光学元件同轴等高.光具座上只放光源 S_0、狭缝 S、透镜 L_2,观察屏 P 放在测微目镜位置.调狭缝 S 中心与透镜 L_2 的主光轴共轴,并使主光轴平行于导轨.

(3) 再放入双棱镜 L_1,使棱镜⊥,并调节左右高低,使 P 屏上出现两个强度相同、等高并列的 S_1 或 S_2 虚光源的像 S_1' 和 S_2'.

(4) 最后用测微目镜 M 代替观察屏 P,调目镜,使两个虚光源的像位于目镜中.

二、测 $2a$

不改变仪器位置,在双棱镜 L_1 与目镜间加上凸透镜 L_2,调节透镜高度,并前后移动透镜 L_2,以便在目镜中看到二虚光源 S_1、S_2 的像 S_1'、S_2'.将目镜叉丝单向移动,先后对准 S_1' 和 S_2',测出其间之距离为 $2a'$(图 6.36.4).然后根据透镜成像公式

$$2a = \frac{A}{B} 2a' \qquad (6.36.2)$$

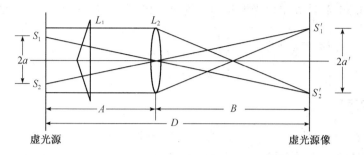

图 6.36.4 测虚光源成像光路图

即可求得二虚光源 S_1、S_2 的距离 $2a$. 其中 A 为物距(狭缝 S_0 到透镜 L_2 距离),B 为像距(透镜 L_2 到测微目镜 M 分划板距离). A 和 B 可从光具座上测出.

三、调出清晰的干涉条纹

取下透镜 L_2,缩小狭缝,宽窄适度,并仔细调节双棱镜的棱背与狭缝平行,并都处于⊥状态. 可轻轻转动使双棱镜架上沿⊥于光轴水平运动的旋钮,使得能在 P 屏上看到清晰的干涉条纹为止.

四、测 Δx

1. 用目镜测 Δx

在光源与狭缝间加上毛玻璃片,将目镜叉丝对准明暗相间的干涉条纹,选定的一条明纹,从镜里的标尺及旋钮上记下读数 d_1,再单向转动旋钮,并用叉丝数 N 个条纹,含第 1 个条纹共计 $N+1$ 个条纹,对准第 $N+1$ 条纹,记下读数 $d_2=d_{N+1}$,则

$$\Delta x = \frac{|d_1 - d_{N+1}|}{N} = \frac{d}{N} \tag{6.36.3}$$

2. 用屏幕墙面代替测微目镜测 Δx

要用卡尺、米尺,测量出屏 P 或墙面上 N 个条纹间距 d,和 Δx,即

$$d = |d_1 - d_{N+1}|, \quad \Delta x = d/N.$$

【数据处理与结果表示】

根据以上测量数据,即可用式(6.36.1)求出光波长 λ,即

$$\lambda = \frac{\frac{A}{B} 2a'}{A+B} \cdot \Delta x = \frac{A 2a'}{BD} \cdot \frac{d}{N} \tag{6.36.4}$$

表 6.36.1 测定单色光波长

米尺:$\Delta_\text{分}=$____, 卡尺:$\Delta_\text{分}=$____,零点____,测微目镜:$\Delta_\text{分}=$____,$\Delta_\text{ins}=$____,待测 λ 标称值$\lambda_0=$____

次数	N	d/cm	Δx/cm	A/cm	B/cm	$2a'$/cm	D/cm	λ/nm
1								
⋮								
平均								

按公式(6.36.4)计算单色光波长的平均值 $\bar{\lambda}$ 和不确定度 $\sigma_{\bar{\lambda}}$、E_λ，并表示结果，其中

$$E_\lambda = \sqrt{\left(\frac{\sigma_A}{A}\right)^2 + \left(\frac{\sigma_B}{B}\right)^2 + \left(\frac{\sigma_D}{D}\right)^2 + \left(\frac{\sigma_{2a'}}{2a'}\right)^2 + \left(\frac{\sigma_d}{d}\right)^2}$$

$$\lambda = \bar{\lambda} \pm \sigma_{\bar{\lambda}}$$

【思考题、练习题】

(1) 如果棱镜和双棱镜不平行，能看到干涉条纹吗？为什么？

(2) 如果狭缝太宽，能看到干涉条纹吗？为什么？

(3) 若要观察到清晰的干涉条纹，对光路的调节要点是什么？

(4) 是否在空间的任何位置都能观察到干涉条纹？

(5) 任意两条暗纹之间的距离与哪些因素有关？当狭缝与双棱镜距离改变时，条纹间距怎样变化？

实验37 光栅的衍射(一)
——光栅常数测定及特性研究

光的衍射也是光波动性的一种表现．研究光的衍射不仅有助于加深光的波动性的理解，也有助于进一步学习近代光学实验技术．光栅有平面光栅、立体光栅、全息光栅等．光栅在光谱分析、晶体结构分析、全息照相、光学信息处理等科研及工程技术方面有广泛的应用．

【目的要求】

(1) 观察光线通过光栅后的衍射现象，了解并研究光栅的应用及其特性；

(2) 用钠黄光测量光栅常数．

【实验仪器】

分光计(仪器参见前面实验)、平面光栅、汞灯、钠灯．

【实验原理】

光栅是根据多缝衍射原理制成的一种分光元件，能产生谱线间距较宽的匀排光谱．它所得光谱线的亮度比用棱镜分光时要小些，但光栅的分辨本领比棱镜大．光栅不仅适用于可见光，还能用于红外和紫外光波，常用在光谱仪上．

一、光栅分类

在结构上有平面光栅、阶梯光栅和凹面光栅等几种，同时又分为透射式和反射式．本实验用透射式平面全息光栅．

透射式平面全息光栅是根据光的干涉理论，用两束相干性很强的平行光(激光)产生干涉的．它们的干涉结果是一组平行的条纹——光栅．如将这样的相干条纹感光在照相底板上，就能获得一全息光栅．

透射式平面刻痕光栅是在光学玻璃上刻划大量互相平行、宽度和间距相等的刻痕制

成. 当光照到光栅面上时,刻痕处 b 由于散射不易透光,光线只能在刻痕间的狭缝 a 中通过. 因此,光栅实际上是一排紧密、均匀而又平行的狭缝.

二、光栅衍射原理及光栅常数 d

若以单色平行光垂直照在光栅面上,形成一系列被相当宽的暗区隔开的、间距不同的明暗条纹. 按照光栅衍射原理,衍射光谱中明条纹的位置由

$$(a+b)\sin\varphi_k = \pm k\lambda$$
$$d\sin\varphi_k = \pm k\lambda, \quad (k=0,1,2,3,\cdots)$$
$$(6.37.1)$$

决定. 式中,$d=a+b$ 称为光栅常数,λ 为入射光的波长,k 为亮条纹的级数,φ_k 为 k 级亮条纹的衍射角. 如图 6.37.1 和图 6.37.2 所示.

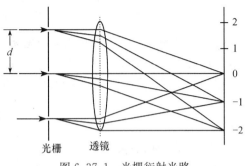

图 6.37.1　光栅衍射光路

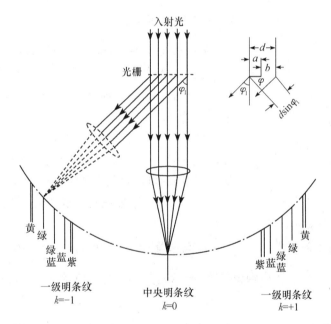

图 6.37.2　光栅衍射光谱图

如果入射光不是单色光,由式(6.37.1)可知,光的波长不同,衍射角 φ_k 也不同. 于是,复色光将被分解,而在中央 $k=0$、$\varphi_k=0$ 处,各光仍重叠在一起,组成中央明条纹. 在中央明条纹的两侧,对称分布着 $k=1,2,3,\cdots$ 级光谱. 各级光谱都按波长的大小顺序依次排列成一组彩色谱线,这样就把复色光分解为单色光.

三、光栅分辨本领及角色散率

除了用光栅常数 d 描述光栅的特性外,光栅的分辨本领和色散率也是描述光栅的两个重要参数. "分辨本领" R 定义为两条刚可被分开的谱线的波长差 $\Delta\lambda$ 除该波长 λ,即

$$R = \frac{\lambda}{\Delta\lambda} \quad (6.37.2)$$

按照瑞利条件,所谓两条刚能被分开谱线可规定为:其中一条谱线的极强应落在另一条谱线的极弱上,由此条件可推知,光栅的分辨本领为

$$R = kN \quad (6.37.3)$$

式中 N 是光栅受到光波照射的光缝总数,若受照面的宽度为 l,则 $N = l/d$(l 为平行光管的通光孔径,如 $l = 22\text{mm}$).

"角色散率"D 定义为两条谱线偏向角之差 $\mathrm{d}\varphi$ 与其波长差 $\mathrm{d}\lambda$ 之比

$$D = \frac{\mathrm{d}\varphi}{\mathrm{d}\lambda} \quad (6.37.4)$$

对式(6.37.1)两边微分得

$$D = \frac{\mathrm{d}\varphi}{\mathrm{d}\lambda} = \frac{k}{d\cos\varphi} \quad (6.37.5)$$

【实验内容与步骤】

一、调整分光计(参考前面实验)

二、安置光栅

(1)调节光栅平面与分光计中心轴平行,且垂直于平行光管.

(2)调节光栅刻痕(干涉条纹)与主转轴平行.左右转动望远镜,观察±1级光谱是否对称在同一水平面上.如谱线有高有低,可调载物台调平螺丝 S_3,直到中央条纹和±1级条纹基本在同一水平面上为止,如图6.37.3.

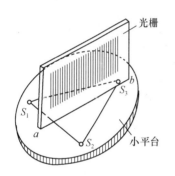

图 6.37.3 光栅置于载物台

三、测量光栅常数 d

若选用钠黄光($\lambda = 5893 \times 10^{-10}$ m)(或汞黄光 578.0nm,汞绿光 546.07nm)作光源.若 ±1 级衍射光之间的夹角为 θ,则衍射角 $\varphi = \frac{\theta}{2}$,代入 $d\sin\varphi = k\lambda(k=1)$,求出 d.重复测量,求平均值 $\bar{d}$.

读数方法为先将望远镜移到左边,对准 -1 级光谱,读左右游标读数 θ_1、θ_1',再将望远镜移到右边对准 $+1$ 级光谱,读出 θ_2、θ_2',注意左右游标不要记错.利用 $\theta = \frac{1}{2}[(\theta_1-\theta_2)+(\theta_1'-\theta_2')]$ 计算 $\varphi = \frac{\theta}{2}$.

四、测定光栅分辨本领 R

若以汞灯为光源,测出 $k=\pm 1$ 级的绿光(波长为 $\lambda = 546.07$nm)之间的夹角,计算出衍射角 φ、光栅常数 d.并根据式(6.37.3),求出分辨本领 R.

五、分析利用已知光线测光栅常数 d 的不确定度

已知:两条汞黄线的波长分别为:576.96nm 和 579.07nm. 钠黄光为 589.592nm 和

588.995nm,根据 $d\sin\varphi=k\lambda$,其中把光波波长 λ 作为常数处理,k 所引入的瞄准误差合并到衍射角 φ 的测量不确定度中. 所以

$$U_d = \sqrt{\left(\frac{\lambda\cos\varphi}{\sin^2\varphi}\right)^2 U_\varphi^2} = \frac{\lambda\cos\varphi}{\sin^2\varphi}U_\varphi$$

因为衍射角 $\varphi=\frac{1}{4}[(\theta_1-\theta_1')+(\theta_2-\theta_2')]$,而 φ 的仪器误差限 $\Delta_\varphi=1'$,瞄准误差限 $\Delta_k=1'$. 所以取 $U_\varphi=\frac{1}{4}\sqrt{4\times(1'^2+1'^2)}\cdot\frac{1'}{60}\cdot\frac{\pi}{180}\approx 2\times 10^{-4}$ rad.

【实验数据与处理】

1. 测光栅常数 d

表 6.37.1 测量光栅常数 d

汞黄光 λ=576.96nm,汞绿光 λ=546.07nm,钠黄光 λ=589.3nm(589.592nm,588.995nm)

次数	游标	望远镜位置1	望远镜位置2	$\theta_1-\theta_2$(或$\theta_1'-\theta_2'$)	φ	光栅常数 d/nm
1	左游标 θ_i					
	右游标 θ_i'					
2	左游标 θ_i					
	右游标 θ_i'					

2. 测光栅本领 R(表格自己设计).

(1) 测量读数时,可将望远镜移至最左端从 -2、-1 到 $+1$、$+2$ 级依次观察,并记录 ± 1 级读数,以免漏测数据.

(2) 汞灯的紫外光很强,不可直观,以免灼伤眼睛.

【讨论分析题】

(1) 如果光栅平面与望远镜光轴垂直,但刻缝与仪器转轴不平行,整个光谱有什么异常? 对结果有无影响?

(2) 光栅常数相同,但刻痕数不同,对测量有无影响?

(3) 测 d 时,要满足什么条件?

实验38 光的衍射实验(二)
——光波波长的测量

衍射光栅包括透射、反射光栅,是利用多缝衍射原理使光波发生色散的光学元件. 由大量相互平行、等宽、等距的狭缝(或刻痕)所组成. 由于光栅具有较大的色散率和较高的分辨本领,故它被广泛地装配在各种光谱仪器中. 本实验是利用分光仪测量透射光栅的光栅常数,并由此测定光栅参数及光波波长.

【目的要求】

(1) 进一步了解光栅的主要特性及用途；
(2) 利用衍射光栅测定不同谱线的波长.

【实验仪器】

分光仪(参见前面实验)，全息透射光栅，汞灯、钠灯等.

【实验原理】

设一束平行单色光垂直照射在光栅上，参见前面光栅衍射实验图 6.37.2 所示. 由于衍射,透过各狭缝的光将向各方向传播,经过透镜会聚在焦平面上而发生干涉.形成被暗区隔开的不同间距的亮线,称为衍射光谱线.根据夫琅和费衍射理论,衍射角 φ 满足条件

$$(a+b)\sin\varphi_k = k\lambda$$
$$d\sin\varphi_k = k\lambda, \quad k = 0, \pm 1, \pm 2, \cdots \quad (6.38.1)$$

此时,光会聚加强,形成亮条纹.其中 λ 为光波波长, k 为光谱级数. 在 $\varphi=0$ 方向上观察到中央极强,称为零级谱线. 其他级数的谱线对称分布在零级谱线两侧. 如果光源中包含几种不同的波长,则除中央明条纹以外,在同一级谱线对不同波长又将有不同衍射角 φ ,从而在不同地方形成色光线,称为光谱.

若光栅常数 d 为已知,在实验中测定了某谱线的衍射角 φ 和对应的光谱级数 k ,就可由式(6.38.1)求出该谱线的波长 λ . 反之,如果 λ 已知,则可求出光栅常数 d .

【实验内容与步骤】

1. 分光仪调节(参见前面分光仪的调节实验)

2. 光栅调节

(1) 调节光栅平面垂直于平行光管.

把望远镜的十字叉丝对准狭缝像,可暂时固定望远镜. 把光栅按图 6.38.1 放置在载物平台上. 转动载物平台和调节平台下的螺丝 S_1、S_2 相配合,使从光栅反射回来的十字像与十字叉丝重合,调好后可固定平台.

(2) 调节光栅刻痕与仪器主轴平行.

转动望远镜观察谱线,一般可以看见一级和二级谱线,分别位于零级两侧. 观察时注意十字叉丝的交点是否在各条谱线的中央,如果不是,则调节图 6.38.1 中的螺丝 S_3(注意 S_1 和 S_2 一般不再动,除非光栅平面和平行光管的垂直关系有了改变).

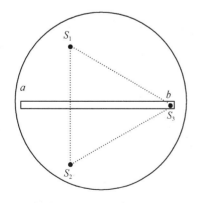

图 6.38.1 光栅在载物台上的放法

3. 测汞灯谱线中双黄线、绿线、蓝线和紫线的波长

测汞灯谱线中双黄线、绿线、蓝线和紫线的波长,和测光栅常数步骤一样. 先观察 0,

±1,±2级光谱.因汞灯的光为复色光,中央条纹($k=0$)仍为复色光,而±1级,±2级,…则为一组彩色光谱线.

将望远镜分别对准各种波长光(双黄线、绿线、蓝线和紫线)的±1级的位置读数,读数方法和前面相同.重复测量,再去求相应波长光的衍射角 φ_k.因光栅常数 d 已测出,代入 $d\sin\varphi=k\lambda$,即可求得相应的光的波长.

4. 测定未知光波波长及角色散率

根据"角色散率"D 定义:两条谱线偏向角之差 $\mathrm{d}\varphi$ 与其波长差 $\mathrm{d}\lambda$ 之比

$$D = \frac{\mathrm{d}\varphi}{\mathrm{d}\lambda} = \frac{k}{d\cos\varphi} \tag{6.38.2}$$

用上法在 $k=\pm 1$ 时测出两条黄线 λ_1 及 λ_2 的衍射角,代入(6.38.1)式求出 λ_1 及 λ_2 并算出 $\Delta\lambda$,再由式(6.38.2)求出光栅的角色散率 D.

【数据记录与处理】

表 6.38.1 光谱线波长测量

光谱线	游标	望远镜位置1	望远镜位置2	$\theta_1-\theta_2$(或$\theta_1'-\theta_2'$)	φ	λ/nm
双黄线	左游标 θ_i					
	右游标 θ_i'					
绿光	左游标 θ_i					
	右游标 θ_i'					
蓝光	左游标 θ_i					
	右游标 θ_i'					
紫光	左游标 θ_i					
	右游标 θ_i'					

数据处理:将实验值和公认值进行比较,给出结果.

【思考题】

(1) 三棱镜的分辨本领 $R=b\dfrac{\mathrm{d}n}{\mathrm{d}\lambda}$,$b$ 是三棱镜底边边长,一般三棱镜 $\dfrac{\mathrm{d}n}{\mathrm{d}\lambda}$ 约为 $1000\,\mathrm{cm}^{-1}$.问边长多长的三棱镜才能和本实验用的光栅具有相同的分辨本领?

(2) 设光栅平面及刻缝已调至与仪器转轴平行,试估算若平行光管与光栅面不垂直(相差 2°)时对所测波长的影响.

实验 39 光的衍射实验(三)
——单缝衍射的光强分布

光的衍射现象是光波动性的一种表现.研究光的衍射现象不仅有助于加深对光的本性的理解,也是近代光学技术,如光谱分析、晶体分析、全息技术和光学信息处理等技术的实验基础.衍射使光强在空间重新分配,利用光的衍射方法,采用光电元件测量光强的相对变化,是近代技术中常用的光强测量方法之一.

光的衍射方法在工农业生产和科学研究方面都广泛的应用,比如纺织工业上实时监测纤维直径,工业生产中烟尘颗粒度的测量等.

【重点、难点】

单缝、单孔、多缝、多孔、孔阵衍射的特点;光强分布的测量方法.

【目的要求】

(1) 观察单缝衍射现象的特点,研究单缝衍射的光强分布情况;
(2) 掌握利用光电元件对光强进行相对测量的方法;
(3) 观察单孔、双孔、双缝、多孔及孔阵衍射现象和特点,研究其衍射光强分布.

【实验仪器】

光具座、氦氖激光器、可调单缝、单孔、多缝、多孔、孔阵实验用缝宽约 $0.05\sim 0.08$mm,孔径约 $0.15\sim 0.5$mm. 硅光电池及读数装置、检流计、读数显微镜等.

【实验原理】

夫琅禾费单缝衍射要求光源和接受衍射图像的屏幕都远离衍射物—单缝,即入射光和衍射光都是平行光. 夫琅禾费单缝衍射的特点是简单的计算就可以得出正确的结果,光路如图 6.39.1 所示.

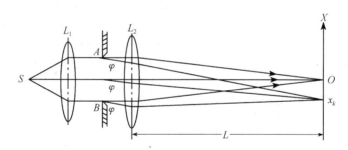

图 6.39.1 夫琅禾费单缝衍射光路图

图中,S 是波长为 λ 的单色光源,置于透镜 L_1 的焦平面上,形成平行光束垂直照射到缝宽为 a 的单缝 AB 上. 通过单缝后的衍射光经过透镜 L_2 会聚在其后焦平面处的屏幕 X 上,呈现出一组明暗相间按一定规律分布的衍射条纹. 和单缝平面垂直的衍射光束会聚于屏上 O 处. 它是中央亮条纹的中心,光强为 I_0. 由惠更斯-菲涅耳原理可知,单缝衍射图像的光强分布规律为

$$I = I_0 \frac{\sin^2 u}{u^2} \tag{6.39.1}$$

其中,$u = \dfrac{\pi a \sin\varphi}{\lambda}$;$a$ 为单缝宽度;φ 为衍射角;λ 为单色光波长. 当 $\varphi=0$ 时,$u=0$,$I=I_0$,这就是中央亮条纹中心点的光强,称为中央主极大. 根据布拉格衍射公式

$$a\sin\varphi = k\lambda \quad (k = \pm 1, \pm 2, \pm 3, \cdots) \tag{6.39.2}$$

有 $u = k\pi$. 此处 $I = 0$,即为暗条纹. 实际上 φ 角很小,则

$$\varphi = \frac{k\lambda}{a} \tag{6.39.3}$$

由式(6.39.1)可知,k 级暗条纹对应的衍射角 φ_k 和衍射宽度 a 为

$$\varphi_k = \frac{x_k}{L} \tag{6.39.4}$$

$$a = \frac{k\lambda L}{x_k} \tag{6.39.5}$$

衍射角讨论如下:

(1) 衍射角 φ 与单缝宽 a 成反比. 缝变窄时,衍射角增大;缝加宽时,衍射角减小,各级条纹中央收缩. 当缝宽足够大($a \gg \lambda$),φ 接近于零时衍射现象不显著,从而可将光看成沿直线传播.

(2) 中央亮条纹的宽度由 $k = \pm 1$ 级的两条暗条纹的衍射角所确定,即中央亮条纹的角宽度为 $\Delta\varphi_0 = \frac{2\lambda}{a}$.

(3) 对应任何两相邻暗条纹间的衍射夹角为 $\Delta(\varphi_{k-1} - \varphi_k) = \frac{\lambda}{a}$,即暗条纹是以中央主极大 O 点为中心,等间距地向左右对称分布.

(4) 两相邻暗条纹之间是各级明条纹. 这些明条纹的光强最大值称为次极大. 以衍射角表示这些次极大的位置 φ 和相对光强 $\frac{I}{I_0}$ 分别为

$$\varphi = \pm 1.43\frac{\lambda}{a}, \pm 2.46\frac{\lambda}{a}, \pm 3.47\frac{\lambda}{a}, \cdots \tag{6.39.6}$$

$$\frac{I}{I_0} = 0.047, 0.017, 0.008, \cdots$$

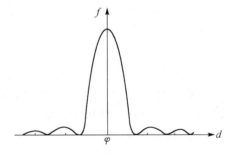

图 6.39.2 夫琅禾费单缝衍射相对光强分布

图 6.39.2 是夫琅禾费单缝衍射时相对光强分布的情况.

根据光的衍射规律,直径为 d 的细丝产生的衍射图样与宽度为 d 的狭缝产生的衍射图样相同,产生暗条纹的条件是

$$d\sin\theta = k\lambda \quad (k = 1, 2, 3, \cdots) \tag{6.39.7}$$

由于

$$\sin\theta = \frac{x_k}{\sqrt{x_k^2 + f^2}}$$

所以

$$d = \frac{k\lambda}{x_k}\sqrt{x_k^2 + f^2} \tag{6.39.8}$$

式中 $k = 1, 2, 3, \cdots$,可以看出只要测出第 k 级暗条纹的位置 x_k,就可以计算出细丝的直径 d.

【实验内容与步骤】

1. 观察和描述单缝衍射现象

按夫琅禾费衍射的要求布置和调整光学元件. 选用 He-Ne 激光为单色光源,投射到宽度可调的单缝上. 由于 He-Ne 激光器的光束发散角很小,本实验可直接作为近似平行光使用,从而可以省略透镜 L_1. 观察平行光束通过单缝后,投射在贴有标尺或毫米方格纸的屏上的衍射图像. 当屏离缝甚远时透镜 L_2 也可以省略.

调节单缝的宽度,观察屏上所呈现的条纹的变化. 当屏上出现可分辨的衍射条纹时,单缝的宽度约为多少?继续减小缝宽时,衍射条纹如何变化,是收缩还是扩张?适当调节缝宽,使屏上呈现一清晰的衍射图像. 比较各级明条纹的宽度以及它们的亮度分布情况,记录观察结果.

2. 测量单缝衍射图像的相对光强分布及缝宽

(1) 用硅光电池代替观察屏,接收衍射光. 衍射光的强度由与光电池相连的检流计表示. 将光电池沿衍射图像展开方向,以一定间隔单向地对衍射图像的光强分布逐点进行测量.

(2) 测量硅光电池到单缝的距离 L,用读数显微镜测出单缝缝宽 a,并和用式(6.39.5)测出的缝宽 a 进行比较.

3. 观察细丝、圆孔、矩形孔的衍射图样,测量细丝的直径

分别以细丝、圆孔、矩形孔代替单缝,观察各自的衍射图像,描述这些图像的特点. 并根据式(6.39.8)测出细丝的直径.

注意

(1) 用激光作光源时,要求激光器输出功率有较高的稳定性.

(2) 先将硅光电池移至衍射图像的中央主极大值时,再调节光栏狭缝宽度和串接在检流计电路中的可变电阻箱阻值,使检流计偏转适当.

4. 观察双缝、双孔、多缝、多孔及孔阵衍射现象,研究其光强分布

试设计测量出其缝宽、孔径、孔间距.

【数据表格】

表 6.39.1　单缝衍射的极大值和极小值的测量

	极大值位置 x/mm	极大值相对强度	极小值位置 x/mm
第 1 级			
…			

表 6.39.2　单缝衍射缝宽与衍射角的测量

	缝宽 a_1	缝宽 a_2	缝宽 a_3
第 1 级衍射角 φ_1			
…			

【数据处理】

(1) 对观察记录的单缝衍射现象,进行定性分析讨论.

(2) 将逐点测得的光电流数据归一化,即将所测数据相对于其中的最大值 I_0 取比值 $\frac{I}{I_0}$.

(3) 作 $\frac{I}{I_0}$-x 单缝衍射相对光强分布曲线;

(4) 从光强分布曲线上求出各级光强最小值的位置 x_k,将 x_k 和 L 代入式(6.39.4),计算各级暗条纹对应的衍射角 φ_k;并由衍射角 φ_k 作相应的讨论分析.

(5) 由光强分布曲线确定各级亮条纹的次极大值位置及它的相对光强值,并分别与式(6.39.6)和式(6.39.7)求得的理论值进行比较,归纳单缝衍射图样的分布规律和特点,如偏离较大,需对实验结果进行修正.

【分析讨论题】

(1) 改变狭缝宽度时衍射图样会有哪些变化?若缝宽减小到一半或增加一半,衍射图样会有哪些相应的变化?试根据理论公式结合实际观察做出判断.

(2) 为什么单缝衍射光强分布中的次级大远不如主极大那么强?

(3) 根据衍射图样的特点,应如何安排测量点的分布才能使之较为合理,从而作出较好的曲线图.

(4) 激光器输出的光强如有变动,对单缝隙图像和光强分布曲线有何影响?

(5) 矩形孔衍射时,衍射图像在长边方向,还是在短边方向上展开得更宽些?为什么?

(6) 若在单缝到观察屏之间的空间区域充满某种透明介质,此时单缝衍射图像有何差别?

(7) 测出的衍射分布图样左右不对称是何原因?怎样调节实验装置才能纠正?

实验40 光偏振及其应用

光的偏振现象的研究不仅在光学发展中有很重要的地位,而且在科学技术领域中有着广泛的应用.所以了解光的偏振性质、学习偏振光产生和检验的原理和方法,不仅能加深对电磁场理论的了解,而且还有许多实用价值.

【目的要求】

(1) 观察反射光和折射光的偏振现象;了解双折射原理及波长片的作用;

(2) 利用光的偏振现象测定给定材料的折射率.

【实验仪器】

分光计、钠光灯、起偏器或检偏器、玻璃片、1/4 波长片.

【实验原理】

一、偏振光的产生

在波动中,振动方向与传播方向互相垂直的波是横波.光波是一种横波,垂直于传播方向的振动矢量有电矢量和磁矢量.由于在光和物质的相互作用过程中主要是光波中的电矢量起作用,所以在研究光振动性质时,通常以电矢量 E 作为光波中振动矢量的代表,叫光矢量.E 振动叫光振动.在传播过程中,电矢量的振动只沿某一固定方向的光称为线偏振光或平面偏振光(简称偏振光).如果电矢量振动取所有可能的方向,且各方向上电矢量的振幅相同,这种光叫自然光.如果电矢量的振动虽然取所有可能的方向,但不同方向的振幅大小不同,这种光叫部分偏振光.此外还有一种偏振光,它的电矢量随时间作有规律的变化,而且电矢量末端在垂直于传播方向的平面上的轨迹成圆或椭圆,这样的偏振光称为圆偏振光或椭圆偏振光.

采取一些物理方法能将自然光变成偏振光.常用的方法有以下三种.

1. 反射和折射(透射)法

将自然光照射在透明(或不透明)的光滑介质表面(如玻璃)产生反射和折射(透射)时,反射光和经过折射的透射光都成了部分偏振光如图 6.40.1.图中"·"表示光振动垂直入射面,"—"表示光振动平行于入射面.这两束部分偏振光的区别在于反射光中光振动垂直于入射面的部分占优势;而折射光中光振动平行于入射面的占优势.占优势程度(即偏振度)与入射角 i 有关.当入射角 i 满足

$$i = i_0 = \cot \frac{n_2}{n_1} = \cot n \quad (6.40.1)$$

时,反射光成为线偏振光,其振动面垂直入射面.上式中 i_0 角称为布儒斯特(D. Brewster)角(又称起偏振角、全偏振角).但这时的折射光仍为部分偏振光,只是偏振程度最大.为了增加折射光的偏振化程度,可以把许多玻璃片叠起来成为玻璃片堆.当自然光以布儒斯特角入射时,经过玻璃片堆的多次反射和折射,折射光中光振动垂直入射面的部分越来越少,透射光的偏振程度就越来越高.一般经过 10 片左右玻璃片后,折射光可视为线偏振光.

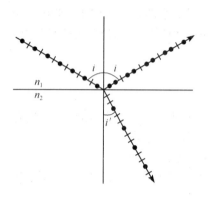

图 6.40.1 反射和折射产生部分偏光

2. 人造偏振片

某些有机化合物晶体对两个互相垂直振动的电矢量具有不同的吸收本领.这种选择性的吸收称为二向色性.利用二向色性制成的偏振片,能吸收某一振动方向的光,而与此方向垂直的光振动则能通过.把偏振片上能透过的振动方向称为偏振片的透振方向(或偏振化方向).从原则上讲,能透过偏振片的光应该是线偏振光,但由于吸收不完全,透过偏振片的光只能达到一定的偏振程度.由于人造偏振片的面积可以很大,从而可获得较大的偏振光束,加之价格低廉、使用方便,故得到广泛应用.

3. 晶体的双折射

当自然光入射于某些光学性质各向异性的单轴晶体时,在晶体内折射后分解为两束线偏振光(图 6.40.2),这种现象称为双折射.在晶体内部有一特殊方向,光沿此方向传播时不发生双折射现象.这一特定的方向称为该晶体的光轴.光沿其他方向传播均会分为两束完全偏振的光,其中一束偏振光的振动面垂直于该束光的传播方向与光轴方向构成的

平面(称为主平面).这束光称为寻常光,称简o光;另一束偏振光的振动面就是该束光的主平面,称为非寻常光,简称e光.一般情况下,o光与e光的主平面不重合.若光线沿晶体表面的法线与光轴组成的平面(称主截面)入射时,o光与e光的主平面重合,它们的振动方向互相垂直.

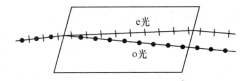

图 6.40.2 光的双折射现象

产生双折射现象的原因是,由于不同振动方向的光在晶体中的传播速度不同,因而晶体对o光和e光具有不同的折射率.o光在晶体各方向上的折射率是相同的,用 n_o 表示,叫o光的主折射率;而e光在晶体内各方向上的折射率是不同的,把垂直光轴方向上的折射率叫e光的主折射率,用 n_e 表示.应该明确,所谓o光与e光只在双折射晶体内才有意义.当这两束光射出晶体后就是具有不同振动方向的平面偏振光.

二、起偏器和检偏器

凡是能产生偏振光的光学器件均称为起偏器,它们亦可用来检验偏振光,这时又称作检偏器,而两者统称为偏振器.

按照马吕斯(E. L. Malus)定律,强度为 I_0 的线偏振光通过检偏器后,透射光的强度为

$$I = I_0 \cos^2\theta \tag{6.40.2}$$

式中:θ 为入射光偏振化方向与检偏器偏振化方向的夹角.当以光线传播方向为轴转动检偏器时,透射光强度 I 将发生周期性变化.当 $\theta=0°$ 时,透射光强度最大;当 $\theta=90°$ 时,透光强度为极小值(消光状态);当 $0°<\theta<90°$,透射光强度 I 介于最大值和最小值之间.因此,根据透射光强度的变化情况,可以区别线偏振光,自然光和部分偏振光.

三、波长片和圆偏振光、椭圆偏振

波长片(又叫波晶片)是从双折射晶体中切下来的平行平面板,表面与晶体的光轴平行,如图 6.40.3 所示.图中虚线表示光轴方向.当一束平行线偏振光垂直入射波长片时,分解成的o光和e光的传播方向不变.设入射线偏振光矢量的振动方向与光在晶体内主截面(此时o光、e光的主平面和主截面均重合)的夹角为 θ,入射光的振幅为 I.按矢量分解法,o光的振幅为 $I\sin\theta$.因o光和e光通过波长片时的光程也不同.设波长片的厚度为 d,则o光和e光的光程分别为

$$L_o = n_o d \qquad L_e = n_e d \tag{6.40.3}$$

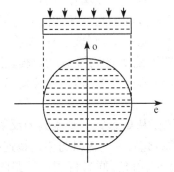

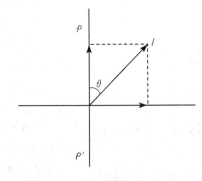

图 6.40.3 波长片的光轴与表面平行

图 6.40.4 入射光偏振的分解

因 o 光与 e 光是由同一点的入射光分解出来的,故它们之间有固定的位相差. 经过波长片后,o 光与 e 光之间的位相差

$$\delta = \frac{2\pi}{\lambda_0}(n_o - n_e)d \qquad (6.40.4)$$

式中,λ_0 是入射单光在真空中的波长. 由此可见,垂直入射到波长片上的线偏振光,出射后是两束同频率的、振动方向互相垂直的、有固定位相差 δ 的线偏振光叠加. 合成光束的光矢量末端的轨迹随位相差 δ 的不同在与传播方向相垂直的平面内将呈现不同偏振方式.

对某一波长 λ 的单色光所产生的位相差 $\delta = 2k\pi$ $(k=1,2,3,\cdots\cdots)$ 的波长片叫该单色光的全波长片,产生位相差 $\delta=(2k+1)\pi$ 的波长片叫 1/2 波长片,产生位相差 $\delta=(2k+1)\pi/2$ 的波长片叫 1/4 波长片.

当线偏振光垂直照射到全波长片和 1/2 波长面上时,出射光仍为线偏振光. 照射在 1/4 波长片上时,通常出射光为正椭圆偏振光,但在 $\theta=0$ 和 $\theta=\pi/2$ 时为线偏振光,在 $\theta=\pi/4$ 时为圆偏振光,见图 6.40.5.

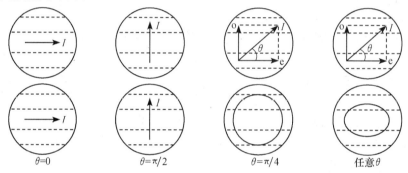

图 6.40.5 线偏振光射入及射出 1/4 波片的偏振态

应当明确,不同波长的单色光所用波长片不同,本实验所用的波长片是对钠黄光而言的.

【实验内容与步骤】

一、观察玻璃片反射自然光后的偏振现象并测定玻璃片对钠黄光的折射率

(1) 将分光计调至使用状态.

(2) 如图 6.40.6 所示,将玻璃片 G 置于分光计载物台上. 位于平行光管 P 前方的钠光灯 S 的光通过 P 后成为一束平行单色光(属自然光)入射到玻璃片 G. 将一偏振片 A (作为检偏器)装在望远镜 T 的物镜前. 用望远镜 T 对准反射光,观察到平行光管的狭缝像. 转动检偏器 A,记录并解释观察到的现象.

(3) 将检偏器置于从望远镜中观察到的反射光最暗的方位. 转动平台(注意:此时刻度盘只与望远镜连接,改变平行单色光对玻璃片的入射角,同时将望远镜跟随反射光一起转动,直至从望远镜中观察到的反射光几乎消失(消光现

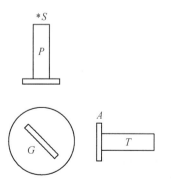

图 6.40.6 测布儒斯特角示意图

象).固定载物台,并使望远镜中垂直叉丝对准狭缝像的中央.这时望远镜的位置就是布儒斯特角的位置.分别记下读数 θ_1、θ_1'.

(4) 转动偏振器 A,记录并解释观察到的现象,说明此时反射光的偏振状态.

(5) 转动望远镜至玻璃片反射法线方向,用自准直法确定法线位置(此时玻璃片的位置不能改变),分别读出 θ_2、θ_2' 的读数,则布儒斯特角

$$i_0 = \frac{1}{2}\left[(\theta_2 - \theta_1) + (\theta_2' - \theta_1')\right] \tag{6.40.5}$$

利用公式(6.40.1)求出玻璃片对钠黄光的折射率 n_{Na}.观察并解释折射光的偏振现象.数据记录于表 6.40.1.

二、观察圆偏振光和椭圆偏振光

(1) 仪器按图 6.40.7 放置,使装在平行光管 P 的物镜前的起偏器 A' 的透振方向为竖直,望远镜 T 前的检偏器 A 的透振方向为水平,即 A'、A 的透振方向正交(提示:自然光经过玻璃片反射且当入射角为布儒斯特角时,反射光成为线偏振光,且振动方向与反射面垂直.若此时转动检偏器 A,使之出现消光现象,则此时 A 的透振方向即为水平.如何使 A' 与 A 正交?)

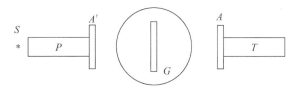

图 6.40.7 观察圆偏振光及椭圆偏振光装置示意图

(2) 将 1/4 波片 G 按图示位置放于分光计载物台上.转动 G(改变入射线偏振光光矢量的振动主向与光在 1/4 波片内主截面的夹角 θ),记录透过 A 观察到的消光现象及消光位置,并解释之.

(3) 依次将 1/4 波片从消光位置转过 15°、30°、45°、60°、75°、90°.每转过 15°分别将 A 慢慢转动 360°,列表记录透过 A 观察到的透射光强变化,说明经过 1/4 波片后相应透射光的偏振态(线偏振、椭圆偏振及圆偏振).观察结果记录于表 6.40.2 中.

【数据表格】

表 6.40.1 玻璃片对钠黄光的折射率

分光计型号:_____   分度值:_____

次 数	θ_1	θ_1'	θ_2	θ_2'	i_0	n_{Na}
1						

表 6.40.2 观察圆偏光和椭圆偏振光

1/4 波片位置	A 转动一周观察到的现象	光的偏振性
0°		

【数据处理与结果表示】

(1) 利用公式(6.40.5)计算布儒斯特角及不确定度；

(2) 利用公式(6.40.1)求出玻璃片对钠黄光的折射率 n_{Na} 及不确定度. $i_0 = \bar{i}_0 \pm \sigma_{i_0}$；$n = n \pm \sigma_n$.

【分析讨论与练习题】

(1) 不另增加仪器和器件，如何决定起偏器的偏振化方向？

(2) 现有几个相同的 1/4 波长片，如何将其构成 1/2 波长片和 1/4 波长片？

(3) 在下列情形下，理想起偏器和检偏器的偏振轴之间夹角为多少：①透射光强是入射光强的 1/3；②透射光强是最大光强的 1/3.

(4) 如何区分自然光、圆偏振光、椭圆偏振光和部分偏振光？

(5) 试分析自然光、圆偏光分别经过 1/4、1/2 波片后的偏振状态.

第七章 近代物理与信息处理综合性、应用性实验

实验 41 迈克耳孙干涉仪的调节与使用

迈克耳孙(Albert Abrham Michelson,1852~1931)是美国芝加哥大学著名的实验物理学家,1881 年迈克耳孙制成可测定微小长度、折射率和光波波长的第一台干涉仪.他又用干涉仪做了历史上极有价值的闻名于世的三个实验.迈克耳孙因为精密光学仪器和借助这些仪器所进行的光谱学和度量学研究等工作,获得 1907 年度诺贝尔物理学奖,成为第一位获得诺贝尔物理学奖的美国人.

1896 年迈克耳孙和莫雷最早用干涉仪观察到氢的 H_α 线是双线结构,并系统地研究了光谱线的精细结构,这在现代原子理论中起了重要作用;迈克耳孙首次用干涉仪测得镉红线波长($\lambda=643.84696$nm),并以此波长测定了标准米的长度(1m=1553164.13 镉红线波长).

迈克耳孙干涉仪是近代干涉仪的一个原型,在它基础上发展起来的泰曼干涉仪,在制造高质量的光学仪器工厂中应用很广,如用于检测棱镜、透镜和平面镜的质量等.又如用于风洞中研究气流变化的马赫-曾德尔(Mach-Zehnder)干涉仪以及现代蓬勃发展的各类干涉调制光谱仪也是以此为基础的.这些仪器在近代物理和计量技术中被广泛应用.

【重点、难点】

(1) 了解迈克耳孙干涉仪的结构和干涉光路.它是用什么方法产生两束相干光的?
(2) 薄膜的等倾干涉和等厚干涉有哪些特点?

【目的要求】

(1) 了解迈克耳孙干涉仪的结构、原理并掌握调节方法.
(2) 了解等倾、等厚干涉条纹的形成条件、特点、变化规律及区别.
(3) 测定氦-氖激光的波长并使用迈克耳孙干涉仪测量空气折射率.

【实验仪器】

迈克耳孙干涉仪、多束光纤激光源、空气折射率测量仪、钠光灯、三孔板毛玻璃等.

【实验原理】

一、迈克耳孙干涉仪

迈克耳孙干涉仪是根据分振幅干涉原理制成双光束干涉的精密实验仪器.它的主要特点是:两相干光束分离得很开;光程差的改变可以由移动一个反射镜(或在一光路中加入另一种介质)得到.它由一套精密的机械传动机构和四片高质量的光学镜片安装在一个很重的底座上构成,其外形如图 7.41.1 所示.

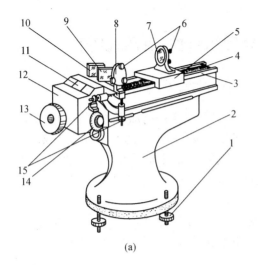
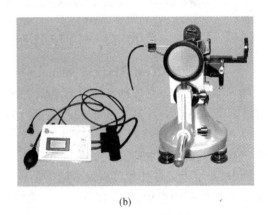

图 7.41.1 迈克耳孙干涉仪

1. 底座调平螺钉；2. 底座；3. 导轨；4. 精密丝杠；5. 拖板；6. 反射镜调节螺钉；7. 可动反射镜 M_1；8. 固定反射镜 M_2；9. 补偿板 G_2；10. 分束板 G_1；11. 读数窗口；12. 传动系统罩；13. 粗调手轮（大转轮）；14. 微动鼓轮；15. 水平、竖直拉簧螺钉

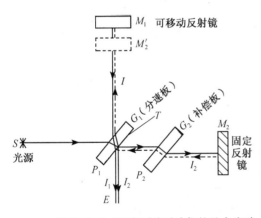

图 7.41.2 迈克耳孙干涉仪的基本光路

迈克耳孙干涉仪的基本光路如图 7.41.2，从光源 S 发出的光射向平行平面透明薄板 G_1. G_1 的后表面镀有半反射膜 T，它把从 S 射来的光束，分成振幅近似相等的反射光 1 和透射光 2，故 G_1 称为分束板. 光束 1 射向平面镜 M_1；光束 2 透过补偿板 G_2 射向平面镜 M_2. M_1 和 M_2 是在相互垂直的两臂上放置的两个平面反射镜，二者与 G_1 的半反射膜之间夹角为 45°，所以 1、2 两束光被 M_1 和 M_2 反射后又回到 G_1 的半反射膜上，再会集成一束光射向 E. 由于这两束光来自光源上同一点，因而是相干光，眼睛从 E 处向 M_1 方向望去，可以观察到干涉图样. G_2 为补偿板，与 G_1 平行放置，它的作用是使 1、2 两光束在玻璃中经过的光程完全相同，这样就使两光路上任何波长的光都有相同的程差，于是白光也能产生干涉.

由图 7.41.1，反射镜 M_1、M_2 是固定的，M_1 可以在导轨上前后移动，以改变 1、2 两束光的光程差. M_1 由精密丝杆 4 带动，其移动的距离可从仪器左侧米尺、大转轮上方的读数窗口和右侧的微动鼓轮上读出；读数窗口的最小读数为 10^{-2}mm，右侧微动鼓轮的最小读数为 10^{-4}mm，可估读到 10^{-5}mm. M_1 和 M_2 背面各有三个螺丝，用来调节 M_1 和 M_2 的方向. 竖直拉簧螺钉可对 M_2 的方向作微调.

使用迈克耳孙干涉仪应注意：

(1) 调整迈克耳孙干涉仪的反射镜时,须轻柔操作,不能把螺钉拧的过紧或过松.

(2) 进行"零点"校准.方法是将微调手轮沿某一方向(如逆时针方向)旋转至零,然后以同方向转动粗调手轮对齐读数窗口中的某一刻度,以后测量时使用微调手轮须以同一方向转动.

二、干涉条纹的图样

由图 7.41.2 可知,M_2' 是 M_2 被 G_1 反射所成的虚像.从观察者看来,两相干光束是从 M_1 和 M_2' 反射而来,因此,我们把迈克耳孙干涉仪所产生的干涉等效为 M_1 和 M_2' 之间的空气膜所产生的干涉来进行分析研究.

1. 点光源照明——非定域干涉条纹

如图 7.41.3(a)所示,点光源 S 发出的球面波经 G_1 分束及 M_1、M_2 反射后射向 E 的光可以看成是由虚光源 S_1 和 S_2 发出的,其中 S_1 为 S 经 G_1 及 M_1 反射后成的像,S_2 为 S 经 M_2 及 G_1 反射后成的像. S_1 和 S_2 相当于两个相干的点光源,他们发出的球面波在相遇的空间发生干涉,形成非定域干涉条纹.若把观察屏 E 放在不同的位置上,可看到圆、椭圆、双曲线、直线状的干涉图样.但在实际情况下,放置屏的空间是有限的,只有圆和椭圆容易观察到.当观察屏垂直于连线放置时,屏上呈现一组同心圆条纹.

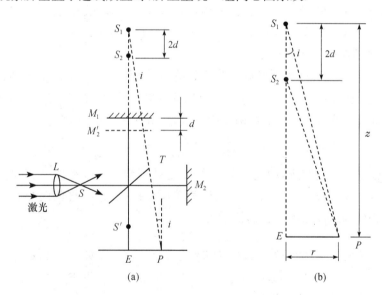

图 7.41.3 非定域干涉条纹的形成

如图 7.41.3(b)所示,当 M_1 与 M_2' 平行时,由于 M_1 与 M_2' 相距为 d,则 S_1 和 S_2 相距 $2d$,在垂直于 S_1 和 S_2 连线的 E 处平面上,S_1 与 S_2 到达该平面上任意一点 P 的光程差 ΔL 为

$$\Delta L = \sqrt{z^2 + r^2} - \sqrt{(z-2d)^2 + r^2},$$

当 $r \ll z$ 时,有 $\Delta L = 2d\cos i$,而 $\cos i \approx 1 - i^2/2$,$i \approx r/z$,

所以

$$\Delta L = 2d\left(1 - \frac{r^2}{2z^2}\right).$$

下面分析非定域干涉圆条纹的特性:

(1) 当光程差为

$$2d\left(1-\frac{r^2}{2z^2}\right) = k\lambda \tag{7.41.1}$$

时,有亮条纹.条纹轨迹为圆.

(2) 令 r_k 及 r_{k-1} 分别为两个相邻干涉环的半径,根据式(7.41.1)得干涉条纹间距为

$$\Delta r = r_{k-1} - r_k \approx \frac{\lambda z^2}{2r_k d}$$

由此可见:干涉圆环的半径 r_k 越小,则 Δr 越大,即干涉条纹是中心疏边缘密;而 D 越小,Δr 越大,即 M_1 与 M_2' 的距离越小条纹越疏,距离越大条纹越密.

(3) 缓慢移动 M_1 镜,改变 d,当 d 增大(或减小)时,r_k 也增大(或减小),看见条纹"吐"或"吞"的现象.

对于圆心处,有 $r=0$,式(7.41.1)变成 $2d=k\lambda$.若 M_1 镜移动了距离 Δd,所引起干涉条纹"吞"或"吐"的数目 $k_2 - k_1 = \Delta k = \Delta N$,则有

$$2\Delta d = \Delta k \lambda \tag{7.41.2}$$

所以,若已知波长 λ,就可以从条纹的"吞""吐"数目 Δk,求得 M_1 镜的移动距离 Δd,这就是干涉测长的基本原理;反之,若已知 M_1 镜的移动距离 Δd 和条纹的"吞""吐"数目 Δk,由式(7.41.2)可以求得波长 λ,这就是干涉仪测量波长的原理.

2. 扩展光源照明—定域干涉条纹

(1) 等倾干涉条纹.用扩展光源照明,当 M_1 和 M_2' 平行时为等倾干涉.面光源上某点发出光线以同一倾角 i 入射,对于薄膜倾角相同的各光束,它们从 M_1 和 M_2' 两表面反射而形成的两光束的光程差相等,如图 7.41.4 所示,光程差 ΔL 为

$$\Delta L = AB + BC - AD = \frac{2d}{\cos i} - 2d\tan i \sin i = 2d\cos i \tag{7.41.3}$$

等倾干涉条纹定域于无穷远,因此用眼睛在 E 处就可观察到一组明暗相间的同心圆,因每一个圆各自对应一恒定的倾角 i,所以称为等倾干涉条纹.在这些同心圆中,干涉条纹的级次以圆心处为最高,此时 $i=0$,因而有

$$\Delta L = 2d = k\lambda \tag{7.41.4}$$

当移动 M_1 使 d 增加时,圆心处条纹的干涉级次越来越高,可看见圆条纹一个一个从中心"吐"出来;反之,当 d 减小时,条纹一个一个地向在中心"吞"进去,每当"吐"或"吞"进一条条纹时,d 就增加或减少了 $\lambda/2$.

(2) 等厚干涉条纹.当 M_1 和 M_2' 有一个很小的夹角,用扩展光源照明就出现等厚干涉条纹.等厚干涉条纹定域在空气薄膜附近.经过镜 M_1 和 M_2 反射的两光束,其光程差仍可近似地表示为

$$\Delta L = 2d\cos i$$

当 M_1 和 M_2' 交角很小时,在 M_1 和 M_2' 相交处 $d=0$,光程差为零,将观察到直线干涉条纹;离交线较远处,d 较大,干涉条纹变成弧形,且凸向 M_1 和 M_2' 的交线,如图 7.41.5 所示;当 M_1 和 M_2' 相交,且用白光照射时,则只能在 M_1 和 M_2' 交线附近看到不多几条彩色干涉条纹.

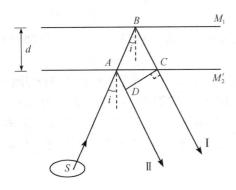

图 7.41.4　等倾干涉中的光程差

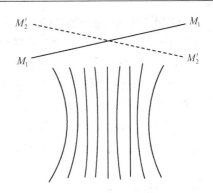

图 7.41.5　等厚干涉条纹

三、测量空气的折射率

在迈克耳孙干涉仪的一个臂中插入长度为 L 的小气室,并调出非定域干涉圆条纹. 使小气室的气压变化 ΔP,从而使气体折射率改变 Δn(因而光经小气室的光程发生变化 $2L\Delta n$),引起干涉条纹"吞"或"吐"Δk 条,则有 $2L|\Delta n|=\Delta k\lambda$,得

$$|\Delta n|=\frac{\Delta k\lambda}{2L} \tag{7.41.5}$$

可知:如果测出某一处干涉条纹的变化数 Δk,就能测出光路中折射率的微小变化 Δn.

通常,在温度处于 15~30℃范围时,空气折射率可用下式计算:

$$(n-1)_{t,p}=\frac{2.8793p}{1+0.003671t}\times 10^{-9} \tag{7.41.6}$$

式中温度 t 的单位为℃,压强 P 的单位为 Pa. 因此,在一定温度下,$(n-1)_{t,p}$ 可以看成是压强 P 的线性函数,当气压不太大时,气体折射率的变化量 Δn 与气压的变化量 ΔP 成正比:$\frac{n-1}{P}=\frac{\Delta n}{\Delta P}=$常数,故 $n=1+\frac{|\Delta n|}{|\Delta P|}P$,将式(7.41.6)代入该式,可得:

$$n=1+\frac{\Delta k\lambda}{2L}\cdot\frac{P}{|\Delta P|} \tag{7.41.7}$$

利用式(7.41.7)就可求出一个大气压下的空气折射率值.

【实验内容与步骤】

1. 调节和观察等倾干涉条纹

(1) 打开激光光源,激光从光纤射出,转动大转轮,调节 M_1 与分光板 G_1 镀膜面的距离和 M_2 与 G_1 镀膜面的距离大致相等,此时仪器左侧的米尺读数约为 100mm.

(2) 调出等倾干涉条纹:在 E 处沿着 EG_1 的方向观察,用眼睛(此时不放观察屏)可观察到两组横向分布的光点像,分别来自于 M_1 和 M_2;之所以形成多点像,是因为与 G_1 上半反射面相对的另一侧玻璃平面也有部分反射的缘故;仔细调节 M_1 和 M_2 背面的三个微调螺钉,使两排光点像严格重合,这样 M_1 和 M_2 镜面基本垂直即 M_1 和 M_2' 就互相平行了;再轻轻调节 M_2 背面的调节螺钉,使出现的圆条纹中心处于观察屏中心.

(3) 转动 M_1 前方的大转轮移动 M_1,观察等倾干涉条纹的变化:从条纹的"冒出"和"缩进"判断 M_1 和 M_2' 之间的距离 d 是变大还是变小,并观察条纹的粗细、疏密与 d 及 r_k 的关系.

2. 测量 He-Ne 激光的波长

(1) 转动粗调手轮使条纹疏密适中,然后转动微调手轮,直到条纹出现"吞"("吐")为止,并进行"零点"校准,注意不要引入空程差.

(2) 继续沿原方向转动微调手轮时应有条纹的"吞"("吐")现象,读出 M_1 的初始位置 d_0,再按原方向继续转动微调手轮,记下中心每变化 $\Delta N=50$ 环时 M_1 的位置 d_i(或 d_j).

(3) 重复内容(2)共 6 次,应用逐差法加以处理,根据式(7.41.2),求出所测光源的波长,取算术平均值,并计算测量不确定度.将测量结果与标准值(632.8nm)进行比较,求相对误差(一般不大于 2%).

3. 测钠黄光波长

注意:若测钠黄光波长($\lambda=589.3$nm),若用图 7.41.1(a)仪器,则用钠光光源,先利用"三孔板"放在毛玻璃上,调节 M_2 后的三个螺钉(粗调),使"三孔重合",即 M_1 和 M_2 垂直在大孔中能看到较粗条纹;取下"三孔板",调节与 M_2 连接的两个拉簧螺丝(细调),使干涉条纹变粗、变圆,直到圆心移到视场中央,并尽量消除视差,使条纹稳定,然后单向转动手轮,移动 M_1 位置 d_i,使条纹发生"涌"、"缩",即可开始测量等倾条纹的"吞"("吐")条数及 M_1 位置 d_i,并求出钠光波长.

4. 测量空气的折射率

(1) 转动粗动手轮,将可动镜移到标尺 100mm 处,将折射率测量仪的气室组件放置到导轨上(移动镜的前方);按迈克耳孙干涉仪,如图 7.41.1(b)的使用说明调节光路,在观察屏上观察到非定域干涉圆条纹.

(2) 接通折射率测量仪的电源,按电源开关电源指示灯亮,调节数字仪表面上的调零旋钮使数字仪表的液晶屏显示".000".

(3) 关闭气囊上的阀门,鼓气使气压差(仪表上的读数)大于 0.09MPa(仪表能测量的最大值为 0.12MPa),读出数字仪表的数值 P_1,打开阀门,慢慢放气,当移动 Δk 个条纹时,记下数字仪表的数值 P_2.

(4) 重复前面 3 的步骤,一共取 6 组数据,自拟表格记录数据,求出移动 Δk 个条纹所对应的管内压强的变化值 ΔP,代入公式(7.45.7)$n=1+\dfrac{\Delta k \lambda}{2L} \cdot \dfrac{P}{|\Delta P|}$,计算一个大气压下的空气折射率 n.(大气压 $P=1.01325\times 10^5$ Pa;气室长度 $L=95$mm;光源波长 $\lambda=632.8$nm;条纹变化数 $\Delta k \geqslant 40$)

【数据表格】

表 7.41.1　测定激光或纳黄光波长原始数据及计算结果

仪器型号_____,量程_____,最小分度值_____,准确度等级_____

干涉环变化数 i	50	100	150
M_1 镜的位置 d_i/mm			
干涉环变化数 j	200	250	300
M_2 镜的位置 d_j/mm			
$\Delta N=j-i$			
$\Delta d=\|d_j-d_i\|$/mm			

$\lambda=\frac{2\Delta d}{\Delta N}/(10^{-6}\mathrm{nm})$			
$\bar{\lambda}/\mathrm{nm}$			

【数据处理】

(1) 用逐差法求出 Δd,计算氦-氖激光的波长 λ(或纳黄光 λ),并与公认值 λ_{He}=632.8nm(或 λ_{Na}=589.3nm)比较,计算百分差.

(2) 计算激光波长 λ(或钠黄光波长)的测量不确定度 $u_C(\lambda)$,写出 λ 的测量结果表达式.

(3) 测量、计算一个大气压下的空气折射率 n.

【结果表示】

(1) 波长 λ_{He} 或 λ_{Na}

$$\lambda=\frac{2\Delta d}{\Delta k}=\frac{2\Delta d}{\Delta N}$$

$$u_A(\lambda)=\sqrt{\frac{\sum(\lambda_i-\bar{\lambda})^2}{n(n-1)}} \qquad u_B(\lambda)=\frac{\Delta_{仪}}{\sqrt{3}}$$

$$u_C(\lambda)=\sqrt{u_A^2(\lambda)+u_B^2(\lambda)}$$

测量结果表示为

$$\lambda=\bar{\lambda}\pm u_C(\lambda)$$

$$E=\frac{u_C(\lambda)}{\lambda}\times 100\%$$

(2) 空气的折射率 n

$$n=1+\frac{\Delta k\lambda}{2L}\cdot\frac{P}{|\Delta P|}$$

【思考分析讨论】

(1) 何谓非定域干涉?何谓定域等倾干涉?获得它们的主要条件是什么?

(2) 为什么观察激光非定域干涉时,通常看到弧状条纹?怎样从条纹形状确定 S_1S_2 的连线方向?是否所有的圆形条纹都是等倾干涉条纹?

(3) 迈氏干涉仪是利用什么方法产生双光束实现干涉的?

(4) 根据什么现象来判断 $M_1 \perp M_2$?

(5) 对非定域干涉和定域干涉观察方法有何不同?观察等厚干涉条纹时,能否用点光源?

(6) 干涉仪读数系统如何"调零"?如何防止引入"空程差"?

(7) 数干涉条纹时,如果数错了一条,会给这次测量波长值带来多大的误差?

实验42 微波干涉和布拉格衍射

无线电波、光波、X 光波等都是电磁波.波长在 1mm 到 1m 范围的电磁波称为微波.微波和所有的波一样能产生反射、折射、干涉和衍射现象.本实验就是利用波长 3cm 左右的微波代替 X 射线对模拟晶体进行布拉格衍射,并用干涉法测量它的波长.

【目的要求】

(1) 通过实验进一步熟悉迈克耳孙干涉原理,了解微波的布拉格衍射原理及其用途.
(2) 测量微波波长($\lambda \approx 32.00$mm)测量微波布拉格衍射强度的分布.
(3) 通过本实验了解利用布拉格衍射分析研究晶体结构的方法.

【实验仪器】

微波分光计、固态振荡电源、模拟晶体点阵架、反射板等.

微波分光计是用来观察和测量微波反射、折射、干涉和衍射现象的专用仪器.它的结构如图 7.42.1 所示.其中固态振荡器发出的信号具有单一的波长,相当于光学实验中要求的单色光;可变衰减器用来改变微波信号的幅度的大小,衰减器的读盘指数越大堆信号的衰减越大;晶体检波器可将交流微波信号变成直流信号.微波分光计有四个部分组成:

(1) 发射部分:由 3cm 固态振荡器产生的微波信号经可变衰减器送至发射喇叭天线.
(2) 接收部分:含可绕中心轴转动的悬壁和接收喇叭天线、晶体检波器和微安表.
(3) 分度盘:用于测量转交.微波分光计中心部位可绕中心轴转动.分度盘 360°等分圆形平台,其上可根据实验需要放置单缝、双缝、模拟晶体格点阵等.
(4) 附件:用来作布拉格衍射、微波波长测量及单、双缝衍射等实验所需之零部件.

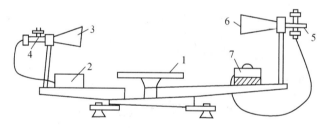

1. 0~360° 分度转盘;2. 3cm固态振荡器;3. 发射喇叭;
4. 可变衰减器;5. 晶体检波器;6. 接收喇叭;7. 微安表

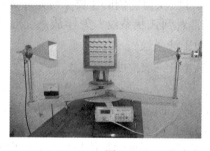
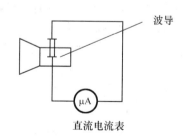

图 7.42.1 微波分光仪装置组成图

【实验原理】

一、微波波长的测量(用迈克耳孙干涉原理)

测量微波波长的原理,如图 7.42.2 所示.

设微波的波长为 λ,经固定反射板 M_1 反射到达接收喇叭的波束与可移动反射板 M_2

反射到达接收喇叭的波束的光程差为 δ. 则当

$$\delta = k\lambda \quad (k = 0, \pm 1, \pm 2, \cdots) \tag{7.42.1}$$

时,两束波干涉加强,得到各级极大值. 同理当

$$\delta = (2k+1)\frac{\lambda}{2} \quad (k = 0, \pm 1, \pm 2, \cdots) \tag{7.42.2}$$

时,两束波干涉减弱,得到各级极小值.

将可移动反射板 M_2 移动一段距离 L,两束波的程差就改变了 $2L$,在此范围内共出现 $N+1$ 个极小值. 假定从某一极小值开始移动可移动反射板 M_2,是喇叭收到的信号出现 N 个极小值. 即微安表指示出现 N 个极小值,读出移动的总距离 L 则有

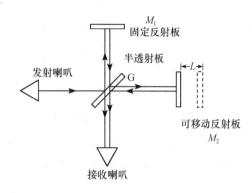

图 7.42.2 微波干涉示意图

$$2L = [2(k+N)+1]\frac{\lambda}{2} - (2k+1)\frac{\lambda}{2}$$

$$= 2N\frac{\lambda}{2} = N\lambda \tag{7.42.3}$$

$$\lambda = \frac{2L}{N} \tag{7.42.4}$$

由式(7.42.4)可以计算出微波的波长 λ. 由于微波波长比较长,半透射板较薄,它对波程差的影响就可以忽略.

二、微波的布拉格衍射

晶体最基本的特点是它具有空间点阵的周期性结构. 但是,实际上晶体中多少都存在一定的缺陷. 晶体中原子不断进行热运动,所以实际晶体的结构并不是理想的、完美的、完整的点阵结构. 各种晶体的自然外资能够与它内部的原子、离子排列方式有关. 最简单的一种排列较简单立方晶体系,其点阵结构如图 7.42.3. 食盐(NaCl)的结构就是这样简单立方体. 在晶体学和 X 射线分析中,对于特定取向的某些平面,通常采用密勒指数标记法. 在图 7.42.3 中,任意取一最小的立方体,也就是晶体的最小单元,通常叫晶体的"晶胞". 空间直角坐标系选择如图 7.42.4 所示. 晶体点阵中两相邻的距离叫点阵常数,就晶体而言叫晶格常数. 简单立方晶体的晶格常数各个方向是相同的. 如图 7.42.4 中的 $OA=OE=OC=a$,其中 a 是晶格常数. 按照密勒指数标记法,图中的 $ABCD$ 平面叫(110)平面;$BEFC$ 平面叫作(010)平面;$DCFG$ 平面叫作(001)平面;AEC 平面叫作(111)平面. 由于坐标原点 O 的选择是任意的,实际上,在晶体点阵中,凡是与(100)平面平行的一系列平面称为(100)平面群. 同样,凡是与(110)平面平行的一系列平面,皆称为(110)平面群. 其余类推.

显然,(100)平面群中相邻平面间的距离等于晶格常数 a,而(110)平面群中两相邻平面间的距离 $d = \frac{a}{\sqrt{2}}$. 这一结果在图 7.42.5 中很容易得到证明.

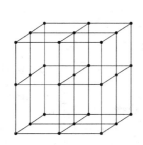 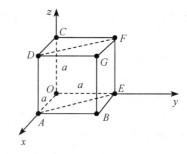

图 7.42.3 简单立方晶系列点阵结构示意图　　图 7.42.4 "晶胞"空间坐标系示意图

图 7.42.5 由简单立方低能阵结构投影在 xy 平面而得. 图 7.42.5 中虚线表示(110)平面群. 图中实线表示(100)平面群.

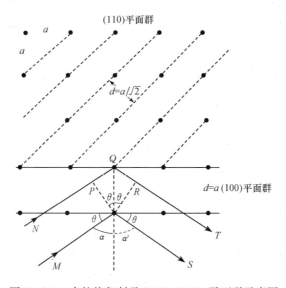

图 7.42.5 布拉格衍射及(110)、(100) 平面群示意图

现在讨论晶体平面群对 X 射线的衍射作用. 如图 7.42.5 所示,以(100)平面群为例,两相邻的平面之间的距离 $d=a$ 当射线到(100)平面群上,从相邻两个平面上的 Q 点反射波间的程差为

$$PQ + QR = 2d\sin\theta \tag{7.42.5}$$

其中 θ 为入射波(或反射波)与晶体之间的夹角,称为衍射角(也叫掠射角). 它与入射角(α)或反射角(α)之间的关系为 $\theta+\alpha=\dfrac{\pi}{2}$. 当

$$2d\sin\theta = k\lambda \quad (k=1、2、3、\cdots\cdots 为衍射加强级数) \tag{7.42.6}$$

时,两列波互相加强. 式(7.42.6)是 X 射线衍射的基本公式,称为布拉格公式. 当波长一定,对指定的点阵平面群来说,k 值不同,衍射的方向不同. $k=1、2、3$ 时,相应的衍射角为 θ_1、θ_2、θ_3,相应的衍射分别称为一级、二级、三级衍射. 总之,微波的布拉格衍射是仿照晶体对 X 射线衍射的基本原理人为地制作了一个简单立方晶体点阵的模型,以微波代替 X 射线,使微波向模拟晶体入射,观察不同晶面上产生的反射波,用以验证布拉格公式.

如果微波的波长为 $\lambda=3.2\text{cm}$ 平面群(100)相邻两平面之间的距离 $d=40\text{mm}$,则相应的一级、二级衍射角应为

$k=1$ 时,$\theta_1=\arcsin\dfrac{\lambda}{2d}=23.6°$,$\alpha_1=66.4°$ (7.42.7)

$k=2$ 时,$\theta_2=\arcsin\dfrac{2\lambda}{2d}=53.1°$,$\alpha_2=36.9°$ (7.42.8)

由于 $\dfrac{3\lambda}{2d}=1.2>1$ 故 θ_3 不存在,故只能测出两个衍射强度的极大值. 对于(110)面则只有一级衍射,且 $\theta_1=34.4°$,亦即只能出现一个衍射强度的极大值. 本实验可以经过测量验证上述关系.(100)平面群的布拉格衍射强度分布曲线如图 7.42.6 所示.

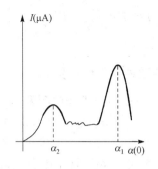

图 7.42.6 (100)平面群的布拉格衍射强度分布曲线

三、单缝衍射实验

当一个平面波入射到一个宽度可与波长相比拟的狭缝时(本实验可调至 7cm),就可发生衍射现象,据物理光学知识可知,通过单缝后的衍射波强度分布满足方程

$$I = I_0 \left(\dfrac{\sin\beta}{\beta}\right)^2 \tag{7.42.9}$$

其中 $\beta=\pi a\sin\varphi/\lambda$ 为狭缝边缘上的波阵面与中心波阵面在 φ 方向上的位相差. 其中 a 为狭缝宽度可由单缝板上的刻度读出,φ 为入射方向与衍射方向的夹角.

由此可求出相应的 φ 值,这说明在单缝后出现的波强度是不均匀的,中央最强同时最宽,两边的极大之依次迅速减小.

四、双缝干涉实验

当一平面波入射到一金属板的两条狭缝上,则每一狭缝为一子波源,由两缝发生的波是相干波. 因此在缝后能出现干涉现象,如图 7.42.7 所示.

因为微波通过每个单缝也要有衍射,所以实验是衍射和干涉相结合的结果. 为了只研究主要是由于来自双缝的两束中央衍射波相互干涉的结果,令双缝的宽度 a 接近 λ,例如当 $\lambda=32\text{mm}$ 时可取 $a=40\text{mm}$,这时单缝的一级级小接近 $53°$. 因此如果再取较大的 $b=70\text{mm}$,则干涉强度受单缝衍射的影响可以忽略.

根据物理光学知识,可以得到干涉波强度 I 与相位差 δ 的关系为

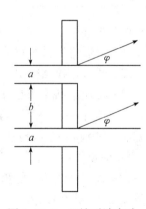

图 7.42.7 双缝干涉实验

$$I = 4I_0\cos^2(\delta/2),$$

其中已设两条狭缝处的波的强度相等均为 I_0,位相差为

$$\delta = \dfrac{\pi}{\lambda}(a+b)\sin\varphi$$

干涉加强的角度为

$$\varphi = \sin^{-1}\left(k\cdot\dfrac{\lambda}{a+b}\right) \quad k=0,1,2,3,\cdots$$

干涉减弱的角度为

$$\varphi = \sin^{-1}\left(\frac{2k+1}{2} \cdot \frac{\lambda}{a+b}\right) \quad k=0,1,2,3,\cdots$$

【实验内容与步骤】

一、微波波长的测量

(1) 用迈克耳孙干涉法测微波波长的仪器布置如图 7.42.2 所示. 使发射喇叭面与接收喇叭面互相成 90°角,半透射板(玻璃板)通过支架座固定在刻度转盘正中并与两喇叭轴线互成 45°角. 使可移动反射板的法线与发射喇叭一致. 使固定反射板的法线与接收喇叭的轴线一致.

(2) 将可变衰减器放在衰减较大位置上,接上固定振荡器电源,打开电源开关,预热 20 分钟左右.

(3) 测量微波波长前,在读数机构上移动反射板,观察微安表指针变化情况. 调节可变衰减器使最大电流不超过微安表的量程(满度),并在电流达到某个极大值的位置上,微波半透射板和两个反射板的角度使电流值达到最大.

(4) 测量时,先将可移动反射板移到读数机构的一端在附近找出与微安表上第一个极小值相对应的可移动反射板的位置. 然后向同一个方向移动反射板,从微安表上测出后续 N 个小值的位置,并从读数机构上读出相应的数值,数据如表 7.42.1 所示. 利用隔项逐差法算出位移 L,则微波波长 $\lambda = \frac{2L}{N}$. 取 $N=2, \lambda_i = L_{i+2} - L_i$.

表 7.42.1

i	1	2	3	4	5	6	$\bar{\lambda} = \frac{1}{n}\sum_{i=1}^{i+2}(L_{i+2}-L_i)$(mm)
L_i(mm)							

(5) 重复测量三次,算出平均波长 $\bar{\lambda}, \bar{\lambda} \pm \sigma_\lambda, E_\lambda$.

(6) 最后将读数装置从底坐标上拆下.

二、微波布拉格衍射强度分布的测量

(1) 将模拟晶体调好. 模拟晶体的晶格常数设计为 4cm,用梳形铝制模片对模拟的晶体点阵球上下一层一层进行调节. 要注意,模拟晶体架下面小圆盘的某一条刻线,与所研究的晶面法线相一致,与刻度盘上的 0°刻线一致. 为了避免两个喇叭之间微波的直接入射,测量时微波的入射角 α 取值范围最好在 30°至 73°之间,即衍射角 θ 在 60°至 17°之间.

(2) 改变微波的入射角度 α,同时调节衰减器,使入射角度 α 在 30°~73°时,微安表的读数在量程(满度)以内.

(3) 入射角度 α 从 30°开始测量,每改变 1 度,读一次微安表. 一直到入射角度 α 到 73°为止. 在改变入射角度的测量过程中,既要转动平台,同时也要转动接收喇叭,以保证入射角度 α 等于反射角 α',如表 7.42.2 所示.

(4) 测出(100)面和(110)面的数据后,以微安表的读数为纵坐标 $I(\mu A)$,衍射角 $\theta = \frac{\pi}{2} - \alpha$ 为横坐标作布拉格衍射强度分布曲线($I-\theta$ 或 $I-\alpha$ 曲线). 根据所测的微波波长以及(100)面和(110)面群和两相邻面之间的距离,计算相应一级、二级衍射角,并与实验曲线中的衍射角进行比较.

表 7.42.2

α(0)	30	31	32	...	65	66	67	68	69	70	71	72
I(μA)												

三、单缝衍射实验（自行设计内容与步骤）

四、双缝干涉实验（自行设计内容与步骤）

【数据处理】

参考实验内容与步骤,用以前学过的数据处理方法处理数据,并对误差进行分析.

【分析讨论题】

(1) 微波的干涉和布拉格衍射与光的干涉和衍射有何异同？
(2) 布拉格衍射有何用途？如何减小测量误差？

实验 43 密立根油滴仪测电子电量

【目的要求】

(1) 利用密立根油滴仪,验证电荷的不连续性及测量基本电荷电量;
(2) 学习和了解 CCD 图像传感器的原理与应用、学习电视显微镜测量方法.

【实验仪器】

密立根油滴仪包括:照明光路、油滴盒、高压电源、小喷雾器、秒表或电子计时器等. 带 CCD 密立根油滴仪还包括微处理器电路、监视器、CCD 摄像显微镜等. 如图 7.43.1 和图 7.43.2 所示.

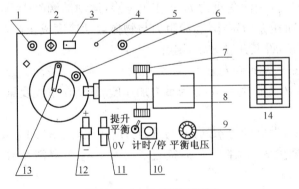

图 7.43.1 电路箱面板图
1.视频电缆 2.保险丝 3.电源开关 4.指示灯
5.电源线 6.水准仪 7.聚焦手轮 8.显微镜/CCT
9.平均电压 10.计时开关 11.提升、平衡、下降转换
12.板板＋、－电压转换 13.上电极压簧
14.显示器及分划板

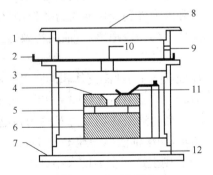

图 7.43.2 油滴盒
1.油雾杯 2.油雾孔开关
3.防风罩 4.上电极 5.油滴盒
6.下电极 7.座架 8.上盖板
9.喷雾口 10.油雾孔
11.上电极压簧 12.油滴盒基座

一、仪器特点(普通密立根油滴仪与带 CCD 密立根油滴仪基本一样)

(1) 采用多路信息综合显示技术:将数字电压表、数字计时器、油滴像和分划板刻度显示在同一个屏幕上,操作直观,方便教学.

(2) 采用电子分划板刻度:油滴像明亮清晰.

(3) 一机多用:做"布朗运动"实验,仅增加一只高倍显微物镜即可,其他类型的油滴仪分划板刻度无法随时更换难以做这个实验.该仪器备有两种分划板,可随时切换(A 板:0.25mm/格,B 板:0.04mm/格);还备有高倍显微物镜,可以看到细小的油滴.

(4) 平衡电压开关可以和计时开关联动.

(5) 油滴仪实验处理软件,可生成、打印、保存实验数据报告.

二、主要技术指标

平均相对误差:<3%;平行板间距:5.00mm±0.01mm;极板电压:0～700V(±DC)可调;提升电压:200～300V.

数字电压表:0～999V±1V;数字毫秒计:0～99.99 秒±0.10 秒;电视显微镜:放大倍数 60×(标准物镜),120×(选购物镜);分划板刻度:电子方式,垂直线视场分 8 格,每格值 0.25mm;电源:～220V、50Hz.

【实验原理】

用密立根油滴法,测量电子电量的基本原理是:根据带电油滴在电场和重力场中的运动和受力情况,计算其所带电量的大小. 由于油滴在电场和重力场中有匀速运动和静止两种平衡状态,其测量方法也分为动态测量法和平衡测量法两种.

一、动态测量法

假设一个足够小的油滴,质量为 m,带电量为 q,半径为 a,处在间距为 d 的两块平行板之间(如图 7.43.3 所示).

当在平行板之间无电场(未加电压)时,油滴受重力 m_1g 作用下降,运动油滴除受重力和浮力外还受黏滞阻力的作用. 根据斯托克斯定律,黏滞阻力与物体运动速度成正比,这样下降一段距离后,油滴将做匀速运动,设其速度为 v_f,则有

$$m_1g - m_2g = kv_f \tag{7.43.1}$$

此处 m_2 为与油滴同体积的空气的质量,k 为比例系数,g 为重力加速度. 油滴在空气及重力场中的受力情况如图 7.43.3 所示.

当油滴处在场强为 E 的匀强电场中,设电场力 qE 方向与重力方向相反,如图 7.43.4 所示,如果油滴以匀速 v_r 上升,设油滴密度为 ρ_1,半径为 a,空气密度为 ρ_2,空气黏滞系数为 η,则上述三个力的大小可以分别表示为

$$mg = \frac{4}{3}\pi a^3 g\rho_1, \quad F_r = 6\pi\eta a v_g, \quad F_a = \frac{4}{3}\pi a^3 g\rho_2$$

代入(7.43.1)式,得

$$\frac{4}{3}\pi a^3 g\rho_1 = 6\pi\eta a v_g + \frac{4}{3}\pi a^3 g\rho_2 \tag{7.43.2}$$

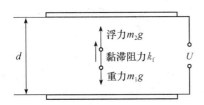 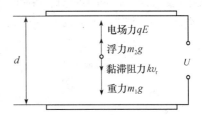

图 7.43.3　无电场时油滴的受力情况　　　图 7.43.4　有电场时油滴受力情况

或

$$a = \left[\frac{9\eta v_g}{2(\rho_1-\rho_2)g}\right]^{1/2}$$

$$qE = (m_1 - m_2)g + kv_r$$

$$q = \frac{(m_1 - m_2)g}{Ev_r}(v_f + v_r) \tag{7.43.3}$$

可见，要测量油滴上携带的电荷 q，需要分别测出 m_1、m_2、E、v_f、v_r 等物理量.

有喷雾器喷出的小油滴的半径 a 是微米数量级，直接测量其质量 m_1 又困难，为此希望消去 m_1，而代之为容易测量的量. 设由于空气的密度分别为 ρ_1、ρ_2，于是半径为 a 的油滴的示重为

$$m_1 g - m_2 g = \frac{4}{3}\pi a^3 (\rho_1 - \rho_2)g \tag{7.43.4}$$

有斯托克斯定律，比例系数 k 为 $6\pi\eta a$，此处 η 为流体的黏滞系数，a 为物体半径，有

$$v_f = \frac{2ga^2}{9\eta}(\rho_1 - \rho_2) \tag{7.43.5}$$

$$a = \left[\frac{9\eta v_f}{2(\rho_1-\rho_2)g}\right]^{1/2} \tag{7.43.6}$$

$$q = 9\sqrt{2}\pi\left[\frac{\eta^3}{(\rho_1-\rho_2)g}\right]^{1/2} \cdot \frac{1}{E}\left(1 + \frac{v_r}{v_f}\right)v_f^{3/2} \tag{7.43.7}$$

因此，如果测出 v_f、v_r 和 η、ρ_1、ρ_2、E 等宏观量级可得到 q 值.

考虑到空气已不能被看成是连续流体介质，其黏滞系数 η 必须做一修正，即

$$\eta' = \frac{\eta}{1 + \frac{b}{pa}} \tag{7.43.8}$$

这里 p 为空气压强，b 为修正常数，标准状态下 $b = 0.00823$ N/m. 因此

$$v_f = \frac{2ga^2}{9\eta}(\rho_1 - \rho_2)\left(1 + \frac{b}{pa}\right) \tag{7.43.9}$$

当精度要求不太高时，常采用近似计算方法先将 v_f 值代入式(7.43.6)计算得

$$a_0 = \left[\frac{9\eta v_f}{2(\rho_1-\rho_2)g}\right]^{1/2} \tag{7.43.10}$$

$$q = 9\sqrt{2}\pi\left[\frac{\eta^3}{2(\rho_1-\rho_2)g}\right]^{1/2} \cdot \frac{1}{E}\left(1 + \frac{v_r}{v_f}\right)v_f^{3/2}\left[\frac{1}{1+\frac{b}{pa_2}}\right]^{3/2} \tag{7.43.11}$$

实验中,要考虑到油滴实验具体情况,若固定油滴运动的距离 l,测量油滴上升和下降此段距离所用的时间 t_r 和 t_f,即可求得运动的速度 v_f、v_r。U 为两极板间所加平衡电压,则电场强度 $E=U/d$,因此,式(7.43.11)可写成

$$q = 9\sqrt{2}\pi d \left[\frac{\eta^3 l^3}{(\rho_1-\rho_2)g}\right]^{1/2} \frac{1}{U}\left(\frac{1}{t_f}+\frac{1}{t_r}\right)\frac{1}{t_f^{1/2}}\left[\frac{1}{1+\dfrac{b}{pa_0}}\right]^{3/2} \quad (7.43.12)$$

这就是动态(非平衡)测量法测油滴带电量的公式. 式中有些量和仪器等条件有关,如 d、l、η、ρ_1 和 ρ_2 等. 将这些量与常数一起用 C 代表,可称为仪器常数,于是

$$q = C\frac{1}{U}\left(\frac{1}{t_f+t_r}\right)\frac{1}{t_f^{1/2}}\left[\frac{1}{1+\dfrac{b}{pa_2}}\right]^{3/2} \quad (7.43.13)$$

由此可知,测量油滴带电量,只体现在 t_r、t_f、U 的不同. 对于同一个油滴,t_f 相同,t_r、U 不同,标志着其带电量不同.

二、平衡测量法

平衡测量法的出发点是使油滴在均匀电场中静止在某一位置,或在重力场中做匀速运动,油滴在重力场中做匀速下落运动时,情形与动态法相同;油滴静止在某一位置可以看成是匀速上升运动的一个特例,$v_r=0$ 即 $1/t_r=0$,此时,式(7.43.12)为

$$q = 9\sqrt{2}\pi d \left[\frac{\eta^3 l^3}{(\rho_1-\rho_2)g}\right]^{1/2} \frac{1}{U}\frac{1}{t_f^{3/2}}\left[\frac{1}{1+\dfrac{b}{pa_2}}\right]^{3/2} \quad (7.43.14)$$

由此可知,只要测出 t_f 和 U 即可求出其油滴带电量.

例如,若取 $d=5.00\times10^{-3}$m, $\rho_1=981$kg·m^{-3}, $\rho_2=1.293$kg·m^{-3}, $b=0.0823$N/m, $l=2.00\times10^{-3}$m, $p=1.013\times10^6$Pa, $\eta=1.83\times10^{-5}$kg·m^{-1}·s^{-1},油滴带电量近似可以写成

$$ne = q = \frac{1.43\times10^{-14}}{[t(1+0.02\sqrt{t})]^{\frac{3}{2}}}\cdot\frac{1}{U} \quad (7.43.15)$$

其中,$n=1、2、3、\cdots$ 为油滴所带基本电荷 e 的个数.

测量方法如下:

为了测量油滴上带的电荷的最小单位 e,可以对不同的油滴,分别测出其所带电荷值 q_i,它们应近似为某一最小单位的最大公约数,即为单位电荷.

实验中,常采用紫外线、X 射线或放射源等改变同一油滴所带的电荷,测量油滴上所带电荷的改变量 Δq_i,而 Δq_i 值应是单位电荷的整数倍,即

$$\Delta q_i = n_i e \quad (7.43.16)$$

也可用作图法求 e,根据式(7.43.16),e 为直线方程的斜率,通过直线拟合,即可求得 e 值.

基本电荷实验值 $e=1.6021892\times10^{-19}$C. 密立根(Millikan)正是由于这一实验的成就,荣获 1923 年诺贝尔物理学奖.

【实验内容与步骤】

一、仪器调整

调节仪器底座上的三只调平手轮,将水泡调平.照明光路不需要调整.CCD显微镜对焦也不需用调焦针插在平行电极孔中来调节,只需将显微镜筒前端和底座前端对齐,然后喷油后再稍稍前后微调即可.在使用中,前后调焦范围不要过大,取前后调焦1mm内的油滴较好.

二、仪器使用

打开监视器和油滴仪的电源,5秒后自动进入测量状态,显示出标准分划板刻度线及V值、S值.开机后如想直接进入测量状态,按一下"计时/停"按钮即可.

面板上K_1用来选择平行电极上极板的极性,实验中置于+位或−位置均可.使用最频繁的是K_2和W及"计时/停"(K_3).监视器对比度一般置于较大,亮度不要太高.

三、仪器维护

喷雾器内的油不可装的太满,否则喷出很多"油"而不是"油雾".喷头不要深入喷油孔内,防止大颗粒油滴堵塞落油孔.

四、测量练习

首先练习控制油滴运动,练习测量油滴运动时间和练习选择合适的油滴.

选择一颗合适的油滴十分重要.大而亮的油滴质量大,所带电荷也多,而匀速下降时间则很短,增大了测量误差和给数据处理带来困难.通常选择平衡电压为$U=200\sim 300V$,匀速下落$l=1.5mm$的时间在$t=8\sim 20s$左右的油滴较适宜.喷油后,K_2置"平衡"档,调W使极板电压为$200\sim 300V$,注意几颗缓慢运动、较为清晰明亮的油滴.试将K_2置"0V"档,观察各颗油滴下落大概的速度,从中选一颗作为测量对象.对于9英寸监视器,目视油滴直径在$0.5\sim 1mm$左右的较适宜.过小的油滴观察困难,布朗运动明显,会引入较大的测量误差.

判断油滴是否平衡要有足够的耐性.用K_2将油滴移至某条刻度线上,仔细调节平衡电压,这样反复操作几次,经一段时间观察油滴确实不再移动才认为是平衡了.

测准油滴上升或下降所需的时间,一是要统一油滴到达刻度线什么位置才认为油滴已踏线,二是眼睛要平视刻度线,不要有夹角.反复练习几次,实测出各次时间的离散性较小.

五、正式测量

(1) 平衡法:可将已调平衡的油滴用K_2控制移到"起跑"线上,按K_3(计时/停),让计时器停止计时,然后将K_2拔向"0V",油滴开始匀速下降的同时,计时器开始计时.到"终点"时迅速将K_2拔"平衡",油滴立即停止,计时也立即停止.

(2) 动态法:分别测出加电压时油滴上升的速度和不加电压时油滴下落的速度,代入相应公式,求出e'值.油滴的运动距离一般取$1\sim 1.5mm$.对某颗油滴重复$5\sim 10$次测量,选择$10\sim 20$颗油滴,求得电子电荷的平均值$\overline{e'}$.在每次测量时都要检查和调整平衡电压,以减小偶然误差和因油滴挥发而使平衡电压发生变化.

(3) 同一油滴改变电荷法:可用紫外线或放射源照射同一颗油滴,使它所带电荷改变,如此再重复测量.

【探索与设计】

(1) 自行设计数据表格及数据处理方法. 利用公式,先求 $ne=q$,再利用 $e=1.60021892\times10^{-19}$ C,求 $n=\dfrac{q}{e}$(四舍五入取整数),再求 $e'=\dfrac{q}{n}$.

计算 $\sigma_{e'}$,表示 $\overline{e'}\pm\sigma_{e'}$,$E_{e'}$,并与 e 求百分差 $E_{e\text{百}}$.

表 7.43.1

油滴号 i	U_n/V	t/s	$q=ne/(10^{-19}$C)	$n=\dfrac{q}{e}$/个	$e'=\dfrac{q}{n}/(10^{-19}$C)	$\overline{e'}=\dfrac{1}{n}\sum\limits_{i=1}^{n}e_i/(10^{-19}$C)
1						
⋮						

(2) 设计编辑计算机处理数据的程序,进行数据处理. 可参见微机型油滴仪有关资料.

(3) 设计计算机接口,实现计算机自动控制检测并处理数据.

实验 44 弗兰克-赫兹实验

1914 年弗兰克(F. Frank)和他的助手赫兹(G. Hertz)在研究气体放电现象中电子与原子间相互作用时,在充汞的放电管中发现:透过汞蒸气的电子流随电子能量呈现周期性变化,间隔为 4.9eV,并拍摄到与能量 4.9eV 相对应的光谱线 253.7nm,即采用慢电子与稀薄气体中原子碰撞的方法,简单而巧妙地直接验证了原子能级的存在,证实了原子内部能量是量子化的,从而为玻尔原子理论提供了有力的证据. 由于此项工作卓越的成就,1925 年弗兰克和赫兹共同获得诺贝尔物理学奖.

1900 年是量子论的诞生之年,它标志着物理学由经典物理迈向近代物理. 量子论的基本观念是能量的不连续性,即能量是量子化的. 弗兰克-赫兹实验充分证明了原子内部能量是量子化的. 通过这一实验可以了解到原子内部能量量子化的情况,学习和体验弗兰克和赫兹研究气体放电现象中低能电子和原子间相互作用的实验思想和方法. 弗兰克-赫兹实验至今仍是探索原子内部结构的主要手段之一.

【重点、难点】

(1) 弗兰克-赫兹管中电子和氩原子的能量交换过程. 测量氩原子第一激发电势的方法.

(2) 为什么说弗兰克-赫兹实验为玻尔的原子理论提供了有力的证据.

【目的要求】

(1) 通过测定氩原子的第一激发电势,证明原子能级的存在. 了解弗兰克-赫兹是用什么方法直接证明了原子内部量子化能级的存在.

(2) 分析灯丝电压、拒斥电压等因素对 F-H 实验曲线的影响.

(3) 了解计算机实时测控系统的一般原理和使用方法.

第七章　近代物理与信息处理综合性、应用性实验

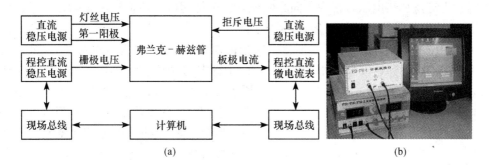

图 7.44.1　(a)弗兰克-赫兹实验系统原理图；(b)弗兰克-赫兹实验装置图

【实验仪器】

微机化弗兰克-赫兹实验系统原理及实验装置图如图 7.44.1(a)、(b)所示.

本实验仪是用于重现 1914 年弗兰克和赫兹进行的低能电子轰击原子的实验设备. 本实验仪为一体式实验仪,有供给弗兰克-赫兹管用的各组电源电压,测量微电流用的放大器. 实验仪能够获得稳定的实验曲线. 本实验仪除实测数据外还可和示波器、X-Y 记录仪及微机连用.

【实验原理】

根据玻尔理论,原子只能处在某一些状态,每一状态对应一定的能量,其数值彼此是分立的,原子在能级间进行跃迁时吸收或发射确定频率的光子,当原子与一定能量的电子发生碰撞,可以使原子从低能级跃迁到高能级(激发). 如果是基态和第一激发态之间的跃迁则有：

$$eV_1 = \frac{1}{2}m_e v^2 = E_1 - E_0$$

电子在电场中获得的动能在和原子碰撞时交给原子,原子从基态跃迁到第一激发态,V_1 称为原子第一激发电势(位).

进行 F-H 实验通常使用的碰撞管是充汞的,充汞管需要配加热炉用于改变汞的蒸气压. 除用充汞的外,还常用充惰性气体的,如充氖,氩等的碰撞管. 而这些碰撞管,温度对于气压影响不大,并且只需在常温下就可以进行实验.

对于四级式充氩 F-H 碰撞管,实验线路连接如图 7.44.2 所示.

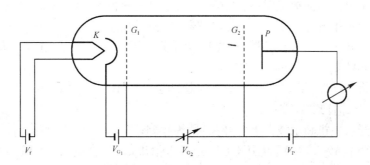

图 7.44.2　F-H 管实验线路连接图

其中 V_P 为灯丝加热电压，V_{G_1} 为正向小电压，V_{G_2} 为加速电压，V_P 为减速电压.

F-H 管中的电势分布如图 7.44.3 所示.

电子由阴极发出，经电场 V_{G_2} 加速趋向阳极，只要电子能量达到能克服 V_P 减速电场就能穿过栅极 G_2 到达板极 P 形成电流 I_P，由于管中充有气体原子，电子前进的途中要与原子发生碰撞. 如果电子能量小于第一激发能 eV_1，它们之间的碰撞是弹性的，根据弹性碰撞前后系统动量和动能守恒原理不难推得电子损失的能量极小，电子能如期的到达阳极. 如果电子能量达到或超过 eV_1，电子与原子将发生非弹性碰撞，电子把能量 eV_1 传给气体原子，要是非弹性碰撞发生在 G_2 附近，损失了能量的电子将无法克服减速场 V_P 到达极板. 这样，从阴极发

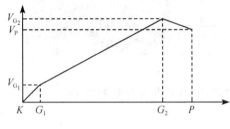

图 7.44.3 F-H 管电势分布图

出的电子随着 V_{G_2} 从零开始增加，极板上将有电流出现并增加，如果加速到 G_2 栅极的电子获得等于或大于 eV_1 的能量，将出现非弹性碰撞而出现 I_P 的第一次下降，随着 V_{G_2} 的增加，电子与原子发生非弹性碰撞的区域向阴极移动，经碰撞损失能量的电子在趋向阳极的途中又得到加速，又开始有足够的能量克服 V_P 减速电压而到达阳极 P，I_P 随着 V_{G_2} 增加又开始增加，而如果 V_{G_2} 的增加使那些经历过非弹性碰撞的电子能量又达到 eV_1 则电子又将与原子发生非弹性碰撞造成 I_P 的又一次下降. 在 V_{G_2} 较高的情况下，电子在趋向阳极的路途中会与电子发生多次非弹性碰撞. 每当 V_{G_2} 造成的最后一次非弹性碰撞区落在 G_2 栅极附近就会使 I_P-V_{G_2} 曲线出现下降，I_P 随 V_{G_2} 变大出现如此反复下跌列出现测量所示的曲线.

曲线的极大和极小出现明显的规律性，它是能级量子化能量反复被吸收的结果，也是原子能级量子化的充分体现. 就其规律来说，每相邻极大或极小值之间的电势差为第一激发电势.

【实验内容与步骤】

一、氩原子的第一激发电势的测量

实验测定弗兰克-赫兹实验管的 I_P-V_{G_2} 曲线，观察原子能量量子化情况，并由此求出氩气管中原子的第一激发电势.

（1）示波器演示法

① 连好主机的后面板电源线，用 Q9 线将主机正面板上"V_{G_2} 输出"与示波器上的"X 相"（供外触发使用）相连，"I_P 输出"与示波器"Y 相"相连；

② 将扫描开关置于"自动"档，扫描速度开关置于"快速"档，微电流放大器量程选择开关置于"10nA"；

③ 分别将示波器"X"、"Y"电压调节旋钮调至"1V"和"2V"，"POSITION"调至"X－Y"，"交直流"全部打到"DC"；

④ 分别开启主机和示波器电源开关，稍等片刻；

⑤ 分别调节 V_{G_1}、V_P、V_f 电压（可以先参考给出值）至合适值，将 V_{G_2} 由小慢慢调大（以 F-H 管不击穿为界），直至示波器上呈现充氩管稳定的 I_P-V_{G_2} 曲线；

(2) 手动测量法

① 调节 V_{G_2} 至最小,扫描开关置于"手动"档,打开主机电源;

② 选取合适的实验条件,置 V_{G_1}、V_P、V_f 于适当值,用手动方式逐渐增大 V_{G_2},同时观察 I_P 变化.适当调整预置 V_{G_1}、V_P、V_f 值,使 V_{G_2} 由小到大能够出现 5 个以上峰.

③ 选取合适实验点,分别从数字式表头上读取 I_P 和 V_{G_2} 值,再作图可得 I_P-V_{G_2} 曲线,注意示值和实际值关系.

例如,I_P 表头示值为"3.23",电流量程选择"10nA"档,则实际测量 I_P 电流值应该为"32.3nA";V_{G_2} 表头示值为"6.35",实际值为"63.5V".

实验过程由多媒体计算机辅助实验系统软件进行监控.具有多媒体实验资料查询、实验装置自动控制、实验过程适时监控、实验数据自动采集、试验数据处理及检验、实验数据打印及存档等功能.

二、调整 **F-H** 实验装置,定性观察微电流随加速电压变化的情况

连接实验仪器,选择适当的实验条件,如 V_P~2V,V_{G_1}~1V,V_P~8V,用手动方式改变 V_{G_2} 同时观察微电流计上的 I_P 随 V_{G_2} 的变化情况.如果 V_{G_2} 增加时,电流迅速增加则表明 F-H 管产生击穿,此时应立即降低 V_{G_2}.如果希望有较大的击穿电压,可以用降低灯丝电压来达到.

三、测出 I_P-V_{G_2} 曲线,求出氩原子的第一激发电势

适当调整实验条件使微电流能出现 5 个峰以上,波峰波谷明显.

注意:

(1) 灯丝电压 V_f 不宜放得过大,一般在 2V 左右,如电流偏小再适当增加.

(2) 不同的实验条件,V_{G_2} 有不同的击穿值,要防止 F-H 管击穿(电流急剧增大),如发生击穿应立即调低 V_{G_2} 以免 F-H 管受损.

(3) 实验完毕,应将各电位器逆时针旋转至最小值位置.

【数据表格】

表 7.44.1 利用手绘或记录仪测量氩的 I_P-V_{G_2} 的数据

仪器型号_____,量程_____,最小分度值_____,准确度等级_____.

V_{G_2}/V	I_P/nA	V_{G_2}/V	I_P/nA	V_{G_2}/V	I_P/nA	V_{G_2}/V	I_P/nA
⋮							

【数据处理】

(1) 用曲线的峰或谷的位置电势差求平均值;

(2) 用最小二乘法处理峰或谷位置电势:$V_{G_2}=a+V_1 \cdot i$

其中 i 为峰或谷序数,V_{G_2} 为特征位置电势值,V_1 为拟合的第一激发电势.

(3) 降低或增加灯丝电压,观察 I_P-V_{G_2} 曲线的变化,记录第一峰和最末峰的位置,推断灯丝电压对曲线的影响.

【结果表示】

(1) 选取合适的实验点记录数据，使之能完整真实的绘出 I_P-V_{G_2} 曲线或用记录仪记下 I_P-V_{G_2} 曲线；根据 I_P-V_{G_2} 曲线，求出氩的第一激发电势.

(2) 用计算机采集得到氩管的 I_P-V_{G_2} 曲线；用谷-谷差平均值求得氩的第一激发电势.

【分析讨论题】

(1) 能否用氢气代替氩蒸气，为什么？
(2) 为什么 I-U 曲线不是从原点开始？
(3) 为什么 I 不会降到零？为什么 I 的下降不是陡然的？
(4) 在 F-H 实验中，得到的 I-U 曲线为什么呈周期性变化？
(5) 在 F-H 管内为什么要在板极和栅极之间加反向拒斥电压？
(6) 温度过低时，栅压为什么不能调的过高？灯丝电压对实验结果有何影响？是否影响第一激发电势？

实验 45　氢原子光谱及里德伯常量的测定

自从牛顿于 1666 年用三棱镜观察了白光色散后，大约经历了 200 年，基尔霍夫等才在 1860 年建立了光谱分析的初步基础.

原子光谱的研究对原子物理学和量子力学的建立和发展都起了重大作用. 原子光谱有力的证实了原子中存在着分立的能级和光子概念的正确性. 现代科学技术中光谱技术不仅广泛用于微量元素的定性、定量分析，而且成为研究原子、分子等物质结构的重要手段.

本实验使用小型摄谱仪拍摄最简单的原子光谱——氢原子光谱. 通过测量氢原子光谱(可见光区域)的各谱线波长验证巴耳末公式的正确性，从而对玻尔理论的实验基础有具体了解.

【目的要求】

(1) 了解摄谱仪的结构和原理并学会调节与使用.
(2) 拍摄氢原子光谱，学会最基本的光谱波长的测量方法.
(3) 测定氢的里德伯常量，从而验证巴耳末的经验公式.

【实验仪器】

摄谱仪、映谱仪、冲洗底片设备、读数显微镜、氢灯、高压电源、铁光谱图、火花发生器等(基本光路图参照图 7.45.1~图 7.45.3).

第七章 近代物理与信息处理综合性、应用性实验

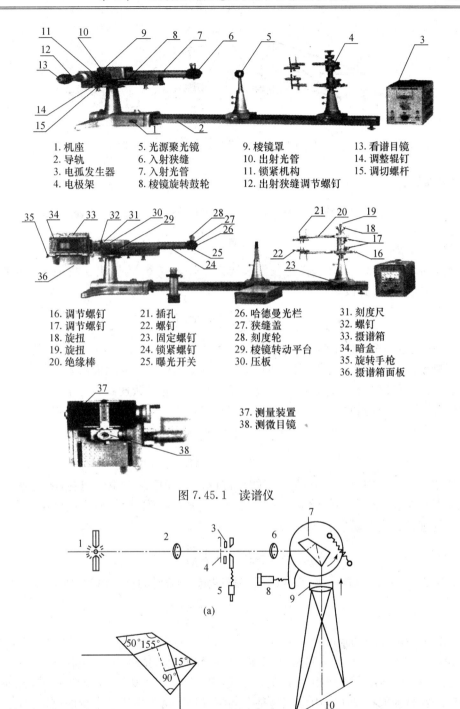

1. 机座
2. 导轨
3. 电弧发生器
4. 电极架
5. 光源聚光镜
6. 入射狭缝
7. 入射光管
8. 棱镜旋转鼓轮
9. 棱镜罩
10. 出射光管
11. 锁紧机构
12. 出射狭缝调节螺钉
13. 看谱目镜
14. 调整辊钉
15. 调切螺杆

16. 调节螺钉
17. 调节螺钉
18. 旋扭
19. 旋扭
20. 绝缘棒
21. 插孔
22. 螺钉
23. 固定螺钉
24. 锁紧螺钉
25. 曝光开关
26. 哈德曼光栏
27. 狭缝盖
28. 刻度轮
29. 棱镜转动平台
30. 压板
31. 刻度尺
32. 螺钉
33. 摄谱箱
34. 暗盒
35. 旋转手枪
36. 摄谱箱面板

37. 测量装置
38. 测微目镜

图 7.45.1 读谱仪

1. 光源；2. 聚光透镜；3. 炮闸；4. 遮光板；5. 狭缝及调节鼓轮；6. 平行光管透镜；
7. 恒偏后棱镜；8. 波长调节鼓轮；9. 暗箱物镜；10. 照相干板

图 7.45.2 小型摄谱仪基本光路示意图
(a)基本光路图；(b)恒偏的棱镜光路图

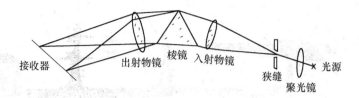

图 7.45.3　光谱仪光路简图

【实验原理】

在可见光区中氢的谱线可以有用巴耳末的经验公式(1885年)来表示,即

$$\lambda = \lambda_0 \frac{n^2}{n^2-4} \tag{7.45.1}$$

式中 n 为整数 $3,4,5,\cdots$,称这些氢谱线为巴耳末线系. 为了更清楚地表明谱线分布的规律,将式(7.45.1)改写作

$$\frac{1}{\lambda} = \frac{4}{\lambda_0}\left(\frac{1}{4}-\frac{1}{n^2}\right) = R_{\mathrm{H}}\left(\frac{1}{2^2}-\frac{1}{n^2}\right) \tag{7.45.2}$$

式中 R_{H} 称为氢的里德伯常量. 上式右侧的整数 2 换成 $1,3,4,\cdots$,可得氢的其他线系. 以这些经验公式为基础,玻尔建立了氢原子的理论(玻尔模型),并从而解释了气体放电时的发光过程. 根据玻尔理论,每条谱线对应于原子从一个能级跃迁到另一个能级所发射的光子. 按照这个模型得到的巴耳末线系的理论公式为

$$\frac{1}{\lambda} = \frac{1}{(4\pi\varepsilon_0)^2}\frac{2\pi^2 me^4}{h^3 c\left(1+\frac{m}{M}\right)}\left(\frac{1}{2^2}-\frac{1}{n^2}\right) \tag{7.45.3}$$

式中 ε_0 为真空中介电常数,h 为普朗克常量,c 为光速,e 为电子电荷,m 为电子质量,M 为氢核的质量. 这样,不仅给予巴耳末的经验公式以物理解释,而且把里德伯常量和许多基本物理常数联系起来了,即

$$R_{\mathrm{H}} = R_\infty \left(1+\frac{m}{M}\right)^{-1} \tag{7.45.4}$$

其中 R_∞ 为将核的质量视为 ∞(即假定核固定不动)时的里德伯常量.

$$R_\infty = \frac{1}{(4\pi\varepsilon_0)^2}\frac{2\pi^2 me^4}{h^3 c} \tag{7.45.5}$$

比较式(7.45.2)和式(7.45.3),可以看出它们在形式上是一样的. 因此,式(7.45.3)和实验结果的符合程序,成为检验玻尔理论正确性的重要依据之一. 实验表明式(7.45.3)与实验数据的符合程序是相当高的,当然,就其对理论发展的作用来讲,验证公式(7.45.3)在目前的科学研究中已不再是个问题. 但是,由于里德伯常量的测定比起一般的基本物理常数来可以达到更高的精度,因而成为调准基本物理常数值的重要依据之一,占有很重要的地位. 目前的公认值为

$$R_\infty = 10973731.534 \pm 0.013 \mathrm{m}^{-1}$$

设 M 为质子的质量,则 $m/M=(5446170.13\pm0.11)\times10^{-10}$,代入式(7.45.4)中可得

$$R_{\mathrm{M}} = 10967768.306 \pm 0.013 \mathrm{m}^{-1}$$

【实验内容与步骤】

(1) 测出氢光谱在可见光区域的几条较亮谱线的波长,并求出氢的里德伯常量.

(2) 测出已知波长为 λ_1 的各氦氖谱线的位置 y_1 拟合出 $y=(\lambda)$ 函数,并在同一条件下测出未知波长值的氢谱线的位置 Y_H,代入函数 $y=f(\lambda)$ 求出其波长值. 主要步骤如下:

① 在摄谱仪导轨上安装好聚光镜及氢放电管,先粗调它们与狭缝等高,再调节使放电管正好成像在狭缝上,这时从目镜中可见到氢光谱线.

② 在氢放电管与聚光镜之间安放半透半反镜,得用它再调氦氖放电管位置,使其也成像在狭缝上,这时目镜中可同时看到氢谱线及氦氖谱线. 设法记住氢谱线的大致位置,对照实验室准备的光谱图,辨认出各条氢谱线两侧的几条较亮的氦氖谱线所对应的波长.

(3) 测量氢谱红线位置及其两侧的五条氦氖谱线的位置. 五条氦氖谱线的选择应使待测氢线位于中间一条氦氖谱线的长波一侧,且与它相邻. 六条谱线的位置应一次顺序测出,用同样的方法分别对氢光谱的兰、紫谱线及其相邻的各组氦氖谱线位置进行测量.

(4) 用微机处理测量数据求出氢谱线的波长. 可见光范围内氢谱线相应于(7.45.2)式中 $n=3,4,5$ 和 6 的波长约为 656nm,486nm,434nm 和 410nm. 计算所得的氢线波长值相对应的空气折射率为 $N=1.000285$,因为已知氦氖谱线的波长也是在 N 为 1.000285 ± 0.000005 范围内时的值.

(5) 由氢谱线波长找出合适的 n 值,分别利用(7.45.2)式求出里德伯常量,(7.45.2)式中的波长应为真空中的波长.

【实验数据及处理】

曲线拟合测谱法:氢光谱实验一般先在同一底片上拍摄下铁谱和氢谱,然后找出并用读数显微镜等仪器测出某一氢线及其两侧紧邻的已知波长为 λ_1 和 λ_2 的两铁谱线的位置 Y_H、Y_1、Y_2,最后由下式算出未知波长 λ'_H(示意图见图 7.45.4)

$$\lambda'_H = \lambda_1(Y_H - Y_1) \cdot (Y_2 - Y_1)/(Y_2 - Y_1) \tag{7.45.6}$$

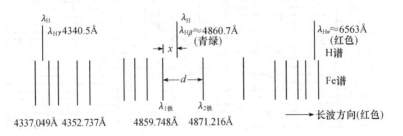

图 7.45.4 光谱线图

为简化实验装置和操作步骤,为避免(7.45.6)式线性内插所产生的系统性误差,我们采用曲线拟合方法(图 7.45.5),拟合函数为

$$Y = B/(\lambda - \lambda_0) + A \tag{7.45.7}$$

计算机拟合上述曲线的步骤是(1)预先设定某一 λ_0 值;(2)根据实验数据 y_i 和 λ_i($i=1 \sim 5$),计算出中间变量 $X_i = 1/(\lambda_i - \lambda_0)$;(3)对 y_i 和 X_i 作线性回归,求出系数 B 及常数

A，同时求出 $M=\sum_{i}(y_i-Bx_i-A)^2$ 的值；(4)对其他不同的 λ_0 值重复步骤(2)和(3)，比较所得的值，最后用逐次逼近法求出 $\lambda_i-\lambda_0$ 使 M 取最小值；(5) M 为极小值时的 $y=A+B/(\lambda-\lambda_0)$ 即为所求函数. 根据棱镜色散参数及摄谱仪结构参数进行具体的数值计算表明，在可见光范围内，当 $(\lambda_5-\lambda_1)$ 不大于 80nm 时，计算由小到大均布的 $\lambda_1-\lambda_5$ 的准确谱线位置 $\lambda_1-\lambda_5$ 再求出拟合曲线来，总可以使 $\sum_{i=1}^{5}(y_i-B/(\lambda_i-\lambda_0)-A)^2$ 不大于 $2\times10^{-6}\text{mm}^2$，即可以保证拟合过程本身所产生的附加误差不大于位置读数偏差 0.001mm 左右所对应的误差分量，也就是说拟合方法本身所产生的附加误差可以忽略不计. λ_H 的测量误差主要由仪器因素和实验操作读数等所产生的 $\lambda_1-\lambda_5$ 和 λ_H 的位置测量不确定度所产生.

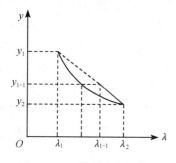

图 7.45.5　铁谱和氢谱位置

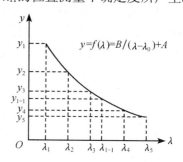

图 7.45.6　拟合函数曲线

注意：在实验中，波长与鼓轮位置如图 7.45.7 所示.

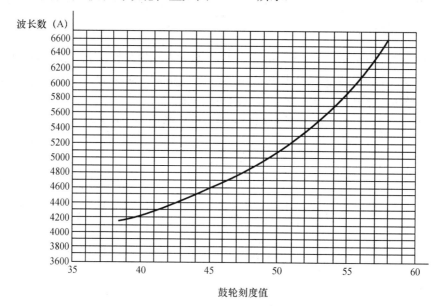

图 7.45.7　波长与鼓轮位置

【研究与讨论】

(1) 研究讨论摄谱仪的结构原理及其应用.

(2) 设计利用该仪器进行某种实际的研究性课题.

实验 46　全 息 照 相

光学全息照相是 20 世纪 60 年代发展起来的一门立体摄影和波阵面再现的新技术. 由于全息照相能够把物体表面上发出的光波的全部信息(即振幅和位相)记录下来,并能完全再现从被摄物体上发出的光波的全部信息,因此它在精密计量、无损检验、信息存贮和处理、遥感技术和生物医学等方面有广泛的应用.

全息照相的基本原理是以干涉和衍射为基础的. 它也适用其他波动过程,如红外、微波、X 光以及超声波等,故有相应微波全息、X 光全息、超声全息等. 全息技术已发展成为科学技术的一个重要的高科技领域.

【目的要求】

(1) 通过表面光学全息照相的拍摄和再现观察,了解全息照相的基本原理及操作要领.

(2) 掌握全息照相技术的主要特点、主要应用领域及应用方法.

【实验仪器】

一、光源

拍摄全息照片必须用相干光源. He-Ne 激光器相干长度较大(一般不小于谐振腔长度的 $\frac{1}{4} \sim \frac{1}{2}$). 功率为 1~3mW 的小型 He-Ne 激光器常用来拍摄较小漫反射物. 若激光的功率大些更好,可以缩短曝光时间和减少干扰. 此外,氩离子激光和红宝石激光等也常用来作全息照相的光源.

二、记录介质

记录全息应采用分辨率、灵敏度及其感光化学特性良好的材料.

(1) 一般全息干涉条纹的间距很小,所以要采用高分辨率(即≥1000 条/mm)的感光材料(普通照相感光胶片的分辨率约 100 条/mm).

(2) 感光材料分辨率的提高会导致感光速度下降,曝光时间远较普通照相长,一般要几秒、几十秒甚至几十分钟. 具体的时间由激光光强、被摄物体大小和反射性能决定.

(3) 曝光后的显影、定影等化学处理过程和普通感光胶片的处理相同. 显影也可采用 D-19 配方,定影液可用 E-5 配方. 根据干板对红光(或绿光)感光,可在暗绿色(或暗红色光)下操作.

(4) 除以上乳胶感光材料外,还有铌酸锂、铌酸钡晶体、硫砷玻璃半导体薄膜、光电热塑薄膜等也可做全息照相的记录介质.

三、全息实验台

全息实验台必须防震,才能保证光路稳定. 防震全息台是拍摄全息照片的最基本条件. 防震效果可用放在台上的干涉仪检查. 若在所需的曝光时间内干涉条纹稳定不动,则表明平台稳定.

【实验原理】

一、光波信息

任何物体发出的光波,可以看成是由其表面上各物点所发出的元光波的总和,表达式为

$$Y = \sum_{i=1}^{m} A_i \cos\left(wt + \varphi_i - \frac{2\pi x_i}{\lambda}\right) \tag{7.46.1}$$

其中,振幅 A_i 和位相 $\left(wt + \varphi_i - \frac{2\pi x_i}{\lambda}\right)$ 为此光波的两个主要特征,称为信息.当实验中用单色光作光源时,反映光的颜色特征的 w(或 λ)可不予讨论.通常,感光乳胶的频率响应远跟不上光波的频率(10^{14} Hz 以上).感光的程度仅与总曝光量有关,它只能反映光波的振幅分布.所以,在普通照相技术中记录的物像,只反映被摄物体表面上各点光波振幅信息的分布,而不反映各点光波的位相信息,因而也不能反映被摄物体表面凹凸远近的差别,所以无立体感.

全息照相在记录被摄物体表面光波(称为物光波)振幅信息的同时,也记录了位相信息,因而它有立体感.

二、全息照相的记录原理——物光和参考光在感光板上的干涉

根据光的干涉原理,干涉图像中亮条纹只见亮暗程度的差异(反差)主要取决于参与干涉的两束光的强度(振幅的平方),而干涉条纹的疏密程度则取决于这两束光位相的差别(光程差).全息照相就是采用干涉方法,以干涉条纹的形式记录物体发出的光波的全部信息.

由于利用光的干涉记录光的全部信息,就要求光源满足相干条件.一般使用相干性极好的激光做电源,光路如图 7.46.1(a)、(b)所示.物光和参考光都是由同一光束分开的,因而是相干光.当它们在全息干板上相遇时就相互干涉形成干涉条纹而被记录.

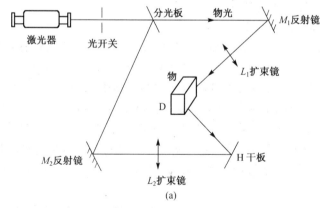

$\lambda = 632.8$Å

实验条件:

光程物光与参考光基本上相等

物光与参考光夹角 θ(30°~90°)

参考光与物光光强比 3:1~10:1

曝光时间夏天 20~25s,冬天 60~120s

显影时间 2~3min(主要靠观察)

定影时间 3~5min

注意:曝光时保持安静
切记勿走动、勿喧哗

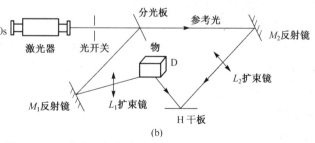

图 7.46.1 全息照相光路图

由物体表面漫反射形成的光波可以看成是由无数物点发出的光波的总和.因而感光干板 H 上记录下来的干涉图像就是由这些无数的物点所发出的复杂物光和参考光相互干涉的结果.一个物点的物光形成一组干涉条纹,结果就形成了许多不同疏密、不同走向和不同反差的干涉条纹组.这些干涉条纹组就是被摄物的全息图.当利用高倍显微镜观察时,看到的是一幅在均匀的颗粒状的背景上叠加的、断续的细条纹光栅状结构.

三、全息照相的再现原理——再现光束经全息图产生衍射

全息照相在感光板 H 上记录的不是被摄物的直观形象,而是复杂的干涉条纹,故在观察时必须采用再现手段.再现观察光路如图 7.46.2 所示.它将扩束的激光(再现光束)从特定的方向射向全息照片,观察者透过照片沿一定的方向观察,就能看到立体的被摄物像.

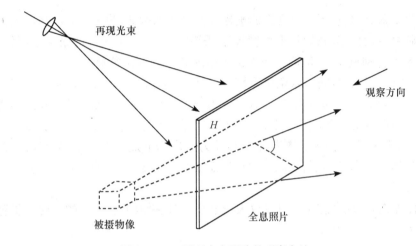

图 7.46.2　再现全息照片的观察方法

全息照片再现是由于全息照片上每一组干涉条纹都好比一幅复杂的光栅,再现光束通过时,由于衍射而出现的物光的波面,照片上的无数组条纹的衍射光叠加将呈现出被摄物的全貌.实验和理论证明,只有当再现光束按原参考光与干板 H 的夹角方向射向全息照片时,再现的物体才与被摄物的形象相同(几何关系如图 7.46.3 所示),否则看到的被摄物像大小将有所改变后根本看不到被摄物像.

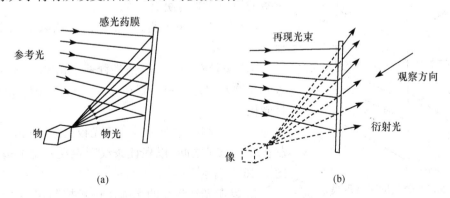

图 7.46.3　全息照相记录与再现的几何关系
(a)拍摄时;(b)再现时(未画对称实像)

四、全息照相的特点(七个特点)

(1) 三维立体特性,如图 7.46.4 所示.

图 7.46.4 全息照片的视察特性

(2) 可分割特性,即照片一旦被弄碎,则任何一块碎片仍能再现出完整地被摄物形象.

(3) 两度调节,全息照片再现出的被摄物像的两度调解,与再现光波强度成正比.

(4) 显微性,由于激光的相干长度较长,所以全息照片再现像的景深范围较大.这对全息显微术就特别重要(一般高倍显微镜场中的景深只有几微米).

(5) 可重复记录性,同一张全息干板可以进行多次重复曝光记录,只要在每次拍摄曝光前稍微改变全息干板的方向,或是改变参考光的入射方向,或是改变被摄物体在空间的位置.这些不同景物的形象就可以在同一干板上重叠记录,并且能互不干扰地再现出各自不同的形象,而不发生重叠.若被摄物体在外力的作用下发生微小的形变和位移,并在变化前后重复曝光,则再现是将反映出物体形态变化特征的干涉条纹.这是全息干涉计量的基础.

(6) 伸缩性,再现全息照片可以放大或缩小,用拍摄时波长不同的再现光照射即可.

(7) 保密性和防伪性.

【实验内容与步骤】

(1) 首先,在实验前要熟悉好全息照相实验室的整体布局,包括冲洗设备、光源、各光学元件及其支架、定时曝光器的位置等.

(2) 然后,学会光源、曝光定时器各个元件及其支架的调整方法,以及感光干板的安装方向,并熟悉冲洗设备的使用方法与使用条件.

(3) 按图摆好光路系统.特别注意以下三个基本要求:

① 尽量减少光程差,使光程基本相等.一般应将参考光和物光的光程差控制在 0.5~3cm 以内(用细线测量光程).

② 物光和参考光投射与感光板上的夹角 θ 一般控制在 30°~90°之间,以保证条纹间距在一定的范围,如图 7.46.5 所示.

③ 参考光和物光的光强比一般控制在 3:1~10:1 范围内.因此,要挑选反射率合适的分光板衰减片.

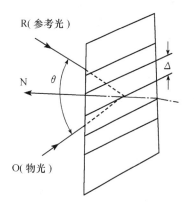

图 7.46.5 条纹间距 Δ 取决于物光和参考光的夹角 θ

(4) 根据三个基本要求调节光路. 调节参考光与物光强度, 可在干板架上放一毛玻璃, 先挡住物光, 观察参考光, 并调整参考光的扩束镜, 使参考光均匀的照在屏上. 然后, 调整物光的扩束镜, 使被摄物被均匀照亮. 再挡住参考光, 观察被摄物漫反射来的物光是否均照在屏上, 且两束光强比是否合适. 最后把干板架的角度调整固定好. 调节时, 特别要注意将光学元件装夹牢固, 因为光路中任何一光学元件的任何一点微小变化或振动都会影响干涉条纹结果, 甚至破坏全息图, 使拍摄失败.

(5) 光路摆好调好后, 根据干板的感光特性和光源的强弱拨好曝光定时仪器的曝光时间挡. 一般曝光时间为 20~25s.

(6) 关闭光源, 在暗室中将干板正确夹在干板架上.

(7) 干板放好后, 要注意周围环境的安静和稳定, 然后开动曝光定时器自动曝光.

(8) 将曝光后的底片取下, 用黑纸包好, 然后送到暗室, 打开底片后使乳胶面向上. 首先放入显影液中, 经 2~3 分钟后取出在清水中漂洗一下, 再放入定影液中定影 3~5 分钟, 取出后用清水冲洗一刻钟左右, 吹干即得全息图.

(9) 如果在白光下从全息照片上能看到彩色衍射光, 说明它已记录下了干涉条纹, 然后按图 7.46.2 使其再现. 这样, 便可观察到被摄物的三维立体虚像.

注意 曝光过程中切勿触及全息实验台, 也不要随意走动, 以免影响全息图质量. 注意: 显影—冲洗—定影—冲洗—晾干顺序及蘸液顺序.

【分析讨论题】

(1) 全息技术有哪些重要的应用? 试举例说明全息照相的重要特点是什么?

(2) 如何才能获得理想的全息照片? 进行全息照相的必要条件和具体要求是什么?

(3) 叙述全息照相过程的注意事项.

实验 47 光信息的调制与解调实验

光学信息处理, 就是对光学图像或光波的振幅分布作进一步的处理. 光学信息处理在信息存储、遥感、医疗、产品质量检验等方面有着重要的应用.

【重点、难点】

阿贝成像原理、空间滤波概念, 低通与高通滤波的区别、实验光路的布置.

【目的要求】

(1) 了解傅里叶光学基本原理, 了解空间频谱和空间滤波等概念.

(2) 验证阿贝成像原理.

【实验仪器】

光学平台、氦氖激光器、薄透镜、扩束镜、狭缝、一维和正交光栅、光阑、纱网等.

【实验原理】

一、空间频率及频谱的概念

对于具有空间周期性形状的结构,可以用周期性函数来描述它. 例如,对于一维正弦光栅,可以用下面的函数来描述它的振幅透过率:

$$g(x) = G_0 + G_1 \cos(px + \varphi_0) = G_0 + G_1 \cos(2\pi f x + \varphi_0)$$
$$= G_0 + G_1 \cos(2\pi x/d + \varphi_0) \tag{7.47.1}$$

此表达式与简谐交流电压的形式

$$u(t) = U_0 \cos(wt + \varphi_0) = U_0 \cos(2\pi\nu t + \varphi_0) = U_0 \cos(2\pi t/T + \varphi_0) \tag{7.47.2}$$

非常类似. 将两者对比可见,反映周期性变化的特征量是一一对应的.

时间周期 $T \leftrightarrow$ 空间周期 d;时间频率 $\nu = 1/T \leftrightarrow$ 空间频率 $f = 1/d$;时间圆频率 $\omega = 2\pi\nu \leftrightarrow$ 空间圆频率 $p = 2\pi f$;时间频率的量纲 $T^{-1} \leftrightarrow$ 空间频率的量纲 L^{-1}.

为方便起见,用复指数函数代替正弦函数. 空间频率为 f 的一维光栅,其振幅透过率的分布函数可展成下面的级数:

$$g(x) = G_0 + \sum_{n \neq 0} G_n \exp[i(2\pi f_n x - \varphi_n)], \tag{7.47.3}$$

$$G_n = \frac{1}{d} \int_{-d/2}^{d/2} g(x) \exp(-i2\pi f_n x) dx \tag{7.47.4}$$

$$g(x) = \int_{-\infty}^{\infty} G(f_r) \exp(i2\pi f_x x) dx \tag{7.47.5}$$

$$G(f_x) = \int_{-\infty}^{\infty} g(x) \exp(-2i\pi f x^x) dx \tag{7.47.6}$$

上面两式是一对傅里叶变换式,它们分别描述了光场的空间分布及光场的频率分布,这两种描述是等效的.

把上述结果推广到二维情形. 设 $g(x,y)$ 表示二维平面上光场振幅分布,

$$g(x,y) = \iint_{-\infty}^{\infty} G(f_x, f_y) \exp[i2\pi(f_x x + f_y y)] df_x df_y \tag{7.47.7}$$

$$G(f_x, f_y) = \iint_{-\infty}^{\infty} g(x,y) \exp[-2i\pi(f_x x + f_y y)] dx dy \tag{7.47.8}$$

在光学上,透镜是一个傅里叶变换器,它具有进行二维傅里叶变换的本领. 用平行光照射振幅分布为 $g(x,y)$ 的物体,而在无限远处接收它的衍射场,这便是夫琅禾费衍射情况. 根据惠更斯-菲涅耳原理导出的近轴菲涅耳-基尔霍夫衍射积分公式

$$G(x', y') = \frac{-i}{\lambda z} \iint_{\Sigma} g(x,y) e^{-ikr} d\sum \tag{7.47.9}$$

可推得透镜后焦面上光场的复振幅分布为

$$G(x', y') = C \iint_{-\infty}^{\infty} g(x,y) \exp[-2i\pi(f_x x + f_y y)] df_x df_y \tag{7.47.10}$$

这个傅里叶变换式表示透镜后焦面的光振幅分布是物的复振幅分布的傅里叶变换. f_x, f_y 为空间频率. 它将抽象的频域 (f_x, f_y) 落实到实空间 (x', y') 中去,将抽象的函数演算变成了实实在在的物理过程.

二、阿贝成像原理

在相干平行光照明下,显微镜的物镜成像可以分成两步:①入射光经过物的衍射在物镜的后焦面上形成夫琅禾费衍射图样;②衍射图样作为新的子波源发出的球面波在像平面上相干叠加成像.

为便于说明这两步傅里叶变换,先以熟知的一维光栅做物,考察其刻痕经凸透镜成像情况,如图 7.47.1. 当单色平行光束透过置于物平面 xoy 上的光栅(刻痕顺着 y 轴,垂直于 x 轴)后衍射出沿不同方向传播的平行光束,其波阵面垂直于 xoz 面(z 沿透镜光轴),经透镜聚焦,在其焦平面 $x'o'y'$ 上形成沿 x' 轴分布的各具不同强度的衍射斑,继而从各斑点发出的球面光波到达像平面 $x''o''y''$,相干叠加形成的光强分布就是光栅刻痕的放大实像.

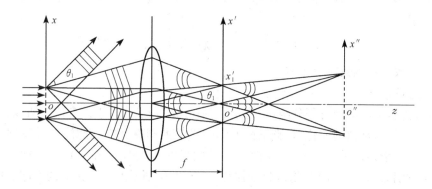

图 7.47.1 阿贝成像原理

若只考虑光强相对值,则光强分布 $I(x,y)=[A(x,y)]^2=U(x,y)U^*(x,y)$.

把复振幅概念用于光栅衍射,上述 xoy 面上单色平行光振幅和位相都是常量,可设复振幅 $U_1=1$,通过光栅后受光栅透过函数 $t(x)$ 的调制,形成物光场 $U(x,y)=U_1t(x)=t(x)$. 设光栅周期为 d(光栅常量),透光的缝宽为 a,则透过函数

$$t(x)=\begin{cases}1,\text{当}\left(pd-\dfrac{a}{2}\right)<|x|<\left(pd+\dfrac{a}{2}\right)\\0,\text{当}|x|\leqslant\left(pd-\dfrac{a}{2}\right)\text{或}|x|\geqslant\left(pd+\dfrac{a}{2}\right)\end{cases}$$

显然是沿 x 轴的周期函数. 与时间周期函数相区别,称它为空间周期函数,d 就是空间周期. 仿照时间频率,也可定义空间频率为 $\nu_x=\dfrac{1}{d_x}$,空间圆频率 $k_x=\dfrac{2\pi}{d}=2\pi\nu_x$. 在光学中,空间频率表示单位长度内复振幅的重复次数. 对三维空间沿任意方向复振幅的周期性,可用 x、y、z 坐标轴的空间周期(空间频率)分量表达.

把周期函数 $t(x)$ 展成傅里叶级数,即

$$t(x)=\dfrac{a}{d}+\sum_{n=1}^{\infty}\dfrac{2a}{d}\dfrac{\sin(n\pi a/d)}{n\pi a/d}\cos(2\pi\nu_n x) \tag{7.47.11}$$

式(7.47.11)的复数形式即光栅衍射光波的复振幅

$$U(x) = A_0 + \sum_{n=1}^{\infty} A_n e^{i2\pi\nu_n x} \tag{7.47.12}$$

若把物从光栅推广到一般情况,以 $U(x,y)$ 表示物平面上物光的复振幅分布,经过傅里叶变换同样可以分解成以各种不同振幅向空间各个方向传播的平面波,被透镜会聚于频谱面的不同位置处.不难想象,若物函数不是简单的周期函数,这种分解也将变成连续频谱函数 $U'(x',y')$,频谱面上坐标 (x',y') 点对应的空间频率 $\nu_x = \dfrac{x'}{\lambda f}, \nu_y = \dfrac{y'}{\lambda f}$. 傅里叶变换以积分形式表达为:

$$U(x,y) = C \iint U'(\nu_x,\nu_y) e^{i2\pi(\nu_x x + \nu_y y)} d\nu_x d\nu_y \tag{7.47.13}$$

把频谱函数 $U'(\nu_x,\nu_y)$ 再做一次逆变换即获得像函数 $U''(x'',y'')$,可以证明在理想的变换条件下有

$$U''(x'',y'') = (\lambda f)^2 U(x,y) \tag{7.47.14}$$

表明像场函数与物函数完全相似.

三、空间滤波

概括地说,上述成像过程分两步:先是"衍射分频",然后是"干涉合成".所以如果着手改变频谱,必然引起像的变化.在频谱面上作的光学处理就是空间滤波.最简单的方法是用各种光栏对衍射斑进行取舍,达到改造图像的目的.例如,对图 7.47.2(a)所示两种具有不同透过函数 $t(x)$ 的光栅(物),分别如图 7.47.2(b)所示遮挡其频谱的不同部位,在像面上就会有图 7.47.2(c)~(e)那样不同的振幅分布、光强分布和图像效果.图中左列让频谱的零级和±1级通过,像中条纹界线不如原物那样清晰,而且在暗条中间还有些亮;右列挡住零级频谱,图像对比度发生了反转,即原物不透光部分变得比透光部分还要明亮,栅线的边界变成细锐黑线.

限制高频成分的光阑(如图 7.47.2 左方)构成低通滤波器,它能减轻图像的颗粒效应.图右方的光栏只阻挡了低频成分而让高频成分通过,称高通滤波器.高通滤波限制连续色调而强化锐边,有助于细节观察.高级的滤波器可以包括各种形状的孔板、吸收板和移相板等.

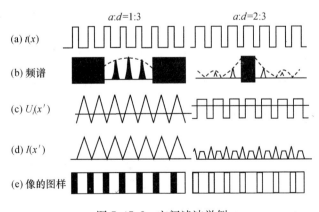

图 7.47.2 空间滤波举例

【实验内容与步骤】

一、光路调节

先使氦氖激光束平行于导轨,再通过由凸透镜 L_1 和 L_2 组成的倒装望远镜(图 7.47.3),形成截面较大的平行于光具座导轨的准直光束(要用带毫米方格纸或坐标轴的光屏在导轨上仔细移动检查),然后加入带栅格的透明字模板(物)和透镜 L,调好共轴,移动 L,直到 2m 以外的像屏上获清晰像。移开物模板,用一块毛玻璃在透镜 L 的后焦面附近沿导轨移动,寻找激光的最小光点与像屏上反映的毛玻璃透射最大散斑的相关位置,以确定后焦面(频谱面)并测出透镜的焦距 f。调节完毕,移开毛玻璃。

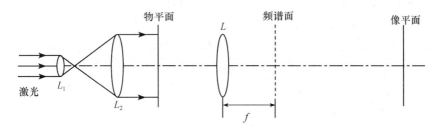

图 7.47.3　阿贝成像原理实验光路示意

二、阿贝成像原理实验验证

(1) 在物平面置一维光栅,观察像平面上的竖直栅格像,接着分别测量频谱面上对称的 1、2、3 级衍射斑至中心轴的距离 x'_n,计算空间频率 ν_x (1/mm) 和光栅常量 d。在频谱面上置放可调狭缝或其他光阑,分别按表 7.47.1 中的要求选择通过不同的频率成分作观察并记录在表中。

(2) 把成像系统的物换成正交光栅(图 7.47.4),观察并记录频谱和像,再分别用小孔和不同取向的可调狭缝光阑,让频谱的一个或一排(横排、竖排及 45°斜向)光点通过,记录像的特征,测量像面栅格间距变化,作简单解释。

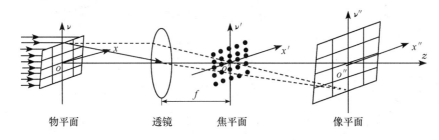

图 7.47.4　正交光栅的二步成像

三、空间滤波

(1) 低通和高通滤波。把一个带正交网络的透明字模板置于成像光路的物平面,试分析此物信号的空间频率特征(字对应非周期函数,有连续频谱,笔划较粗,其频率成分集中在光轴附近;网络对应周期函数,有分立谱),试验滤除像的网络成分的方法。

(2) 把成像物换成透光十字板，用一个圆屏光阑遮挡其频谱的中部区域，观察并记录像的变化，再用可调狭缝光阑分别选择通过水平、竖直及斜向频谱成分，观察像的变化．

(3) 比较两个正交光栅（d 相同，a/d 不同）的滤波效果，在分别挡住其频谱的中央零级时，像的对比度反转是否有所不同，试作简单解释．将以上空间滤波实验中的物、频谱和像列成表并加以图示说明．

四、θ 调制

θ 调制是用不同取向的光栅对物平面的各部位进行调制（编码），通过特殊滤波器控制像平面相当部位的灰度（用单色光照明）或色彩（用白色光照明）的方法．如图 7.47.5，叶和天分别由三种不同取向的光栅组成，相邻取向的夹角均为 120°．在图 7.47.6 所示光路中，如果用较强的白炽灯光源，每一种单色光成分通过图案的各组成部分，都将在透镜 L_2 的后焦面上产生与各部分对应的频谱，合成的结果，除中央零级是白色光斑外，其他级皆为具有连续色分布的光斑．在频谱面上置一纸屏，先辨认各行频谱分别属于物图案中的哪一部分，再按配色的需要选定衍射的取向角，即在纸屏的相应部位用针扎一些小孔，就能在毛玻璃屏上得到预期的彩色图像（如红花、绿叶和蓝天）．

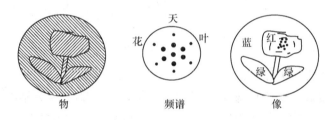

图 7.47.5 θ 调制试验的物、频谱和像

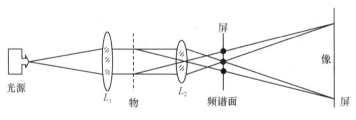

图 7.47.6 θ 调制实验光路

【数据表格与处理】

自行设计．

【分析讨论】

(1) 如果用其他单色光源（例如钠灯）代替激光进行实验，将遇到什么困难？

(2) 如果本实验所用光源为非单色光（例如白炽灯），将产生什么问题？

【思考题、练习题】

(1) 根据本实验结果，如何从阿贝成像原理来理解显微镜和望远镜的分辨本领？为什么说一定孔径的物镜只能具有有限的分辨本领？提高物镜的放大倍数能够提高显微镜的分辨本领吗？

（2）阿贝成像原理与光学空间滤波有什么关系？

（3）单色光通过透镜前焦面上的 100 条线/mm 光栅，在后焦面上得到一排衍射极大．已知透镜焦距为 5cm，波长 632.8mm，其相应的空间频率是多少？后焦面上两个相邻极大值间的距离是多少？

实验 48　盖革-米勒计数器和核衰变的统计规律

【目的要求】

（1）了解盖革-米勒计数器的工作原理和使用方法．
（2）验证核衰变统计规律——泊松公布（Poisson's distribution）．
（3）熟悉放射测量误差的表示方法，误差与测量次数和时间之间的关系．
（4）应用实验数据系统采样，并用计算机处理实验数据．

【实验仪器】

通用闪烁探头，自动定标器，实验数据采集装置及专用软件，计算机，打印机，盖革-米勒计数管、放射源、高压电源、前置放大器等，实验框图如图 7.48.1．

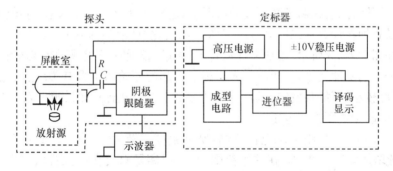

图 7.48.1　测量核衰变统计规律实验框图

【实验原理】

一、G-M 计数器的工作原理

在用 G-M 计数管对射线进行测量时，计数管二电极间加几百至一千多伏的电压，管内形成柱状轴对称电场，且细丝状阳极附近电压最强．当射线射入管内后引起气体电离，产生的电子在电场作用下加速向阳极运动，同时并不断与气体分子发生碰撞．只要电场足够强，在电子到达阳极之前，将使很多被碰撞的气体分子电离，产生很多的次级电子．这些电子参与同样的过程，产生更多的新次级电子，以致在阳极附近引起所谓"雪崩"放电．在雪崩过程中，由于受激原子的退激和正负离子复合将发射大量光子．这些光子使雪崩区沿阳极向两端扩展，从而导致全管放电，即"雪崩放电"．

计数管二电极间接有一定电容.离子射入前此电容 C 被所加高压充电.离子射入后计数管放电,放电电荷中和掉电容二电极上的部分电荷,使阳极电势降低.于是高压电源通过电阻 R 向电容 C 充电,使阳极电势逐渐恢复.这样,就在阳极上得到一个负的电压脉冲.此脉冲被放大后送入定标器计数.

"雪崩放电"后产生的离子向阴极运动,打到阴极上,有可能打出电子.这些电子被电场加速又会引起计数管"连续放电",从而无法继续探测其他离子.为了消灭"连续放电",在管内还有少量的猝灭气体.

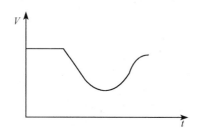

图 7.48.2 冲放电脉冲 V-t 曲线

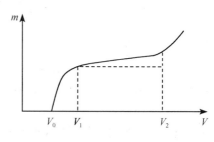

图 7.48.3 坪曲线

计数管中的猝灭气体分为两类.一类是有机物,如乙醇和乙醚蒸气,这类计数管称为有机计数器;另一类是卤素,如溴、氯,这类计算管称为卤素计数管.

二、G-M 计数管的坪特性

在进入计数管的射线离子数不变的情况下,定标器上显示的技术率 m(单位时间内的计数)大小随着加在计数管二极上电压 V 大小而变化.计数率 m 随电压 V 变化的曲线称为坪曲线.如图 7.48.3 所示.当加在计数管上的电压较低时,放电只在计数管内局部区域发生,因此产生的脉冲较小,且幅度与入射离子引起的原始离子数有关.电压低于 V_0 时,由于脉冲幅度较小,不能触发定标器,计数为零;当电压增至 V_0 时,定标器开始计数. V_0 称为计数管的起始电压或阈电压.

电压在 V_0 到 V_1 范围内,随电压升高,脉冲幅度逐渐加大,所以计数也随之增加.从 V_1 开始继续增加电压直到 V_2.在这个范围内,入射离子只要在计数管内产生一对离子,就会引起全管"雪崩放电",脉冲幅度只决定于电压,而与原始离子对数无关.此时离子产生的脉冲均被定数器计数,电压改变只能改变脉冲幅度而不改变记录的脉冲个数,所以计数率保持稳定.这一段曲线称为坪曲线的坪区,对应于坪区的电压差 V_2-V_1 称为坪长.坪区是计数管的工作区,工作电压经常选在坪长的 $1/3 \sim 1/2$ 之间.在坪区,随着电压的升高,计数率也略有增加,也就是说坪区有一定的平坡度.

三、核衰变统计规律——泊松分布

核衰变的过程是相互独立彼此无关的.每个原子核发生衰变的时间是偶然和无法确定的,但是对于大量原子核 N,经过时间 t 后,从统计规律来看,发生衰变的原子核的数目按指数规律 $e^{-\lambda t}$ 衰减,λ 为衰变常数,它与放射源的半衰期 $T_{1/2}$ 之间满足公式

$$\lambda = \frac{\ln 2}{T_{\frac{1}{2}}} \tag{7.48.1}$$

在 t 时间内平均衰变的原子核数目为

$$\bar{n} = n(1-e^{-\lambda t}) \tag{7.48.2}$$

在 t 时间内，N 个原子核中有 n 个原子核发生衰变的概率为

$$P(n) = \frac{N!}{(N-n)!n!}(1-e^{-\lambda t})^n (e^{-\lambda t})^{N-n} \tag{7.48.3}$$

式中系数 $\dfrac{N!}{(N-n)!\,n!}$ 考虑了 N 个原子核发生衰变的原子核 n 的各种可能的组合数.

一般情况，$N \gg 1$，$t \ll T_{\frac{1}{2}}$，即 $\lambda t \ll 1$，所以 $(1-e^{-\lambda t})^n \approx (\lambda t)^n$，$\bar{n} \approx n\lambda t$.
又 $n \ll N$，$(N-1) \approx (N-2) \approx \cdots \approx N-(n-1) \approx N$，$N! = N^n(N-n)!$，于是有

$$P(n) = \frac{N!}{N^n n!}(\lambda t)^n (e^{-\lambda t})^{N-n} = \frac{N^n}{n!}(\lambda t)^n (e^{-\lambda t})^{N-n}$$

$$= \frac{(N\lambda t)^n}{n!}e^{-N\lambda t} = \frac{(\bar{n})^n}{n!}e^{-\bar{n}} \tag{7.48.4}$$

这就是核衰变统计规律——泊松分布.

四、测量误差规律和泊松分布的关系

泊松分布有以下四个重要性质：
(1) 它满足归一化条件

$$\sum_{n=0}^{\infty} P(n) = e^{-\bar{n}} \cdot \sum_{n=0}^{\infty} \frac{(\bar{n})^n}{n!} = e^{-\bar{n}} \cdot e^{\bar{n}} = 1 \tag{7.48.5}$$

(2) t 时间内平均衰变数

$$\sum_{n=0}^{\infty} nP(n) = e^{-\bar{n}} \cdot \left(\sum_{n=0}^{\infty} n\frac{(\bar{n})^n}{n!}\right) = e^{-\bar{n}} \cdot \bar{n} \cdot \frac{d}{d\bar{n}}\left(\sum_{n=0}^{\infty} \frac{(\bar{n})^n}{n!}\right) = \bar{n} \cdot e^{-\bar{n}}e^{\bar{n}} = \bar{n} \tag{7.48.6}$$

(3) 每次测量的衰变数 n 与平均衰变数 $\bar{n}$ 之间的偏差的平均值为 0，即

$$\overline{(n-\bar{n})} = \sum_{n=0}^{\infty} \overline{(n-\bar{n})}P(n) = 0 \tag{7.48.7}$$

(4) 偏差 $n-\bar{n}$ 的均方根值 σ 表征核衰变统计涨落的大小，σ 称为标准偏差. 因为

$$\sigma^2 = \overline{(n-\bar{n})^2} = \overline{n^2 - 2n\bar{n} - (\bar{n})^2} = \overline{n^2} - (\bar{n})^2 \quad \text{及} \quad \sum_{n=0}^{\infty}\frac{(\bar{n})^n}{n!} = e^{\bar{n}}$$

$$\overline{n^2} = \sum_{n=0}^{\infty} n^2 P(n) = \sum_{n=0}^{\infty} n^2 \frac{(\bar{n})^n}{n!} \cdot e^{-\bar{n}} = e^{-\bar{n}} \cdot \bar{n} \cdot \frac{d}{d\bar{n}}\left(\frac{n \cdot (\bar{n})^n}{n!}\right) = e^{-\bar{n}} \cdot \bar{n} \cdot \frac{d}{d\bar{n}}(\bar{n}e^{\bar{n}}) = \bar{n} + (\bar{n})^2$$，则有

$$\sigma^2 = \bar{n} + (\bar{n})^2 - (\bar{n})^2 = \bar{n} \tag{7.48.8}$$

$$\sigma = \sqrt{\bar{n}} \tag{7.48.9}$$

综上所述，由于放射性核衰变数存在统计涨落，当在相同时间内，对衰变数重复测量时，测得数据并不相同，而是在某个平均值附近起伏. 通常将算术平均值 $\bar{n}$ 作为测量结果的最佳值，而把起伏带来的误差称为统计误差，其大小用标准偏差 σ 来描述.

因为 $\bar{n}$ 是无限多次测量的结果，实际上无法得到，也没必要. 实验室里都将一次测量作为平均值，对它的误差也进行类似处理. 设一次测量得到的总计数量为 N，它的标准偏差 σ_N 就用 $\sqrt{N}$ 来表示；它的相对标准偏差是

$$\frac{\sigma_N}{N} = \frac{\sqrt{N}}{N} = \frac{1}{\sqrt{N}} \tag{7.48.10}$$

上式表明：核衰变的统计误差决定于测量的总计数量 N 的大小。N 越大，绝对误差 σ_N 越大，而相对误差却越小。不难算出当总计数量达到 10000 次时，相对误差为 1%。

假设对某个计数率 m 做了 t 时间的测量，则总计数量 $N = mt$，其计数率的绝对和相对统计误差分别为

$$\sigma_m = \frac{\sigma_N}{t} = \frac{\sqrt{N}}{N} = \frac{\sqrt{mt}}{t} = \sqrt{\frac{m}{t}} \tag{7.48.11}$$

$$\frac{\sigma_m}{m} = \frac{1}{m}\sqrt{\frac{m}{t}} = \sqrt{\frac{1}{mt}} \tag{7.48.12}$$

上式表明：测量的时间越长，统计误差就越小。由此可按计数率 m 的大小和误差要求决定测量时间 t。

五、正态分布和误差传递

对于泊松分布 $P(n) = \frac{(\bar{n})^n}{n!} e^{-\bar{n}}$，当 n 很大时，$n! \approx \sqrt{2\pi \bar{n}} e^{-\bar{n}}$，泊松分布转化为正态分布

$$P(n) = \frac{(\bar{n})^n}{n!} e^{-\bar{n}} = \frac{1}{\sqrt{2\pi \bar{n}}} e^{-\frac{(n-\bar{n})^2}{2\bar{n}}} \tag{7.48.13}$$

正态分布也叫高斯分布，图 7.48.4 表示泊松分布与正态分布曲线在 n 变大时趋于重合。

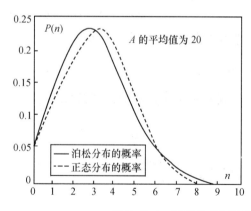 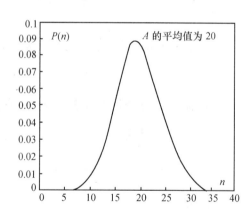

图 7.48.4 泊松分布与正态分布曲线在 n 变大时趋于重合

正态分布在误差理论中很重要，它给出了大多数偶然误差服从的数学规律。从图 7.48.4 可以看出正态分布具有以下几个重要特征，即单峰性、对称性、有界性。

与泊松分布一样，正态分布实际测量值 n 出现在算术平均值 $\bar{n}$ 的概率最大，是测量结束的最佳值。正态分布的标准偏差 σ 为

$$\sigma^2 = \int_{-\infty}^{+\infty} (n - \bar{n})^2 P(n) \mathrm{d}n = \bar{n} \tag{7.48.14}$$

正态分布的标准偏差 σ 的含义是：实际测量值 n 出现在 $\bar{n} \pm \sqrt{\sigma}$ 范围内的概率是 68.3%。

在 n 较大时,可以用正态分布的误差理论来描述泊松分布,核衰变计数测量也是如此. 如果对相同的实验重复进行了 k 次,每次测量时间为 t,由于正态分布下多次计数测量 n_i 之间是互相独立的,所以 $\sigma_{n_1}^2 = \sigma_{n_2}^2 = \cdots = \sigma_{n_i}^2 = \cdots = \sigma_{n_k}^2$,有

$$\sigma_n = \sqrt{\sigma_{n_1}^2 + \sigma_{n_2}^2 + \cdots + \sigma_{n_i}^2 + \cdots + \sigma_{n_k}^2} = \sqrt{k\sigma_{n_i}^2} = \sqrt{k}\sigma_{n_i} \tag{7.48.15}$$

令式(7.48.11)中 $\sigma_N = \sigma_{n_i}$,代入式(7.48.15),得到

$$\sigma_m = \frac{\sigma_{n_i}}{t} = \frac{\sigma_n}{\sqrt{k}t} = \frac{\sqrt{mt}}{\sqrt{k}t} = \sqrt{\frac{m}{kt}} \tag{7.48.16}$$

$$\frac{\sigma_m}{m} = \frac{1}{m}\sqrt{\frac{m}{kt}} = \sqrt{\frac{1}{kmt}} \tag{7.48.17}$$

例 7.48.1 计数率 $m = 20$ 次/秒,要求测量精度达到 $\frac{\sigma_m}{m} \leqslant 1\%$ 时,所需的测量时间 t 至少为

$$t = \frac{1}{m\left(\frac{\sigma_m}{m}\right)^2} = \frac{1}{20(1\%)^2} = \frac{10000}{20} = 500\text{s}$$

例 7.48.2 计数率 $m = 20$ 次/秒,重复测量 5 次,要求测量精度达到 $\frac{\sigma_m}{m} \leqslant 1\%$ 时,每次测量所需的时间 t 至少为

$$t = \frac{1}{km\left(\frac{\sigma_m}{m}\right)^2} = \frac{1}{5 \times 20 \times (1\%)^2} = \frac{10000}{100} = 100\text{s}$$

可见,正态分布下多次测量可以减少标准偏差,而且等同于累计时间相同的单次测量.

【实验内容与方法】

(以计算机的实时测量装置为例)

1. 实验数据采集装置及软件

(1) 图 7.48.1 是本实验装置的框图. 用实验数据采集装置对数据采样,3000 次采样的时间大约为 5 分钟,比手工采样快了许多. 本底辐射强度涨落对实验精度的影响大大降低,因此,不仅可以取代定标计数器,也可以利用本底辐射取代放射源和铅室,极大地方便了实验开设,取消了放射源带来的安全顾虑.

(2) 计算机软件的主程序由 Visual Basic 编程,调用多媒体游戏端口的子程序由 Visual C++ 编写,统计运算和图表显示的子程序则由 Excel 编写. 计算机化的核衰变统计规律实验仪的程序界面,包含"预习实验"、"实验演示"、"数据采集"、"数据分析"和"系统设定"五个子菜单.

2. 实验内容、方法和步骤

(1) 开机、预热、打开测试程序.

(2) 采样准备. 完成预习后,进入"数据采集"子菜单. 根据需要设置坐标大小和计数周期(一般设为 0.1s)后,"开始采样",进入取样状态. 注意观测"当前计数率"和"平均计数率变化趋势图",调节自动定标器"阈值"旋钮,把平均计数率调到 2～4 次每计数周期

（调到 10～20 次每计数周期时,可验证泊松分布与高斯分布曲线在 n 变大时趋于重合),待"平均计数率变化趋势图"平稳后,表明闪烁探头、定标器预热良好,采样稳定,可以进行正式采样计数.

（3）采样、观察. 清空不良数据,开始进行正式采样计数. 可以发现采样条随着时间的增加不断变化,逐渐趋于一个固定的形状——平均计数率对应的泊松分布的形状. 当总计数量达到 5000 以上,采样条的形状不再变化时,采样、观察就完成了."停止采样"输出数据.

（4）数据统计、分析和打印. 进入"数据分析"子菜单,处理数据. 采样获得的全部数据表和统计的实验分布、对应的泊松分布曲线、正态分布曲线即可显示出来. 通过分析实验分布和对应的泊松分布的差别,确定实验误差的大小和来源. 单击"打印数据"可打印出数据统计和分析报告. 图 7.48.5 为核衰变统计规律直方图.

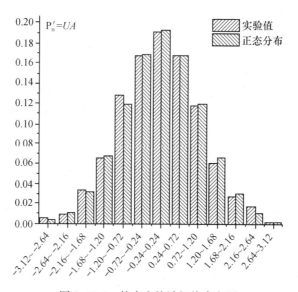

图 7.48.5　核衰变统计规律直方图

要求在平均计数率为每计数周期 2～4 次和每计数周期 10～20 次各做一次. 以充分体会统计规律和统计过程.

在实验过程中要注意观察本底辐射,异常涨落和定标器工作状态是否稳定.

(5) 探索与设计

① 进一步了解盖革-弥勒计数器的使用方法,学习测量坪曲线的方法.

② 了解 γ 闪烁计数器实验原理,验证放射性强度 N 随距离的平方 R^2 成反比的关系. 设计用计算机求出经验公式并绘出曲线.

实验 49　用超声光栅测定液体中的声速

【目的要求】

（1）了解超声波发生器的结构. 掌握压电陶瓷产生超声驻波形成光栅的原理.

（2）利用超声光栅测液体中的声速.

【实验仪器】

He-Ne 激光器 $\lambda=632.8\text{nm}$,导轨,透镜,狭缝,光具座,可调信号发生器,读数显微镜,半尺(或卡尺),屏幕,酒精,压电片.超声发生器(图 7.49.1).(a)金属外壳,(b)超声槽(透明玻璃)实物图,(c)实验仪实物图.建议采用全玻璃外壳超声腔,更便于观察测量.

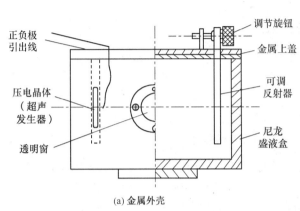

图 7.49.1　超声发生器结构图、超声槽及实验仪实物图

【实验原理】

超声波在液体中以纵波的形式传播.即当一束平面超声波在液体中传播时,波前进路径上的液体周期性地压缩与膨胀,其密度产生周期性地变化,形成所谓疏密波.如果在超声波行进地方向上放置一表面光滑的与超声波阵面平行的金属反射器,那么,到达反射器表面的超声波将被反射而沿反方向传播.在一定条件下,前进波与反射波叠加而形成驻波(纵驻波).其中振幅最大的位置为驻波的波腹.振幅为零的位置为驻波的波节.驻波的最大振幅可以达到单一行波振幅的两倍.即波腹处两波振幅同相而加强,波节处两波振幅反相而抵消.这样,就加剧了处于波源和反射器之间的液体的疏密化程度.仔细研究可以发现,对纵驻波的任一波节而言,它两边的质点在某一时刻都涌向波节外部,使波节附近成为稀疏区.在同一时刻,与波节相邻半波长附近质点的密集与稀疏情况正好相反.与此同时,当一束光沿垂直于超声波传播的方向通过液体时,因为液体对光的折射率与液体的密度有关,所以,随着液体密度的周期性变化,折射率也是周期性变化.在距离等于超声波波长 Λ 的两点,液体的密度相同,因而两点的折射率也相等.图 7.49.2 表示超声驻波在 t 和 $t+\dfrac{T}{2}$(T 为超声振动的周期)两时刻的振幅 y、液体的疏密分布以及液体的折射率 n 在空间各点的变化情况.

因为液体中各点的折射率以正弦规律变化,所以,光在通过各种疏密相同的液体时,空间各点的光速也以正弦规律变化.于是,光波波阵面的形状将发生改变.如果入射光的波阵面是平面,那么出射光的波阵面将成为以正弦规律变化的曲面.要是将这些出射光聚焦,将会出现干涉条纹.此现象与光线通过刻痕式的平面光栅的情形很相似.这种由超声波在液体中传播时所产生的光栅作用,是由超声驻波在液体中传播使液体密度发生变化

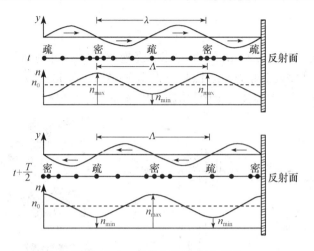

图 7.49.2 超声驻波形成示意图

形成液体光栅造成的.这种光栅称为超声光栅.该超声光栅的光栅常数,即为两相邻的稠密部分(或稀疏部分)之间的距离.由图 7.49.2 可见,这一距离就是超声波的波长 Λ.

由光学理论知道,一波长为 λ 的平行光通过光栅常数为 $(a+b)$ 的光栅,其 k 级亮条纹的衍射角 φ_k 满足关系式

$$(a+b)\sin\varphi_k = k\lambda \tag{7.49.1}$$

对于超声光栅,由于光栅常数等于超声的波长 Λ,因此可以写成

$$\Lambda\sin\varphi_k = k\lambda \tag{7.49.2}$$

$$\Lambda = \frac{k\lambda}{\sin\varphi_k} \tag{7.49.3}$$

显然,如果已知光波波长 λ,通过测量衍射角 φ_k,即可求出超声波的波长 Λ. $\pm k$ 级条纹间距为 $D_{\pm k}$,因为 φ_k 较小,超声腔到成像屏间距为 A,有

$$\sin\varphi_k = \frac{D_{\pm k}}{2A} \tag{7.49.4}$$

如果已知超声振动频率 ν,就能够确定超声波在液体中的传播速度(声波)

$$v = \nu\Lambda = \frac{k\lambda\nu}{\sin\varphi_k} = \frac{2k A \lambda\nu}{D_{\pm k}} \tag{7.49.5}$$

【实验内容与步骤】

(1) 参照图 7.49.3,在光具导轨的光具座上装置好仪器并调节光路.使它们同轴等高.并调整透镜位置使狭缝处在透镜焦平面上,从透镜发出平行光或前后移动凸透镜,使屏 S 上出现清晰的狭缝之像(凸透镜与超声腔要尽量靠近些).为了把衍射看成夫琅禾费衍射并减少测量误差,应使超声腔与屏间距 A 远远大于超声光栅的透光孔径.实验时距离 A 若选在 1m 左右,则可选用读数显微镜观测衍射条纹,若距离 A 较长,屏幕 S 较远或把墙面作为屏幕观测衍射条纹时,则可选用卡尺或米尺测量衍射条纹.

(2) 用导线将振荡电源的输出端与压电陶瓷的电极相连.连通振荡电源.缓慢转动振荡电源的"频率调节"旋钮.当频率适当时,即可在屏上观察到衍射条纹.要细心地调节超

声腔上的调节旋钮以及光源处狭缝的宽度和角度、屏的位置等,直到屏上的衍射条纹又多又清晰为止,最好在 0 级左右各调出三级以上. 图中 L 激光光源波长 $\lambda = 6328 \times 10^{-10}$ m.

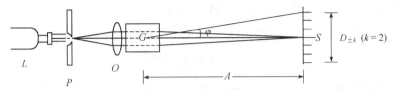

图 7.49.3 超声光栅工作示意图

L—激光器;P—狭缝;O—透镜;G—超声腔(采用全玻璃外壳);S—屏(S 处放读数显微镜)

(3) 将屏换成测微目镜,调节目镜上下位置使衍射条纹穿过目镜后从后面射出.

(4) 在激光管和狭缝之间加毛玻璃屏,以减弱光强. 仔细调节目镜焦距及它与透镜间的距离,使得在目镜中能看到"+"字叉及衍射条纹,而且都十分清晰并无视差.

(5) 从 $+K$ 级到 $-K$ 级依次单向测量各级条纹位置,并计算出 $\pm k$ 级条纹间的距离 $D_{\pm k}$,至少测 3 次.

(6) 测量超声腔中心(超声光栅中心)到屏之间的距离 A.

(7) 记下超声驻波的谐振频率或(振荡电源的振荡频率 ν). 计算声速 v.

(8) 移动测微目镜(像屏 S)位置,改变超声腔中心到屏之间的距离 A,重复测量.

【数据处理】

(1) 根据公式,推导出不确定度标准差的传递公式. 分析如何才能减小测量误差.

(2) 计算各次测量的声速及其平均值 $\bar{v}$ 和 δ_v. 表示出结果并填入 $\bar{v} \pm \delta_v$,E_v. 参照表 7.49.1 设计的数据记录表.

表 7.49.1

液体名称_____,激光波长 $\lambda = 632.8$ nm,超声频率 $\nu = $_____ Hz

$A/(10^{-3}\text{m})$	次数 n	k	目镜读数 $d/(10^{-3}\text{m})$		$D_{\pm k}/(10^{-3}\text{m})$	ν/Hz	$\bar{v}/(\text{m}\cdot\text{s}^{-1})$
			$-k$ 级读数 D_{-k}	$+k$ 级读数 D_{+k}			
		3					
	1	2					
		1					
...	...	...	...	...	...	...	...
		3					
	3	2					
		1					

【分析讨论题】

(1) 超声光栅是如何形成的?

(2) 实验时可以发现,当振荡电源的振荡频率升高时,衍射条纹间的距离增大;当频率降低时,条纹的距离减小,这是什么原因?

(3) 由驻波理论知道,相邻波腹间的距离和相邻波节间的距离都等于半波长,为什么超声光栅的光栅常数等于超声波长呢?

(4) 通过实验,试比较超声光栅和平面光栅有何异同？超声光栅有何用途？

(5) 在本实验中,若选用大小不同频率的超声发生器(如：2.5 MHz, 2.8MHz 或 10MHz),其衍射条纹会有什么变化？测量结果如何？

实验 50　声学实验(一)
——声速测量

人类的许多活动都与声学有关,声学家在各个领域对各种声学现象进行了广泛的研究,声学的边缘科学性质十分明显,不断有新的生长点出现.例如,信号处理技术、电声超声应用等.了解和学习一些声学的基本概念、声学测试技术及其应用,意义绝不局限于声学本身.

声波是一种在弹性媒质中传播的纵波.声波的传播与媒质的特性和状态等因素有关.在声学应用技术中,需要了解声波的频率、波速、波长、声压衰减等特性.特别是声波波速(简称波速)的测量在声波定位,探伤、测距等的应用中有重要作用.声速测量的常用方法有两类,第一类测量声波传播距离和时间间隔大小,根据 $v=l'/t$ 计算出声速 v；第二类是测出频率和波长 λ,利用 $v=f \cdot \lambda$ 计算声速 v.本实验采用第二种方法测量.

由于超声波具有波长短易于定向传播等优点.实验中采用测量超声波在空气中的传播速度(超声波为 $2 \times 10^4 \sim 10^9$ Hz 的机械波).在实际应用中,在超声波测距、定位,测流体流速和测材料弹性模量,以及测气体温度瞬间变化等方面,超声波传播速度都是很重要的一个物理量.

【目的要求】

(1) 了解超声波的产生原理,学习两种测量空气中声速的方法；

(2) 了解声波在空气中的传播速度与气态状态参量的关系；

(3) 培养对声学、电学等不同类型仪器综合使用的能力.

【实验仪器】

声速测定仪,低频信号发生器,示波器,数字频率计,屏蔽线等.

【实验原理】

一、声波在空气中的传播速度

在理想气体中的传播速度

$$v = \sqrt{\frac{\gamma RT}{\mu}} \qquad (7.50.1)$$

式中 γ、μ 是气体的比热比和摩尔质量,T 为绝对温度,R 为普适气体常数.从式(7.50.1)可见,声速仅与气体的温度和性质有关,与频率无关.因此测定声速可以推算出气体的一些参量,并可利用式(7.50.1)的函数关系制成声速速度计.

在正常情况下,根据干燥空气成分按重量的比例可算出空气的平均摩尔质量 $\mu = 28.946 \times 10^{-3}$ kg/mol,在标准状态下,干燥空气中声速 $v_0 = 331.5$ m/s. 在温度为 t ℃时 $(T_0 = 273.15$ K),干燥空气声速为

$$v = v_0 \sqrt{1 + \frac{t}{T_0}} \quad (7.50.2)$$

$$v = v_0 \sqrt{1 + \frac{t}{273.15}} = 331.5 + 0.6t \, (\text{m/s}) \quad (7.50.3)$$

由于空气中总含有一些水蒸气,经过对有一定湿度空气的摩尔质量 μ 和比热比 γ 的修正,在温度为 t,相对湿度为 γ 的空气中,声速为

$$v = 331.5 \sqrt{\left(1 + \frac{t}{T_0}\right)\left(1 + 0.31 \frac{\gamma P_s}{P}\right)} \quad (\text{m/s}) \quad (7.50.4)$$

式中 P_s 为 t℃时的饱和蒸气压,可从饱和蒸气压和温度的关系表查出(或实验室给出). P 为大气压.相对湿度 γ 可从干湿温度计(或实验室)给出.根据空气的湿度情况,(7.50.3)(7.50.4)两式都可作为空气中声速的理论计算公式.

二、测量声速的实验方法

声速 v、声波频率 f 和波长 λ 的关系为

$$v = f\lambda \quad (7.50.5)$$

声速频率可由频率计直接测声源振动频率得出.本实验的主要任务是测出声波的波长.

由于声速与频率无关,又由于超声波具有波长短、易于发射等优点,所以在超声波段进行声速测量较为方便.本实验以两个锆酸铅压电陶瓷换能器(图 7.50.1 中 S_1 和 S_2)用于超声波的发射和接收. S_1 是利用压电体的逆压电效应,由低频信号发声器发出一定频率的电信号使压电体 S_1 产生机械振动,易在空气中激发出声波. S_2 是利用压电体的正压电效应,将接收到的超声波转换成电信号,并可从示波器中观察到. S_1 和 S_2 固定在游标尺的左右量爪上,借助游标的移动可精确调节或测量它们之间的相对位移.

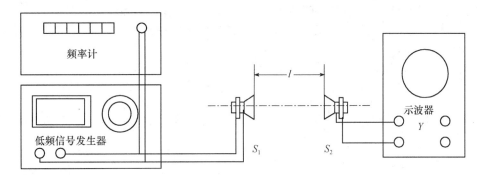

图 7.50.1 共振干涉法实验装置

波长可以用下面两种方法测出:

(1) 共振干涉法

实验装置如图 7.50.1 所示, S_1 为声波源, S_2 为接收器. S_2 不但接收到声波,而且能反射部分声波.当 S_1 发出近似平面波, S_1 和 S_2 表面相互平行时, S_1 发出的声波和 S_2 反射的声波皆在 S_1 和 S_2 之间往返反射,相互干涉叠加.叠加的波可近似地看作具有弦驻波加行波的特征.在示波器上观察到的是这两个相干波在 S_2 处合成振动情况.由纵

波的性质可以证明,当接收器端面按振动位置来说处于波节.则按声压来说是处于波幅.

当发生共振时,接收器端面近似为一波节,接收到的声压最大,经接收器转换成电信号最强.声压的变化和接收器位置的关系如图 7.50.2 所示.

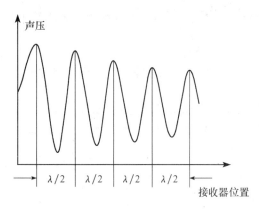

图 7.50.2　声压变化与接收器位置的关系

随着接收器位置的变化,示波器观察到合成振动振幅的大小将呈周期性变化.在示波器上的电信号幅度每一次周期性变化,就相当于 S_1 和 S_2 之间的距离改变了 $\lambda/2$.测定这个距离,由频率计读出相应的频率 f,即可用式(7.50.5)算出声速 v.

(2) 位相比较法

波是振动状态的传播,它不仅传播振幅也进行位相的传播,沿波传播方向上的任何两点,其位相和波源的位相间的位相差相同时,这两点间的距离就是波长的整数倍.依此可以测定波长.

由于发射器发出近似于平面波的声波,当接收器的端面垂直于波的传播方向时,端面上各点都具有相同的位相.沿波传播方向缓慢移动接收器时,总可以找到一个位置,使得接收到的电信号与发射器激励的电信号同相,此时移动的这段距离等于声波的波长.

用位相比较法测声速装置如图 7.50.3 发射器 S_1 接低频信号发生器,并接至示波器的 Y 输入端.接收器 S_2 接至示波器的 X 输入端.当发射与接收间有位相差,可通过示波器显示的李萨如图形来观察.移动 S_2,每当位相差改变 2π 时,示波器上显示的李萨如图形相应变化一个周期.若选李萨如图形为一斜直线(位相差为 0 或 π)时,当直线斜率符号每改变一次时,位相差改变为 π,S_2 相对测量起点相应地移动了 $\lambda/2$,由此可测出 λ.由频率计读出相应的发射信号 f,即可计算声速 v.

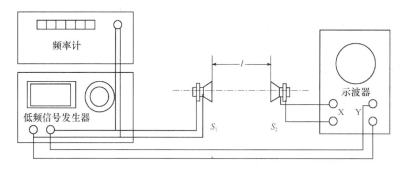

图 7.50.3　位相比较法实验装置

【实验内容】

一、共振干涉法测声速

(1) 按图 7.50.1 接好实验装置.调整 S_1 和 S_2 的端面相互平行,并与移动方向相垂直.

（2）调整测试系统的谐振频率（共振频率）．当压电陶瓷换能器本身的固有频率与外加的交变电场的频率相同时，换能器输出的振动振幅最大．此时的频率即为系统的谐振频率．实验时将 S_1 和 S_2 靠近，调节信号发生器的频率在 30~60kHz 变动（根据换能器 S_1 的固有频率变动，若 S_1 的固有频率在 35~45kHz 左右，信号发生器的频率在此范围变动），当示波器光屏中波形出现振幅最大，此时频率便接近 S_1 的谐振频率．为了使谐振频率测得更准，可移动 S_1 与 S_2 使之相距为数厘米，在移动过程中，当示波器上出现有较大振幅的正弦波时，即完成了初调．然后再仔细微调信号发生器的输出频率，使示波器上的电信号达到最大值．此频率即为谐振频率．

（3）测量波长，由近及远，移动 S_2，在近处选择示波器上出现振幅最大时作为起点，记下 S_2 位置 L_0．然后连续找出 9 个振幅最大的位置，记下 $L_1, L_2, \cdots, L_9$．利用逐差法求波长．并记下室温．在测量的同时，用频率计监视频率的变化，记下频率计的指示值 f．

注意 S_1 与 S_2 较近时，示波器上显示的幅度可能很大，可改变示波器的衰减旋钮以便观测．

二、位相比较法测声速

（1）按图 7.50.3 接好实验装置．信号发生器和频率计调节方法与共振干涉法相同，将发生器的输出频率调至系统的谐振频率．

S_1 与信号发生器输出端相接并与示波器 Y 输入端相接，S_2 与示波器 X 的输出端相接．令示波器处在 X-Y 状态下，此时可在示波器上看到椭圆或斜直线的李萨如图形．调节示波器 Y 轴衰减旋钮及信号发生器输出电压，使图形大小适中．

（2）在谐振频率下，使 S_2 靠近 S_1 然后慢慢移开，当示波器屏上出现斜直线时，记下 S_2 的位置 L_0，继续移动，示波器上李萨如图形又变为斜率相反的斜直线，此时 S_2 与测量起点位相差变化为 π．依次继续移动 S_2，每当位相差改变 π 就记下相对位置．于是得 L_1，$L_2, \cdots, L_9$，用逐差法求波长．并记下室温和频率．

（3）利用双综示波器直接比较发射器信号和接收器信号，同时沿传播方向移动接收器寻找同位相点．（选做，方法自拟）

注意

（1）从低频信号发生器提供给 S_1 的输出电压不得超过 10 伏，这首先是因为频率计不允许输入电压过高，另一方面 S_1 也不应接入过大的电压．

（2）实验时，测量系统要始终处于共振条件下，以保证信噪比足够大．

（3）为了避免交变信号的干扰，所有仪器的接地端以及 S_1 和 S_2 的黑色接线柱端，均应用屏蔽线连在一起，各屏蔽线的屏蔽层皆应与仪器接地线相连接．

【实验记录与处理】

（1）采用逐差法进行计算的数据表格自拟．表格的设计要便于求相应的位置差和 λ 的计算．

（2）用逐差法处理数据，求速度的不确定度 ΔV．

（3）按理论值式（7.50.3）或式（7.50.4）求得测量时声速的理论值，并与测量值比较，得出百分误差．

(4) 计算实验值时,应分别由位相法及共振法所得的波长值算出声速,而不应将不同方法求出的波长值取平均值后再计算.

【预习题】

(1) 声速与哪些因素有关?测量时为什么选择超声波测声速?

(2) 为什么换能器要在谐振频率条件下进行声速测定?怎样判断并调整系统的谐振状态?

【思考题、练习题】

(1) 用共振干涉法和位相比较法测声速有何相同和不同?

(2) 定性分析共振法测量时声压振幅极大值随距离变长而减小的原因.(提示:是否为平面波,反射面的大小、传播和界面是否吸收)

(3) 不同波长的声波在相同介质中的声速相同吗?为什么?超声波、声波、次声波在空气中的传播速度有何不同?如何用实验验证?

实验 51　声学实验(二)
——建筑声学技术的应用

声源振动产生声波,该声波在周围介质中传播,人耳接收到该声波信号,通过大脑对其携带的有关声源及传播过程的信息进行分析判断,人耳成为获取周围信息的重要器官.声波在传播过程中也有反射、折射、透射、吸收、干涉、衍射等波动现象发生.声学就是要研究声波的产生、传播及对人的影响.建筑声学主要研究声波在建筑内的传播及对人的影响.

人耳的听阈范围为 20Hz~20kHz,该范围内的机械波为声波,小于 20Hz 的为次声波,大于 20kHz 的为超声波,人比较灵敏的听力范围为 100Hz~4kHz.见图 7.51.1.

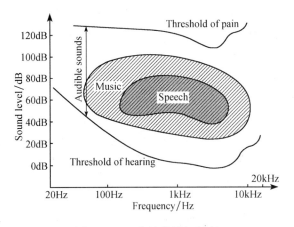

图 7.51.1　声波分贝与频率

若测定某一空间的声波分布,可以用接收器等设备在特定点采集声波信号(声压信号),送入计算机通过软件进行分析,可以得到该点的声压级、声级及其随时间的变化情况,可以计算出声学的几乎所有参数,如位相、混响时间等.

下面简介几个重要的声学概念.

声压级:对频率 1000Hz 的声音,人耳刚能听见的声压是 $2\times 10^{-5}\text{N/m}^2$;使人感到疼痛的上限声压为 20N/m^2. 定义声压级

$$L_p = 20\lg \frac{p}{p_0} \tag{7.51.1}$$

式中,L_p 为声压级,单位 dB;p 为某点声压,N/m^2;p_0 为参考声压,$2\times 10^{-5}\text{N/m}^2$.

声压级无量纲,有利于计量表述并符合人的听觉. 人耳对不同频率声波的听觉灵敏度是不同的,用声压级加计权,得到 A 声级,用来表征人耳的听觉. 这就是常说的 dB(A),分贝.

混响时间:某声源持续发声,在混响室内形成稳态均匀扩散声场,瞬间停止发音,声音经各反射面反射,不随声源的停止而停止,因吸收作用,声逐渐减弱,赛宾定义它衰减 60dB 所用时间为混响时间. 见图 7.51.2.

$$T_{60} = \frac{k \cdot V}{A} \tag{7.51.2}$$

式中,T_{60} 为混响时间,秒;k 为常数,取 0.161;V 为房间容积,m^3;A 为室内总吸声量,m^2.

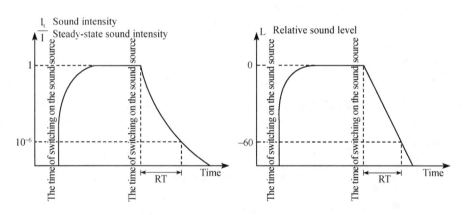

图 7.51.2　室内声音的增长与衰减过程示意图

混响时间长,说明吸收小. 混响室放入一定量的吸声材料,吸声强,混响时间短,有一定的数学关系.

混响时间与 V 成正比,大容积的建筑如电影院、礼堂等混响时间长;混响时间与总吸声量成反比,室内表面硬、吸声系数小,混响时间长. 混响时间长,音质丰满但语音清晰度差,适合音乐厅等建筑;混响时间短,音质干涩但语音清晰度高,适合教室、报告厅等建筑.

时差效应与回声感觉:声音对人的听觉器官的作用效果并不随声音的消失而立即消失,而是会暂留一段时间. 如果到达人耳的两个声音的时间间隔小于 50ms,那么人耳就不会觉得这两个声音是断续的,当两者的时间差超过 50ms,人耳就能辨别出来. 在室内,当声源发出一个声音后,人们首先听到的是直达声,然后陆续听到经过各界面的反

射声.一般认为,在直达声后约50ms以内到达的反射声,可以加强直达声,而在50ms以后到达的反射声,则不会加强直达声.如果反射声到达的时间间隔较长,且其强度又比较突出,则会形成回声的感觉.回声感觉会妨碍语言和音乐的良好听闻,应加以控制.

混响室:是进行声学测试的重要场所,可进行吸声材料与构造的吸声性能测定,各种声源的声功率测定等.要求的是一种极端的声环境,要求各个墙面为近似声波全反射界面,以保证混响时间足够长,要保证声波的充分扩散,提供均匀的声场,要有足够低的背景噪声级.

混响室内表面为坚硬、光滑的瓷砖,混响时间500Hz为7s;相对墙面作成凸状扩散并各边比例为非整数倍,保证无颤动回声、声聚焦等声缺陷,声场均匀;采用双层浮筑结构,隔绝来自外部的噪声及结构传声,保证足够低的本底噪声级.

半消声室:可进行电声器件(传声器、扬声器)的指向性、频率特性及声功率或灵敏度的测定,声级计的校准,也用于机电产品的噪声辐射特性和声功率的测定等,还可以进行模拟声场的听感实验.消声室要求与混响室相反的另一种极端声环境,要求室内完全没有声反射,以得到一个接近理想的自由声场.本实验所用的消声室为半消声室,地面铺瓷砖,其他墙面为吸声尖劈,吸声系数0.99,全吸声.

【目的要求】

(1) 感知不同频率;

(2) 定性了解声压级、混响时间等声学概念;

(3) 体验混响室、消声室内极端声环境.

【实验仪器】

声学分析仪、传声器、音箱、功放、计算机、声级计等.

【实验内容与步骤】

(1) 由教师在多媒体教室结合演示实验进行讲解,讲解声学的若干重要现象;

(2) 到声学实验室体验各频率声波、合成频率声波听觉体验、模拟噪声听觉体验;

(3) 测量某学生声带特征频谱;

(4) 测量噪声A声级;

(5) 测定教室混响时间;

(6) 体验混响室、半消声室内的声环境;

(7) 测量及分析混响室、半消声室内的脉冲响应特征;

(8) 测量混响室、半消声室的混响时间;

以上项目根据实验条件和时间选做.

测量框图见图7.51.3.

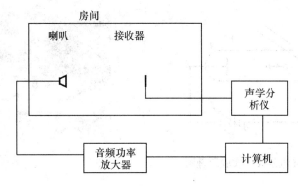

图 7.51.3　声学测量框图

【分析讨论题】

(1) 人耳的听觉频率范围是多少？最重要的部分是多少？人耳的听觉声压级范围是多少？

(2) 解释哈斯效应．

(3) 人耳对一个声音听觉灵敏度因另一个声音的存在而降低的现象，叫_____效应．

(4) 回声与混响声有何区别？

(5) 解释声音定位．

实验 52　光电效应和普朗克常量的测量

1905 年爱因斯坦(Einstein,1879～1955)提出光量子假说，圆满地解释了光电效应．密立根用了十年的时间对光电效应进行定量的实验研究，证实了爱因斯坦光电方程的正确性，并精确测出了普朗克常量．他们因为光电效应方面的杰出贡献，分别于 1921 年和 1923 年获得诺贝尔物理学奖．

【重点、难点】

(1) 在了解光电效应及其规律的基础上理解爱因斯坦方程的内容及物理意义．

(2) 了解光电效应实验仪的组成结构及使用方法．

【目的要求】

(1) 了解光电效应的实验规律，加深对光的量子性的理解．

(2) 验证爱因斯坦光电效应方程，测量普朗克常量．

(3) 测量截至电压和光电管的伏安特性曲线．

【实验仪器】

光电效应实验仪（包括汞灯及电源，光电管、滤色片，光阑和微电流放大器），如图 7.52.1～图 7.52.2.

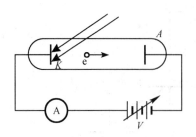
图 7.52.1 光电效应的实验原理图

图 7.52.2 光电效应的实验装置

【实验原理】

一、光电效应

光照射到金属或其化合物表面上时,光的能量仅部分以热的形式被金属吸收,而另一部分则转换为金属表面中某些电子的能量,促使这些电子从金属表面逸出来,这种现象叫做光电效应,所逸出的电子称为光电子.

当入射光照射到光电管阴极金属板 K 上时,能使金属板中的电子从金属表面释放出来.如果在 A 与 K 两端加上电势差,则光电子在加速电场作用下向阳极 A 迁移,形成光电流,光电流的强弱可由电流计读出.改变外加电压 U_{AK},测量出光电流 I 的大小,即可得出光电管的伏安特性曲线.

二、光电效应的基本特征和规律

(1) **弛豫时间**:从光照开始到光电流出现的弛豫时间非常短,光电流几乎是在光照下立即发生的.弛豫时间不超过 10^{-9} 秒,与光强无关.

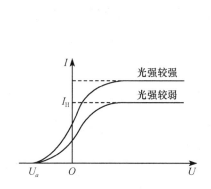
图 7.52.3 光电效应的伏安特性曲线

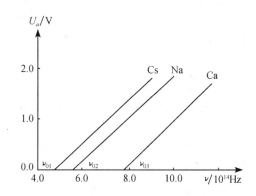
图 7.52.4 遏止电势与频率的关系

(2) **截止电压**:入射光的频率 ν 与强度 I 一定时,加速电势差 U_{AK} 越大,产生的光电流 I 也越大;当加速电势差 U_{AK} 增加到一定量值时,光电流达到饱和值 I_0.如果增加入射光的强度,在相同的加速电势差下,光电流的值也越大,相应的饱和电流值也增大.反之,光电流随之减小;当 U_{AK} 减小到零并逐渐变负时,光电流一般并不等于零.这表明从阴极释放出的电子具有一定的初动能,它们仍能克服减速电场的阻碍使一部分电子到达阳极.实验表明,当反向电势差继续加大到一定量值 U_a 时,光电流便降为零.使光电流降为零时的反向截止电势差的绝对值 U_a 叫遏止电势差,图 7.52.4 所示为遏止电势差与入射光频率的关系.对应于某一频率,光电效应的 I-U_{AK} 关系如图 7.52.3 所示.对一定的频率,当 $U_{AK} \leqslant U_0$ 时,电流为零,这个相对于阴极的负值的阳极电压 U_0 被称为截止电压.

(3) **饱和电流**:照射光的频率与极间端电压 U 一定时,饱和光电流与入射光强成正比,即单位时间内从阴极飞出的光电子数与入射光强度成正比.

(4) **截止频率(红限)**:光电子从金属表面逸出时具有一定的动能,最大初动能与入射光的频率成正比,而与入射光的强度无关.

$$E_m = \frac{1}{2}mv_m^2 = eU_a = h\nu - h\nu_0$$

其中 m 是电子的质量,v_m 是光电子的最大初速度,e 是电子电量.

当入射光的频率低于某一频率 ν_0 时,遏止电势差 U_a 减小到 0.这时无论光强有多大,照射时间有多久,光电效应不再发生.能够发生光电效应的最低频率,称为光电效应的截止频率 ν_0,也叫频率红限.

三、爱因斯坦方程

按照爱因斯坦的光量子理论,光能并不像电磁波理论所想象的那样,分布在波阵面上,而是集中在被称之为光子的微粒上,频率为 ν 的光子具有能量 $E = h\nu$,h 为普朗克常量.当光子照射到金属表面上时,被金属中的电子全部吸收,而无需积累能量的时间.电子把这能量的一部分用来克服金属表面对它的吸引力,余下的就变为电子离开金属表面后的动能,按照能量守恒原理,爱因斯坦提出了著名的光电效应方程

$$h\nu = \frac{1}{2}mv_0^2 + A \tag{7.52.1}$$

式中,A 为金属的逸出功,$\frac{1}{2}mv_0^2$ 为光电子获得的初始动能.

由该式可见,入射到金属表面的光频率越高,逸出的电子动能越大,所以即使阳极电势比阴极电势低时也会有电子落入阳极形成光电流,直至阳极电势低于截止电压,光电流才为零,此时有关系

$$eU_0 = \frac{1}{2}mv_0^2 \tag{7.52.2}$$

阳极电势高于截止电压后,随着阳极电势的升高,阳极对阴极发射的电子的收集作用越强,光电流随之上升;当阳极电压高到一定程度,已把阴极发射的光电子几乎全收集到阳极,再增加 U_{AK} 时 I 不再变化,饱和光电流 I_0 的大小与入射光的强度 P 成正比.

光子的能量 $h\nu_0 < A$ 时,电子不能脱离金属,因而没有光电流产生.产生光电效应的最低频率(截止频率)是 $\nu_0 = A/h$.

将式(7.52.2)代入式(7.52.1)可得

$$eU_0 = h\nu - A \tag{7.52.3}$$

此式表明截止电压 U_0 是频率 ν 的线性函数,直线斜率 $k = h/e$.只要用实验方法得出不同的频率对应的截止电压,求出直线斜率,就可算出普朗克常量 h.

四、实验中截止电压 U_0 的测量

本实验的关键在于正确地测出不同频率光线入射时对应的截止电压，U_0 测量的主要影响因素有：

（1）受暗电流和本底电流的影响．暗电流是指光电管不受任何光照而极间加有电压的情况下产生的微弱电流，在常温下可忽略不计．本底电流是由周围杂散光线射入光电管形成的，而且他们的大小还随电压变化而变化．

（2）受阳极电流的影响．当入射光照射阴极上时，由于阳极受到漫反射光的照射，致使阳极也有光电子发射．当阴极加正电势、阳极加负电势时，对阳极发射的光电子起加速作用，形成阳极电流．

（3）光电管制作过程中阳极往往被污染，沾上少许阴极材料，入射光照射阳极或入射光从阴极反射到阳极之后也会造成阳极光电子发射．

在测量各谱线的截止电压 U_0 时，可采用零电流法或补偿法．

① 零电流法是直接将各谱线照射下测得的电流为零时对应的电压 U_{AK} 的绝对值作为截止电压 U_0．此法的前提是阳极反向电流、暗电流和本底电流都很小，测得的 U_0 与真实值相差较小．

② 补偿法调节电压 U_{AK} 使电流为零后，保持 U_{AK} 不变，遮挡汞灯光源，此时测得的电流 I 为电压接近截止电压时的暗电流和本底电流．重新让汞灯照射光电管，调节电压 U_{AK} 使电流值显示为 I，将此时对应的电压 U_{AK} 的绝对值作为 U_0．此法可补偿暗电流和本底电流对测量结果的影响．

【实验内容与步骤】

一、测试前准备

（1）将实验仪及汞灯电源接通（汞灯及光电管暗箱遮光盖盖上），预热 20 分钟．

（2）调整光电管与汞灯距离为约 40cm 并保持不变．

（3）将"电流量程"选择开关置于所选档位，测截止电压时"量程开关"应置于 10^{-13} A 档位。测光电管的伏安特性曲线时，"电流量程"开关应置于 10^{-10} A 档位），进行测试前调零．

二、测量截止电压（测普朗克常量 h）

测量截止电压时，"伏安特性测试/截止电压测试"状态键应为截止电压测试状态．

① 手动测量

使"手动/自动"模式键处于手动模式．将直径 4mm 的光阑及 365.0nm 的滤色片装在光电管暗箱光输入口上，打开汞灯遮光盖．从低到高调节电压，观察电流值的变化，寻找电流为零时对应的 U_{AK}，为尽快找到 U_0 的值，调节时应从高位到低位调节．并将数据记于表 7.52.1 中．依次换上 404.7nm，435.8nm，546.1nm，577.0nm 的滤色片，重复以上测量步骤．

② 自动测量

按"手动/自动"模式键切换到自动模式．此时电流表左边的指示灯闪烁，表示系统处于自动测量扫描范围设置状态，用电压调节键可设置扫描起始和终止电压．

扫描完成后，仪器自动进入数据查询状态，此时查询指示灯亮，显示区显示扫描起始

电压和相应的电流值. 用电压调节键改变电压值,读取电流为零时对应的 U_{AK},以其绝对值作为该波长对应的 U_0 的值.

三、测光电管的伏安特性曲线

测伏安特性曲线可选用"手动/自动"两种模式之一,测量的最大范围为 $-1\sim50V$,自动测量时步长为 $1V$,仪器功能及使用方法如前所述. 记录所测 U_{AK} 及 I 的数据到表 7.52.2 中,在坐标纸上绘制对应于以上波长及光强的伏安特性曲线.

四、验证光电管的饱和光电流与入射光强的关系

1. 在 U_{AK} 为 $50V$ 时,将仪器设置为手动模式,测量并记录对同一谱线、同一入射距离,光阑分别为 $2mm$、$4mm$、$8mm$ 时对应的电流值于表 7.52.3 中,验证光电管的饱和光电流与入射光强的关系.

2. 在 U_{AK} 为 $50V$ 时,将仪器设置为手动模式,测量同一谱线在光阑不变而距离变化时对应的电流值,并将测量值记入表 7.52.4 中。验证光电流与光强的关系。

【数据表格】

表 7.52.1　不同频率入射光对应的截止电压(U_0-ν 关系)

光阑孔 $\Phi=$_____ mm,仪器型号_____,量程_____,最小分度值_____,准确度等级_____

波长 λ_i/nm		365.0	404.7	435.8	546.1	577.0
频率 ν_i/(10^{14} Hz)		8.214	7.408	6.879	5.490	5.196
截止电压 U_{0i}/V	手动					

表 7.52.2　光电流和电压的测量数据(I-U_{AK} 关系)

365.0nm		404.7nm		435.8nm		546.1nm		577.0nm	
U_{AK}/V	I/(10^{-10}A)	U_{AK}/V	I/(10^{-10}A)	U_{AK}/V	I/(10^{-10}A)	U_{AK}/V	I/(10^{-10}A)	U_{AK}/V	I/(10^{-10}A)
...									

表 7.52.3　光电流与入射光强度的关系(I_M-P 关系)

$U_{AK}=$_____ V,$\lambda=$_____ nm,$L=$_____ mm

光阑孔 Φ			
I/(10^{-10}A)			

表 7.52.4　光电流与入射光强度的关系(I_M-P 关系)

$U_{AK}=$_____ V,$\lambda=$_____ nm,$\Phi=$_____ mm

入射距离 L			
I/(10^{-10}A)			

【数据处理】

(1) 作出 U_0-ν 关系曲线,求出普朗克常量 h、所用光电管的截止频率 ν_0、逸出功 A. 并算出所测量值 h 与公认值 h_0 之间的相对误差 E.

$$E = \frac{h - h_0}{h_0}$$

（2）用最小二乘法拟合 U_0-ν 直线，得出直线斜率的最佳拟合值；并根据 $h=ek$ 求普朗克常量.

$$k = \frac{\bar{\nu} \cdot \overline{U_0} - \overline{\nu \cdot U_0}}{\bar{\nu}^2 - \overline{\nu^2}}$$

（3）绘制不同频率入射光照射下光电管的伏安特性曲线，用交点法找出不同频率对应的截止电压 U_0. 比较不同频率辐射时伏安特性曲线有何不同？

（4）作图验证光电管的饱和光电流与入射光强成正比.

【分析讨论】

（1）零电流法和补偿法测量截止电压有何区别？

（2）根据 U_0 与入射光频率 ν 关系曲线，如何确定光电管阴极材料的电子逸出功及截止频率？

（3）如何通过光电效应测量普朗克常量？

第三篇 设计性、研究性实验

设计性、研究性实验概述

一、设计性、研究性实验简介

在学生完成一些基本实验、掌握一些实验基础知识后,安排一些设计性研究性实验,使学生在考虑实验方法、选择实验测量仪器和确定测量条件等方面得到训练是非常必要的. 这样可以开发学生的智力和培养学生从事科学实验的能力.

设计性研究性实验的中心问题是制订实验方案,其中包括以下内容.

1. 实验方法的选择

根据设计题目查阅有关资料,收集实验方法,并根据精度要求、已有条件确定最佳实验方法. 这是最基本的一步. 如测重力加速度,可选用单摆法、复摆法、自由落体法和气垫导轨法等. 各种方法都有优缺点,综合比较后选用.

2. 实验装置、仪器与量具的选择

实验方法确定后,根据精度要求,要经济合理地选择实验装置和仪器.

(1) 照实验方法要求选择实验装置

如用单摆测重力加速度,单摆的支架、悬线和小球以及量具都要精心选择. 为避免摆球运动时悬线长度变化,悬线的倔强系数要大;为满足单摆要求,小球直径要小;为减弱空气阻力对运动的影响,小球材料的密度要大,等等.

(2) 仪器选择与不确定度等量分配原则

一个实验往往有多个物理量需要测量,各测量量的不确定度对结果的不确定有影响. 即间接测量量(W)测量结果的不确定度 σ_w 由直接测量量(x_i)的不确定度(σ_i)决定,即

$$\sigma_w = \sqrt{\sum \left(\frac{\partial \sigma_w}{\partial x_i}\sigma_i\right)^2} \tag{8.0.1}$$

选择仪器的原则是使各直接测量的不确定度对结果的不确定度的影响大致相同,即 $\left(\frac{\partial \sigma_w}{\partial x_i}\sigma_i\right)^2 (i=1,2,\cdots,n)$ 大致相等. 若选用低档仪器能满足要求,就不选用高档仪器.

例 8.0.1 对于半径 $r=10\text{mm}$、高 $h\approx 50\text{mm}$ 的圆柱体,要求测得体积的相对不确定度小于 0.5%. 如只考虑仪器误差,应选用何种量具测 r 与 h 呢?

解 由圆柱体体积公式 $V=\pi r^2 h$ 可得不确定度合成公式为

$$\frac{\sigma_v}{V} = \sqrt{\left(\frac{2\sigma_r}{r}\right)^2 + \left(\frac{\sigma_h}{h}\right)^2} \tag{8.0.2}$$

由不确定度等量分配原则,根式中每项对不确定度的贡献应为 $1/2$,即

$$\left(\frac{2\sigma_r}{r}\right)^2 \leqslant 0.005^2 \times \frac{1}{2}$$

$$\left(\frac{\sigma_h}{h}\right)^2 \leqslant 0.005^2 \times \frac{1}{2}$$

由此可得

$$\sigma_r = (0.005/\sqrt{2}) \times 10/2 = 0.0177 \text{mm}$$

$$\sigma_h = (0.005/\sqrt{2}) \times 50 = 0.177 \text{mm}$$

可得仪器的极限误差

$$\Delta_r = \sqrt{3}\sigma_r = 0.0306 \text{mm}$$

$$\Delta_h = \sqrt{3}\sigma_h = 0.306 \text{mm}$$

查量具标准可知，300mm 以下钢直尺全长允差为 0.1mm，量程 300mm 以下的游标尺示值误差与分度值相同. 因而，用分度值为 0.02mm、量程 125mm 的游标尺测圆柱直径 $2r$，用 0～300mm 的钢直尺测圆柱高 h 就能满足要求.

3. 测量方法和测量条件的选择

在已确定仪器的条件下，还应按照使测量的不确定最小的原则选取测量方法和实验条件.

（1）测量方法的选择

图 8.0.1 所示单摆摆长可用三种方法测量.

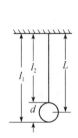
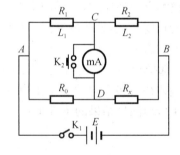

图 8.0.1 单摆示意图　　　图 8.0.2 惠斯登单臂电桥

第一种方法，测量 l_1、l_2，用 $L = \dfrac{l_1 + l_2}{2}$ 计算；第二种方法，测量 l_1、d，用 $L = l_1 - \dfrac{d}{2}$ 计算；第三种方法，测量 l_2、d，用 $L = l_2 + \dfrac{d}{2}$ 计算. 设 l_1、l_2 用米尺测量，不确定度为 σ_{l_i}；球的直径用游标尺测量，不确定度为 σ_d.

由 L 的表达式可知：

第一种方法　　　$\sigma_L = \sqrt{\left(\dfrac{1}{2}\sigma_{l_1}\right)^2 + \left(\dfrac{1}{2}\sigma_{l_2}\right)^2} = \dfrac{\sqrt{2}}{2}\sigma_l$

第二、三种方法　　　$\sqrt{\sigma_l^2 + \left(\dfrac{1}{2}\sigma_d\right)^2} > \dfrac{\sqrt{2}}{2}\sigma_l$

所以应选取第一种方法测量.

(2) 测量条件的选择

滑线电桥实验中,电路如图 8.0.2 所示,已知电桥平衡条件为

$$R_x = \frac{L_1}{L - L_1} R_0 \tag{8.0.3}$$

式中, R_x 为待测电阻; R_0 为标准电阻; L_1、L_2 为电桥两臂上电阻丝长, $L_1 + L_2 = L$. 问滑键在什么位置, L_1 的不确定度 σ_{L_1} 对 R_x 的测量结果影响最小.

由不确定度的合成可知

$$\sigma_{R_x} = \sqrt{\left(\frac{\partial R_x}{\partial L_1}\right)^2 \sigma_{L_1}^2} = R_0 \frac{L}{(L - L_1)^2} \sigma_{L_1} = R_x \frac{L}{L_1(L - L_1)} \sigma_{L_1} \tag{8.0.4}$$

L_1 变动对 σ_{R_x} 影响最小的条件为

$$\frac{\partial(\sigma_{R_x})}{\partial L_1} = \frac{\partial}{\partial L_1}\left[R_x \frac{L}{L_1(L-L_1)} \sigma_L\right] = 0 \tag{8.0.5}$$

$$L_1 = \frac{1}{2} L \tag{8.0.6}$$

这就是电桥的最佳测量条件.

4. 拟定实验步骤与数据处理方案

实验是一个有秩序的操作. 要观察和记录实验过程必须拟定合理的实验程序. 测量有损检验等不可逆过程,更应按一定顺序进行,不能任意改变. 如铁磁质的磁化就是一个不可逆过程. 磁化不仅与外磁场强度有关,而且还与磁化历史过程有关. 在磁化过程中,改变励磁电流应顺序进行.

另外还应考虑实验的数据处理. 要根据物理量间的函数关系、测量间距和测量范围选取合理的数据处理方法,如图示法、逐差法、最小二乘法等.

5. 实验报告

最后写出完整的设计实验报告. 内容包括:①设计实验题目;②实验目的,任务要求;③实验原理(含原理图和理论公式);④选用仪器及其依据;⑤实验内容及步骤;⑥数据记录表格及数据处理;⑦分析系统误差和随机误差产生原因,并对实验结果进行分析、评估;⑧进行专题讨论,改进设计;⑨列出参考资料.

二、设计性、研究性实验的方法探讨

根据教育部关于教育教学改革的指示精神,本课程制定了物理实验教学课程与内容的新体系,把大学物理实验分为 4 个层次:即"基础性实验、提高性实验,综合性实验、研究性和创新性实验",并将"设计性、开放性"贯穿于上述 4 个层次始终. 在实践教学中,必须特别加强设计性、研究性、创新性实验的力度,这有利于培养学生的自主研究性学习能力、工程实践能力,有利于提高学生的创新素质.

主要目的和要求:

(1) 通过设计性实验或具有设计性、研究性、创新性内容的实验,能使学生在"实验方法的考虑、测量仪器的选择和配合、测量条件的确定"等方面受到初步训练.

(2) 经过一定数量的基本实验训练后,进行设计性、研究性、创新性实验层次的教学,

除了帮助学生进一步提高自己的实验素质能力外,最重要的是给学生提供了某种发挥创造性的机会.使得学生的动手能力进一步提高,基础知识更加扎实.

1. 设计性研究性实验教学一般方法

(包括 4 个方面,供大家讨论)

(1) 提前一周布置选题:实验室给出一组题目(含实验要求、原理提示),采取实验室教师指导选题和学生自主选题相结合的方式,学生最后自主选择一个适合自己的题目.(在提前一周时间内完成)

(2) 实验课前查阅文献资料、确定实验原理、设计实验方案(包括选择实验方法、实验仪器、画出实验电路图或光路图,拟定实验操作步骤等).(在提前一周时间内完成)

(3) 提交设计实验报告:所提交的原始设计实验报告,经教师审查并帮助修正设计实验方案,然后发还学生.(在布置选题后,第二周时间内完成)

(4) 在提前预定的时间内,独立(或合作)实施设计实验方案(进行现场实验操作),并完成实验报告(小论文):在课堂上通过与教师的交流进一步修改与完善实验方案并最后实施,测量实验数据,进行数据处理,完成实验报告.(在完成设计实验操作后,下一周时间内提交正式报告)

2. 科学研究和工程设计的一般程序(六个步骤)

(1) 选择研究课题(4 个原则)

① 需要性:可解决实际问题,或对某一理论有突破作用.

② 创新性:在理论上有所突破,或在应用上有所改进、创造.

③ 科学性:有科学依据,符合科学原理.

④ 可能性:从技术、程序、可用时间及可用人员的能力等方面考虑,看主、客观条件是否具备.

(2) 查阅文献资料

① 广泛性:利用各种手段,如教科书、专著、杂志、互联网、各种情报检索中心.

② 独立思考:要注意自己的知识空白、不同作者的观点差异.通过分析、实验,力求逐步形成自己的观点,并力求发展.发现问题通常有两种途径:"发现从不满意开始",通过亲身的观察或实践发现周围事物存在的问题;通过调查研究和其他各种信息渠道,间接地获得某一事物存在的问题.

(3) 设计实验方案

① 要灵活运用物理规律.注意借鉴其他学科成果,明确实验原理,实验目的,计划测量的物理量.

② 选择适当的测量仪器.注意仪器的匹配,根据不确定度均分原则估算各个测量对主要结果精度的影响,选择一套符合精确度的而且有经济、实用的仪器装置.

③ 选择适当实验方法、方案.

④ 选择适当实验测量方法.

(4) 实施实验方案

① 观察:注意实验过程是否按预定方式进行,是否有异常现象发生.

② 测量:注意测量误差对系统误差影响.

(5) 实验数据处理与分析讨论

① 数据表格及数据处理方法. 包括:列表法、作图法、线性回归法、逐差法等.

② 误差分析、讨论探索等.

(6) 完成设计或研究性实验报告(小论文)

实验报告是科研工作的总结,把自己的工作用文字形式表达出来,出版交流,促进科学的发展. 所写报告应使别人看后,能了解该设计实验的工作成果和达到的水平. 最好写成小论文形式,包括

①摘要(简要说明特点、设计性、创新点)、关键词;②引言(概述、导言、实验背景);③实验原理(包括:原理图、公式、原理说明等);④仪器设备的选择和使用(根据实验要求以及误差等分原则选择仪器);⑤实验主要内容和步骤;⑥原始数据、数据处理方法和过程;⑦结论:实验结果、误差分析、对结果的评价;现实应用情况和应用前景等;突出对特点、应用价值、创新点的总结.

注意 根据实际情况,上述后面各项,可以单独或合在一起写;实验报告或小论文的格式完整性;书写工整程度及整体印象等.

第八章 力学实验

实验53 设计用单摆测重力加速度

1583年,伽利略在比萨教堂内观察了圣灯的缓慢摆动. 他发现"连续摆动的圣灯的每次摆动时间间隔是相等的,与摆动的振幅无关". 这一观察结果,为单摆作为记时装置奠定了基础. 这就是单摆的等时性原理.

【实验目的】

(1) 掌握实验原理及方法. 学习根据什么以及如何选择实验仪器和量具;

(2) 利用单摆测定重力加速度 g 值,要求 $E_g \leqslant 0.5\%$;

(3) 分析受力情况,讨论误差原因,评价测量结果.

【实验原理】

(1) 根据单摆的等时性原理和所学过的知识,自行设计用"单摆测定重力加速度"的实验;

(2) 通过该设计实验,体会并掌握在设计实验时选择仪器与参数的方法;

(3) 测重力加速度 g 值,要求 $\dfrac{\sigma_g}{g} \leqslant 0.5\%$,并将实验值 g 与实验标准值 $g_0 = 9.8017 \text{m/s}^2$(天津)进行比较;

(4) 测绘周期与摆长的关系曲线: T^2-l 曲线;

(5) 测绘周期与摆角的关系曲线: T-θ 曲线;

(6) 验证摆球质量与周期的关系;

(7) 写出完整的设计预习报告和实验报告.

【实验仪器与条件】

单摆仪、秒表、米尺、游标卡尺.

应用单摆来测重力加速度既简单,又方便. 因为单摆的振动周期决定于振动系统本身的性质,即决定于重力加速度 g 和摆长 l,如图 8.53.1 所示. 所以,需要测量出单摆的摆长 l,并测出其摆动的平均周期,就可以算出重力加速度 g 的值. 图 8.53.1 中,摆长可调,两个金属球 m 分别为钢球和铅球.

地球上,各地区重力加速度 g 随地区的地理纬度和相对于海平面的高度不同而稍有差异. 接近南北极时 g 值最大,而赤道附近 g 值最小,但两者相差也仅仅 1/300 左右. 天津地区的 $g_0 = 9.8017 \text{m/s}^2$. 本实验以此为实验标准值.

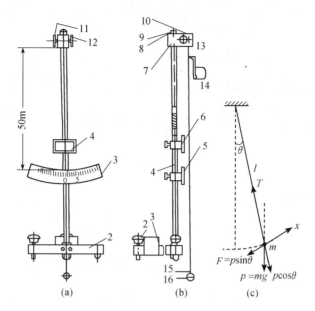

图 8.53.1 单摆仪结构及原理图
(a)、(b)单摆仪结构图;(c)小球受力图

1. 三足座;2. 调频螺丝;3. 加重快;4. 立柱;5. 标度尺 6. 指标镜;7. 上座;8. 垫圈;9. 螺母;
10. 线夹块;11. 绕线轴;12. 固紧螺丝;13. 线夹;14. 钢卷尺;15. 摆球接头;16. 摆球

【设计要点与理论根据】

一、理论及公式推导

（1）推导单摆测重力加速度的公式 g，单摆受力分析如图 8.53.1(c)所示。当 $\theta < 5°$ 时，单摆近似于简谐振动：$F = -kx$. 其位移速度、加速度分别为 $x = A\sin\omega t, v = \dot{x} = A\omega\cos\omega t, a = \ddot{x} = -A\omega^2\sin\omega t$. 由牛顿第二定律：$F = ma$，可见 $F = -m\omega^2 x$，角速度 $\omega = \frac{2\pi}{T}$，所以有 $k = m\frac{4\pi^2}{T^2}$. 回复力 $F = mg\sin\theta \approx -mg\frac{x}{l} = -kx$，即得

$$g = 4\pi^2 \frac{l}{T^2} \tag{8.53.1}$$

（2）根据误差理论，推导出标准不确定度 σ_g 以及 $\frac{\sigma_g}{g}$ 的表达式.

$$E_g = \frac{\sigma_g}{g} = \sqrt{\left(\frac{\sigma_l}{l}\right)^2 + \left(2\frac{\sigma_T}{T}\right)^2} \tag{8.53.2}$$

$$\sigma_g = E_g \cdot g$$

二、实验方法和实验仪器的选择

（1）根据误差的"等量分配原则"，以及本实验对 $\frac{\sigma_g}{g} \leq 0.5\%$ 的要求，估算关于 σ_l 与 σ_T、$\frac{\sigma_l}{l}$ 与 $\frac{\sigma_T}{T}$ 的公式. 即

$$\frac{\sigma_g}{g} = \sqrt{\left(\frac{\sigma_l}{l}\right)^2 + \left(2\frac{\sigma_T}{T}\right)^2} \leqslant 0.5\% \tag{8.53.3}$$

$$\left(\frac{\sigma_l}{l}\right)^2 + \left(2\frac{\sigma_T}{T}\right)^2 \leqslant (0.5\%)^2 \tag{8.53.4}$$

根据误差的"等量分配原则",即各物理量的分误差对总误差的贡献相等. 因此

$$\left(\frac{\sigma_l}{l}\right)^2 = \left(2\frac{\sigma_T}{T}\right)^2 \leqslant \frac{(0.5\%)^2}{2} \tag{8.53.5}$$

$$\frac{\sigma_l}{l} = 2\frac{\sigma_T}{T} \leqslant \frac{\sqrt{2}}{2} \times 0.5\% \tag{8.53.6}$$

由此,可以求得各分误差大小为

$$\frac{\sigma_l}{l} \leqslant 0.4\%, \quad \sigma_l \leqslant l \cdot 0.4\% \tag{8.53.7}$$

$$\frac{\sigma_T}{T} \leqslant 0.2\%, \quad \sigma_T \leqslant T \cdot 0.2\% \tag{8.53.8}$$

(2) 根据各个分误差的大小要求,去选择合适的量具或仪器. 即选择好测量 T 与 l 的器具及其实验方法.

1) 选择测 l 量具:若选米尺测 l,取 $l=1.0000\text{m}$,由(8.53.7)可得

$$\sigma_l \leqslant l \cdot 0.4\% \leqslant 4\text{mm} \tag{8.53.9}$$

因为米尺的最小分度值为 $\Delta_分 = 1\text{mm}$,考虑到实际情况,仪器误差限值可取 $\Delta_{\text{ins}} = 1 \sim 2\text{mm}$.

$$\Delta_{\text{ins}} < 4\text{mm} \tag{8.53.10}$$

所以测量 l,选米尺即可. 其测量次数也不用太多,即可满足设计要求.

2) 选择测 T 量具:若选用秒表测量 T,假设单摆的摆动周期 $T=2.0\text{s}$,由(8.53.8)可知,

$$\sigma_T \leqslant T \cdot 0.2\% \leqslant 0.004\text{s} \tag{8.53.11}$$

一般的秒表准确度等级为 $a=0.1, a=0.2$,即分度值 $\Delta_分 = 0.1\text{s}$ 或 0.2s.

显然,即使用 0.1s 级的秒表进行测量,也不能满足设计要求. 如果实验只有 0.1 或 0.2 级两种秒表. 如何利用现有的精度较低的仪器,测出符合设计要求的测量结果呢? 为此作如下考虑,即选择合理的测 T 实验方法.

选择原则是从经济合理,又符合设计要求出发,去选择实验的方法. 因为增加测量次数可以减少误差,提高测量精度. 为此选择测量周期数 n,而每次测量的时间 $t=nT$.

由 $t=nT$,可得

$$\frac{\sigma_t}{t} = \frac{\sigma_T}{T} \leqslant 0.2\%, \quad \sigma_t = t \cdot 0.2\% = nT \cdot 0.2\% \tag{8.53.12}$$

若连续测 n 个 T 作为一个 t 的单次测量,考虑到测量者开、停计时器的反映时间近似为 0.2s,则取 $\sigma_t = \Delta_{\text{ins}} \approx 0.2\text{s}$. 可有

$$\sigma_t = nT \cdot 0.2\% \approx 0.2\text{s}$$

$$n \approx \frac{0.2\text{s}}{T \cdot 0.2\%} \approx \frac{0.2\text{s}}{2.0\text{s} \times 0.2\%} \approx 50(\text{次}) \tag{8.53.13}$$

这相对于每一个周期 T 来说,$T = \frac{t}{n}$,有

$$\sigma_T = \frac{\sigma_t}{n} = \frac{0.2\text{s}}{50} = 0.004\text{s} \tag{8.53.14}$$

可见,选用0.1级(或0.2级)秒表测 T,当每次测量 t 所含的周期数 $n=50$ 个周期以上时,并通过多次测量 t,即可达到设计要求. 若用手机中秒表功能或其他计时装置计时,其实验方法和测 T 次数计算方法类似.

三、实验内容提要

(1) 取 $l=1.000$m,分别利用钢球、铅球,测3次 $t=50T$. 列表进行数据处理,计算 g、σ_g、E_g,结果表示 $g \pm \sigma_g$.

(2) 分别取 $l=0.5000$m,0.6000m,0.7000m,0.8000m,0.9000m,1.0000m,各测1次 $t=50T$. 列表进行数据处理,计算 g、σ_g、E_g 等;

(3) 描绘 T^2-l 曲线,求其斜率,并计算 g,E_g,$g \pm \sigma_g$.

(4) 对上述测量结果进行验证,看是否符合 $\frac{\sigma_g}{g} \leqslant 0.5\%$ 的设计要求,并且和本地区的 g 标准值进行比较分析,计算百分差 $E_{百} = \frac{g_{标} - g_{实}}{g_{标}} \times 100\%$,并得出实验结论.

【实验报告要求】

(1) 在充分预习的基础上,写好设计预习;

(2) 实验结束后,整理出完整的实验报告;

(3) 报告内容如下:①目的要求;②仪器;③原理;④实验内容与步骤;⑤数据表格与数据处理;⑥结果表示;⑦误差分析;⑧结论或体会.

【参考资料】

《大学物理》讲义的简谐振动部分、误差处理部分以及常用仪器与量具部分.

【分析讨论题】

(1) 摆长是指哪两点距离? 如何测量?

(2) 如何测量单摆周期? 为什么计算周期个数时应以摆球通过平衡位置时开始计算?

(3) 实验要验证什么规律? 测重力加速度 g 的主要步骤是什么?

(4) 根据间接测量误差传递公式,分析哪个物理量对 g 测量的影响最大?

(5) 单摆在摆动中受到空气阻尼后,振幅会越来越小,试问它的周期是否会变化? 并说出理论依据.

实验54 设计测定轻质固体密度

【实验目的】

(1) 掌握物理杆的使用方法;掌握数据处理、不确定度计算和结果表示的方法;

(2) 掌握测定轻质固体材料(已知密度小于水的密度)密度的方法;

(3) 掌握测定不规则物体(如颗粒状物体)密度的方法.

【实验要求】

(1) 测定石蜡的密度;
(2) 测定颗粒状态物体的密度;
(3) 实验报告要求写出实验方法、导出测量公式、拟定实验步骤、自行设计数据表格,用不确定度评价实验结果;分析讨论实验误差来源.

【实验仪器】

物理天平、比重瓶、烧杯、待测石蜡、颗粒状物体(其大小能放入比重瓶中).

【思考题、练习题】

(1) 用流体静力称衡法测固体材料密度时,要不要记入悬丝质量?为什么?
(2) 在测固体密度时,如果考虑空气浮力的影响,计算密度的公式应该怎样修正?

实验 55　设计测定液体密度

【实验目的】

(1) 掌握测量液体密度的方法;
(2) 熟练掌握天平、比重瓶等基本仪器的使用;
(3) 掌握分析误差、评价结果的方法.

【实验要求】

(1) 用两种方法测量待测液体的密度;
(2) 要求相对误差 $E_\rho \leqslant 3\%$;
(3) 实验报告要求写出实验原理、步骤、数据表格及其数据处理;
(4) 比较分析两种方法测量的误差及原因,并对实验结果进行评价.

【实验仪器】

天平、比重瓶、蒸馏水、待测液体(一定浓度的食盐水等)、金属块、烧杯等.

【思考题、练习题】

(1) 在直接测量中,你怎样确定测量次数和误差?
(2) 如何检查天平具有不等臂性误差?如果物理天平不等臂,如何消除之?

实验 56　设计用光杠杆测量金属的线胀系数

【实验目的】

(1) 学习应用光杠杆水平测量微小长度变化的原理与方法;
(2) 学习设计测定金属的线胀系数;
(3) 练习用三种以上的数据处理方法处理数据.

【实验要求】

(1) 导出测量所用公式；
(2) 写出实验原理及实验内容与步骤；
(3) 设计数据表格；
(4) 测出金属铜在指定温度范围内的线胀系数；
(5) 分析讨论误差产生的主要原因；
(6) 对实验结果进行评价．

【实验仪器】

线胀仪装置、待测金属棒、金属铜管、温度计、数字温度显示仪、卡尺、米尺等．

线胀仪是装有管形加热器及金属散热罩的装置．加热器的电器线路示意图如图 8.56.1～图 8.56.2．待测铜管的上端放置光杠杆的后足．当铜管温度变化时，铜管有伸缩，因铜管下端与线胀仪的金属底面相接触，不能往下伸缩，因此铜管的伸缩完全由上端反映出来．

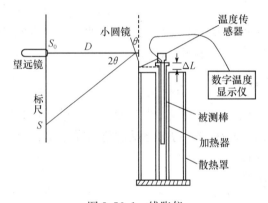
图 8.56.1 线胀仪

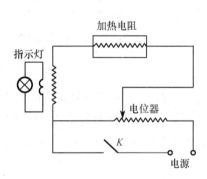
图 8.56.2 加热器电路示意图

【原理提示】

1. 线胀系数

物体一般都具有热胀冷缩的特性．固体受热后长度的增加称为线膨胀．在一定温度范围内，固体的相对伸长 $\frac{\Delta l}{l}$ 与温度增量 Δt 成正比，即

$$\frac{\Delta l}{l} = a\Delta t \tag{8.56.1}$$

式中，比例系数 a 称为固体的线膨胀系数，表示固体物质本身的热膨胀特性．

实验证明，它随温度的变化近似呈线性关系，在常压常温附近可作线性处理，表示为

$$L = L_0[1 + \alpha(t - t_0)] \tag{8.56.2}$$

L_0 为 t_0 时的长度（原长），L 为 t_0 升温到 t 时的长度，α 称为线胀系数．

线胀系数 α 在数值上等于当温度每升高 1℃时,物体每单位原长的伸长. 其数值因材料的不同而不同.

$$\alpha = \frac{L - L_0}{L_0(t - t_0)} = \frac{\Delta L}{L_0(t - t_0)} \tag{8.56.3}$$

其中 $\Delta L = L - L_0$ 为物体温度从 t_0 升到 t 时长度的增长量.

严格地说,线胀系数也是温度的函数,但在常压下,常温附近因温度不同,线胀系数变化不大,可视为常量,称之为平均线胀系数(简称为线胀系数).

2. 光杠杆放大原理——微小长度变化的测定

光杠杆测长度微小变化的原理:因为固体的线胀系数 α 较小,即 ΔL 很小,故利用光学原理可放大 ΔL 的示读值. 对于物体长度微小的改变,通常不能用米尺等长度测量仪器来测量,但可用光杠杆放大原理进行测量. 光杠杆是由一块平面镜和三脚支架构成的,如图 8.56.3 所示. 由于铜管变形可使后足升高或降低 ΔL,从而使小圆镜发生俯仰. 通过望远镜及标尺读数即可测其形变量,装置如图 8.56.3. 用法和原理如下:

(1) 在距光杠杆 D 处(大于 2 米),放置望远镜及标尺,调节望远镜及光杠杆位置,使在望远镜中能看到平面镜中反射回来的标尺像,再使望远镜叉丝与标尺的刻度线平行. 由望远镜中读出标尺的初读数 S_0.

(2) 由于温度的改变,铜杆伸缩,而使后足 c 点移动了 ΔL,到 c' 处,此时平面镜转动了一个小角度 θ,望远镜标尺读数变为 S. 因为角度一般很小,所以

$$\theta \approx \tan\theta = \frac{\Delta L}{d}$$

d 为光杠杆后足 c 到前足 a、b 的垂直距离,如图 8.56.4 所示. 当镜面法线转过了 θ 角时,望远镜中标尺的读数的位置改变了 $(S - S_0)$,由光线的入射角与反射角相等可知,这时反射角转过了 2θ,有 $(S - S_0)/D = \tan 2\theta \approx 2\theta$,所以

$$\Delta L = \frac{d(S - S_0)}{2D} \tag{8.56.4}$$

这就是我们要测量的形变量 ΔL.

图 8.56.3 光杠杆

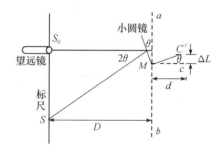

图 8.56.4 光杠杆及望远镜系统

膨胀系数可通过测量一定温度下物体的原长和升温后的伸长量而求得. 伸长量 Δl 是一个微小长度变化,可以用光杠杆镜尺系统测量. 线膨胀仪装置如图 8.56.5 所示. 将长为 l 的固体放在线膨胀仪内载物台上光杠杆的后脚之下,通过加热孔使物体受热伸长发生

热胀形变，微小的伸长就会使光杠杆后脚移动，导致光杠杆镜面角度转动．通过镜尺放大系统即可记录下该物体受热膨胀后长度的增加量 Δl，同时记下热胀过程中的温度增量 Δt，由此即可求出该固体的线膨胀系数 α．

【实验内容与步骤】

(1) 将铜管放在实验台上，用钢直尺测量长度 L_0，然后放入线胀仪中．

(2) 调好光杠杆及望远镜．记下初温度 t_0 ℃ 和标尺的初读数 S_0．

(3) 接通电源；调节电位器旋钮，使指示灯发出微弱的光亮（或对所用不同型号的仪器设定温度的上、下限），观察温度上升时望远镜中的读数变化，直至温度稳定读数不变．然后断开电源，每当温度下降 10 ℃ 左右时，记下 t 与 S 的值，直至 S 值稳定不变时为止．

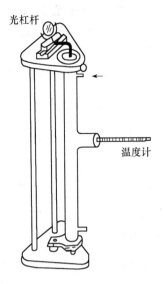

图 8.56.5 线膨胀仪式意图

(4) 用钢卷尺量出光杠杆镜面到标尺的距离 D，然后把光杠杆取下，用游标卡尺、米尺测量 d 值（方法：将光杠杆在纸上轻压，印出 a、b、c 点的痕迹，连接 ab，作 c 点到 $\overline{ab}$ 垂线 cM，cM 之长即为 d 值）．记下测量的 L_0、t、S、D 各量所使用的量具的基本误差．

(5) 以 t 为横坐标，S 为纵坐标，作 S-t 曲线，用两点法求斜率 k，计算 α 值．

【数据表格】

表 8.56.1 金属铜管线胀系数的测量

仪器型号_____，量程_____，最小分度值_____，准确度等级_____．

被测物理量	L_0/cm	t_0/℃	S_0/cm	D/cm	d/cm
测量值					
温度下降时的标尺读数					
温度 t/℃					
标尺读数 S/cm					

【数据处理】

(1) 按作图规则作 S-t 图线，在图线上取二点求斜率 k；

(2) 计算线胀系数 $\alpha = \dfrac{d}{2DL_0} k$，写出实验结果．

【讨论分析题】

(1) 如何测定金属铜管的线膨胀系数？用光杠杆测量时，改变哪些量可以增加光杠杆的放大倍数？

(2) 如果实验中加热时间过长，使仪器支架受热膨胀，对实验结果将产生何影响？

(3)如何用光杠杆放大的方法测微小长度？

(4)计算铜管在你的实验温度范围内的线膨胀 ΔL，并分析是否能用米尺、游标卡尺来直接测量出它？为什么？

(5)为什么在温度下降过程中测量 t 和 S，而不在升温过程中测量？

实验57　设计用焦利秤测弹簧的有效质量

【实验目的】

(1)掌握焦利秤测微小力的原理和方法；

(2)研究焦利秤下弹簧的简振振动；

(3)学习用多种数据处理方法处理数据．

【实验要求】

(1)设计一个实验，研究弹簧振子的简谐振动；

(2)测量弹簧振子的有效质量，写出原理，推导公式；

(3)至少用两种数据处理方法处理数据，归纳总结振动周期的关系式，计算弹簧的有效质量．

【实验仪器】

焦利秤、停表、砝码、天平、待测弹簧(柱形、锥形)．

【原理提示】

由于焦利秤的弹簧 k 值很小，弹簧的有效质量与弹簧下所加物体系(包括小镜子、砝码托盘和砝码)的质量相比不可忽略，在研究弹簧的简谐振动时，需考虑其有效质量．

【参考资料】

(1)"用拉脱法测液体的表面张力系数"；

(2)"数据处理基本方法及结果表示"．

【思考题、练习题】

(1)为了减小周期测量的误差，你采取了什么措施？

(2)用天平测量弹簧的实际质量，与测得的有效质量相比，能粗略说明什么问题？

实验58　设计测定偏心轮绕定轴的转动惯量

【实验目的】

(1)掌握实验原理、方法．掌握多种处理数据的方法，写出完整的实验报告；

(2)测出给定偏心轮绕定轴的转动惯量；

(3)要求 $E \leqslant 3\%$，掌握选择测量仪器的基本方法；

(4)分析讨论误差产生的原因，评价测量结果．

第八章 力 学 实 验

【实验要求】

(1) 偏心轮的转轴不通过质量中心. 当偏心轮放在三线摆的下圆盘上且偏心轮的特定轴与下圆盘的转轴重合时,会引起下圆盘倾斜. 为保证下圆盘处于水平状态,可视具体情况配重;

(2) 采用传统法和比较法测偏心轮的转动惯量,并写出测量公式. 根据 $E \leqslant 3\%$,选择测量仪器;

(3) 拟出实验步骤;

(4) 列出数据表格,尽可能多地采用各种处理数据的方法,正确完整地表达测量结果;

(5) 比较两种测量方法的优缺点.

【实验仪器】

三线摆仪、气泡水准器、待测偏心轮、砝码、米尺、停表等.

实验 59 设计用气垫导轨测量滑块的运动

气垫技术是近代科学领域中迅速发展起来的新技术. 利用这种技术可以减少设备摩擦、延长设备使用寿命、提高效率. 在机械、电子、纺织、运输等工业生产中,这种技术已有广泛的应用,如气垫船、气垫输送线、磁悬浮列车等.

在物理实验中,由于摩擦的存在,实验的误差往往很大,甚至使某些力学实验无法进行. 采用气垫导轨装置,可使这一问题得以解决. 如滑块在导轨上运行时,由于气垫漂浮作用,滑块与导轨实际上不发生任何直接接触,这就大大减少了运动时的摩擦阻力,从而可以实现对一些力学现象和过程的较精密的定量研究.

【实验目的】

(1) 熟悉气垫导轨的调整和应用;

(2) 学习在气垫导轨上测量物体速度和加速度的方法.

【实验要求】

(1) 写出实验内容与实验步骤;

(2) 自行设计出数据表格;

(3) 列出误差处理公式.

【实验仪器】

气垫导轨及附件、数字毫秒计等.

【原理提示】

1. 速度的测量

物体在作直线运动的平均速度

$$\bar{v} = \frac{\Delta x}{\Delta t} \tag{8.59.1}$$

式中 Δx 是在 Δt 时间内物体的位移. 当时间间隔 Δt(或位移 Δx)越小, 平均速度越接近某点的实际速度. 当取极限时, 就得到某一点的瞬时速度, 即

$$v = \lim_{\Delta t \to 0} \frac{\Delta x}{\Delta t} = \lim_{\Delta t \to 0} \bar{v} \tag{8.59.2}$$

但在实验中, 直接用此式来测量某点的速度是不可能的, 因为当 Δt 趋向于零时(Δx 也同时趋向于零), 测量有具体困难. 在一定的误差范围内, 可以取很小的 Δt 及其经过的位移 Δx, 用其平均速度 $\frac{\Delta x}{\Delta t}$ 近似地代替瞬时速度.

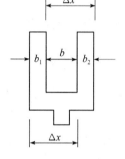

图 8.59.1 遮光板示意图

本实验是在气垫导轨上进行, 被研究的物体(滑块)在导轨上运动时的摩擦阻力接近于零. 滑块上装一定宽度 Δx 的遮光板, 如图 8.59.1. 滑块经过位移 Δx 所用的时间 Δt 用数字毫秒计测量. 计时方法选用 s_2 挡, 即当遮光板 b_1 一边进入光电门中(刚刚遮住小灯泡射入光电管的光线), 数字毫秒计立即开始计时, 一直到遮光板另一边 b_2 再进入光电门, 计时立即停止. 从数字毫秒计中显示的数字即通过遮光板 Δx 的时间 Δt. 应用公式 $\frac{\Delta x}{\Delta t}$ 可计算这段时间的平均速度, 只要 Δx 取的较小, 就可以近似地认为这是该点的瞬时速度. 即 Δx 足够小时, 近似地有

$$v \approx \bar{v} = \frac{\Delta x}{\Delta t} \tag{8.59.3}$$

2. 加速度的测定

当滑块受到恒定外力作用时(如导轨倾斜或滑块被牵引), 滑块作匀加速运动, 则有

$$v_2^2 = v_1^2 + 2a(s_2 - s_1) \tag{8.59.4}$$

式中, v_2 是滑块在 s_2 处的速度; v_1 是滑块在 s_1 处的速度. 由(8.59.4)式可以得到滑块的加速度.

$$a = \frac{v_2^2 - v_1^2}{2(s_2 - s_1)} \tag{8.59.5}$$

在气垫导轨的单脚螺钉下加垫块, 导轨的表面就形成斜面. 带有当遮光板的滑块通过第一个光电门时, 可测得速度 v_1, 通过第二个光电门时, 可测得速度 v_2, 再从导轨侧面标尺上读出两个光电门位置 s_1 和 s_2, 代入(8.59.5)式可求得滑块的加速度.

3. 验证动量守恒定律

当物体系所受合外力为零时, 总动量守恒.

设两个物体(滑块)在一直线上作完全的对心碰撞, 维持在碰撞方向上合外力为零, 则有:

$$m_1 v_{10} + m_2 v_{20} = m_1 v_1 + m_2 v_2 = C(常量) \tag{8.59.6}$$

设碰撞前的动量为 P_1, 则

$$P_1 = m_1 v_{10} + m_2 v_{20}$$

碰撞前的动量为 P_2，则
$$P_2 = m_1 v_1 + m_2 v_2$$
若它们的误差分别为 ΔP_1 和 ΔP_2，且 $|P_2 - P_1| < |\Delta P_1 + \Delta P_2|$，即其偏离小于测量误差。那么，就可以说，在测量误差范围内，动量守恒定律成立。亦即从实验上验证了动量守恒定律。

【讨论分析题】

(1) 怎样调节气轨水平？如何判断气轨是否处于水平？调节气轨水平时，若滑块由 A 向 B 运动时 $\Delta t_A = \Delta t_B$，而由 B 向 A 运动时 $\Delta t_A > \Delta t_B$，是何原因？应如何处理？

(2) 实验中所得 a-F 图线是否一定经过坐标原点？若不经过原点可能是什么原因？对实验结论有何影响？

(3) 如果 $v_{20} \neq 0$，将如何考虑动量守恒定律的验证方法？试拟出做法。

实验 60 设计用气垫法测定物体的转动惯量

【目的要求】

(1) 用气垫法测定物体的转动惯量的特点及原理。
(2) 测定刚体绕固定轴的转动惯量。学会一种用实验验证刚体定轴转动定律的方法。
(3) 学习用对称测量法消除零转引起的系统误差。

【实验仪器】

气垫转动惯量测定仪；数字毫秒计；微音气泵；砝码组(2×1g，4×2g 及 2×5g)等。

【实验原理】

转动定律指出：绕固定轴转动的刚体，其所受外力矩 N 与该力矩作用下产生的角加速度 α 成正比，即

$$N = I\alpha \tag{8.60.1}$$

比例系数 I 为刚体绕定轴转动的转动惯量，单位：kg·m²。当刚体的转轴被确定后，其转动惯量为一常数。如图 8.60.1～图 8.60.2 所示，由于砝码 m 的重力作用，使绕在动盘圆柱上的软细线产生张力 T，在张力作用下，动盘将产生一转动力矩 N。假定动盘圆柱直径为 D_1，则当气动阻力可忽略时，外力矩

$$N = TD_1 \tag{8.60.2}$$

在力矩 N 的作用下，动盘将作匀角加速运动，砝码 m 随之下落，由牛顿第二定律可知，张力 T 与砝码下落的加速度 $a = \alpha D_1 / 2$ 之间满足如下关系：

$$T = m(g - a) = m\left(g - \frac{\alpha D_1}{2}\right) \tag{8.60.3}$$

将式(8.60.2)及(8.60.3)代入式(8.60.1)，有

$$N = mD_1\left(g - \frac{\alpha D_1}{2}\right) = I\alpha \tag{8.60.4}$$

若式(8.60.4)得证，则刚体转动定律得以验证。当 m 及 D_1 与动盘质量及半径相比均很小

时，有 $a \ll g$，于是式(8.60.4)变为

$$N = I\alpha \approx mgD_1 \tag{8.60.5}$$

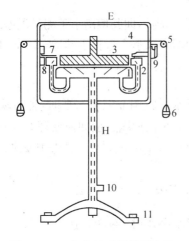

图 8.60.1 气垫转动惯量测定仪
1. 气室；2. 定盘；3. 动盘；4. 细线；
5. 气垫滑轮；6. 砝码桶；7. 遮光板；8. 光电门；
9. 定点发放开关；10. 进气口；11. 地脚螺丝

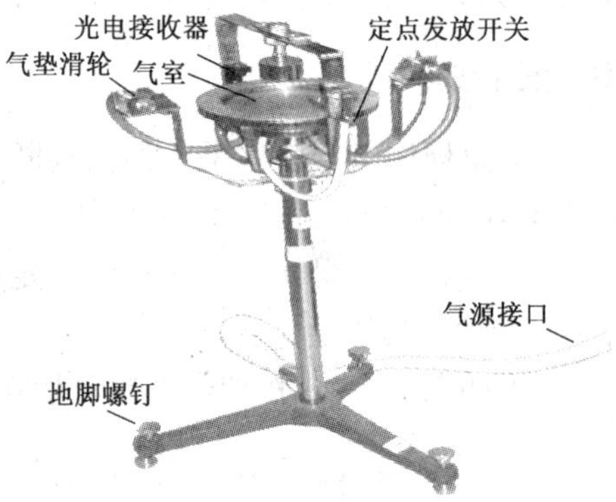

图 8.60.2 测定仪实物图

设动盘转动的初角速度为 ω_0，其继续转过 $\theta_1 = 2\pi$ 及 $\theta_2 = 4\pi$ 角度所用的时间分别为 t_1 及 t_2，则由刚体运动学公式可得

$$\theta_1 = 2\pi = \omega_0 t_1 + \alpha t_1^2/2 \tag{8.60.6}$$

$$\theta_2 = 4\pi = \omega_0 t_2 + \alpha t_2^2/2 \tag{8.60.7}$$

由式(8.60.6)和式(8.60.7)中消去 ω_0，即可求出动盘在力矩 N 的作用下，绕固定轴转动的角加速度

$$\alpha = \frac{4\pi(2/t_2 - 1/t_1)}{t_2 - t_1} \tag{8.60.8}$$

改变砝码质量 m_i，测出动盘在不同外力矩 $N_i = m_i g D_1$ 下绕定轴转动的角加速度 α_i，作 N-α 曲线，若该曲线为一直线，则证明刚体转动定律成立，且直线的斜率即为刚体绕固定轴的转动惯量 I.

【实验内容与步骤】

(1) 接通气源、取下动盘、放上水平校准盘再调节地脚螺丝使定盘及气室上表面处于水平状态；

(2) 将仪器各部分均调到正常状态. 主要包括：气垫滑轮运转自如且无附加力矩，细线自然缠绕于动盘圆柱时，应与动盘平面平行，且细线应分别与气垫滑轮轴向垂直；两端砝码桶基本等高；聚光灯泡对准光敏二极管，且光控计时正常等；

(3) 依次向两个砝码桶(其质量相等5g)内放入等量砝码，分别在不同力矩作用下用数字毫秒计测定动盘旋转一周(即 $\theta_1 = 2\pi$) 及两周($\theta_2 = 4\pi$)所需的时间 t_1 及 t_2；给动盘施加转动力矩的方向是逆时针在动盘圆柱上绕线3周以上；

(4) 为采用对立影响法消除动盘可能产生的零转引起的系统误差,使动盘按相反方向旋转,并重复 3 中所述的测量;但测量前,应重新调整气垫滑轮轴线与细线垂直;

(5) 在不同力矩作用下,测定动盘转动的角加速度(自行设计数据记录表).

注意

(1) 未开气源时,动盘不得人为地在气室表面磨擦转动,气室、气垫滑轮及诸连接管道均不得漏气;

(2) 实验前,应调节气室上表面水平,使处于正常状态,且调好后不得随意挪动;

(3) 整个实验过程中要求气压稳定不变.

【数据表格处理】

自行设计数据表格.

(1) 根据表中的数据,在直角坐标纸上,以 N 为横坐标,α 为纵坐标,作 N-α 曲线,验证刚体转动定律,并由直线斜率求动盘的转动惯量 I.

(2) 用最小二乘法原理验证刚体转动定律.

实验 61 碰 撞 打 靶

【实验目的】

(1) 研究两个球体的碰撞及碰撞前后的单摆运动和平抛运动;

(2) 应用已学过的力学定律解决打靶问题.

【实验要求】

(1) 用一悬挂撞击球去撞击另一放在升降台上的被撞球,使被撞球击中指定位置的靶心;

(2) 设计方案要求计算被撞球击中靶心时,撞击球的初始理论高度;

(3) 通过实验测出被撞球击中靶心时,撞击球的初始实验高度;

(4) 计算碰撞前后机械能的损失,分析能量损失的各种来源,设计实验测出各部分能量损失的大小.

【实验仪器】

(1) 碰撞打靶实验装置;

(2) 同大小、同质量的撞击球和被撞球;

(3) 不同大小、不同质量的撞击球和被撞球;

(4) 游标卡尺、天平、钢尺等.

【思考题、练习题】

(1) 用什么方法能记下被撞球碰撞后击中的位置?

(2) 如果球不是正碰撞而是斜碰撞,对实验结果有何影响?

实验 62 乐器(吉他)弦振动的研究

【目的要求】

用压电传感器将乐器弦的振动信号转化为电信号,用示波器进行波形和频率研究,并用测频率的方法(物理法)调音.

【实验内容】

(1) 观察记录弦振动的波长,测量振动频率,研究弦长与振动频率的关系;

(2) 用测量频率的方法将吉他的三、四、五弦调至 C 调的 5、2、6;

(3) 每个弦下放至五个音格,用测频率的方法调整音格的位置,示相邻音格相差半个音高,使琴可以弹奏 $\dot{6}\sim\dot{1}$ 之间各个音;

(4) 选作:频谱分析.

【实验提示】

(1) 测定非线性电阻可采用伏安法、电桥法、电势差计法、非平衡电桥法等;

(2) 吉他一~六弦音高分别为 C 调的 $\dot{3},7,5,2,6,3$,C 调 6(小字 a)的标准频率为 440 赫兹;

(3) 在中音段两相差八度音的频率比为 2(在高音段人耳感觉的两个八度音的频率比要大于 2).八度音之间分 12 个半音,相邻两个半音的频率比相等,这就是十二个平均律.

第九章 热学实验

实验 63 设计测量不良导体的导热系数

导热系数是反映材料热性能、表征物质热传导性质的重要物理量.材料的导热机理主要取决于它的微观结构,热量传递依靠原子、分子围绕平衡位置的振动以及自由电子的迁移,它因材料的结构及所含杂质的不同而千变万化,某种材料的导热系数不仅与构成材料的物质种类密切相关,而且还与它的微观结构、温度、压力及杂质含量相联系.

【实验目的】

(1) 理解热传导的基本原理和规律,用稳态法测量橡皮的导热系数;
(2) 学习利用理论分析和实验观测的手段,找到最佳的实验条件和参数,正确测出结果.

【实验要求】

(1) 查阅相关资料,弄清实验原理,拟定实验步骤和数据记录表格,对不良导体进行导热系数的测量;

(2) 根据测量和数据处理画出 T-t 图,用作图法求冷却速率 $\dfrac{\mathrm{d}T}{\mathrm{d}t}$;并用线性回归进行线性拟合,求解 $\dfrac{\mathrm{d}T}{\mathrm{d}t}$ 及其误差.

【实验仪器】

导热系数测定仪,热电偶,杜瓦瓶、数字式电压表,秒表.

【原理提示】

对所有实验装置,当样品 B 上下表面维持的稳定温度分别为 T_1、T_2 时,单位时间内垂直通过待测样品 B 单位面积的热量为

$$\frac{\Delta Q}{\Delta t} = \lambda \frac{T_1 - T_2}{h_B} \pi R_B^2 \tag{9.63.1}$$

式中,h_B 为样品的厚度;R_B 为样品的半径;λ 为样品的导热系数.此时,通过样品上表面的热流量与铜盘向周围环境散热的速率相等,因此可通过盘在稳定温度 T_2 时的散热速率来求热流量 $\dfrac{\Delta Q}{\Delta t}$.

在实验中温度稳定在 T_1 和 T_2 后,既可移去样品 B,使圆筒发热体 A 的底直接与 P 盘接触,当 P 盘温度上升到高于温度 T_2 为 10° 左右时,再将圆筒发热体 A 移开,放上圆盘样品(或绝缘盘),让散热盘 P 冷却,电扇出于工作状态,观测 P 盘温度随时间 t 的变化,取邻

近 T_2 的温度数据,求出铜盘 P 在 T_2 的冷却速率 $\left.\dfrac{\Delta T}{\Delta t}\right|_{T=T_2}$,而 $\left.mc\dfrac{\Delta T}{\Delta t}\right|_{T=T_2}=\dfrac{\Delta Q}{\Delta t}$($m$ 为黄铜盘的质量,c 为其比热容),就是黄铜盘 P 在 T_2 时的散热速率,代入式(9.63.1)得

$$\lambda = mc\left.\dfrac{\Delta T}{\Delta t}\right|_{T=T_2} \cdot \dfrac{h_B}{T_1-T_2} \cdot \dfrac{1}{\pi R_B^2} \tag{9.63.2}$$

【思考题】

(1) 怎样确定本实验已经达到稳定导热状态?
(2) 在利用式(9.63.2)计算时,ΔT、T_1 和 T_2 的值可直接以电动势值代入,为什么?
(3) 实验过程中,环境温度的变化对实验有无影响?为什么?

【参考资料】

(1) 袁长坤主编. 物理量测量. 科学出版社,2004 年.
(2) 柴成钢,罗贤清,丁儒牛等编. 大学物理实验. 科学出版社,2004 年.

实验 64　设计测定气体比热容比 C_P/C_V

比热容是物性的重要参量,在研究物质结构、确定相变、鉴定物质纯度等方面起着重要的作用. 本实验将介绍一种较新颖的测量气体比热容的方法.

【目的要求】

测定空气分子的定压比热容与定容比热容之比.

【实验仪器】

气体比热容比测定仪、支撑架、密玻璃容器、气泵、计时器等.

$$\gamma \pm \Delta\gamma$$

【探索与研究】

(1) 注入气体量的多少对小球的运动情况有没有影响?
(2) 实际问题中,物体振动过程并不是理想的绝热过程,这时测得的值比实际值大还是小?为什么?

实验 65　电子温度计的组装

【目的要求】

设计并组装一个可以通过电压表或电流表显示温度的电子温度计.

【实验内容】

(1) 研究各种测温传感器件的工作原理;

(2) 选用热电偶、铂电阻、热敏电阻、PN 结的一种,设计并组装温度计,测温范围为 0~100 ℃.

【实验提示】

测温传感器件的应用原理.

第十章 电学、电磁学实验

实验66 自组惠斯通电桥测电阻

【目的要求】

（1）设计利用电阻箱自组惠斯通电桥的电路图并连接实验线路；

（2）选择不同倍率进行测量（如倍率 $C=\dfrac{R_1}{R_2}$ 分别为 $1,\dfrac{1}{10},\dfrac{1}{100}$）；

（3）给出消除系统误差的测量方法；

（4）选择不同电源电压进行测量；

（5）给出一组数据的不确定度分析；

（6）通过数据说明不同选择对测量结果的影响，总结正确的选择方法；

（7）掌握箱式惠斯通电桥的使用方法，并各处一个电阻的测量数据（包括测量不确定度）。

【实验仪器】

电阻箱若干、检流计1个、1.5V干电池2个、滑线变阻器1个、开关、导线等.

【实验提示】

一、实验公式

$$R_x = \frac{R_1}{R_2} R_0 \tag{10.66.1}$$

设计实验线路时，需考虑对检流计的保护.

二、自组电桥不确定度分析

（1）电阻箱示值误差决定的测量误差限为

$$\Delta_x = \sqrt{\left(R_x \frac{\Delta_{R_1}}{R_1}\right)^2 + \left(R_x \frac{\Delta_{R_2}}{R_2}\right)^2 + \left(R_x \frac{\Delta_{R_0}}{R_0}\right)^2} \tag{10.66.2}$$

$$\Delta_x = a\% R_i \tag{10.66.3}$$

（2）由灵敏域所决定的测量误差限为

$$\Delta_s = C\delta R_0 = C\frac{0.2}{\Delta d}\Delta R_0 = \frac{0.2}{\Delta d}\frac{R_1}{R_2}\Delta R_0 \tag{10.66.4}$$

（3）总的B类不确定度为

$$u_B = \Delta = \sqrt{\Delta_s^2 + \Delta_x^2} \tag{10.66.5}$$

实验 67　设计用伏安法补偿原理测电阻

【实验目的】

(1) 掌握补偿原理及伏安法各自的特点；

(2) 设计用伏安法补偿原理测电阻电路，画出电阻的伏安特性曲线，并根据其曲线求电阻值；

(3) 写出完整的该设计的实验报告.

【实验要求】

(1) 提前预习，自行设计用伏安法补偿原理测电阻的实验线路，并利用所设计的电路测量电阻值；

(2) 用列表法、作图法、最小二乘法、计算机数据处理软件处理数据，分别画出相应的伏安特性曲线，并对曲线进行分析；

(3) 分析不同测量方法的优缺点，学会根据准确度的要求选取合适的测量方法.

(4) 通过分析讨论，看有几种设计电路符合本设计实验的要求，并按目的要求自组测试电路，测量电阻值，处理数据，表示结果.

【实验仪器】

直流稳压电源，如 $E=0\sim30\mathrm{V}$，滑线变阻器两个，$R_1=1\mathrm{k}\Omega,R_2=250\Omega$，单刀单向开关两个，单刀双向开关一个，0.5 或 1.0 级电压表一只，电流表一只，检流计或万用表一只，附保护电阻的开关一只，待测电阻板一块，其板上待测电阻值 R_x 约数百欧姆不等，导线若干.

【原理提示】

1. 根据欧姆定律: $R_x=\dfrac{U}{I}$，设计伏安法、补偿法的测量电路.

2. 设计原理参考"单桥"、"双桥"、"电位差计"、"模拟法测静电场"等实验的原理方法.

3. 几个参考电路.

图 10.67.1(a)，V 表外接，测 V 不准；mA 表内接，测 I 较准.

图 10.67.1(b)，V 表内接，测 V 较准；mA 表外接，测 I 不准.

图 10.67.1(c)，增加检流计 G，测 V、I 都较准.

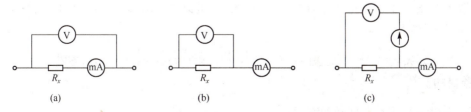

图 10.67.1　(a～c)电表内、外接及检流计应用参考电路

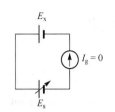

图 10.67.2 补偿原理电路

4. 实验内容、步骤和数据处理方法，参考"电学基本测量——测量线性电阻的伏安特性曲线."

【思考题】

（1）何谓补偿原理？为什么用补偿法测电压就没有电表的接入误差？

（2）根据电阻伏安特性曲线计算斜率求 R 时，在图线上取点的原则是什么？

（3）在补偿法测电压的电路中，如果不用保护电阻，如何保证检流计不会被损坏？

实验 68　电表内阻测量设计

【实验目的】

测量给定表头的内阻.

【实验内容】

（1）总述测量内阻的各种方案，简述实验原理，推导测量公式；

（2）选择两种方法，拟定测量步骤，提出实验仪器；

（3）按选定方法测出结果，计算不确定度，并与实际标准值对照.

【实验提示】

（1）应选择完全不同的实验方法进测量；

（2）选择实验方法时要注意考虑灵敏度对测量准确度的影响.

实验 69　电容的测量设计

【目的要求】

测定给定电容器的电容和给定薄膜的电容率.

【实验内容】

（1）收集测量电容的各种方法，简述原理，给出公式；

（2）选用三种方法，制定实验方案，进行测量；

（3）选作：设计一种方法测量薄膜的电容率，进行测量.

【实验提示】

测量电容可能的方法有电桥法、冲击法等，也可以利用电容在电路中的暂态性质或振荡性质进行测量.

实验 70　变阻器制流特性和分压特性应用设计

【实验目的】

（1）掌握电学基本仪器的使用；

（2）测绘变阻器的分压特性曲线和制流特性曲线.

【实验要求】

(1) 利用电阻箱研究变阻器的制流特性和分压特性；
(2) 设计制流和分压电路，测出分压和制流的特性曲线，讨论实验结果；
(3) 掌握应如何兼顾负载和电源的要求来选择分压电阻和制流电阻的规格.

【实验仪器】

直流稳压电源一台，数字电压表一台(3.5位数字显示，内阻 $10\mathrm{M}\Omega$ 左右)，电阻箱一只，小灯泡一只(6.3V,0.15A)电源开关，单刀双掷电键，导线等.

【原理提示】

1. 变阻器的分压特性

设计分压电路，令 $k=\dfrac{R_\mathrm{L}}{R_0}$, $x=\dfrac{R_1}{R_0}$, $R_0=R_1+R_2$，则负载 R_L 上的电压为

$$U_\mathrm{L}=\dfrac{kxU_0}{k+x-x^2} \tag{10.70.1}$$

2. 变阻器的制流特性

涉及制流电路，若 k 与 x 的定义式不变，并令

$$I_0=\dfrac{U_0}{R_\mathrm{L}}$$

则可导出通过负载的电流

$$I_\mathrm{L}=\dfrac{kI_0}{1+k-x} \tag{10.70.2}$$

实验设计可参考上述提示进行，将所用仪器的名称、型号、规格逐一记录.

分压特性：连接分压线路，取 $U_0=1\mathrm{V}$, $R_\mathrm{L}=1000\Omega$，分别作 $k=10,1,0.1$ 时，U_L/U_0 与 x 的关系曲线.

制流特性：连接制流线路，取 $U_0=10\mathrm{V}$, $R_\mathrm{L}=1000\Omega$ (即 $I_0=10\mathrm{mA}$)，分别作 $k=10,1,0.1$ 时，I_L/I_0 与 x 的关系曲线.

推导式(10.70.1)和式(10.70.2)，并讨论实验结果.

【思考题】

(1) 利用分压和制流曲线，设计一个用伏安法测量阻值为约 $1\mathrm{k}\Omega$ 的未知电阻的控制电路，给出电路参数；
(2) 为使电压和电流有较大调节范围，并能做到精细调节，请设计并画出分压和制流电路的细调电路.

实验 71 设计用电势差计测电阻

【实验目的】

(1) 训练简单测量电路的设计和测量条件的选择；
(2) 加深对补偿法测量原理的理解和运用；

(3) 用 U-31 型电势差计测电阻,并进一步掌握不确定度的计算.

【实验要求】

(1) 要求稳压电源固定输出为 1.5V. 设计测定待测电阻的电路,给出测量待测电阻 R_x 的公式. 若所用电势差计只有一组输入测量端,则应设计一个电路能对标准电阻和待测电阻的端电压作连续测量的电路;

(2) 选择合适的测量条件:标准电阻值、控制电路的工作电流和变阻器阻值;

(3) 测量次数不少于 6 次,计算不确定度.

【实验仪器】

电势差计(包括标准电池、灵敏电流计、工作点源),直流稳压电源,分压器,标准电阻,变阻器,电压表,电流表,待测电阻(约 100Ω, $0.25W$),开关,导线等.

【原理提示】

(1) 测量未知电阻 R_x 时,R_N 为阻值已知的标准电阻,则

$$R_x = \frac{U_x}{I} = \frac{U_x}{U_N} R_N \tag{10.71.1}$$

式中 U_x 和 U_N 均可由电势差计测出.

(2) 用电势差计测电阻 R_x 时,选择合适的测量条件可由以下几方面考虑:由电阻的相对误差 $E = \frac{\Delta R_x}{R_x} = \frac{\Delta U_x}{U_x} + \frac{\Delta U_N}{U_N} + \frac{\Delta R_N}{R_N} = \frac{\Delta U_x}{U_x} + \frac{\Delta U_N}{U_N}$,令 $\frac{dE}{dU_N} = 0$,可选定标准电阻 R_N.

(3) 计算待测电阻上允许通过的电流 I_{max},为避免电阻在测量过程中发热,常选取 $I_{max}/5$ 作为最大工作电流.

【思考题】

(1) 用电势差计测定待测电阻 R_x 时,R_N 和 R_x 为什么要选同一数量级的电阻?

(2) 使用电势差计测量电阻有哪些操作步骤?操作时应注意些什么?

实验 72 设计用电势差计校准毫安表并测内阻

【实验目的】

(1) 学习设计简单的控制电路;

(2) 加深对补偿原理的理解和应用,掌握用电势差计校准电表及测量电阻的方法;

(3) 用电势差计校准毫安表及测量毫安表的内阻.

【实验要求】

(1) 设计用电势差计校准毫安表及测量毫安表的内阻的实验电路图,拟定测量方案,设计数据记录表格;

(2) 根据被校电流表的量程及电势差计的量程,估算标准电阻的阻值及额定功率,并用电桥测出标准电阻的阻值;

(3) 对电流表进行校准,然后计算出各修正值,得到电流表的修正曲线,定出电流表的级别及误差限;

(4) 根据记录数据求出毫安表的内阻,并估算出误差.

【实验仪器】

电势差计、标准电池、检流计、直流稳压电源、待校准的毫安表、标准电阻(阻值自测)、变阻器、干电池、开关、导线等.

【原理提示】

(1) 本实验校准微安表的方法,是以电势差计经转换测量而得到的电流值 I_s 作为标准值,分别读出微安表各个指示值 I_x 和对应的校准值 I_s,得到该刻度的修正值 $\delta I_s = I_s - I_x$,然后分别以 I_x 和 δI_s 为横、纵轴,画出该表的校准曲线,整个图形是折线状. 以后使用该表时,可根据电表的校准曲线修正读数值. 通过校准,找出该表的最大基本误差 $\Delta I = \delta I_{max}$,由下式即可确定出该表的等级.

$$标准误差 = \frac{最大绝对误差}{量程} \times 100\%$$

(2) 电势差计是测量电压的仪器,因此须将电阻测量转换为电压测量.

【思考题】

(1) 在校准电表时,为什么需要把电压(或电流)从小到大,再从大到小做一遍? 若两者完全一致,说明了什么问题? 若两者结果不一致,又说明了什么问题?

(2) 在校准电表时,电势差计必须先将其工作电流标准化,然后才能进行测量,为什么? 用电势差计测电阻值时,是否一定要先将其工作电流标准化,才能进行测量,为什么?

(3) 电势差计的仪器误差如何估算? 电表在使用时,如何估算其仪器误差? 在实际当中,应如何根据要求选用电表的级别和量程? 电表的级别选用不当会产生什么影响?

实验73 设计用线式电势差计校正伏特表

【目的要求】

(1) 电压表校正即是把被校正电压表与标准表来测量同一电压值,求出被校电表每一刻度(或整刻度)所对应的修正值. 如标准表读数为 V_s,被校表读数为 V,则修正值 $\Delta V = V_s - V$,以后使用被校表时如测得电压为 V,则其标准值为 $V_s = V + \Delta V$.

(2) 用电势差计校正电压表即是把电势差计作为标准电压表来校正被校电压表,电路如图10.73.1所示. 调节变阻器的滑键,使待校表读数依次为 0.5、1.0、1.5、2.0、2.5、3.0V,测出电势差计上的相应读数. 具体步骤、数据表格自己设计.

(3) 最后以被校表读数为横坐标,以修正值 ΔV 为纵坐标用毫米方格纸画出伏特计的校正曲线(折线形式画出).

【思考题】

(1) 保护电阻 R 的存在是否会影响线路的平衡？它的大小如何选择才能保护检流计和标准电池安全,试分析之.

(2) 按图 10.73.2 连接线路,接通开关后,无论怎样调节活动端,检流计指针总向一边偏转,试问有哪些可能的原因？

(3) 电池极性接反与工作回路电压 E 过高和过低时产生的现象有什么不同？

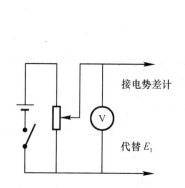
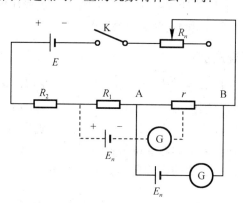

图 10.73.1 用电势差计校正电压表　　　　图 10.73.2 减小测量误差的电路

(4) 测量电池的内阻时,可以用电势差计测电池的电动势,并测电池并联一电阻后的端电压,通过计算可以得到电池的内阻. 设计其测量电路并求出计算公式.

实验 74　设计电表的改装与校准

【实验目的】

(1) 掌握将表头改装成电流表和电压表的方法；

(2) 学习校准电流表和电压表的方法.

【实验要求】

(1) 将 $100\mu A$ 表头分别改装为量程为 10mA 电流表和 2V 的电压表；

(2) 对改装后的电流表和电压表进行校准(作校准曲线)；

(3) 要求画出电路图,拟定实验步骤,自行设计数据表格,作校准曲线,讨论实验结果.

【实验仪器】

待改装表头(2.5 级,$150\mu A$,内阻由实验室给出)、电流表(1.0 级,10mA)、电压表(1.0 级,3V)、直流电流、滑线变阻器、电阻箱、固定电阻(500Ω).

【原理提示】

(1) 根据分流和分压原理扩大表头的量程；

(2) 改装后的电表必须经过校准才能使用,即将改装后的电表和一个标准表同时去测量一定的电流或电压,进行比较.

(3) 校准曲线:以被校表为横坐标,相应的标准表指示与被校表指示的差值为纵坐标描点,两个校正点间用直线连线,得到的折线图就是校准曲线. 校正曲线用来校正读数.

【思考题、练习题】

(1) 校准电表时,最好在电流上升、下降时各校准一次,为什么?

(2) 校准电表时,被校表是否要取整数读数? 读数间隔是否应相等? 为什么?

实验 75　万用表组装设计

【目的要求】

分析研究常用万用表电路,涉及并组装一个简单万用表.

【实验内容】

(1) 说明常用万用表电路,说明各挡的功能和设计原理;

(2) 设计并组装一个具有下列四挡功能的万用表:

① 直流电流挡:量程 1.00mA;

② 直流电压挡:量程 2.50V;

③ 交流电压挡:量程 10.0V;

④ 电阻挡(选作):电源电压取 1.3V;R_4.

【实验提示】

(1) 组装万用表时应先选定一个微安表,测定其量程 I_g 和内阻 R_g;

(2) 设计时应先设计直流电流挡. 直流电压挡和交流电压挡仅需在设计完成的直流电流挡的基础上增加一个串联电路,但后者需增加全波整流. 电阻挡则应增加电源 E. 实验参考电路见图 10.75.1~图 10.75.2.

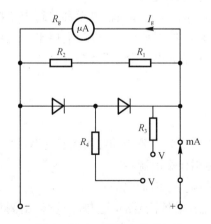

图 10.75.1　万用表参考电路

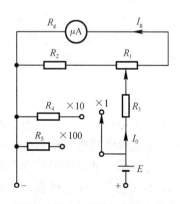

图 10.75.2　欧姆表参考电路

实验 76　设计用电流场模拟静电场

【实验目的】

（1）加深对电场强度和电势概念的理解；
（2）掌握用模拟法测绘静电场的原理和方法及特点和使用条件；
（3）学会用模拟法测量和研究二维静电场.

【实验要求】

（1）设计用电流场模拟静电场的测绘电路；
（2）设计测绘同轴电缆、平行电缆横截面及聚焦电极等电场分布的实验方法和步骤；
（3）利用半对数坐标纸作出同轴电缆横截面径向电势分布曲线 U-r 图，验证模拟场实测电势与半径 r 满足静电场中 U 与 r 的关系

$$U = U_0 \frac{\lg r_2 - \lg r}{\lg r_2 - \lg r_1} = a + b\lg r \tag{10.76.1}$$

式中：$U|_{r=r_1} = U_0$，$U|_{r=r_2} = 0$；r_1 为电缆心半径；r_2 电缆金属外皮半径.

【实验仪器】

静电场描绘仪、直流稳压电源、检流计、直流电源、等值电阻分压器等.

【原理提示】

（1）用电流场模拟静电场. 电流场与静电场有一一对应的物理量，并且对应的物理量有相同形式的数字关系和相同形式的边界条件. 电流场较静电场易于测量，因此测绘出恒定电流场中的电势分布即可求得静电场中的电势分布；

（2）模拟静电场描绘仪可使用有均匀石墨涂参层的导电纸（也可用导电玻璃或电解质溶液）作为导电介质，具有电阻均匀和各向同性的特性. 制作电极的金属材料的电导率远大于导电介质的电导率，因此金属电极上的电压降可以忽略；

（3）静电场描绘仪分上下两层，下层为不同形式的电极（如同轴电缆和平行电缆横截面）紧压在导电纸上并与电源正负极相连，从而在导电纸形成分布电流，上层平台上可铺设坐标纸，可用探针确定上下对应的位置. 实验时可用等电阻分压器、探针和检流计在导电介质上找到若干个等势点.

【思考题】

（1）当导电媒质的导电率不变但厚度不均匀时，所画等势线和电场线有无变化？
（2）本实验若用电解质溶液或导电玻璃，应使用什么电源？
（3）若实验中测出的等势线不对称，则可能是哪些原因造成的？
（4）本实验除了用电压表法外还可用检流计法（电桥法）测量电势. 试设计出测量电路并导出电势计算公式. 试比较两种方法的优劣.

实验 77　设计用冲击法测地磁场强度

【实验目的】

(1) 学习用冲击法测地磁场强度的基本原理和方法;

(2) 测定地磁场感应强度.

【实验要求】

(1) 根据冲击法的原理,设计一个线路,分别测出地磁场感应强度的垂直分量和水平分量;

(2) 画出线路图,推导测量公式,自拟实验步骤,计算地磁感应强度和磁倾角,并与当地的公认值比较,分析讨论实验结果.

【原理提示】

地磁场 B 中有一线圈 L_2(线圈半径较小,地磁场可看作是均匀的),其法线方向与磁场方向一致. 若将线圈翻转 $180°$,则在线圈中产生的瞬时感应电流所迁移的电量为

$$Q = \frac{2nSB}{R_0} \tag{10.77.1}$$

其中:n、S 分别为线圈的匝数和面积,R_0 为线圈及与它串联的电路的总电阻.

【实验仪器】

地磁感应圈(如图 10.77.1 所示,在原线圈 L_1 上绕另一副线圈 L_2,互感系数 L_{12} 和 n、S 由实验室给出. 线圈装在线圈架 A 上,可以 C、D 两点为轴旋转,线圈架 A 上另有两个弹簧扣钉 E、F 及一弹簧,借助于它们可将线圈固定在线圈架的水平面上,并由于弹簧的作用,当拉开 E、F 时,线圈便可以自动翻转 $180°$)、直流稳压电源、滑线变阻器、安培表、冲击电流计、单刀双掷开关等.

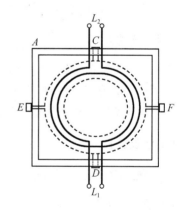

图 10.77.1

【思考题、练习题】

(1) 在测量地磁场的水平分量和垂直分量时,地磁感应圈所处方位对测量结果有无影响?

(2) 线圈翻转的快慢对结果有何影响?

实验 78　设计用冲击法测螺线管磁场

【实验目的】

(1) 学习用冲击法测长直螺线管内部轴线的磁场分布;

(2) 掌握冲击电流计的原理和使用.

【实验要求】

(1) 根据冲击法原理设计线路,测量长直螺线管内部轴线上的磁感应强度;
(2) 绘制磁感应强度分布曲线 x-B 图;
(3) 画出线路图,推导公式,自拟实验步骤和数据表格.

【实验仪器】

长直螺线管(内有一与之同轴的小探测线圈,其位置由螺线管外的标尺读出,探测线匝数和平均磁通面积由实验室给出)、冲击电流计、标准互感器、安培表、直流稳压电源、滑线变阻器、双刀、单刀双掷开关等.

【思考题、练习题】

(1) 标准互感器在实验中起什么作用?
(2) 冲击法的关键是冲击回路要有瞬时电流产生,在本实验中,瞬时电流怎么产生?

实验 79　霍尔效应及霍尔元件基本参数的测量

霍尔效应是美国霍普金斯大学 24 岁的研究生霍尔(Edwin Herbert Hall,1855～1938)于 1879 年在偶然的一次实验中发现的. 霍尔的发现震动了当时的科学界,许多科学家转向了这一领域. 不久就发现了埃廷斯豪森(Ettingshausen)效应、能斯特(Nernst)效应、里吉-勒迪克(Righi-Leduc)效应和不等位电势差等四个伴生效应. 霍尔效应在科学实验和工程技术中得到了广泛应用.

【目的要求】

(1) 了解霍尔效应实验原理以及有关霍尔器件对材料的要求;
(2) 学习用"对称测量法"消除副效应的影响,测量试样的 V_H-I_S 和 V_H-I_M 曲线;
(3) 确定试样的导电类型、载流子浓度以及迁移率.

【实验仪器】

霍尔效应实验组合仪.

【实验原理】

1. 霍尔效应

霍尔效应从本质上讲是运动的带电粒子在磁场中受洛伦兹力作用而引起的偏转. 置于磁场中的载流体,如果电流方向与磁场垂直,则在垂直于电流和磁场的方向会产生一附加的横向电场,即霍尔电场 E_H. 这个现象被称为霍尔效应. 如图 10.79.1 所示的半导体试样,若在 x 方向通以电流 I_S,在 z 方向加磁场 B,则在 y 方向即试样 A-A' 电极两侧因异号电荷的聚集而产生附加电场. 电场的指向取决于试样的导电类型. 对图 10.79.1(a)、(b)所示的 n 型、p 型试样,霍尔电场方向如图所示,即有:

$$E_H(Y) < 0 \Rightarrow (\text{n 型})$$
$$E_H(Y) > 0 \Rightarrow (\text{p 型})$$

显然,霍尔电场 E_H 是阻止载流子继续向侧面偏移,当载流子所受的横向电场力 eE_H 与洛伦兹力 $e\bar{v}B$ 相等,样品两侧电荷的积累就达到动态平衡,故有:

$$eE_H = e\bar{v}B \tag{10.79.1}$$

其中 E_H 为霍尔电场,$\bar{v}$ 是载流子在电流方向上的平均漂移速度.

设试样的宽为 b,厚度为 d,载流子浓度为 n,则:

$$I_S = ne\bar{v}bd \tag{10.79.2}$$

由式(10.79.1)和式(10.79.2)两式可得:

$$V_H = E_H b = \frac{1}{ne}\frac{I_S B}{d} = R_H \frac{I_S B}{d} \tag{10.79.3}$$

即霍尔电压 V_H(A、A'电极之间的电压)与 $I_S B$ 乘积成正比与试样厚度 d 成反比. 比例系数 $R_H = \frac{1}{ne}$ 称为霍尔系数,它是反映材料霍尔效应强弱的重要参数.

$$R_H = \frac{V_H d}{I_S B} \times 10^4 \,(\text{cm}^3/\text{C}) \tag{10.79.4}$$

上式中的 10^4 是由于磁感应强度 B 用电磁单位(T).

2. 霍尔系数 R_H 与其他参数间的关系

根据 R_H 可进一步确定以下参数:

(1) 由 R_H 的符号(或霍尔电压的正负)判断样品的导电类型. 判别的方法是按图 10.79.1 所示的 I_S 和 B 的方向,若测得的 $V_H = V_{A'A} < 0$,即点 A 点电势高于点 A' 的电势,则 R_H 为负,样品属 N 型;反之则为 P 型.

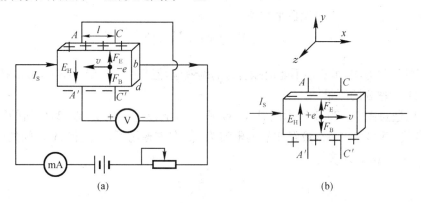

图 10.79.1 霍尔效应实验原理示意图
(a)载流子为电子(N 型);(b)载流子为空穴(P 型)

(2) 由 R_H 求载流子浓度 n. 假定所有载流子都具有相同的漂移速度,则 $n = \frac{1}{|R_H|e}$. 如果考虑载流子的速度统计分布,需引入 $\frac{3\pi}{8}$ 的修正因子(可参阅黄昆、谢希德著《半导体物理学》).

(3) 结合电导率的测量,求载流子的迁移率 μ. 电导率 σ 与载流子浓度 n 以及迁移率 μ 之间有如下关系:

$$\sigma = ne\mu \tag{10.79.5}$$

即 $\mu = |R_H|\sigma$，测出 σ 值即可求 μ.

3. 霍尔效应与材料性能的关系

根据上述可知，要得到较大的霍尔电压，关键是要选择霍尔系数大（即迁移率高、电阻率 ρ 亦较高）的材料。因 $|R_H| = \mu\rho$，就金属导体而言，μ 和 ρ 均很低，而不良导体 ρ 虽高，但 μ 极小，因而上述两种材料的霍尔系数都很小，不能用来制造霍尔器件。半导体 μ 高，ρ 适中，是制造霍尔元件较理想的材料，由于电子的迁移率比空穴迁移率大，所以霍尔元件多采用 N 型材料，其次霍尔电压的大小与材料的厚度成反比，因此薄膜型的霍尔元件的输出电压较片状要高得多。就霍尔器件而言，其厚度是一定的，所以实用上采用 $K_H = \dfrac{1}{ned}$ 来表示器件的灵敏度，K_H 称为霍尔灵敏度，单位为 mV/(mA·T)。

4. 霍尔电压 V_H 和电导率 σ 的测量

(1) 霍尔电压 V_H 的测量

值得注意的是，在产生霍尔效应的同时，因伴随着各种副效应，以致实验测得的 A、A' 两极间的电压并不等于真实的霍尔电压 V_H 值，而是包含着各种副效应所引起的附加电压，因此必须设法消除。根据副效应产生的机理可知，采用电流和磁场换向的对称测量法，基本上能把副效应的影响从测量结果中消除。即在规定了电流和磁场正、反方向后，分别测量由下列四组不同方向的 I_S 和 B 组合的 $V_{A'A}$（A'、A 两点的电势差）即：

$$+B, +I_S \quad V_{A'A} = V_1$$
$$-B, +I_S \quad V_{A'A} = V_2$$
$$-B, -I_S \quad V_{A'A} = V_3$$
$$+B, -I_S \quad V_{A'A} = V_4$$

然后求 V_1、V_2、V_3 和 V_4 的代数平均值。

$$V_H = \dfrac{V_1 - V_2 + V_3 - V_4}{4} \tag{10.79.6}$$

通过上述的测量方法，虽然还不能消除所有的副效应，但其引入的误差不大，可以略而不计。

(2) 电导率 σ 的测量

σ 可以通过图 10.79.1 所示的 A、C（或 A'、C'）电极进行测量，设 A、C 间的距离为 l，样品的横截面积为 $S = bd$，流经样品的电流为 I_S，在零磁场下，若测得 A、C 间的电势差为 V_σ（即 V_{AC}），可由下式求得：

$$\sigma = \dfrac{I_S l}{V_\sigma S} \tag{10.79.7}$$

【实验内容与步骤】

1. 根据仪器性能，连接测试仪与实验仪之间的各组连线

(1) 按照线路图连接测试仪与实验仪之间各组连线。注意：① 严禁将测试仪的 "I_M 输出"误接到实验仪的 "I_S 输入"或"V_H、V_σ 输出"处，否则，一旦通电，霍尔样品即遭损坏！② 样品共有三对电极，其中 A、A' 或 C、C' 用于测量霍尔电压 V_H，A、C 或 A'、C' 用于测量电导，D、E 为样品工作电流电极。样品的尺寸为：$d = 0.5$mm，$b = 4.0$mm，A、C 电极间距

$l=3.0$mm. ③霍尔片放置在电磁铁空隙中间,在需要调节霍尔片位置时,必须谨慎,切勿随意改变 y 轴方向的高度,以免霍尔片与磁极面摩擦而受损.

(2) 置"测量选择"于 I_S 挡(放键),其变化范围为 $0\sim 10$mA 时电压表 V_H 所示读数为"不等势"电压值,它随 I_S 增大而增大, I_S 换向, V_H 极性改号(此乃"不等势"电压值,可通过"对称测量法"予以消除). 取 $I_S\approx 2$mA.

(3) 置"测量选择"于 I_M 挡(按键),其变化范围为 $0\sim 1$A 此时 V_H 值随 I_M 增大而增大, I_M 换向, V_H 极性改号(其绝对值随 I_M 流向不同而异,此乃副效应而致,可通过"对称测量法"予以消除). 至此,应将" I_M 调节"旋钮置零位(即逆时针旋到底).

(4) 放开测量选择键,再测 I_S,调节 $I_S\approx 2$mA,然后将" V_H, V_σ 输出"切换开关拨向 V_σ 一侧,测量 V_σ 电压(A、C 电极间电压); I_S 换向, V_σ 亦改号. 这些说明霍尔样品的各电极工作均正常,可进行测量. 将" V_H, V_σ 输出"切换开关恢复 V_H 一侧.

2. 测绘 V_H-I_S 曲线

将测试仪的"功能切换"置 V_H, I_S 及 I_M 换向开关掷向上方,表明 I_S 及 I_M 均为正值(即 I_S 沿 x 方向, I_M 沿 y 方向). 反之,则为负. 保持 I_M 值不变(取 $I_M=0.600$A),改变 I_S 的值, I_S 取值范围为 $1.00\sim 4.00$mA. 将实验测量值记入表 10.79.1 中.

3. 测绘 V_H-I_M 曲线

保持 I_S 值不变(取 $I_S=3.00$mA),改变 I_M 的值, I_M 取值范围为 $0.300\sim 0.800$A. 将测量数据记入表 10.79.2 中.

4. 测量 V_σ 值

" $V_H V_\sigma$ 输出"拨向 V_σ 侧,"功能切换"置 V_σ. 在零磁场下($I_M=0$),取 $I_S=2.00$mA,测量 V_{AC}(即 V_σ). 注意: I_S 取值不要大于 2mA,以免 V_σ 过大使毫伏表超量程(此时首位数码显示为1,后三位数码熄灭). V_H 和 V_σ 通过功能切换开关由同一只数字电压表进行测量. 电压表零位可通过调零电位器进行调整. 当显示器的数字前出现"−"时,被测电压极性为负值.

5. 确定样品导电类型

将实验仪三组双刀开关均掷向上方,即 I_S 沿 x 方向, B 沿 z 方向,毫伏表测量电压为 $V_{A'A}$. 取 $I_S=2.00$mA, $I_M=0.600$A,测量 $V_{A'A}$ 大小及极性,由此判断样品导电类型.

6. 求样品的 R_H、n、σ 和 μ 值

【数据表格】

表 10.79.1 测绘 V_H-I_S 实验曲线数据记录表

仪器型号_____,量程_____,最小分度值_____,准确度等级_____, $I_M=0.600$A

I_S/mA	V_1/mV $+B,-I_S$	V_2/mV $-B,+I_S$	V_3/mV $-B,-I_S$	V_4/mV $+B,+I_S$	$V_H=\dfrac{V_1-V_2+V_3-V_4}{4}$/mV
1.00					
1.50					
...					
4.00					

表 10.79.2　测绘 V_H-I_M 实验曲线数据记录表　　　$I_S=3.00$ mA

I_M/A	V_1/mV $+B,-I_S$	V_2/mV $-B,+I_S$	V_3/mV $-B,-I_S$	V_4/mV $+B,+I_S$	$V_H=\dfrac{V_1-V_2+V_3-V_4}{4}$/mV
0.300					
…					
0.800					

【数据处理】

(1) 在坐标纸上画出 V_H-I_S 曲线和 V_H-I_M 曲线,从测试仪电磁铁的线包上查出 B 的大小与 I_M 之间的关系,并求出 R_H 值($I_S=2.00$ mA,$I_M=0.600$ A)及 n 和 μ 值.

(2) 记下样品的相关参数 b、d、l 值,根据在零磁场下,$I_S=2.00$ mA 时测得的 V_{AC}(即 V_σ)值计算电导率 σ 及霍尔灵敏度 K_H.

(3) 确定样品的导电类型(P 型还是 N 型).

【分析讨论】

(1) 为什么霍尔效应在半导体中特别显著?金属为何不宜制作霍尔元件?
(2) 如何观察不等位效应?如何消除它?实验中如何消除各种副效应?
(3) 如已知霍尔样品的工作电流及磁感应强度 B 的方向,如何判断样品的导电类型?
(4) 霍尔电压是怎样形成的?其极性与磁场和电流方向(或载子浓度)有何关系?
(5) 测量过程中哪些量要保持不变?为什么?
(6) 换向开关的作用原理是什么?测量霍尔电压时为什么要接换向开关?
(7) 试判断,在其他条件一样时,温度提高,V_H 变大还是变小?由你判断的结果,设想霍尔元件还可有什么用途?

实验 80　设计用霍尔开关测量弹簧的劲度系数

【实验目的】

(1) 学习集成开关型霍尔传感器的特性及应用;
(2) 了解霍尔开关传感器的特性参数及测量方法.

【实验要求】

(1) 查阅相关资料,弄清实验原理,拟定实验步骤和数据记录表格;
(2) 用霍尔开关传感器测量弹簧振子的周期,求得弹簧振子的劲度系数,并与位移法测量的弹簧振子的劲度系数进行比较;
(3) 掌握用霍尔开关(磁敏开关)测量振动周期的新方法.

【实验仪器】

仪器由三部分组成:

(1) 新型焦利秤.包括可调铅直的立柱、弹簧、托盘(下有一个指示针尖)、带有小反射镜的游标卡尺.弹簧伸长时的位置可由砝码盘下针尖与小反射镜上刻线针尖的像对准时,从游标卡尺读数;

(2) 霍尔开关特性测量装置.包括小瓷缸、霍尔开关、集成线性霍尔传感器、发光三极管等;

(3) 周期测量仪、四位半数字电压表、稳压电源三用组合仪.

【原理提示】

(1) 弹簧振子在平衡点附近来回作简谐振动,其周期为

$$T = 2\pi\sqrt{\frac{m}{k}} \qquad (10.80.1)$$

实际上弹簧本身具有质量 m_0,它必对周期产生影响,故式(10.77.1)可修正为

$$T = 2\pi\sqrt{\frac{m + m_0 p}{k}} \qquad (10.80.2)$$

其中 p 是一待定系数,$0 < p < 1$,其值可通过实验确定,称为弹簧的有效质量.若将上述弹簧振子铅直地悬挂在一个稳定的支架上,则它仍能在重力及弹性力的作用下作简谐振动,式(10.72.2)仍成立.

(2) 霍尔开关是一种磁敏开关,它用磁感应强度的大小来控制输出电压的通断,如A44E型霍尔开关,它使用时①、②脚间加 5V 直流电压,当垂直于该传感器的磁感应强度大于某值 B_{op} 时,该传感器处于"导通"状态,这是处于③脚和②脚之间输出电压极小,近似为零;当垂直于该传感器的磁感应强度小于某值 B_{rP}($B_{rP} < B_{op}$)时,输出电压等于①、②脚所加的电源电压.利用集成霍尔开关的这个特性,可以将传感器输出的信号输入周期测定仪,测量物体转动的周期或物体移动所经时间.

【思考题】

(1) 霍尔开关有哪些主要特性参数?怎样测量这些特性参数?

(2) 霍尔开关测量周期或转速有何优点?你是否可以举些例子说明霍尔开关的应用.

(3) 实验中除了可由 $m_i - y_i$ 图线判断弹簧的弹性恢复力与弹簧偏离平衡位置的位移成线性关系外,还可以由什么来判断这一关系?

实验 81 双踪示波器的应用设计

【实验目的】

(1) 熟练掌握双踪示波器的使用;

(2) 掌握交流电桥平衡的调节方法.

【实验要求】

(1) 交流电桥测电容,要求用示波器作指零仪器;

(2) 自行设计线路,推导交流电桥测电容的公式,拟定实验步骤,估算被测电容的误差;

(3) 用两种方法测量两个正弦电压的位相差.

【实验仪器】

双踪示波器、低频信号发生器、十进式电容箱、电阻箱、待测电容、RC 串联电路板.

【思考题、练习题】

(1) 在电桥电路中,将信中与发生器和示波器互换位置,电桥是否可能调至平衡?

(2) 总结交流电桥中,示波器作指零仪器的使用技巧.

(3) 能用李萨如图判断电桥平衡吗?

实验 82 交流电路的谐振现象

【目的要求】

(1)观察学习交流电路的谐振现象、交流电路产生谐振的条件及特征;

(2)测量谐振电路的品质因数 Q、谐振曲线的测量方法.

【仪器装置】

标准电感、标准电容、电阻箱、功率函数信号发生器、数字万用表等.

【实验原理】

交流电路的谐振现象在工程中有着广泛的应用.例如,各广播电台以不同频率的电磁波向空间发射自己的讯号,用户只需调节收音机中谐振电路的可变电容,就可接收不同频率的节目.本实验主要研究 R.L.C 串、并联谐振电路的不同特性.

谐振电路是由电感线圈、电容器及电阻构成的.如图 10.82.1(a)、(b)所示,(a)是无分支的串联谐振电路,(b)是有分支的并联谐振电路.

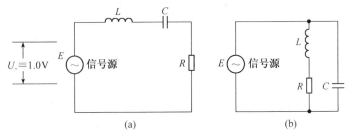

图 10.82.1 串联谐振和并联谐振电路
(a)串联;(b)并联

一、R.L.C 串联电路的谐振

在 R.L.C 串联电路中,若接入一个输出电压幅值一定,输出频率 f 连续可调的正弦交流信号源.则电路中的许多参数都将随着信号源频率的变化而变化.

电路阻抗 Z：

$$Z=\sqrt{R^2+(Z_L-Z_C)^2}=\sqrt{R^2+\left(\omega L-\frac{1}{\omega C}\right)^2} \qquad (10.82.1)$$

回路电流 I：

$$I=\frac{U_\sim}{Z}=\frac{U_\sim}{\sqrt{R^2+\left(\omega L-\frac{1}{\omega C}\right)^2}} \qquad (10.82.2)$$

电流与信号源电压之间的相位差 φ：

$$\varphi=\tan^{-1}\frac{\omega L-\frac{1}{\omega C}}{R} \qquad (10.82.3)$$

上述三个式子中，信号源角频率 $\omega=2\pi f$，容抗 $Z_C=\frac{1}{\omega C}$，感抗 $Z_L=\omega L$，各参数随 ω 的变化而变化．

ω 很小时，电路总阻抗 $Z\rightarrow\sqrt{R^2+\left(\frac{1}{\omega C}\right)^2}$，$\varphi\rightarrow\frac{\pi}{2}$，电流的相位超前于信号源电压相位，整个电路呈容性；ω 很大时，$Z\rightarrow\sqrt{R^2+(\omega L)^2}$，$\varphi\rightarrow-\frac{\pi}{2}$，电流相位滞后于信号源电压相位，整个电路呈感性；当容抗等于感抗，相互抵消时，电路总阻抗 $Z=R$，为最小值，此时回路电流为最大值 $I_{\max}=\frac{U}{R}$，相位差 $\varphi=0$，整个电路成阻性，这个现象即为谐振现象．发生谐振时的频率 f_0 称为谐振频率，角频率 ω_0 称为谐振角频率．它们之间的关系为：

$$\omega=\omega_0=\sqrt{\frac{1}{LC}} \quad \text{或} \quad f_0=\frac{\omega_0}{2\pi}=\frac{1}{2\pi\sqrt{LC}} \qquad (10.82.4)$$

谐振时，电感 L 上的电压 U_L（或电容 C 上的电压 U_C）与信号源输出电压 $U_\sim$ 之比为 Q 称为电路的品质因数．Q 反映谐振电路的固有性质．

$$Q=\frac{Z_L}{R}=\frac{Z_C}{R}=\frac{U_L}{U_\sim}=\frac{U_C}{U_\sim}=\frac{1}{\omega_0 RC}=\frac{\omega_0 L}{R}=\frac{1}{R}\sqrt{\frac{L}{C}} \qquad (10.82.5)$$

由式(10.82.5)可知，U_L 或 U_C 均为电源电压 $U_\sim$ 的 Q 倍．通常 $Q\gg 1$，所以 U_L 或 U_C 可以比 $U_\sim$ 大得多．故此又称串联谐振为**电压谐振**．

Q 值还标志着电路的频率选择性，即谐振峰的尖锐程度．通常规定电流 I 值为其极大值的 $\frac{1}{\sqrt{2}}$ 倍的两点所对应的频率之差 f_2-f_1，为"通频带宽度"如图10.82.2(b)所示．

根据此定义，可推出

$$\Delta f=f_2-f_1=\frac{f_0}{Q} \qquad (10.82.6)$$

显而易见，Q 值越大，通频带宽度 Δf 越小，谐振曲线也就越尖锐．这就表明电路的选频性能越强．

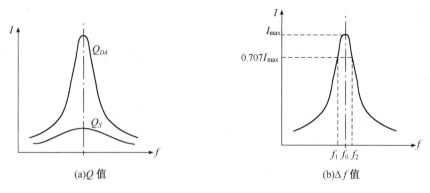

图 10.82.2　谐振曲线 Q 值及通频带宽度 Δf

二、R.L.C 并联谐振电路

R.L.C 并联电路也具有谐振的特性，但是与 R.L.C 串联电路有较大的差别。电路各参数与角频率 ω 的关系如下：电路总阻抗 Z：

$$Z_{并}=\sqrt{\frac{R^2+(\omega L)^2}{(1-\omega^2 LC)^2+(2\omega CR)^2}} \quad (10.82.7)$$

回路电流 I：

$$I=\frac{U_\sim}{Z_{并}} \quad (10.82.8)$$

回路中电流与信号源之间的相位差 φ：

$$\varphi=\tan^{-1}\left[\frac{\omega L-\omega CR^2-\omega^3 L^2 C}{R}\right] \quad (10.82.9)$$

同串联电路类似，若固定 R、L、C 参数并使信号源输出的电流值 I 保持不变，而只改变信号源的频率，则回路中 Z、I、φ 都将随信号源频率的改变而改变，当角频率为 ω_0 时，Z 达到极大值，回路电流 I 达到极小值。此特性与串联电路谐振时的情况恰恰相反，当 $\varphi=0$ 时，电路呈纯阻性，电路达到谐振状态，此时并联谐振频率为：

$$\omega_0'=\sqrt{\frac{1}{LC}-\left(\frac{R}{L}\right)^2}=\sqrt{\omega_0-\left(\frac{R}{C}\right)^2} \quad (10.82.10)$$

一般情况下，$\frac{R^2}{L^2}\ll\frac{1}{LC}$，故 $\omega_0'\approx\omega_0$。

并联电路的特性，也可用品质因数 Q 来描述，Q 越大，电路的选择性也越好。在谐振时，两分支电路中的电流几乎相等，且近似为总电流 I 的 Q 倍，因而，并联谐振也称为**电流谐振**。

【实验内容及步骤】

一、测定 R.L.C 串联电路的谐振曲线

(1) R、L、C 参数选定：$L=0.1\mathrm{H}$，$C=0.05\mu\mathrm{F}$，$R=100\Omega$ 或 $R=500\Omega$。

(2) 按图 10.82.1 接好线路，功率函数信号发生器为实验电路提供频率可调节的交流电源。取加在实验电路的电压值 $U_\sim=1\mathrm{V}$（用万用表显示）。依次调节功率函数信号发生器的"频率调节"，每改变一次频率，同时调节信号发生器的"幅度调节"，以便始终保证加在回路两端的电压 $U_\sim=1\mathrm{V}$。然后记录频率 f 及电阻上的电压 U_R。

(3) 当频率调整至谐振点 f_0 时,除记录 U_R 外,还要测量记录电感和电容上的电压,即 U_L 与 U_C 值.用(10.82.5)式,求 $Q=\dfrac{U_L}{U_\sim}=\dfrac{U_C}{U_\sim}$.

(4) 处理数据并与计算的 Q 值相比较;描绘 I-f 曲线.从曲线上求 f_1、f_0、f_2、Δf,并用式(10.82.6)求出 Q.

(5) 改变 $R=500\Omega$,重复上述步骤.

二、测定并联电路的谐振曲线

(1) R、L、C 参数选定:$L=0.1\text{H}$,$C=0.05\mu\text{F}$,$R'=5000\Omega$.

(2) 按图 10.82.3 接好线路,测量 U 和 U' 为了使电路中 I 保持恒定,在电路中加入电阻 R',使 R' 上电压 U' 不随频率改变而改变.则 $I=\dfrac{U'}{R'}$ 为常数,而并联电路的阻抗是与频率有关的,其大小为 $Z_{并}=\dfrac{U}{I}$,故只要测出 U 的大小即可算出 $Z_{并}$.因为 I 为常数,所以 $Z_{并}$ 和 U 成正比,当谐振时 $Z_{并}$ 为极大,U 也为极大.

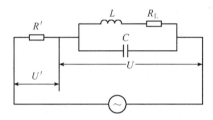

图 10.82.3 并联电路

(3) 依次调节功率函数信号发生器的"频率调节",每改变一次频率,同时调节信号发生器的"幅度调节",以便始终保证电阻 R' 两端的电压 $U'=0.3\text{V}$(用数字万用表测量).然后测量并记录电容与电感并联两端的电压 U.

(4) 画出并联谐振的 U-f 曲线.

【实验数据及处理】

表 10.82.1 串联电路数据($f_0\approx 2.25\text{kHz}$)

f(kHz)	1.40	1.70	2.00	2.10	2.15	2.20	2.23	f_0	2.28	2.30	2.35	2.40	2.50	2.80	3.00
U_R(V)															
I(A)															

表 10.82.2 并联电路数据

f(kHz)	1.40	1.70	2.00	2.10	2.15	2.20	2.23	f_0	2.28	2.30	2.35	2.40	2.50	2.80	3.00
U(V)															

(1) 对串联电路表 10.82.1 两组数据处理完毕后,将两条"I-f"曲线绘制在同一坐标系中,并进行比较.

(2) 按表 10.82.2 所测得的数据,画出并联谐振的 U-f 曲线;

(3) 将计算出的谐振频率 f_0 和由实验所测得的谐振频率 f_0 进行比较;

(4) 对 $R=100\Omega$ 的串联谐振,用 $Q=\dfrac{\omega_0 L}{R+R_L}$,计算出的 Q 值和用 $Q=\dfrac{U_L}{U}=\dfrac{U_C}{U}$ 测出的 Q 值,及从谐振曲线上用 $\dfrac{f_0}{f_2-f_1}=Q$ 计算出的三个 Q 值进行比较. 式中 R 为电阻箱的电阻. R_L 为电感的直流电阻.

【探索与研究】

(1) 为了保证串联和并联谐振时输出电压不变,每次改变频率后都要调整信号发生器的输出电压,为什么?

(2) 列举并研究串联和并联谐振现象在实际中的应用.

第十一章 光 学 实 验

实验83 设计用分光计测定液体折射率

【实验目的】

(1) 进一步掌握分光计的调整和使用;
(2) 掌握用折射极限法测定液体折射率的原理和方法.

【实验要求】

(1) 写出实验原理,画出光路图,推导测量公式;
(2) 拟定实验步骤,设计数据记录表格;
(3) 在调整好分光计的基础上用折射极限法测量液体(如水和酒精)的折射率.

【实验仪器】

分光计、三棱镜、低压钠灯、毛玻璃片、待测液体(蒸馏水和酒精).

【原理提示】

(1) 在三棱镜 AB 面一侧用单色扩展光源照射(用钠灯照明毛玻璃获得),当单色扩展光从各个方向射向 AB 面时,以 90°入射的光线经折射后光线的入射角 i_4 为最小,称为折射极限角;凡入射折射角小于 90°的光线,其出射角必大于此折射极限.于是在 AC 面观察时就会发现在极限角方向有一明暗视场的分界.可以证明棱镜材料的折射率

$$n = \sqrt{1 + \left(\frac{\cos\alpha + \sin i_4}{\sin\alpha}\right)^2} \qquad (11.83.1)$$

(2) 在棱镜 AB 面滴上液滴在用一块毛玻璃片夹住,于是毛玻璃与棱镜面之间就形成一液体层.从毛玻璃射出的单色扩散光经液层进入棱镜再折射出去,其中一部分光线在通过液层时其传播方向平行于棱镜面,这时光线经折射后的出射角 i_4 称为折射极限角.在棱镜出射面一侧观察时形成明暗分界.三棱镜材料折射率为 n,可以证明

$$n_x = \sin\alpha \sqrt{n^2 - \sin^2 i_4} \mp \cos\alpha \sin i_4 \qquad (11.83.2)$$

其中"∓"号对应于明暗分界的出射方向分别在出射面法线的左侧和右侧.

【思考题】

(1) 本实验对分光计的调整应达到什么要求?需要测量哪些量?如何测量?
(2) 实验中为什么要采用扩展光源?为何用毛玻璃能获得扩展光源?

实验 84　阿贝折射仪的原理和应用设计

【实验目的】

(1) 了解阿贝折射仪的工作原理是基于全反射原理的掠入射法；
(2) 掌握阿贝折射仪测透明或半透明固体和液体折射率的方法.

【实验要求】

(1) 按照仪器说明书,了解阿贝折射仪的结构和使用方法；
(2) 用阿贝折射仪测量蒸馏水和有两个相互垂直抛光面的固体的折射率；
(3) 画出光路图,叙述测量原理和方法,自拟步骤和数据表格,测出的折射率与理论值比较计算百分误差.

【原理提示】

(1) 当光线从光密介质进入光疏介质时,根据折射定律,入射角小于折射角,使折射角为 90°的入射角称为临界角 i_0. 入射角大于 i_0 时,产生全反射. 反之光线以 90°的入射角从光疏介质进入光密介质时,以临界角 i_0 的出射光为界,所有小于 90°的光入射时,出射光都小于 i_0,而大于 90°的入射光不能射入. 用望远镜对准出射光线时,视场中有明确的分界线将视场分为明暗两部分,此分界线与临界角相对应. 不同折射率的材料有不同的临界角. 利用此原理,阿贝折射仪可测出不同材料的临界角.

(2) 根据折射定律,可推出折射率与临界角的关系. 阿贝折射仪上将临界角对应的折射率标示在刻度盘上,因此可直接从阿贝折射仪上读出材料对某一波长光线的折射率.

【实验仪器】

阿贝折射仪、单色光源、待测液体(如蒸馏水)、待测固体(有两个光学面相互垂直).

【思考题、练习题】

(1) 用阿贝折射仪测折射率,对待测材料的折射率有何要求？为什么？
(2) 测固体折射率时,为什么要求固体有两个相互垂直的光学面？

实验 85　用平行光法测透镜焦距

【实验目的】

设计用平行光法测透镜焦距.

【实验仪器】

透镜若干、光具座或光学平台、光源、物像屏等.

【原理提示】

如图 11.85.1 所示,当物平面 AB 位于凸透镜 O_1 的焦平面(过焦点 F 且垂直于透镜主光轴的平面)时,来自同一物点沿不同方向入射的光束,经过凸透镜 O_1 折射后相互平行称为平行光. 此平行光再经另一凸透镜 O_2 折射后便成像与该透镜的焦平面上 $A'B'$ 如图所示. 像 $A'B'$ 到透镜 O_2 的距离就是所测透镜的焦距 $f_2=\overline{O_2B'}$.

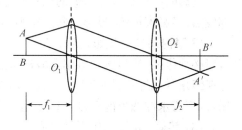

图 11.85.1 用平行光法测透镜焦距

实验 86 暗室技术
——黑白照片的冲洗、印制与放大

【目的要求】

学习黑白照片拍摄技术的冲洗、放大和印相的操作方法.

【实验仪器】

放大机、感光底片、显影和定影药粉、干燥装置、切纸机及附件等.

【实验原理】

印制与放大相片,均是利用透过底片的光线,使相纸感光,并通过显影、定影,成为明暗与被摄体相同的照片(也称正片). 印相与放相所不同的是:印相片是将印相纸直接覆盖在底片上,印出的照片与底片同样大小;而放相是利用扩大了的投影使放大纸感光,可放出比底片更大的照片.

印、放黑白相片由曝光→显影→水洗→定影→水洗等过程组成.

曝光是将相纸与底片的药膜相对,平放在白炽灯光下,光线通过底片使相纸药膜内的卤化银感光,发生化学变化并产生潜影.

显影之后,相纸上未还原的卤化银经光照后还会还原成银粒子,并将使画面的密度、层次、影调以致色调发生变化. 因此,显影后的相纸还必须经过定影,除去未还原的卤化银.

经定影后的相片,需经长时间的水洗,以清除残留在相片上的定影药水,使相片保存为长久.

【实验方法与步骤】

一、底片的冲洗

(1) **显影**:显影是潜像的扩大和显示的过程.

根据显影分使用说明配好显影液,把感光后的底片放到显影液中,受到光照而被还原的银离子将是显影中心,它将逐渐扩大而使整个晶粒被还原,光照越强的部位被还原的晶粒越多,因而很快变为黑色;而未受光照的部分则保持原乳胶的色泽(在经定影则成透明).显影时要掌握好显影液的浓度和显影时间,显影液过浓、显影时间过长都会使底片全部发黑;显影液过淡,显影时间过短则不能充分显影,反差将十分软弱.

(2) **停显**:充分显影之后,底片从显影液中取出.但底片带出的显影液会继续起作用,所以必须停显.停显液一般用弱酸性水溶液,例如醋酸水溶液,它和碱性显影液中和,显影迅速停止.停显后需用清水冲洗底片,以免显影液或停显液混入定影液中.在要求稍低的场合,用清水冲洗也能停显,只是过程要缓慢些.

(3) **定影**:定影的作用是把感光片中未感光的卤化银乳胶全部溶掉,而把已还原的金属银微粒固定下来.定影也需要掌握好时间,时间太短定影作用不完全,太长会使底片发黄.

无论显影液或定影液使用完毕都应倒回原来瓶中,不能让他们长时间在空气中和受到光照,以免变质失效.

(4) **冲洗和晾干**:定影好的底片要用清水洗去残留的定影液和其他杂质,做到十分干净,这样才可避免日久以后底片发黄变质.底片最好自然晾干,晾干后即可使用或收藏.有时为了提高底片的质量,可以添加一些人工的修改,例如加厚、减薄、修片等等.

二、印相与放大

无论印相或放大均在暗室中进行,相纸和底片的显影、定影过程相同.

(1) **印相**:负片的黑白和被摄物正好相反,要得到与事物黑白相同的相片需经晒印或放大.晒印就是把负片和未曝光的相纸(涂有感光乳胶的纸,亦称正片)贴在一起,在印相机上用白光曝光,在经显影、定影,还可以在上光机上烘干上光,最后得到和实物黑白相同的正片,这就是普通的相片.

(2) **放大**:利用放大机的物镜使负片在一定的距离处成放大像,制作出正片.

① 将底片放入底片夹,并插入放相机中;升降放相机身,得到大小合适的画面.仔细调焦、调节镜头到画面的距离,以得到最清晰的画面,调焦时,可用一张废照片的背面做试验,正式放大时,再抽出废照片换上未感光的相纸,不要在放大机压纸板上对焦点,这样做可能会造成照片不清晰.

② **曝光**:相纸曝光的时间一般由底片的厚薄,放相机光源的亮度及镜头光圈的大小决定,因此放相前必须经过试验,以得到正确的曝光时间.下面介绍常用的试验方法:梯级曝光法,取一条放相纸,将其对准底片影像中反差最正常的部分,按不同时间作几次曝光.例如,曝光 1s,然后用纸挡住一厘米宽的地方,再曝光 1s,再挡住一厘米宽,再曝光 1s,……如此,顺序采用五种或更多种不同时间的曝光.经显影后,再决定采用最正确的曝光时间.

③ **显影**:显影时间的长短会直接影响照片质量,初学者一般采用边显影边观察的方法来控制显影时间,值得一提的是,在红灯下观察照片的颜色应偏深一些,这样在白光下观察才是正常的颜色.显影后的相纸放入到盛水的盘中,水洗约 1min 左右,以洗净显影液.

④ **定影**:水洗后的相纸,置于定影液中,约 20min.将定影后的相纸水洗 30min.

⑤ **上光**:将水洗后的相纸置于上光机上,烘干上光.

【探索与研究】

(1) 若印制的放大照片影像很淡,或整张照片影像很黑,可能的原因是什么?

(2) 如何拍摄好运动图像?

第十二章　传感器技术应用与设计实验

实验 87　压力传感器特性及应用设计

压力传感器是利用应变电阻效应,将力学量转换成易于测量的电压量的器件,是最基本的传感器之一. 它的种类很多,应用也极广. 研究压力传感器特性,具有非常实际的意义.

【实验目的】

(1) 了解和研究压力传感器的静态、动态特性及其应用.
(2) 设计压力报警控制装置.

【实验仪器】

压力传感器、电势差计、稳压电源、电压表和砝码等.

【探索与设计】

(1) 设计测量压力传感器特性的电路、仪器装置,并测量其特性曲线.
(2) 设计一个数字式压力计装置.
(3) 设计一个利用计算机接口,进行自动实时监测压力的装置.

实验 88　电阻应变式传感器的特性研究及应用

根据金属电阻丝的电阻值随其形变而变化的原理,将弹性试件受到外力后的应变转换成电阻的变化,通过非平衡电桥电路,采集由于桥臂电阻值的变化而输出的电信号,从而实现对弹性试件应变的研究. 这种传感器叫做"电阻应变式传感器".

【实验目的】

(1) 学习用非平衡电桥测量力学量的原理和给非平衡电桥定标的方法.
(2) 了解金属电阻丝的应变电阻效应. 测量弹性试件的应力.
(3) 绘制电阻应变式传感器静态加载力与输出信号的关系曲线.

【实验仪器】

电阻应变式压力传感器(金属丝应变敏感元件)、支架及待测试件(等截面横梁或专用钢尺)、电势差计或电压表、稳压电源、砝码等. 如图 12.88.1 所示.

金属丝应变敏感元件由敏感栅、基底、盖层、黏结层等组成.

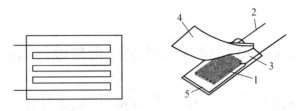

图 12.88.1 金属丝应变敏感元件

【探索与研究】

(1) 探索测量电路中,惠斯通电桥、1/4 单臂电桥、1/2 半桥差动电路、全桥差动电路的异同点.

(2) 设计一个电阻应变式传感器应用的实例.

(3) 研究交流全桥的电子秤实验.

实验 89 pn 结温度传感器测温设计

【目的要求】

(1) 了解 pn 结温度传感器的特性及工作情况.

(2) 设计用 pn 结温度传感器测温的装置.

【实验仪器】

主、副电源、可调直流稳压电源、−15V 稳压电源、差动放大器、电压放大器、F/V 表、加热器、电桥、水银温度计（自备）.

直流稳压电源±6V 档,差放增益最小逆时针到底(1 倍),电压放大器幅度最大 4.5 倍.

【实验原理】

晶体二极管或三极管的 pn 结电压是随温度变化的. 例如,硅管的 pn 结的结电压在温度每升高 1℃时,下降约 2.1mV. 利用这种特性可做成各种各样的 pn 结温度传感器. 它具有线性好、时间常数小(0.2～2s),灵敏度高等优点,测温范围为−50℃～+150℃. 其不足之处是离散性大. 互换性较差.

实验电路设计如图 12.89.1 所示.

【实验方法与步骤】

(1) 了解 pn 结,加热器,电桥在实验仪中所在的位置及它们的符号.

(2) 观察 pn 结传感器结构. 用数字万用表"二极管"档,测量 pn 结正反向的结电压,得出其结果.

(3) 把直流稳压电源 V+插口用所配的专用电阻线(51K)与 pn 结传感器的正端相连,并按图 12.88.1 接好放大电路,注意各旋钮的初始位置,电压表置 2V 档.

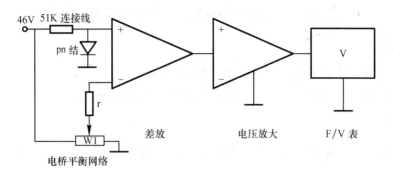

图 12.89.1 实验电路

(4) 开启主、副电源,调节 RD(W1)电位器,使电压表指示为零,同时记下此时水银温度计的室温值(Δt).

(5) 将 $-15V$ 接入加热器($-15V$ 在低频振荡器右下角),观察电压表读数的变化,因 pn 结温度传感器的温度变化灵敏度约为:$-2.1mV/℃$. 随着温度的升高,其 pn 结电压将下降 ΔV,该 ΔV 电压经差动放大器隔离传递(增益为 1),至电压放大器放大 4.5 倍,此时的系统灵敏度 $S \approx 10mV/℃$. 待电压表读数稳定后,即可利用这一结果,将电压值转换成温度值,从而演示出加热器在 pn 结温度传感器处产生的温度值(ΔT). 此时该点的温度为 $\Delta T + \Delta t$.

【探索与设计】

(1) 分析一下该测温电路的误差来源.

(2) 如要设计一个 0~100℃ 的较理想的测温电路,还必须具备哪些条件?

实验 90　温度传感器的特性及应用设计

集成温度传感器是将作为感温器件的晶体管及其外围电路集成在同一芯片上的集成化温度传感器. 这类传感器已在科研、工业和家用电器等方面,广泛用于温度的精确测量和控制.

【目的要求】

(1) 测量温度传感器的伏安特性及温度特性,了解其应用.

(2) 利用 AD590 集成温度传感器,设计制作测温范围 0~100℃ 的数字显示测温或控温装置.

(3) 对设计的测温装置进行定标和标定实验,并测定其温度特性.

(4) 写出完整的设计实验报告.

【设计实验内容】

(1) 测量伏安特性——确定其工作电压范围;

(2) 测量温度特性——确定其工作温度范围;

(3) 利用温度传感器,设计一个数码显示温度计.

实验 91　光电传感器特性及应用设计

【目的要求】

（1）了解光电传感器的基本特性及其主要参数.
（2）利用光电传感器（如光电门）设计并制作一个测转速的装置.

【实验仪器】

光电传感器、电源、转动设备（如风扇、电机）. 参见实验 88 霍尔开关（传感器）的特性及应用设计.

【实验原理】

电路设计如图 12.91.1 所示，参见实验 93 霍尔开关（传感器）的特性及应用设计.

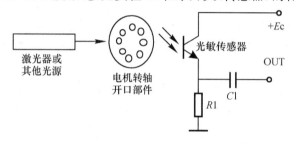

图 12.91.1　光电传感器测量转速示意图

实验中采用的光敏器件可以为光敏二极管、三极管等光敏传感器或光电门. 若电机转轴开孔数为 n，则电机转过一周输出 n 个脉冲，测量出脉冲的周期 T 即可计算出电动机转速 ω

$$\omega = 2\pi/nt \tag{12.91.1}$$

实验 92　硅光电池特性研究与应用设计

光电池是一种很重要的光电探测元件，它不需外加电源而能直接把光能转化成电能. 光电池种类很多，常见的有硒、锗、硅、砷化镓、氧化铜、硫化铊和硫化镉等，其中最受重视、应用最广泛的是硅光电池. 它有一系列的优点，如性能稳定、光谱范围宽、频率响应好、转换效率高、耐高温辐射等. 硅光电池在现代科学技术中占有很重要的地位，由于它的光谱灵敏度与人眼的灵敏度比较相近，所以，在光电转换、航天技术和自动控制及计算机的输入和输出设备中都离不开它.

【目的要求】

（1）研究掌握硅光电池的主要参数和基本特性.
（2）学习利用硅光电池设计一项具体应用，并得出实验结果.

【实验仪器】

硅光电池或硅光电池组，光学导轨及附件，光源，聚光透镜，电势差计，分压电阻箱，电阻箱，多量程毫安表及伏特表，滤光片，偏振片，λ/4 波片，λ/2 波片，开关等.

【探索与研究】

(1) 透过滤色片的光是否都是单色光? 光源光谱分布不同,由同一滤色片过滤的光是否相同?

(2) 设计测量温度特性曲线.

(3) 设计相应的装置;验证马吕斯(Malus)定律.

实验 93　霍尔开关(传感器)的特性及应用设计

1879 年霍尔在研究载流导体在磁场中受力的性质时发现了霍尔效应,它是电磁基本现象之一. 利用此现象制成的各种霍尔元件,特别是测量元件,广泛地应用于工业自动化和电子技术. 对于半导体材料,测量霍尔系数和电导率,是研究它们电性能的重要手段.

本设计实验的仪器装置是河北工业大学物理实验中心研制的霍尔元件与光电门的特性及转速测量通用装置. 它对于言传身教、寓教于学,激发学生的创造性有积极意义.

【实验目的】

(1) 掌握霍尔元件的工作原理. 了解霍尔开关集成电路的特性及其主要参数和应用.

(2) 测量风扇或电机在不同工作电压下的转速,并描绘速度与电压的关系曲线.

(3) 研究并设计霍尔开关集成电路在测速度、里程、计数以及诸多实际问题中的应用装置.

【仪器装置】

霍尔开关集成电路、光电门、电源、风扇、导线、示波器、计算机等.

【探索与设计】

(1) 设计并制作一个测速度和里程的装置(速度表、里程表);

(2) 设计用霍尔元件设计制作高斯计,测量磁场分布;

(3) 将霍尔元件作为传感器,用在单摆测量重力加速度 g 中、在三线摆测转动惯量 I 中;

(4) 设计一个利用模数转换接口和计算机,进行自动测量的装置.

实验 94　霍尔位置传感器与弯曲法测量杨氏模量

随着科学技术的发展,微位移测量的技术越来越先进. 本实验介绍一种近年来发展起来的霍尔传感器-霍尔位置传感器,它是利用磁铁和集成霍尔元件间位置变化输出信号来测量微位移的. 本实验将该项技术用于弯曲法测量固体材料杨氏模量的实验中. 通过霍尔位置传感器的输出电压与位移量线性关系进行定标和微小位移量的测量.

【背景介绍】

利用霍尔效应制成的霍尔元件是一种磁电转换元件,又称霍尔传感器,具有频率响应宽、小型、无接触测量等优点. 近年来继德国物理学家克里青(Klaus von Klitzing)等发现了整数量子霍尔效应后,崔琦(D. C. Tsui)和施特默(H. L. Stormer)等又发现了分数量子霍尔效应,并由此获得了1998年诺贝尔物理奖.

【重点、难点】

(1) 霍尔位置传感器的结构、原理、特性及使用方法.
(2) 新型传感器的定标,不同量值长度的测量及各种长度测量仪器的使用方法.

【目的要求】

(1) 学习基本长度和微小位移量测量的方法和手段,掌握霍尔位置传感器的原理及应用;
(2) 霍尔位置传感器的定标及灵敏度的测量;
(3) 用霍尔位置传感器测量黄铜、可锻铸铁的杨氏模量.

【仪器设备】

(1) 霍尔位置传感器测杨氏模量装置.
95A型集成霍尔位置传感器、读数显微镜、样品(铜板和冷轧板)、砝码等.
(2) 霍尔位置传感器输出信号测量仪(放大倍数3～5倍,包括0～200MV直流数字电压表).

【实验原理】

1. 霍尔位置传感器

霍尔元件置于磁感应强度为B的磁场中,在垂直于磁场方向通以电流I,则与这二者相垂直的方向上将产生霍尔电势差U_H:

$$U_H = k \cdot I \cdot B \tag{12.94.1}$$

式(12.94.1)中k为元件的霍尔灵敏度.如果保持霍尔元件的电流I不变,而使其在一个均匀梯度的磁场中移动时,则输出的霍尔电势差变化量为:

$$\Delta U_H = K \cdot I \cdot \frac{dB}{dz} \cdot \Delta z \tag{12.94.2}$$

(12.94.2)式中Δz为位移量,此式说明若$\frac{dB}{dz}$为常数时,ΔU_H与Δz成正比.

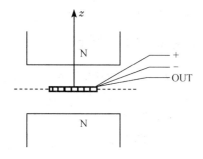

图12.94.1 霍尔位置传感器

为实现均匀梯度的磁场,可以在两块相同的磁铁之间留一等间距间隙,霍尔元件平行于磁铁放在该间隙的中轴上,如图12.94.1所示.间隙大小根据测量范围和测量灵敏度要求而定,间隙越小,磁场梯度就越大,灵敏度就越高.磁铁截面要远大于霍尔元件,以尽可能的减小边缘效应影响,提高测量精确度.

若磁铁间隙内中心截面处的磁感应强度B为零,霍尔元件处于该处时,输出的霍尔电势差U_H应该为零.当霍尔元件偏离中心沿z轴发生位移时,由于磁感应强度不再为零,霍尔元件也就产生相应的电势差输出,其大小可以用数字电压表测量.由此可以将霍尔电势差为零时元件所处的位置作为位移参考零点.霍尔电势差与位移量之间存在一一对应关系.当位移量较小(<2mm)时,这一对应关系具有良好的线性.

2. 杨氏模量

杨氏模量测定仪主体装置如图 12.94.2 所示,在横梁弯曲的情况下,杨氏模量 Y 可以用下式表示：

$$Y = \frac{d^3 \cdot Mg}{4a^3 \cdot b \cdot \Delta z} \tag{12.94.3}$$

其中:d 为两刀口之间的距离,M 为所加砝码的质量,a 为梁的厚度,b 为梁的宽度,Δz 为梁中心由于外力作用而下降的距离,g 为重力加速度.

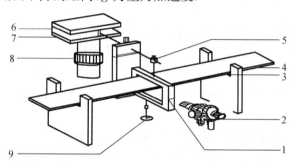

图 12.94.2 实验装置简图

1. 铜刀口上的基线;2. 读数显微镜;3. 刀口;4. 横梁;5. 铜杠杆(顶端装有 95A 型集成霍尔传感器);6. 磁铁盒;7. 磁铁(N 极相对放置);8. 调节架;9 砝码

【实验内容与步骤】

1. 霍尔位置传感器的定标

(1) 调节底座箱上的水平螺丝旋钮,将实验装置调节水平.使霍尔位置传感器探测元件处于磁铁中间的位置.

(2) 将横梁穿在砝码铜刀口内,安放在两立柱刀口的正中央位置.接着装上铜杠杆,将有传感器一端插入两立柱刀口中间,该杠杆中间的铜刀口放在刀座上.圆柱型拖尖应在砝码刀口的小圆洞内,传感器若不在磁铁中间,可以松弛固定螺丝使磁铁上下移动,或者用调节架上的套筒螺母旋动使磁铁上下微动,再固定之.

(3) 调节读数显微镜目镜,直到眼睛观察镜内的十字线和数字清晰,然后移动读数显微镜使通过其能够清楚地看到铜刀口上的基线,再转动读数旋钮使刀口点的基线与读数显微镜内十字刻线吻合,记下初始读数值.

(4) 逐次增加砝码 m_i(每次增加 20g 砝码),使梁弯曲产生位移 Δz,精确测量传感器信号输出端的数值与固定砝码架的位置 z 的关系,用读数显微镜对传感器输出量进行定标,即从读数显微镜读出梁的弯曲位移 Δz_i 及数字电压表相应的读数值 U_i(单位 mV),并将数据记录在表 12.94.1 中,以便于计算杨氏模量和对霍尔位置传感器进行定标.

(5) 根据测量数据对霍尔位置传感器进行定标,并计算霍尔位置传感器的灵敏度：

$$k = \frac{\Delta U}{\Delta z}$$

2. 测量黄铜样品的杨氏模量

(1) 用直尺测量横梁两刀口间的长度 d,及用游标卡尺测量横梁在不同位置的宽度 b 和用千分尺测量横梁厚度 a.

(2) 根据表 12.94.1 的测量数据,用逐差法按式(12.94.3)进行计算,求得黄铜材料的杨氏模量.

3. 用霍尔位置传感器测量可锻铸铁的杨氏模量

(1) 将样品改用可锻铸铁横梁;

(2) 逐次增加砝码 m_i,相应读出数字电压表的读数值 U_i,由霍尔位置传感器的灵敏度,计算出下降的距离 Δz_i:$\Delta z_铁 = \dfrac{U}{k}$;

(3) 测量待测横梁在不同位置的宽度 b 和厚度 a;

(4) 用逐差法按式(12.94.3)计算可锻铸铁的杨氏模量.

注意:

(1) 读数显微镜的准丝对准铜挂件(有刀口)的标志刻度线时,注意要区别是黄铜梁的边沿,还是标志线;

(2) 霍尔位置传感器定标前,应先将霍尔传感器调整到零输出位置,这时可调节电磁铁盒下的升降杆上的旋钮,达到零输出的目的. 另外,应使霍尔位置传感器的探头处于两块磁铁的正中间稍偏下的位置,这样测量数据更可靠一些.

【数据表格】

表 12.94.1　霍尔位置传感器静态特性测量

仪器型号_____,量程_____,最小分度值_____,准确度等级_____.

M/g	0.00	20.00	40.00	60.00	80.00	100.00
z/mm						
U/mV						

【数据处理】

(1) 根据表 12.94.1 的测量数据作图或进行最小二乘法直线拟合,计算霍尔位置传感器的灵敏度:$k = \dfrac{\Delta U}{\Delta z}$.

(2) 根据表 12.94.1 的测量数据,用逐差法按式(12.94.3)进行计算,求得黄铜材料在 $M = 60.00 \text{g}$ 时的杨氏模量.

(3) 用上述相同的方法,参照表 12.94.1,自拟数据记录表格,测量可锻铸铁的微位移:$\Delta z_铁 = \dfrac{U}{k}$,并求得可锻铸铁的杨氏模量.

(4) 把测量结果与公认值进行比较,算出百分差. (查得黄铜材料的杨氏模量 $E_铜 = 10.55 \times 10^{10} \text{N/m}^2$,可锻铸铁的杨氏模量 $E_铁 = 18.15 \times 10^{10} \text{N/m}^2$)

【分析讨论】

(1) 弯曲法测量杨氏模量,主要测量误差有哪些?请估算各影响量的不确定度.

(2) 铜刀口不在横梁中心会出现什么情况?

(3) 用霍尔位置传感器法测量微位移有什么优点?(提示:与千分尺、读数显微镜等方法比较,有什么优点?)

(4) 霍尔位置传感器是如何确定位置变化的?

(5) 霍尔位置传感器定标时应注意哪些问题?

实验 95　磁阻传感器与地磁场测量

地球磁场与地球引力场一样,是一个地球物理场,它是由基本磁场与变化磁场组成的. 基本磁场是地磁场的主要部分,起源于地球内部,比较稳定,变化非常缓慢. 变化磁场包括地磁场的各种短期变化,与电离层的变化和太阳活动等有关,并且很微弱. 地球和近地空间之间存在的磁场,叫做地磁场,约为 10^{-5} T 量级. 地磁场作为一种天然磁源,在军事、工业、医学、探矿等众多领域有着广泛的应用. 本实验采用新型坡莫合金磁阻传感器测量地磁场. 由于磁阻传感器体积小,灵敏度高,易安装,因而在弱磁场测量方面有广泛的应用前景.

【重点、难点】

(1) 什么是磁阻效应? 磁阻效应的物理特性如何?

(2) 利用磁阻传感器测量地磁场的原理及方法.

【目的要求】

(1) 掌握磁阻传感器的结构原理及特性,掌握磁阻效应的物理机制.

(2) 用磁阻传感器测定地磁场磁感应强度及地磁场的水平分量和地磁倾角.

(3) 掌握测量地磁场的一种重要方法.

【仪器设备】

磁阻传感器与地磁场实验仪,如图 12.95.1 所示.

【实验原理】

1. 地磁场

地磁场是一个向量场. 描述某一点地磁场的强度和方向,需要 3 个独立的地磁要素. 地磁场的强度和方向随地点(甚至随时间)而异. 其北极、南极分别在地理南极、北极附近,彼此并不重合,而且两者间的偏差随时间不断地在缓慢变化,而且地磁轴与地球自转轴并

图 12.95.1　磁阻传感器测量
地磁场的装置

不重合,有 11°交角. 在一个不太大的范围内,地磁场基本上是均匀的,可用三个参量来表示空间某一点地磁场的方向和大小:

磁偏角 α:地球表面任一点的地磁场矢量所在垂直平面(称地磁子午面)与地理子午面之间的夹角.

磁倾角 β:地磁场强度矢量 B 与水平面之间的夹角.

水平分量 $B_{/\!/}$：地磁场矢量 B 在水平面上的投影。测量地磁场的这三个参量，就可确定某一地点地磁场 B 矢量的方向和大小。

2. 磁阻效应

磁阻效应是指置于磁场中的某些金属或半导体的电阻值随外加磁场变化而发生变化的现象。磁阻效应本质上是由于载流子在磁场中受到洛伦兹力的作用而产生的。对于铁、钴、镍及其合金等磁性金属，当外加磁场平行于磁体内部磁化方向时，电阻几乎不随外加磁场变化；当外加磁场偏离金属的内部磁化方向时，此类金属的电阻减小，这就是强磁金属的各向异性磁阻效应。

目前，磁阻效应广泛用于磁传感、磁力计、电子罗盘、位置和角度传感器、车辆探测、GPS 导航、仪器仪表、磁存储（磁卡、硬盘）等领域。尽管不同的磁阻装置有不同的灵敏度，但其电阻的相对变化率 $\Delta R/R$ 与外磁场的关系都是相似的。

3. 磁阻传感器

磁阻传感器由长而薄的坡莫合金（铁镍合金）制成一维磁阻微电路集成芯片。它利用通常的半导体工艺，将铁镍合金薄膜附着在硅片上如图 12.95.2 所示。薄膜的电阻率 $\rho(\theta)$ 具有以下关系式

$$\rho(\theta) = \rho_{\perp} + (\rho_{/\!/} - \rho_{\perp})\cos^2\theta \tag{12.95.1}$$

其中 $\rho_{/\!/}$、$\rho_{\perp}$ 分别是电流 I 平行或垂直于 M 时的电阻率。当沿着铁镍合金带的长度方向通以一定的直流电流，而垂直于电流方向施加一个外界磁场时，合金带自身的阻值会产生较大的变化，利用此合金带阻值的变化，可以测量磁场的大小和方向。同时制作时还在硅片上设计了两条铝制电流带，一条是置位与复位带，该传感器遇到强磁场感应时，将产生磁畴饱和现象，可以用来置位或复位极性；另一条是偏置磁场带，用于产生一个偏置磁场，补偿环境磁场中的弱磁场部分，使磁阻传感器输出显示线性关系。

磁阻传感器是一种单边封装的磁场传感器，它能测量与管脚平行方向的磁场。传感器由四条铁镍合金磁电阻组成一个非平衡直流电桥，非平衡电桥输出部分接集成运算放大器，将信号放大输出。传感器内部结构如图 12.95.3 所示。由于适当配置的四个磁电阻电流方向不相同，当存在外界磁场时，引起电阻值变化有增有减。因而输出电压 U_{OUT} 可以用下式表示为

$$U_{\text{OUT}} = \left(\frac{\Delta R}{R}\right) \times U_{\text{b}} \tag{12.95.2}$$

式中 U_{b} 是电桥的工作电压，$\Delta R/R$ 是外磁场引起的磁电阻阻值的相对变化。

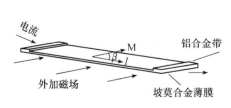

图 12.95.2 磁电阻的构造示意图

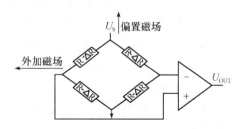

图 12.95.3 磁阻传感器内的惠斯通电桥

对于一定的工作电压,如 $U_b = 5.00\text{V}$,HMC1021Z 磁阻传感器输出电压 U_OUT 与外界磁场的磁感应强度成正比关系,

$$U_\text{OUT} = U_0 + kB \qquad (12.95.3)$$

式中,k 为传感器的灵敏度,B 为待测磁感应强度.U_0 为外加磁场为零时传感器的输出量.

4. 磁阻传感器的灵敏度 k

为了确定磁阻传感器的灵敏度,需要有一个标准磁场来定标.由于亥姆霍兹线圈的特点是能够在其轴线中心点附近产生较宽范围的均匀磁场区,所以常用作弱磁场的标准磁场.本实验中亥姆霍兹线圈公共轴线中心点位置的磁感应强度由下式给出:

$$B = \frac{\mu_0 NI}{R} \cdot \frac{8}{5^{\frac{3}{2}}} = \frac{4\pi \times 10^{-7} \times 500 \times 8}{0.100 \times 5^{\frac{3}{2}}} \cdot I = 44.96 \times 10^{-4} I \qquad (12.95.4)$$

式中 N 为线圈匝数,I 为线圈流过的电流强度,R 为亥姆霍兹线圈的平均半径,μ_0 为真空磁导率.真空磁导率 $\mu_0 = 4\pi \times 10^{-7} \text{N/A}^2$.本实验中亥姆霍兹线圈每个线圈匝数 $N = 500$ 匝,线圈的半径 $R = 10.00\text{cm}$.

【实验内容与步骤】

1. 测量磁阻传感器的灵敏度 k

(1) 调整转盘至水平,将磁阻传感器放置在亥姆霍兹线圈公共轴线中点,并使管脚和磁感应强度方向平行,即把转盘刻度调节到角度 $\theta = 0°$,使传感器的感应面与亥姆霍兹线圈轴线垂直.

(2) 接通仪器主机电源,主机恒流源逆时针旋至最小,磁阻传感器输出复位、调零.

(3) 将亥姆霍兹线圈串联连接通入励磁电流,用亥姆霍兹线圈产生磁场作为已知量,测量磁阻传感器的灵敏度 k.表 12.95.1 中正向输出电压 U_1 和反向电压 U_2 分别是指励磁电流正向和反向输入时测得的磁阻传感器产生的输出电压.测正向和反向两次的目的是消除地磁沿亥姆霍兹线圈轴线方向(水平)分量的影响.改变电流方向时,应先调解电流输出为零,再改变电流输入方向.

2. 测量地磁场的水平分量 $B_{/\!/}$

(1) 将亥姆霍兹线圈与直流电源的连接线拆去,调节底板上螺丝使转盘水平.

(2) 调节角游标对准零刻度线($\theta = 0°$),水平转动实验装置底盘,找到传感器输出电压最大方向,此时传感器管脚与地磁场磁感应强度水平分量 $B_{/\!/}$ 的方向一致.

(3) 记录此时传感器输出最大电压 U_1 后,再旋转带有磁阻传感器的内转盘约 $180°$,找到传感器输出电压最小方向,记录传感器输出最小电压 U_2.

(4) 由 $|U_1 - U_2|/2 = kB_{/\!/}$,求得当地地磁场水平分量 $B_{/\!/}$.

3. 测量地磁场的磁感应强度 $B_\text{总}$;地磁场的垂直分量 $B_\perp$ 及磁倾角 β

(1) 保持传感器管脚与地磁场磁感应强度的水平分量的方向一致;

(2) 将带有磁阻传感器的转盘平面调整为铅直,此时转盘面处于地磁子午面方向,角游标对准零刻度线;转动调节转盘,分别记下传感器输出最大读数 U_1' 和最小时读数 U_2',同时记录传感器输出最大和最小时转盘角度指示值 β_1 和 β_2.

(3) 由磁倾角 $\beta=(\beta_1+\beta_2)/2$ 计算 β 的值. 由 $|U_1'-U_2'|/2=kB$,计算地磁场磁感应强度 $B_总$ 的值. 并计算地磁场的垂直分量 $B_\perp=B_总\sin\beta$.

【数据表格】

表 12.95.1 测量磁阻传感器的灵敏度 k

仪器型号_____,量程_____,最小分度值_____,准确度等级_____.

励磁电流 I/mA	磁感应强度 B/ $(10^{-4}\mathrm{T})$	U/mV		$\bar{U}(=U_1-U_2/2)$/mV
		正向 U_1/mv	反向 U_2/mv	
10.00				
20.00				
...				
80.00				

【数据处理】

(1) 利用作图进行拟合,根据 $U_{\text{out}}=U_0+kB$ 得出该磁阻传感器的灵敏度 k. 或用计算器进行最小二乘法拟合,根据 $U_{\text{out}}=U_0+kB$ 得出该磁阻传感器的灵敏度 k.

(2) 由 $|U_1-U_2|/2=kB_{/\!/}$,给出当地地磁场水平分量 $B_{/\!/}$.

(3) 测量磁倾角记录 β 时,应取多组不同数据,求其 $\bar{\beta}$ 值(请自行设计记录数据的表格).

(4) 根据实验数据分别求出 $B_{/\!/}$、$B_\perp$、$B_总$ 及 β 值.

【分析讨论】

(1) 磁阻传感器和霍尔传感器在工作原理和使用方法方面各有什么特点和区别?

(2) 为何坡莫合金磁阻传感器遇到较强磁场时,其灵敏度会降低?用什么方法可恢复其原来的灵敏度?

(3) 什么是磁阻效应?简述磁阻效应的物理机制.

(4) 说明磁阻传感器的结构特点和输出特性?

(5) 如果在测量地磁场时,在磁阻传感器周围较近处,放一个铁钉,对测量结果将产生什么影响?

实验 96 传感器系统实验仪

【目的要求】

(1) 了解传感器测量位移的原理与方法,研究传感器的静态特性.

(2) 掌握传感器系统实验仪的结构和使用方法,绘制传感器的静态特性曲线.

(3) 熟悉传感器测量电路的组成和连接方法.

【实验仪器】

传感器系统实验仪一套、双踪示波器一台. 传感器实验仪是一个完整的测量系统,由信号源及显示部分、传感器试验台、处理变换电路三部分组成,可完成不同种类传感器的静态、动态、系统等三种类型实验．各部分的连接由自锁紧迭插头在实验仪面板上进行，实验者通过实验可以对不同种类的传感器及测量原理，如何组成测量系统有一直观而具体的感性认识．

信号源由±15V稳压电源和±(2～10V)稳压电源、音频振荡器和低频振荡器组成，显示仪表由 $3\frac{1}{2}$ 位电压、频率表和指针式毫伏表组成．

试验台配有应变、温度、热电、压电、电容、光纤、霍尔、电感、电涡流、磁电等十种传感器，两只测微头可在静态实验时对传感器进行标定．悬臂梁与激振器配合可产生低频振动，用于动态测量实验．

处理、变换电路包含了电桥、差动放大器、电荷放大器、低通滤波器、移相器、相敏检波器、温度变换器、光电变换器、电容变换器、涡流变换器等转换电路，这些电路能将传感器感应的非电量信号进行转换和对电量信号进行处理．

【实验原理】

传感器是指能感受规定的被测量并按照一定的规律转换成可用输出信号的器件或装置，通常由敏感元件和转换元件组成．其中敏感元件是指传感器中能直接感受或响应被测量的部分；转换元件是指传感器中能将敏感元件感受或响应的被测量转换成适合传输或测量的电信号部分．

传感器是利用物理量之间存在的各种效应与关系，将被测的非电学量转化成电学量，从而获得被测量的物理信息，按其工作原理，可分为：电阻式、电容式、电感式、磁电式、电涡流式、光电式、电荷式、半导体式等多种工作形式，能够完成对压力、温度、湿度、位移、流量、转矩、振动、速度、加速度、转速等非电量的测量，并且随着科学技术的发展和自动化程度的提高，传感器将在工程技术和自动控制领域占据着越来越重要的地位．

1. 电阻应变式位移传感器

电阻应变式位移传感器的结构原理，如图 12.96.2 所示．在等强度悬臂梁上粘贴有 6 片金属箔应变片．当悬臂梁自由端承受待测物体的作用力 F 而产生位移 δ 时，应变片产生与位移成正比的电阻相对变化 $\Delta R/R_0$，通过桥式检测电路可以将电阻相对变化转换成电压或电流输出，就可测出物体的位移量．电阻式应变位移传感器的位移测量范围较小，在 $0.1\mu m \sim 0.1mm$ 之间，其测量精度小于 2%，线性度为 0.1%～0.5%.

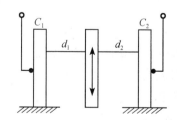

图 12.96.1 变面积式电容传感器
结构示意图

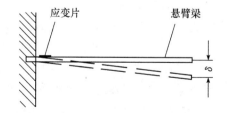

图 12.96.2 电阻应变式位移传感器
结构原理图

2. 电容式位移传感器

如图 12.96.1 所示是变面积式电容传感器的结构原理图．它由三个电极板构成，其中两个为固定极板,一个为可动极板,三极板均呈长方形.假定极板间的介质不变(即介电常数不变),当三极板完全重叠时,其电容量 C_0 为

$$C_0 = \varepsilon A/d$$

当动极板向上或向下移动距离 d 时,极板之间的对应面积要减少 ΔA,则传感器的电容量就要减少 ΔC.电容量的变化通过电容变换器电路检测出来,实现了位移转换为电量的电测变换.

变面积式电容传感器的测量精度较高,其分辨率可达 $0.3\mu m$.

3. 电感式位移传感器

差动变压器电感式位移传感器结构如图 12.96.3 所示,基本元件由铁芯和三个螺线管线圈组成,中间的线圈为初级线圈,两边的线圈为次级线圈.当在次级线圈加上交流励磁电压 U_i 时,这时在次级线圈上由于电磁感应产生电压.因为次级两个线圈反极性串连,两个次级线圈中的感应电压 U_1 和 U_2 的位相相反,将其相加的结果,在输出端产生电势差 U_0.当铁芯处于中心对称位置时,因 $U_1 = U_2$,所以 $U_0 = 0$;铁芯随被测物体产生位移时,$U_0 \neq 0$,并且与铁芯移动的距离与方向有关,U_0 的大小与铁芯的位移成正比,这就是差动变压器将机械位移量转换成电压信号输出的转换原理(图 12.96.4).

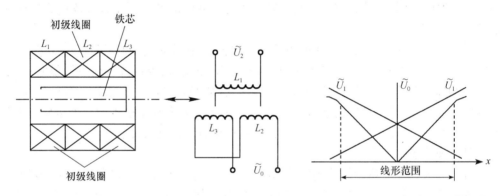

图 12.96.3　差动变压器结构原理图　　图 12.96.4　差动变压器位移输出特性

铁芯位移差动变压器线性测量范围在 $\pm(2\sim200mm)$ 之间,测量精度一般可达到 $0.2\%\sim0.3\%$.

4. 光纤位移传感器

反射式光纤位移传感器的工作原理,如图 12.96.5 所示.它由恒定光强的光源发出的光经耦合进入入射光纤,并从入射光纤的出射端射向被测物体,被测物体反射的光一部分被接受光纤接收,根据光学原理可知反射光的光强与被测物体的距离有关,因此,通过光电变换器测得反射光的强度,便可测得物体位移的变化.

反射式光纤位移传感器的位移输出特性曲线如图 12.96.6 所示.

5. 涡流式位移传感器

涡流式位移传感器的基本结构和工作原理如图 12.96.7 所示.当给靠近金属板一侧的电感线圈 L 通高频电压时,L 产生的高频磁场作用于金属表面.由于趋肤效应,高频磁场不能透过具有一定厚度的金属板而仅作用于其表面的薄层内,金属板表面产生感应涡流.

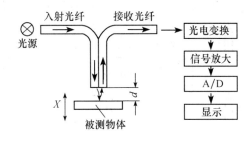 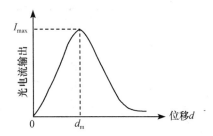

图 12.96.5　反射型光纤位移传感器工作原理图　　图 12.96.6　光纤位移传感器的位移输出特性

涡流产生的磁场又反过来作用在线圈 L 上,导致传感器线圈 L 的电感及等效阻抗发生变化.传感器线圈 L 受涡流影响时的等效阻抗 Z 的函数表达式为

$$Z = F(\rho, \rho_H, f, k, x)$$

式中:ρ 为被测导体的电阻率;ρ_H 为被测导体的磁阻率;f 为线圈激磁电压的频率;k 为线圈与被测导体的尺寸因子;x 为线圈与被测导体间的距离.

当影响传感器线圈等效阻抗的其他参数确定后,此时只有线圈与被测导体之间的距离 x 的变化量与阻抗 Z 有关,通过检测电路测出 Z 的变化量,也就测定了导体的相对位移量.

电涡流强度与距离的关系曲线如图 12.96.8 所示,当传感器线圈与被测导体的距离发生变化时,电涡流密度将发生相应的变化,且呈非线性关系.

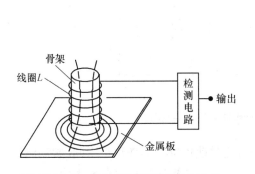 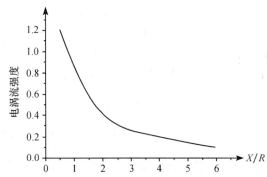

图 12.96.7　涡流式位移传感器的基本　　　图 12.96.8　电涡流强度与位移的关系曲线
　　　　　结构及工作原理图

【实验内容与步骤】

1. 电阻应变式传感器测位移

(1) 如图 12.96.9 所示将实验部件连接,毫伏表放在 50mV 挡.

(2) 差动放大器和毫伏表调零.用导线将差动放大器正负输入端对地短接,然后将输出端接到毫伏表的输出端,调整差动放大器的增益旋钮,使增益尽可能大,同时调整差动放大器的调零旋钮,使毫伏表指示为零.调零后,调零旋钮不可再动.

(3) 确认无误后开启电源.

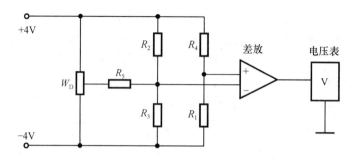

图 12.96.9　电阻应变式位移传感器测位移接线图

（4）在测微头离开悬臂梁，悬臂梁处于水平状态的情况下，通过调整电桥平衡电位器 W_D，使系统输出为零．差动放大器的增益以手将梁压到最低处和提到最高处时毫伏表指针左右达到满刻度时为宜．

（5）装上测微头，调整到系统输出为零．此时测微头读数为梁处于水平状态（自由状态），自此位置开始，向下旋动测微头，记录梁的位移与电压表指示值，每往下 0.25mm 记一个数值，一直到水平下 7~8mm 为止．根据表中所得数据计算灵敏度 s，$s=\Delta V/\Delta x$，并做出 $V\text{-}x$ 关系曲线．

2. 电容式传感器测位移

（1）如图 12.96.10 接线，将电容变换器和差放的增益均调至最大．

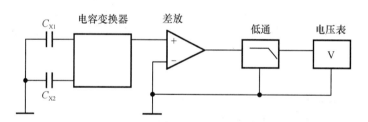

图 12.96.10　电容式位移传感器测位移接线图

（2）测微头带动振动台移动至系统输出为零，此时动片位于两静片组中间．旋动测微头，每次 0.2mm，记录位移 x 与电压输出值 V，直至动片与静片复盖面积最大为止．然后向相反方向重复上述实验，记录实验数据．

（3）根据所测结果，画出 $V\text{-}x$ 曲线，指出线性工作范围，根据表中所得数据计算灵敏度 S．

3. 电感式传感器测位移

（1）如图 12.96.11 所示进行接线，初级线圈从 LV 口接音频振荡信号．双踪示波器第一通道灵敏度为 500mV/cm，第二通道灵敏度为 10mV/cm．

（2）调整音频输出信号为 5kHz，$V_{\text{p-p}}=2V$．

（3）细调测微头，使差放零点残余电压为最小．调整电桥网络 W_D 和 W_A，使电压输出减至最小．

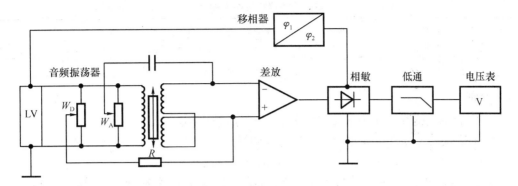

图 12.96.11　差动变压器测位移接线图

(4) 向下旋动测微头,带动铁芯在线圈中移动,记录梁的位移与次级输出电压 V_{P-P} 值,每往下 0.25mm 记一个数值,一直到水平下 7~8mm 为止.

(5) 重复步骤(3),向上悬动测微头,重复步骤(4).

(6) 根据所测结果,画出 $V_{op-p}\text{-}x$ 曲线,指出线性工作范围,根据表中所得数据计算灵敏度 S.

4. 光纤传感器测位移

(1) 光纤端面相对的振动台面上贴上反射镜片.

(2) 将光纤、光电转换装置与变换器相连接. 接通电源,预热数分钟.

(3) 旋动测微头,使反射镜与光纤之间距离为零,此时光纤变换器 V_0 端输出电压为零,然后使镜面与光纤头分开,向上旋动测微头,记录位移与毫伏表读数,每往上 0.25mm 记一个数值,至上移 7~8mm 为止.

(4) 根据所测结果,画出 $V\text{-}x$ 曲线,计算灵敏度 S,指出线性工作范围.

5. 涡流式传感器测位移

(1) 装好电涡流传感器,并接入变换器,此时传感器对准金属测片.

(2) 用示波器观察电涡流传感器的高频振荡波形,此波应为正弦波.

(3) 用测微头移动振动台,使传感器与金属片接触,此时涡流变换器电压输出为零,由此开始每隔 0.1mm 位移用电压表读取变换器输出电压值以及用示波器读取传感器的振荡波 V_{PP} 值,直到线性严重破坏为止.

(4) 处理实验数据,作出 $V\text{-}x$ 曲线,指出大致的线性范围,计算灵敏度 S.

【数据记录与处理】

表 12.96.1　测试数据

类型 次数	电阻式		电容式		电感式		光纤式		涡流式	
	X/mm	V/mV	X/mm	V/mV	X/mm	V/mV	X/mm	V/mV	X/mm	V/mV
1										
...										

表 12.96.2　传感器参数

传感器类型	电阻式	电容式	电感式	光纤式	涡流式
灵敏度 $S/(\text{V/mm})$					
线性范围/mm					

注意

本实验的关键在于正确地测出位移变化时对应的输出电压.

(1) 毫伏表和差动放大器使用前都必须调零.

(2) 显示仪表量程从高挡转换到低挡,信号幅度大小合适.

(3) 受拉和受压的金属箔应变片和差动变压器的两个次级线圈都必须接成差动形式.

(4) 光纤变换器工作时光纤端面不能长时间直接受强光照射,以免内部电流过大烧坏有关电路;光纤不能成锐角弯曲,以免折断,光纤端面应保持清洁,有污物时用镜头纸擦拭.

【思考题、练习题】

(1) 传感器的定义? 本实验所用几种传感器的结构?

(2) 传感器进行位移测量的基本原理.

(3) 传感器的静态特性的定义? 包括哪些主要技术指标?

(4) 金属箔应变片有几种组桥方法? 如何对应变片进行温度补偿?

(5) 传感器在实际生活中有哪些具体应用?

(6) 如果不对金属箔电阻应变片进行温度补偿,测量结果与进行补偿后的结果有何不同?

(7) 为什么光纤位移传感器的光电流先是增大,然后又逐步减小?

(8) 在差动变压器测位移电路中,采取哪些电路和措施补偿零点残余电压的?

(9) 通过实验,五种传感器中,哪种灵敏度最高? 哪种线性范围最宽?

(10) 说明在一个完整的非电量测量系统中,传感器、测量电路、显示装置、电源部分所起的作用.

【附表】

传感器的物理学基础

效应、现象	转　换	内　　容
热传导现象	热→物性变化	物质不移动,热量从高温部分向低温部分移动的现象
热辐射现象	热→红外光	物体温度升高时产生光(电磁波)辐射的现象
塞贝克效应	温度→电	两种金属接成闭合回路、两接点温度不同时产生热电势的现象
热电效应	热→电子	金属板在真空中加热时发射电子的现象
帕尔帖效应	电→热	两种不同金属接成闭合环路,面向接合部分从另两端加电压并流过电流时引起结合部分发热和吸热的现象
光伏特效应	光→电	半导体的 pn 结部分用短波长的光照射时发生电子和空穴并产生电势的现象
塞曼效应	光磁→光谱	光通过磁场时光谱离散的现象

续表

效应、现象	转换	内容
光电导效应	光→电阻	半导体用光照射时电阻发生变化的现象
拉曼效应	光→光	物质用单色光照射时发出与入射光谱不同的光的现象
泡克耳斯效应	光(电)→光	光通过压电晶体并在垂直方向加电压时光分成正常光线和异常光线的现象
克尔效应	电(光)→光	光通过各种同性物质并在垂直方向加电压时光分成正常光线和异常光线的现象
法拉第效应	光(磁)→电	线偏振光通过磁性物质时偏转面旋转的现象
霍尔效应	磁(电)→电	电流流过固体并在与电流同相或垂直方向加磁场时,在各垂直方向上产生电势的现象
磁阻效应	磁(电)→电阻	电流流过固体并在与电流同相或垂直方向加磁场时,电阻增加的现象
磁致伸缩效应	磁→变形	强磁体加磁场时产生变形的现象
压电效应	压力→电	强介质加压力时产生极化或电势差的现象
多普勒效应	声(光)→频率	当声(光)源和观察者之间有相对运动的情况时观测到频率与静止情况下不同的现象

实验97 超声波技术应用设计

【目的要求】

(1) 学习并设计利用超声波技术测量距离或者探伤的一种方法.
(2) 设计一个利用超声波传感器作为发射器与接收器的遥控装置,并进行实验.
(3) 试利用单片机、计算机接口技术、超声波发生器与接收器等,设计汽车防碰撞装置.

【实验仪器】

超声波发生器与接收器,发射与接收电路等.

【设计提示】

(1) 设计原理、实验内容及步骤、数据处理及结果表示等参阅有关资料;
(2) 可以试用计算机编辑数据处理程序,对实验数据进行处理.

实验98 用拉脱法测液体表面张力系数
——用力敏传感器测定微小力

表面张力是液体表面的重要特性.它类似于固体内部的拉伸应力,这种应力存在于极薄的表面层内,是液体表面层内分子力作用的结果.在宏观上,液体的表面就像一张拉紧了的橡皮薄膜,存在沿着表面并使表面趋于收缩的应力,这种力称为表面张力.常用的测量方法有拉脱法、毛细管法和最大泡压法等.

【目的要求】

(1)学习硅压阻力敏传感器的定标方法.
(2)观察拉脱法测液体表面张力的物理过程和物理现象.
(3)测量纯水和酒精的表面张力系数.

【实验仪器】

实验仪器主要由液体表面张力系数测定仪主机(数字电压表)、实验调节装置、镊子、砝码组成. 如图 12.98.1.

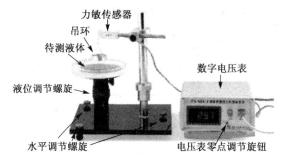

图 12.98.1 实验仪器

【实验原理】

测量一个已知周长的金属圆环从待测液体表面脱离时所需要的力,从而求得该液体的表面张力系数的方法称为拉脱法.

一个金属环固定在传感器上,将该环浸没于液体中,并渐渐拉起圆环,当它从液面拉脱瞬间传感器受到的拉力差值 f 为

$$f = \pi(D_1 + D_2)\alpha \tag{12.98.1}$$

式中,D_1、D_2 分别为圆环外径和内径,α 为液体表面张力系数.

硅压阻力敏传感器由弹性梁和贴在梁上的传感器芯片组成,其中芯片由四个硅扩散电阻集成一个非平衡电桥. 当外界压力作用于金属梁上时,在压力作用下,电桥失去平衡,此时将有电压信号输出,输出电压大小与所加外力成正比. 即

$$U = Kf \tag{12.98.2}$$

式中,f 为外力的大小,K 为力敏传感器灵敏度,单位 V/N. U 为输出电压的大小.

拉脱前后输出电压的改变量 ΔU 可表示为

$$\Delta U = U_1 - U_2 = K\alpha\pi(D_1 + D_2) \tag{12.98.3}$$

U_1,U_2 分别为即将拉断水膜时数字电压表读数以及拉断后数字电压表的读数.

于是,液体的表面张力系数可表示为

$$\alpha = \frac{U_1 - U_2}{\pi(D_1 + D_2)K} \tag{12.98.4}$$

【实验内容与步骤】

1. 对力敏传感器定标.

① 打开仪器的电源开关,将仪器预热 15 分钟,把砝码盘挂在传感器的小钩上,将数字电压表示值调为零.(**注意**:传感器挂钩所承受力的范围是 0~0.098N. 挂钩上不能挂太重的物体,以防损坏仪器)

② 将 7 个质量均为 0.5g 的砝码依次放入砝码盘中,并分别记录相应质量下电压表的读数,将数据填入表 12.98.1 中.

2. 用游标卡尺各测 5 次吊环的外径 D_1 和内径 D_2. 并清洁吊环表面.

3. 测酒精的表面张力系数.

① 挂上金属吊环,并使环的下沿与液面平行.如果不平行,通过调整连接环状吊片的细丝,使吊片下沿与待测液体面平行.

② 调节升降台使环下沿部分均浸入水中,然后反方向调节升降台,使液面逐渐下降,这时,吊环和液面之间形成一环形液膜,继续使液面下降,测出数字电压表在环形液面即将拉断时的读数值 U_1 和拉断后瞬间的读数 U_2. 重复测量 6 次.

③ 将实验数据代入公式,求出酒精的表面张力系数 α.

4. 测纯净水的表面张力系数(参考以上步骤).

【数据处理】

1. 硅压阻力敏传感器定标

表 12.98.1 力敏传感器定标

物体质量 m/g	0.500	1.000	1.500	2.000	2.500	3.000	3.500
输出电压 V/mV							

经作图法或用最小二乘法拟合求出仪器的灵敏度 K.

表 12.98.2 金属环的直径

编号	1	2	3	4	5	平均值
外径 D_1/cm						
内径 D_2/cm						

2. 表面张力系数的测量(所测液体:水和酒精)温度:$t=$ ℃

表 12.98.3 表面张力系数测量

测量次数	U_1/mV	U_2/mV	ΔU/mV	$\alpha \times 10^{-3}$ N/m
1				
⋮				
6				

【注意事项】

1. 力敏传感器使用时用力不宜大于 0.098N. 过大的拉力传感器容易损坏.

2. 仪器开机预热 15 分钟；依次用 NaOH 溶液、清水、纯净水清洗玻璃器皿和吊环.
3. 玻璃器皿和吊环经过洁净处理后，不能再用手接触，亦不能用手触及液体.
4. 对传感器定标时应先调零，待电压表输出稳定后再读数.
5. 吊环水平须调节好，注意偏差 1°，测量结果引入误差为 0.5%；偏差 2°，则误差为 1.6%.
6. 在旋转升降台时，尽量使液体的波动要小.
7. 工作室不宜风力较大，以免吊环摆动致使零点波动，所测系数不正确.
8. 实验结束须将吊环用清洁纸擦干，用清洁纸包好，放入干燥缸内.

【思考题】

1. 分析吊环即将拉断液面前的一瞬间数字电压表读数值由大变小的原因？
2. 分析影响表面张力系数的原因？

第十三章 近代物理与信息处理实验

实验 99 弦驻波法测量交流电频率的装置

【目的要求】

设计制作一个用弦驻波测量交流电频率的装置.

【实验内容】

(1) 研究弦驻波测频原理,说明有界弦出现稳定振动的条件;

(2) 提出测量装置的设计方案,选择器材,组装并测试一个信号发生器的输出频率,与仪器标称值进行比较并给出测量结果的不确定度.

【实验提示】

要将信号发生器输出的电振动转变成机械振动.

实验 100 自组迈克耳孙干涉仪测量某种单色光波长

【目的要求】

(1) 在光学平台上自行设计组成用于测量某种单色光波长(如纳黄光、H_e-N_e 激光)的迈克耳孙干涉仪光路,调出等倾干涉圈条纹.

(2) 观察干涉条纹并进行测量.

(3) 估计测量的不确定度.

【实验仪器】

He-Ne 激光器、纳光灯、前表面反射镜、干涉仪分光束镜、扩束镜、毛玻璃等.

【实验提示】

参考迈克耳孙干涉实验.

实验 101 玻尔共振实验

因受迫振动所导致的共振现象具有相当的重要性和普遍性.在许多领域中,既有实用价值,又有破坏作用.在声、光、电、原子核物理及各种工程技术领域中,都备受关注.

【目的要求】

(1) 研究玻尔共振仪中弹性摆轮受迫振动的幅频特性和相频特性.

(2) 研究不同阻尼力矩对受迫振动的影响,观察共振现象.

(3) 用频闪法测定运动物体的位相差.

【实验仪器】

玻尔共振仪由振动仪与电器控制箱两部分组成。振动仪如图 13.101.1 所示.

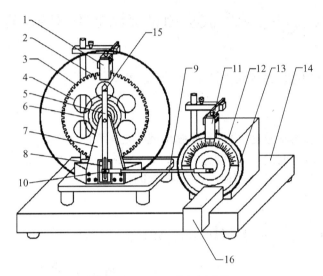

图 13.101.1　玻尔振动仪

1. 光电门 H；2. 长凹槽 D；3. 短凹槽 D；4. 铜质摆轮 A；5. 摇杆 M；6. 蜗卷弹簧 B；7. 支承架；
8. 阻尼线圈 K；9. 连杆 E；10. 摇杆调节螺丝；11. 光电门 I；12. 角度盘 G；13. 有机玻璃转盘 F；
14. 底座；15. 弹簧夹持螺钉 L；16. 闪光灯

【实验原理】

物体在周期外力的持续作用下发生的振动称为受迫振动,这种周期性的外力称为强迫力.如果外力是按简谐振动规律变化,那么稳定状态时的受迫振动也是简谐振动,此时,振幅保持恒定,振幅的大小与强迫力的频率和原振动系统无阻尼时的固有振动频率以及阻尼系数有关.在受迫振动状态下,系统除了受到强迫力的作用外,同时还受到回复力和阻尼力的作用.所以在稳定状态时物体的位移、速度变化与强迫力变化不是同位相的,存在一个位相差.当强迫力频率与系统的固有频率相同时产生共振,此时振幅最大,位相差为 90°.

实验采用摆轮在弹性力矩作用下自由摆动,在电磁阻尼力矩作用下作受迫振动来研究受迫振动特性,可直观地显示机械振动中的一些物理现象.

当摆轮受到周期性强迫外力矩 $M = M_0\cos\omega t$ 的作用,并在有空气阻尼和电磁阻尼的媒质中运动时(阻尼力矩为 $-b\dfrac{\mathrm{d}\theta}{\mathrm{d}t}$)其运动方程为

$$J\frac{\mathrm{d}^2\theta}{\mathrm{d}t^2} = -k\theta - b\frac{\mathrm{d}\theta}{\mathrm{d}t} + M_0\cos\omega t \tag{13.101.1}$$

式中,J 为摆轮的转动惯量,$-k\theta$ 为弹性力矩,M_0 为强迫力矩的幅值,ω 为强迫力的圆频率.令

$$\omega_0^2 = \frac{k}{J}, \quad 2\beta = \frac{b}{J}, \quad m = \frac{m_0}{J}$$

$$\frac{d^2\theta}{dt^2} + 2\beta\frac{d\theta}{dt} + \omega_0^2\theta = m\cos\omega t \tag{13.101.2}$$

当 $m\cos\omega t = 0$ 时，上式为阻尼振动方程. 当 $\beta = 0$，即在无阻尼情况时，上式为简谐振动方程，ω_0 即为系统的固有频率. 方程的通解为

$$\theta = \theta_1 e^{-\beta t}\cos(\omega_f t + \alpha) + \theta_2\cos(\omega t + \varphi_0) \tag{13.101.3}$$

可见，受迫振动可分成两部分：

(1) $\theta_1 e^{-\beta t}\cos(\omega_f t + \alpha)$ 表示阻尼振动，经过一定时间后衰减消失.

(2) 强迫力矩对摆轮作功，向振动体传送能量，最后达到一个稳定振动状态.

$$\theta_2 = \frac{m}{\sqrt{(\omega_0^2 - \omega^2)^2 + 4\beta^2\omega^2}} \tag{13.101.4}$$

振幅 θ_2 与强迫力矩之间的位相差 φ 为

$$\varphi = \cot\frac{2\beta\omega}{\omega_0^2 - \omega^2} = \frac{\beta T_0^2 T}{\pi(T^2 - T_0^2)} \tag{13.101.5}$$

可看出，振幅 θ_2 与位相差 φ 的数值取决于强迫力矩 M、频率 ω、系统的固有频率 ω_0 和阻尼系数 β 四个因素，而与振动起始状态无关.

由 $\frac{\partial}{\partial\omega}[(\omega_0^2 - \omega^2)^2 + 4\beta^2\omega^2] = 0$ 极值条件可得出，当强迫力的圆频率 $\omega = \sqrt{\omega_0^2 - 2\beta^2}$ 时，产生共振，θ 有极大值. 若共振时圆频率和振幅分别用 ω_r、θ_r 表示，则

$$\omega_r = \sqrt{\omega_0^2 - 2\beta^2} \tag{13.101.6}$$

$$\theta_r = \frac{m}{2\beta\sqrt{\omega_0^2 - 2\beta^2}} \tag{13.101.7}$$

上式表明，阻尼系数 β 越小，共振时 ω_r 越接近于 ω_0，振幅 θ_r 也越大. 不同 β 时受迫振动的幅频特性和相频特性如图 13.101.2 和图 13.101.3 所示.

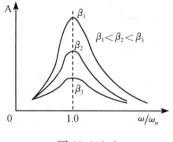

图 13.101.2

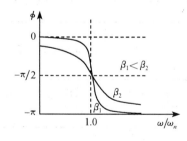

图 13.101.3

【实验内容与步骤】

1. 测定阻尼系数 β

从液显窗口读出摆轮作阻尼振动时的振幅数值 $\theta_1, \theta_2, \theta_3, \cdots, \theta_n$，利用公式

$$\ln\frac{\theta_0 e^{-\beta t}}{\theta_0 e^{-\beta(t+nT)}} = n\beta T = \ln\frac{\theta_0}{\theta_n} \tag{13.101.8}$$

求出 β 值,式中 n 为阻尼振动的周期次数,θ_n 第 n 次振动时的振幅,T 为阻尼振动周期的平均值. 此值可以测出 10 个摆轮振动周期值,然而取其平均值. 进行本实验内容时,电机电源必须切断,指针 F 放在 0°位置,θ_0 通常选取在 130~150 之间.

2. 测定受迫振动的幅度特性和相频特性曲线

保持阻尼档位不变,选择强迫振荡进行实验,改变电动机的转速,即改变强迫外力矩频率 ω. 当受迫振动稳定后,读取摆轮的振幅值,并利用闪光灯测定受迫振动位移与强迫力间的位相差($\Delta\varphi$ 控制在 10°左右).

强迫力矩的频率可从摆轮振动周期算出,也可以将周期选为"×10"直接测定强迫力矩的 10 个周期后算出,在达到稳定状态时,两者数值应相同. 前者为 4 位有效数字,后者为 5 位有效数字.

在共振点附近由于曲线变化较大,因此测量数据相对密集些,此时电机转速极小变化会引起 $\Delta\varphi$ 很大改变. 电机转速选钮上的读数是一参考数值,建议在不同 ω 时都记下此值,以便实验中快速寻找要重新测量时参考.

3. 测定振幅与固有周期 T_0 的对应关系

先关掉电机开关,"周期选择"拨向"1",然后将阻尼开关拨向"0",将振幅拨到 140°~150°,松手后先观察周期的变化情况,如周期不变化则不必记录,如周期变化大选择记录步骤中对应振幅的周期值,即此时的 T_0.

【数据表格】

表 13.101.1　测定阻尼系数 β

阻尼挡位置_____

仪器型号_____,量程_____,最小分度值_____,准确度等级_____.

序号	振幅/(°)	序号	振幅/(°)	$\ln\dfrac{\theta_i}{\theta_{i+6}}$
θ_1		θ_6		
...	...	...	...	...
				平均值

表 13.101.2　幅频特性和相频特性测量数据记录表

阻尼开关位置_____

$10T/\text{s}$	T/s	$\varphi/(°)$ 理论值	$\theta/(°)$ 测量值	$\left(\dfrac{\theta}{\theta_r}\right)^2$	T/T_0	$\varphi=\tan^{-1}\dfrac{\beta T_0^2 T}{\pi(T^2-T_0^2)}$

表 13.101.3　振幅与固有周期关系测量数据记录表

阻尼开关位置_____

$\theta/°$							
T_0/s							

【数据处理】

(1) 阻尼系数 β 的计算.

(2) 幅频特性和相频特性测量：作幅频特性 $(\theta/\theta_r)^2$-ω 曲线，并由此求 β 值.

【分析讨论题】

(1) 阻尼系数 β 对共振频率 ω_r 和共振振幅 θ_r 有什么影响？

(2) 受迫振动实验时，阻尼选择一般不能置于"0"位，为什么？

(3) 受迫振动时，振幅与强迫力频率有何关系？共振时频率是否等于系统固有频率？

(4) 相位差 φ 与哪些因素有关？

(5) 摆轮 A 的振幅（角度值）和周期是如何测定的？

实验 102 全息光栅的制作与检验

1967 年，联邦德国的鲁道夫(Rudolph)和施玛尔(Schmahl)提出了采用全息照相的方法来制作光栅，首先证实了用全息照相的方法制作的光栅. 全息光栅具有良好的性能，可作为色散元件应用于光谱仪器，而且与刻划光栅相比，全息光栅具有杂散光少，没有鬼线和伴线，分辨率高，适用光谱范围宽，有效孔径大，生产效率高，成本低廉等优点.

【实验目的】

(1) 了解制作全息光栅的原理.

(2) 学习制作全息光栅的技术.

【实验要求】

(1) 设计一个拍摄全息光栅的光路，给出拍摄时两束平行相干光夹角的确定方法，对光路中每个元件进行说明并给出必要的参数，写出实验步骤.

(2) 制作一块空间频率 $\nu=300$ 线/mm 的全息光栅. 设计一种方法来测定所制作的全息光栅的空间频率，写出测量方法及测量结果.

(3) 检验所制作光栅的光栅常数 d，要求百分误差 $E_d<2\%$.

(4) 总结制作好全息光栅的要点和注意事项.

【实验仪器】

全息台，He-Ne 激光器，全息干板，分束器，扩束镜，反光镜两个，准直透镜两个，磁性可调支架座，毛玻璃屏，米尺，照片冲洗设备，分光计，钠光灯等.

【原理提示】

(1) 两束相干的单色平行光以一定角度 θ 相交时，在两束光相交面上将形成干涉条纹. 设两束平行光入射到平面上的夹角为 α、β，那么干涉条纹的间距.

$$d = \frac{\lambda}{2\sin\frac{\alpha+\beta}{2}\cos\frac{\alpha-\beta}{2}} \quad (13.102.1)$$

式中,λ 为入射光波长.

当 $\alpha=\beta$ 时,$\alpha=\beta=\frac{\theta}{2}$,则

$$d = \frac{\lambda}{\sin\frac{\theta}{2}} \quad (13.102.2)$$

改变 θ 角,可使条纹密度变化,θ 越大条纹越密. 光栅的空间频率 $f=\frac{1}{d}$.

(2) 若在两束光的重合区上放上焦距为 f 的透镜,两束光在透镜的后焦平面上聚成两个亮点,测出两个亮点的距离,就可求出两束光的夹角 θ.

(3) 若将两束平行光的相交平面换成全息干板,并把干涉条纹拍摄下来,经显影、定影处理后便是一块全息光栅.

(4) 要提高光栅的衍射效率,可在定影后进行漂白处理.

(5) 在分光计上检验光栅常数 d.

【分析讨论题】

(1) 将拍摄好的光栅用细激光束垂直入射,在距底片 8.0mm 的屏上出现 ±1 级衍射点,两点距离为 8.0mm,该光栅的光栅常数是多少?拍摄时两激光束的交角大约是多少?

(2) 如果全息感光板的分析本领在 1500 线/mm 以内,拍摄全息光栅的实验光路必须满足什么要求?

(3) 如何拍摄一块两方向的光栅常数相同的正交全息光栅?

实验 103 液晶的电光特性实验

1888 年,奥地利植物学家 Reinitzer 在做有机物溶解实验时,在一定的温度范围内观察到液晶. 1961 年美国 RCA 公司的 Heimeier 发现了液晶的一系列电光效应,并制成了显示器件. 它具有驱动电压低(一般为几伏)、功耗极小、体积小、寿命长、环保无辐射等优点. 随着液晶技术的不断发展,如今液晶作为物质存在的第四态已在物理、化学、电子、生命科学等诸多领域有着广泛应用. 一些液晶显示器件、光导液晶光阀、光调制器、光路转换开关等均是利用液晶电光效应的原理制成的. 因此,掌握液晶电光特性具有实际意义.

【实验目的】

1. 了解液晶材料的物理结构及光学性质,通过检测线偏振光经过液晶盒后偏振态的变化来测量液晶盒的扭曲角.

2. 了解液晶电光效应的原理,并测量液晶样品的电光曲线. 计算样品的阈值电压 U_{th}、饱和电压 U_r、对比度 D_r、陡度 β 等电光效应等参数.

3. 了解液晶材料对外加电场的响应速度问题,并学会测量液晶的响应时间.

4. 根据液晶显示器件(TN-LCD)的显示原理,探索有关液晶光电效应的应用设计实验.

【实验仪器】

如图 13.103.1 所示,主要有控制主机(含驱动电源方波发生器、方波有效值电压表、光功率计),导轨 1 根,滑块 4~5 个,二维可调半导体激光器 1 台,液晶盒样品 1 个,偏振片(起偏器、检偏器)2 个,光电二极管探测器 1 个,双踪示波器,白屏 1 个,钢板尺 1 个.

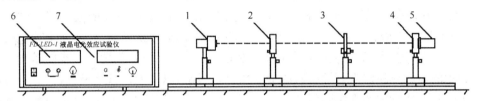

图 13.103.1　液晶电光效应实验仪

1. 半导体激光器;2. 起偏器;3. 液晶样品;4. 检偏器;5. 光电探测器;6. 方波有效值电压表;7. 光功率计

【实验原理】

(一)液晶

液晶态是一种介于液体和晶体之间的中间态,既有液体的流动性、黏度、形变等机械性质,又有晶体的各向异性,会呈现出晶体的热、光、电、磁等物理性质.当光通过液晶时,也会产生偏折面旋转、双折射等效应.液晶与液体、晶体之间的区别是:液体是各向同性的,分子取向无序;液晶分子取向有序,但位置无序;晶体则取向和位置都有序.

就形成液晶方式而言,液晶可分为热致液晶和溶致液晶.根据排列的方式不同,热致液晶又可分为近晶相、向列相和胆甾相.热致液晶在一定的温度范围内呈现液晶的光学各向异性,溶致液晶是溶质溶于溶剂中形成的液晶.目前用于显示器件的都是热致液晶,它的特性随温度的改变而有一定变化.大多数液晶材料的分子多为细长的棒状结构,长度为几个 nm,粗细约为 0.1nm 量级,并按一定规律排列.

图 13.103.2(a)所示为近晶相液晶,结构特点是:分子分层排列,每一层内的分子长轴相互平行,且垂直于层面.图 13.103.2(b)为向列相液晶,它是液晶显示器件的主要材料,结构特点是:分子的位置比较杂乱,不再分层排列,但各分子的长轴方向仍大致相同.如图 13.103.2(c)为胆甾相液晶,结构特点是:分子分层排列,每一层内的分子长轴方向基本相同并平行于分层面,但相邻的两层中分子长轴的方向逐渐转过一个角度,总体来看长轴方向呈现一种螺旋结构.

(二)液晶电光效应

液晶分子是含有极性基团的极性分子,在形状、介电常数、折射率及电导率上具有各向异性的特性.液晶分子在电场作用下,偶极子会按电场方向取向,导致分子原有的排列方式发生变化,从而液晶的光学性质也随之发生改变,这种因外电场引起的液晶光学性质的改变称为液晶的电光效应.

液晶的电光效应种类繁多,主要有动态散射型(DS),主要用于电子表、计算器、仪器

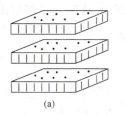 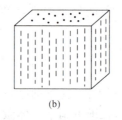 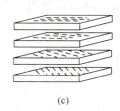

图 13.103.2　几种液晶结构图

仪表、家用电器等的扭曲向列相型（TN），主要用于手机屏幕等的超扭曲向列相型（STN），主要用于液晶电视、笔记本电脑等的有源矩阵液晶显示（TFT），电控双折射（ECB）等。TN 型液晶显示器件显示原理较简单，是 STN、TFT 等显示方式的基础。本实验所使用的液晶样品即为 STN 型，由于 TN 型是基础，以下便以 TN 型为例具体阐述液晶电光效应在实际中的工作原理。

（三）TN 型液晶盒结构

如图 13.103.3 所示，在涂覆透明电极的两枚玻璃基板之间，夹有正介电各向异性的向列相液晶薄层，四周用密封材料（一般为环氧树脂）密封。

对玻璃基板的处理通常分三个步骤：(1) 涂覆取向膜，在基片表面形成一种膜；(2) 摩擦取向：用棉花或绒布按一个方向摩擦取向膜；(3) 涂覆接触剂。这样，液晶分子在透明电极表面就会躺倒在摩擦所形成的微沟槽里，可使棒状液晶分子平行于基片并按摩擦方向排列。如图 13.103.3 的情况（取向成 90°）。即每一层内的分子取向基本一致，且平行于层面。相邻层分子的取向逐渐转动一个角度。从而形成一种被称为扭曲向列的排列方式。

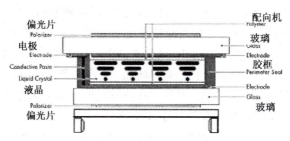

图 13.103.3　TN 型液晶盒结构图

（四）扭曲向列型电光效应

无外电场作用时，由于可见光波长远小于向列相液晶的扭曲螺距，当光垂直入射时，若上表面偏振片的偏振化方向与液晶盒上表面分子取向相同，则线偏振光将随液晶分子轴方向逐渐旋转 90°，平行于液晶盒下表面分子轴方向射出（见图中不通电部分，其中液晶盒上下表面各附一片偏振片，其偏振方向分别与液晶盒上下表面分子取向相同，因此光可通过偏振片射出）。若光垂直入射时，上表面偏振片的偏振化方向垂直于上表面分子轴方向，则出射时，线偏振光方向亦垂直于下表面液晶分子轴。当以其他线偏振光方向入射时，则根据平行分量和垂直分量的相位差，以椭圆、圆或直线等某种偏振光形式射出。

当对液晶盒施加电压达到某一数值时，液晶分子长轴开始沿电场方向倾斜，电压继续增加到另一数值时,除附着在液晶盒上下表面的液晶分子外,所有液晶分子长轴都按电场方向进行重排列(见图 13.103.4 中通电部分),TN 型液晶盒 90°旋光性随之消失.

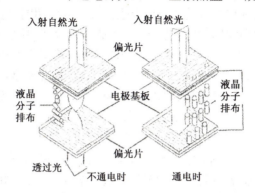

图 13.103.4　TN 型液晶盒分子排布与透过光示意图

若将液晶盒放在两片平行偏振片之间,两块偏振片偏振化方向都与上表面液晶分子取向相同.不加电压时,入射光通过起偏器形成的线偏振光,经过液晶盒后偏振方向随液晶分子轴旋转 90°,不能通过检偏器;施加电压后,透过检偏器的光强与施加在液晶盒上电压大小的关系见图 13.103.5;其中纵坐标为透光强度,横坐标为外加电压.最大透光强度的 10% 所对应的外加电压值称为阈值电压(U_{th}),标志了液晶电光效应有可观察反应的开始(或称起辉),阈值电压小,是电光效应好的一个重要指标.最大透光强度的 90% 对应的外加电压值称为饱和电压(U_r),标志了获得最大对比度所需的外加电压数值,U_r小则易获得良好的显示效果,且降低显示功耗,对显示寿命有利.对比度 $D_r = I_{max}/I_{min}$,其中 I_{max}为最大观察(接收)亮度(照度),I_{min}为最小亮度.陡度 $\beta = U_r/U_{th}$ 即饱和电压与阈值电压之比.

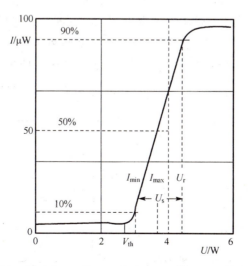

图 13.103.5　液晶电光曲线图

(五) TN—LCD 结构及显示原理(即液晶光开关的原理)

TN 型液晶显示器件结构参考图 13.103.3，液晶盒上下玻璃片的外侧均贴有偏光片，其中上表面所附偏振片的偏振方向总是与上表面分子取向相同。自然光入射后，经过偏振片形成与上表面分子取向相同的线偏振光，入射液晶盒后，偏振方向随液晶分子长轴旋转 90°，以平行于下表面分子取向的线偏振光射出液晶盒。若下表面所附偏振片偏振方向与下表面分子取向垂直(即与上表面平行)，则为黑底白字的常黑型，不通电时，光不能透过显示器(为黑态)，通电时，90°旋光性消失，光可通过显示器(为白态)；若偏振片与下表面分子取向相同，则为白底黑字的常白型。TN-LCD 可用于显示数字、简单字符及图案等，有选择的在各段电极上施加电压，就可以显示出不同的图案。

图 13.103.5 为常黑型液晶的电光效应曲线图(不加电场时透射率为 0)。如图 13.103.6 则为常白型液晶的电光效应曲线图(不加电场时透射率为 100%)。由图 13.103.6 可见，对于常白模式的液晶，其透射率随外加电压的升高而逐渐降低，在一定电压下达到最低点，此后略有变化。可以根据此电光特性曲线图得出此液晶的阈值电压和关断电压。阈值电压：透过率为 90% 时的驱动电压；关断电压：透过率为 10% 时的驱动电压。

液晶的电光特性曲线越陡，即阈值电压与关断电压的差值越小，由液晶开关单元构成的显示器件允许的驱动路数就越多。TN 型液晶最多允许 16 路驱动，故常用于数码显示。在电脑，电视等需要高分辨率的显示器件中，常采用 STN(超扭曲向列)型液晶，以改善电光特性曲线的陡度，增加驱动路数。

以上分析的仅是液晶盒在"开"、"关"两种极端状态下的情况，而对于这两个状态之间的中间状态，人们还没有一个完整、清晰的认识，其实在这个中间态，有着及其丰富的光学现象，实验中我们可以观察和分析。

(六) 液晶光开关的时间响应特性

加上(或去掉)驱动电压能使液晶的开关状态发生改变，是因为液晶的分子排序发生了改变，这种重新排序需要一定时间，反映在时间响应曲线上，用上升时间 T_r 和下降时间 T_d 描述。给液晶开关加上一个如图 13.103.6 所示的周期性变化的电压，就可以得到液晶的时间响应曲线，找出上升时间和下降时间。如图 13.103.7 所示。

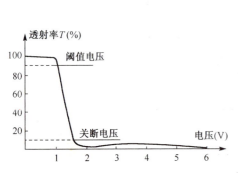

图 13.103.6 液晶光开关的电光特性曲线

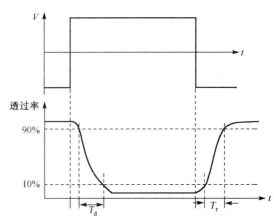

图 13.103.7 液晶驱动电压盒时间响应图

上升时间:透过率由 10%升到 90%所需时间.下降时间:透过率由 90%降到 10%所需时间.

液晶的响应时间越短,显示动态图像的效果越好,这是液晶显示器的重要指标.

【实验内容】

(一)液晶盒扭曲角的测量

1. 按照激光器、偏振片(起偏器)、液晶合、偏振片(检偏器)、功率计探头的顺序,在导轨上摆好光路(注意要认清各元件及它们的作用).

2. 打开激光器,仔细调整各光学元件的高度和激光器的方向,尽量使激光从光学元件的中心穿过,进入功率计探头.调整起偏器,使激光经起偏器后输出最强.

3. 旋转检偏器,找到系统输出功率最小的位置,记下此时检偏器的位角度.

4. 打开液晶驱动电源,将功能按键置于连续状态.驱动电压调整到 12V,系统通光情况发生变化.

5. 再次调整检偏器,找到系统通光功率最小的位置记下此时检偏器的角度,步骤 3 和 5 之间的角度差即液晶盒的扭曲角.

(二)对比度的测量

1. 关闭液晶驱动电源,旋转检偏器,使系统输出功率最小并记下最小功率值 T_{min}.

2. 打开液晶驱动电源,将功能按键置连续状态.驱动电压调整到 12V,记下此时系统的输出功率 T_{max}.

3. 计算对比度 $c=T_{min}/T_{max}$,动态范围 $DR=10\log c(dB)$.

(三)上升沿时间 T_r 与下降沿时间 T_d 的测量

1. 关闭液晶驱动电源,旋转检偏器,使系统输出功率最小.

2. 用光探头换下功率计探头,连接好 12V 电源线(红为+,黑为-,红对红,黑对黑).

3. 将示波器的 Y1 通道信号线与液晶驱动信号相连,Y1 做触发.Y2 通道上的示波器表笔与光探头相连(地线与 12V 的地相连,挂钩挂在探头线路板的挂环上.

4. 打开示波器电源,功能置于双踪显示,Y1 触发.

5. 打开液晶驱动电源,将功能按键置于连续状态,驱动电压调整到 12V,观察示波器上 Y1 通道的波形,了解液晶的工作条件.

6. 将功能按键置间隙状态,仔细调整频率旋钮,使示波器上出现图 13.103.6 所示波形,体会液晶的工作原理.

7. 根据定义在示波器上测量上升沿时间和下降沿时间,估计液晶的响应速度.

(四)测量衍射角推算出特定条件下,液晶的结构尺寸

1. 取下检偏器和功率计探头.

2. 打开液晶驱动电源,将功能按键置于连续,将驱动电压调到 6V 左右,等几分钟,用白屏观察液晶盒后面光斑的变化情况.应可观察类似光栅的衍射现象.

3. 仔细调整驱动电压和液晶合角度,使衍射效果最佳.

4. 用尺子量出衍射角:用光栅公式求出这个液晶"光栅"的光栅常数.

(五)观察衍射斑的偏振状态

1. 紧靠液晶盒放置检偏器.
2. 用白屏观察衍射斑.
3. 旋转检偏器,观察各衍射斑的变化情况,指出其变化规律.

(六)测量液晶盒电光效应曲线

1. 仍然按照激光器、起偏器、液晶盒、检偏器、功率计的顺序在导轨上摆好光路,旋转起偏器使通过起偏器的激光最强.
2. 旋转检偏器和液晶盒,找到系统输出功率最小的位置.
3. 打开液晶驱动电源,缓慢调节驱动电压旋钮,在 0.0V～2.0V 之间可每 0.5V～1.0V 记录 1 次通光功率,在 2.0V～7.0V 之间,需要密集选取测量点,7.0V 以后,则可以每 1V 记录 1 次通光功率.

注意:液晶的变化有时会非常缓慢,每次调整完电压后,要等光功率基本稳定再做记录.

【数据处理】

1. 测量计算液晶盒的扭曲角.
2. 绘制液晶电光曲线,计算出样品的电光效应参数:对比度 D_r、阈值电压 U_{th}、饱和电压 U_r、陡度 $\beta(\beta=U_r/U_{th})$ 等.
3. 计算液晶响应速度.
4. 求出液晶"光栅"的光栅常数.

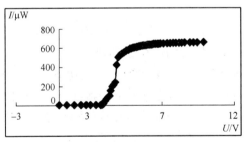

图 13.103.8 电光曲线(实际参考图)

【注意事项】

1. 拆装时只压液晶盒边缘,切忌挤压液晶盒中部;保持液晶盒表面清洁,不能有划痕;应防止液晶盒受潮,防止受阳光直射.
2. 驱动电压不能为直流.
3. 液晶样品受温度等环境因素的影响较大,如 TN 型液晶的阈值电压在 0～40℃ 范围内漂移达 15%～35%,因此每次实验结果有一定出入为正常情况.也可比较不同温度下液晶样品的电光曲线图.

【分析讨论题】

1. 如何实现常黑型、常亮型液晶显示?
2. 实验中液晶样品盒采用单面附着偏振片,能否完成实验? 如果能,应将附着偏振片的一面朝向哪边?

第十四章 计算机在物理量测量中的应用探索简介

在科学研究和实际工作中有很多的物理问题,利用计算机解决这些物理问题大大提高工作效率,达到事半功倍的效果.计算机在物理实际问题中的应用十分广泛,应用实例举不胜举,无论是力学、电磁学、光学、热学问题,还是近代物理学的各种问题,基本上只要能够通过传感器可以转变成电学量的各种物理量,都可以通过传感器和 A/D(Analog/Data)、D/A(Data/Analog)转换器等接口电路与计算机相连接,从而,对物理量进行实时的检测,并对其进行结果判断和分析.因此,学习计算机在物理实际问题中的应用,可以进一步提高解决实际问题的能力.

14.1 非电量电测技术应用简介

非电量电测技术是测量技术中的一个应用广大的领域,它几乎包括了物理、化学和生产过程中一切物理量的测量.即凡是能够转变成电学量的各种非电量,都可以利用电测技术进行测量,如热电转换、力电转换、光电转换等.

由于电测方法具有控制方便、灵敏度高、准确度高、反应速度快、测量范围广以及可以进行动态测量和自动记录、遥测、遥控等优越性,促使人们去研究如何运用物理原理以电测方法来测量非电学量.于是形成了"非电量电测技术",并且在工程技术和工业自动控制中得到了广泛的应用.

现代大规模工业生产和各类工程技术中,几乎全部是依靠各种控制仪表或计算机实现自动控制的.为保证控制系统正常运行,必须随时随地将控制过程中的各种变量提供给控制仪表或计算机,因此,经常需要对一些非电量进行控制和检测.例如:温度、压力、流速、流量、物位等的自动控制中都可采用相应的传感器将非电学量转换成电信号进行传输和测量(图 14.1.1).

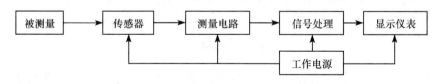

图 14.1.1 非电量电测基本系统

传感器也称换能器、探测器或变换器,是非电量电测技术的核心,它可以分为参量变换器和发电变换器两种,并且有很多不需要单独的电源供电.它是利用物理量之间存在的各种效应与关系,将被测的非电学量转换成电学量,从而获得被测量的信息,并把获得的有关电信号输入到测量电路中去,经过放大、检波、传输、比较和记录等,再以模拟、数字或图像等形式显示出其结果,它是以电子电路技术或网络技术来实现的.例如:力电效应,热电效应,磁电效应和光电效应等.

另外,在有些情况下,也使用所谓的逆变换器,即用它来将电学量转变为非电学量,如超声换能器、微波发射器与微波接收器就是电量与非电量双向转换的.

一、热电转换技术

热电转换技术是将热的特征——温度转换为电学量进行测量的一种技术.它的传感器就是利用某些物质的电磁参数随温度而变化的特性来实现的,例如:热敏电阻、热电偶等,原理详见有关实验.

二、力电转换技术

力学量和电学量之间的转换,常用的是压电式的传感器,这样传感器属有源传感器,又称发电型传感器.其根据是:当某些电介质受到沿一定方向的外力而发生变形时,其内部就发生极化现象,并在它的两个表面上产生符号相反的两种电荷,当外力除去后,它就又恢复原来不带电荷的状态;而当作用力的方向改变时,电荷的极性也随之改变,这种效应称为压电效应,如天然石晶体、人工压电陶瓷等都有这种效应.如若在介质极化的方向改为交变电场,则电介质就会因变形产生振动,这种效应称为逆压电效应,或称为电伸缩效应.

压电传感器不仅可以实现对各种力的电测,而且还可以使那些最终能转变为力的物理量如位移、速度等实现非电量电测,应用范围也很广泛.

三、光电转换技术

当某一金属材料受到一定频率的光照射时,如果光子的能量大于金属内电子的脱出功,则金属内自由电子吸收光子能量后,便从金属内发射出来,这种现象称为光电效应,利用光电效应能够将光学量转换为电学量的器件,称为光电传感器,光电效应根据其产生的机理又可分为外光电效应、内光电效应和光生伏特效应三种.

1. 外光电效应和光电管

在光线的照射下,每个金属电子吸收了一个光子的能量后,其中一部分能量消耗于电子物体内部逸出时所需的逸出功,另一部分则转化为逸出电子的动能,根据能量守恒定律有

$$h\gamma = \frac{1}{2}mv^2 + A \tag{14.1.1}$$

式中 h 为普朗克常量,其数值为 6.626×10^{-34} J·S,γ 为入射光的频率,m 为电子的质量,其值为 $9.11 \times^{-31}$ kg,A 为电子的逸出功,这就是著名的爱因斯坦光电效应方程,爱因斯坦根据光量子概念,成功地解释了光电效应,并为密立根实验所证实,这种光的波粒二象性的认识具有极为重要的意义,也给量子论以直观、明确的论证.

利用外光电效应做成的光电器件有真空光电管和光电倍增管等.

2. 内光电效应与光敏电阻

当光线入射到半导体上时,会造成半导体内载流子的迁移,从而改变了它的电阻率,称之为内光电效应,或称光电导效应,利用这种效应制成的半导体器件有光敏电阻、光敏二极管和光敏三极管等.

它们的特性可查阅有关的器件手册.

3. 光生伏特效应与光电电池

在入射光的作用下,物体能够产生一定方向电动势的现象,称为光生伏特效应,最常用的光生伏特效应器件是光电池,它是一个有源器件,如利用金属和半导体接触产生光生伏特效应而做成的硒光电池;利用 PN 结产生光生伏特效应而做成的硅光电池和锗光池,通称为太阳能电池;其他还有硫化镉光电池和有机染料太阳能电池等.

14.2 传感器和实验数据采集装置简介

各种物理量可以用相应的传感器变成电学量,而有传感器监测到的物理量往往都很微弱,不需要设计放大电路,将微小的物理量加以放大才能被仪表所显示.

以电学量形式表示的物理量是模拟量,计算机是不能识别的,必须要由 A/D 转换器将之转换成数字量,计算机才能识别. 为此,人们研制了一为核心的实验数据采集装置,使得物理量经传感器检测,由 A/D 转换器转换成数字量,在软件的支持下送入计算机进行数据处理. 本实验所用的仪器是我们河北工业大学自行研究设计制作的设备. 它一机多用,可以用于多种物理量的数据采集.

传感器的工作原理及放大电路简介

一、传感器的工作原理

1. 传感器

传感器是与人的感觉器官相对应的元件. 国家标准 GB7665-87 对传感器下的定义是"能够感受规定的被测量并按照一定的规律转换成可用输出信号的器件或装置,通常由敏感元件和转换元件组织".

敏感元件,是指传感器中能够直接感受或响应被测量(输入量)的部分;转换元件,是指传感器中能够将敏感元件感受的或响应的被探测量转换成适于传输和(或)测量的电信号的部分. 图 14.2.1 为传感器组成方块图,此图也说明了传感器的基本组成和工作原理.

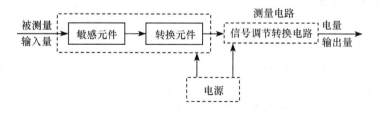

图 14.2.1 传感器组成方块图

2. 传感器的工作原理

传感器的工作原理是把非电量转换为电量,即将来自外界的各种信号转变成电信号,如图 14.2.2 所示.

图 14.2.2 传感器的工作原理

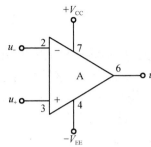

图 14.2.3 理想集成运算放大器

二、理想集成运算放大器

理想集成运算放大器如图 14.2.3，在各种应用电路中，集成运放的工作范围可能有两种情况：工作在线性区或非线性区。当工作在线性区时，集成运放的输出电压与其两个输入端的电压之间存在着线性放大关系，即

$$U_o = A_{od}(u_+ - u_-) \quad (14.2.1)$$

式中，U_o 是集成运放的输出端电压；u_+ 和 u_- 分别是其同相输入端电压，反相输入端电压；（运放在无外加反馈情况下的直流差模增益）。

1. 理想运放的差模输入电压等于零

由于运放工作在线性区，故输出、输入之间符合式（A6.1）所示的关系式。而且，因理想运放的 $A_{od} = \infty$，所以由式（A6.1）可得 $u_+ = u_- = \dfrac{u_o}{u_{od}} = 0$ 即

$$u_+ = u_- \quad (14.2.2)$$

上式表示运放同相输入端与反相输入端两点的电压相等，如同将该两点短路一样。但是该两点实际上并未真正被短路，只是表面上似乎短路，因而是虚假的短路，所以将这种现象称为"虚短"。

实际的集成运放 $A_{od} \neq \infty$，因此 u_+ 与 u_- 不可能完全相等。但是当 A_{od} 足够大时，集成运放的差模输入电压 $(u_+ - u_-)$ 的值很小，与电路中其他电压相比，可以忽略不计。例如，在线性区内当 $U_o = 10\text{V}$ 时，若 $A_{od} = 10^5$，则 $u_+ - u_- = 0.1\text{mV}$；若 $A_{od} = 10^7$，则 $u_+ - u_- = 0.1\mu\text{V}$。可见在一定的 U_o 值之下，集成运放的 A_{od} 越大，则 u_+ 与 u_- 差值越小，将两点视为"虚短"所带来的误差也越小。

2. 理想运放的输入电流等于零

由于理想运放的差模输入电阻，因此在其两个输入端均没有电流，即在图 6.10 中 $i_+ = i_- = 0$，此时，运放的同相输入和反相输入端的电流都等于零，如同该两点被断开一样，这种现象称为"虚断"。

"虚短"和"虚断"是理想运放工作在线性区时的两点重要结论。这两点重要结论常常作为分析许多运放应用电路的出发点。

三、传感器放大电路的设计

1. 电压放大器

图 14.2.4 是电压放大器的基本电路，它是用于放大电偶的输出信号。

2. 差动放大器

图 14.2.5 是差动放大器的基本电路，仅 R_B 是温度检测元件，它与电阻 R_A、R_C 和 R_D 构成桥接电路。

3. 电流放大器

图 14.2.6 是光电二极管用的电流放大电路。

4. 电荷放大器

图 14.2.7 是采用电荷/电压转换的电荷放大基本电路。该电路的输出电压

$$V_{\text{OUT}} = -\frac{Q_\text{S}}{C_\text{f}} \qquad (14.2.3)$$

式中,C_f 为反馈电容,要高精度电容器. 图中 G 为加速度传感器,电荷放大器 A_1 采用通用运放即可.

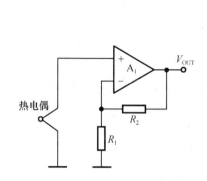

图 14.2.4 电压放大器的基本电路

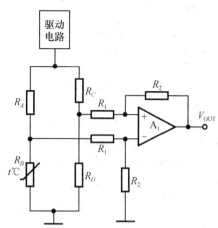

图 14.2.5 差动放大器基本电路

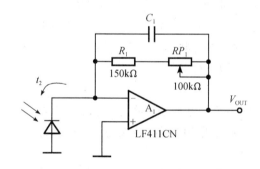

图 14.2.6 光电二极管用电流放大电路

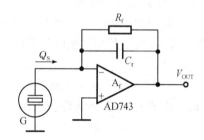

图 14.2.7 电荷放大基本电路

实验数据采集仪简介

这里介绍的实验数据采集仪是一种综合设计应用开发实验装置. 该仪器采用了高精度的 A/D 转换集成电路及多功能的微处理器,其微机接口部分采用了计算机通用的 RS-232 接口,接口标准、简单方便可靠,微机软件采用了 VB6.0 编程,除提供了通用的应用程序外,为方便学生的创新设计,综合应用开发,我们还提供了该系统的源程序,学生在原有硬件的条件下,借助源程序可对新老实验进行多种开发设计,综合应用,开拓学生的创造能力.

一、目的要求

(1) 进一步了解 A/D、D/A 转换器的原理、性能特点及应用;
(2) 了解实验数据采集仪对物理量进行采集的过程及仪器使用方法;
(3) 试设计利用实验数据采集仪对具体的物理量进行采集的实验装置.

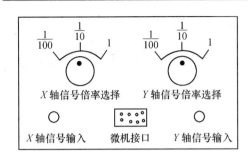

图 14.2.8 实验数据采集仪

二、仪器装置

实验数据采集装置如图 14.2.8 所示,它主要由 A/D 转换器、单片机、接口电路等组成.下面对实验数据采集仪进行简单的介绍.

三、基本原理

自然界产生的信号都是模拟信号(Analog signals),自然界能够接收的也是模拟信号;而目前人类通信、计算所使用的是数字信号(Data signals).将模拟信号转换成数字信号进行处理,就需要 A/D(Analog/Data)转换器,而将数字信号转换成模拟信号,则需要 D/A(Data/Analog)转换器.21 世纪是信息的时代,A/D、D/A 在信息收集和处理系统中起着非常关键的作用,因此,A/D、D/A 转换器技术的水平,在一定程度上也代表了在模拟集成电路方面的地位和水平.

关于 A/D、D/A 的详细资料可阅读有关的专业书籍.

物理实验数据都是模拟信号,必须将模拟信号转换成数字信号,计算机才能认识这些数据,并进行处理.这就需要利用 A/D(Analog/Data)转换器、单片机、接口电路等硬件组成的实验数据采集装置,在软件的支持下,对数据进行采集,并将数字信号输入计算机进行处理.计算机接口部分采用了计算机通用的 RS-232 接口;软件采用了 VB6.0 编程,并提供了通用的系统应用程序及系统的源程序.可根据不同的用途、不同的实验,进行修改、调试、设计.对于开拓学生的创造能力具有一定的积极意义.

电路原理简介

(1)(可参见线路板原理图),考虑到信号的可大可小,我们对大信号作分压处理,对小信号作放大处理,该线路板上输入信号由 OP07 集成块的正端输入,所以放大倍数为 11 倍,软件编制时应衰减 11 倍.

(2)线路板中,面对输入信号方向,左边为 Y 轴输入信号,右边为 X 轴输入信号,并且 X 轴输入信号负极接地,靠近 OP07 集成块的两只多圈电位器为输出调零电位器,另两只为 7135 基准电位器,基准电压为 2V,现均已调整好.

(3)可输入信号最大值为 350mV,1 倍挡;3.5V,1/10 挡;20V,1/100 挡,使用时应根据信号的大小合理选择档位.

(4)单片机的内部程序已写入,所以线路板最好是仅作了解或测量具体数据,不作调整. X 轴和 Y 轴输入信号均为电压信号,并在电路中作了隔离处理.红接线叉为正信号输入端,黑接线叉为负信号输入端.若为电流信号应串取样电阻.

四、性能特点及应用范围

该综合设计应用开发实验仪器装置,还有一个特点是,我们在硬件上对该仪器的 X 轴和 Y 轴的输入信号分别作了信号隔离处理,因此两输入信号在不共地的条件下也能正常工作.该设备可以用于测量各种电学物理量,凡是能够用传感器转换成电学量的各种物理量均可以利用该装置进行实时检测.

例 14.2.1 实验数据采集装置在霍尔效应实验中的应用,如图 14.2.9 所示.

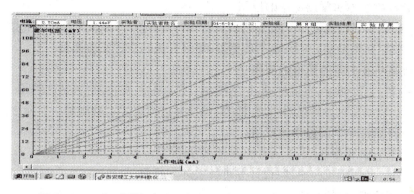

图 14.2.9 在不同的励磁电流下,工作电流与霍尔电压的关系曲线

例 14.2.2 实验数据采集装置在居里点实验中的应用,如图 14.2.10 所示,即为居里点实验中温度与次级线圈感应电势的关系,切线的交点为居里温度.

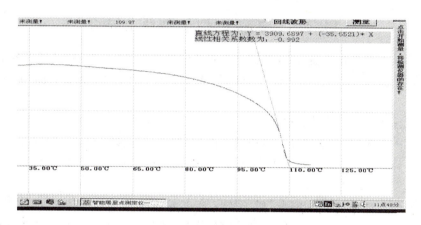

图 14.2.10 居里点实验中温度与次级线圈感应电势的关系曲线

五、应用软件说明

(1) 该应用程序,用于不同的实验,可在源程序的基础上作一定的修改.

(2) 其他力学、光学、热学、近代物理实验的物理量测量,只要将其相应的传感器设计调试好,编写好相应的程序,即可以利用该装置进行实验探索.学生可以学习其应用软件的设计,进行综合实验的应用开发.

14.3 计算机在物理测量中的应用探索提示

根据实验内容与要求,选择实验仪器,叙述实验原理,设计出实验图(光路图、电路图等),写出实验内容与步骤,进行试验操作,记录并处理实验数据,正确表示实验结果,分析讨论实验结果.

一、计算机在光学测量中的应用

实验内容:光强分布测量;光的干涉测量;光的衍射强度测量.

实验要求:利用采集卡、光学传感器等;设计并进行上述实验测量.

二、计算机在电磁学测量中的应用

实验内容:伏安法测电阻二极管三极管伏安特性;电压电流测量;磁场强度测量.

实验要求:利用温度、压力、霍尔传感器;设计并进行上述实验测量.

三、计算机在力学测量中的应用

实验内容:长度测量;质量测量;力的测量;时间测量;角度测量;速度测量.

实验要求:利用压力传感器、光杠杆等;设计并进行上述实验测量.

四、计算机在热学测量中的应用

实验内容:温度测量;压强压力的测量;热量测量.

实验要求:利用温度传感器;设计并进行上述实验测量.

五、计算机综合测量中的应用

利用采集卡、电路、光学传感器、温度传感器、压力传感器、电磁传感器,设计并进行光、电、磁、力、温度、时间等方面的测量. 例如,设计一个综合的控制系统或报警系统等.

14.4 计算机模拟仿真技术简介

计算机技术的高速发展,使人类社会进入了信息时代. 教育作为社会发展的一个重要支柱,其现代化的实现是必然趋势. 计算机多媒体教学近十年来在国际、国内已经有了很大的发展.

计算机模拟实验又称计算机仿真实验或计算机虚拟实验,是近几年在计算机多媒体教学中开辟的新领域. 它通过计算机把实验设备、教学内容、教师指导和学生的操作有机地融合为一体,形成了一部活的、可操作的物理实验教科书和根据需要在瞬间建立的模拟实验室.

计算机模拟物理实验的出现打破了教与学、理论与实验、课内与课外的界限,它更加强调实验的设计思想和实验方法,更强调实验者的主动学习;通过计算机模拟实验,学生对物理思想、方法、仪器的结构和设计原理的理解,都可以达到训练实验技能、学习物理知识的目的,增强了学生对物理实验的兴趣,提高了物理实验的水平. 目前,模拟实验已成为现代化物理实验的重要手段.

计算机模拟实验系统运用了人工智能、控制理论和教师专家系统对物理实验和物理仪器建立其内在模型,用计算机可操作的仿真方式,实现了物理实验教学的各个环节.

计算机模拟实验的系统设计如图 14.4.1 所示. 在主模块下由系统简介、实验目的、实验原理、实验内容、数据处理、实验思考题等六个模块组成. 每个模块在主模块后调用.

模拟实验系统通过解剖教学过程,使用键盘和鼠标控制仿真仪器画面动作,来模拟仿真实验仪器,完成各模块中相应的内容. 在软件设计上,把完成各模块中的内容看作是问题空间到目标空间的一系列变化,从此变化中找到一条达到目标求解的途径,从而完成仿真实验过程. 在此过程中,利用丰富教学经验编制而成的指导系统可对学生进行启发引导,系统可按照知识处理过程对模块进行设计,其设计过程如图 14.4.2 所示.

系统给出需要求解的问题,即需要进行的操作. 系统通过用户接口给出相应的图像、文字和指导内容,用户根据得到的信息进行判断、输入. 输入的信息由预处理部分转化为

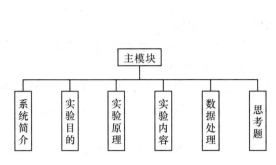

图 14.4.1　模拟实验模块的设计

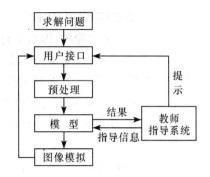

图 14.4.2　模拟实验过程

内部命令,模型接收到指令后,在指导系统的参与下,利用产生式的规则处理得到相应的结果,并将结果传输到图像模拟部分,最终以图像和文字的形式显示在计算机屏幕上.同时,指导系统根据得到的相应结果,在计算机屏幕上显示出指导信息,用户通过软件中指导系统和模型算法的交替作用过程,完成仿真实验内容.

计算机模拟实验具体操作说明,参见计算机中的模拟仿真实验软件.

14.5　计算机模拟仿真物理实验简介

在虚拟实验室内提供了力学、热学、电磁学、光学和近代物理实验的平台.并提供有相应的虚拟仪器,如示波器、干涉仪、分光计、单摆、三线摆、伏特表、安培表、滑线变阻器等,学生可根据实验要求完成各类虚拟实验,并在实验报告环节完成实验报告,提交服务器或教师批改.

1. 实验预习

实验预习包括有对实验内容、实验方法、实验仪器的了解.在这个环节中,将实验相关的内容以文字、图像、动画、课件等方式通过网页发布,或提过给教师审阅;学生可以先在计算机上熟悉仪器设备,模拟操作和预习实验,并可通过交互方式提出问题并解答.为了检查学生的预习情况和效果,对学生的实验方案设计和预习思考题解答,教室和实验室管理人员可通过网络(或课前)进行收集整理、审阅,以决定学生是否可以进行实验.

为了具体实验的预习环节,首先进入模拟仿真实验("虚拟实验")项目,在其中选择相应的实验单元项目,进入实验内容列表,选择具体实验项目.在具体实验页面中,有以下内容可供选择:

(1) 实验内容预习:实验目的、原理、方法等;
(2) 异步授课:实验之前和实验当中教师讲解;
(3) 仪器介绍:实验仪器设备介绍;
(4) 实验要求:实验的具体要求及注意事项;
(5) 预习检查:检查预习情况及效果,以确定是否允许进行实验.

2. 教师讲授

学生可以在现场或通过网络以视频的方式观看教学水平较高的教师针对具体实验进行的讲解.可以教学互动,提出相应的问题,提交系统或教师解答.

3. 模拟仿真(即虚拟)实验

选择虚拟实验功能项,即可进行虚拟实验的操作等内容.

力学、热学实验:首先按照实验要求,选择实验类型,确定实验参数,然后"开始实验",系统将根据所设定的参数进行实验,并记录实验数据及结果.

电测学实验:首先要进行仪器摆放和调整,从仪器库中选择必要的实验仪器;然后根据实验要求,连接实验线路,调整仪器状态;最后开通电源,系统即进行实验,并记录实验数据.

光学和近代物理实验:首先选择实验仪器,并将其放置在适当的位置,调整实验光路及线路,然后"开始实验",观察实验现象,并记录实验数据.

4. 实验检查

主要目的是对学生的实验效果进行检查、检验.学生操作完成一个具体实验后,输入必要的数据,将学生的实验数据进行自动分析,并根据具体情况对学生的实验提出具体的建议和指导.具体的操作方法是:进入实验数据检查页面,输入实验记录数据,即可在线得到实验结果的评价以及对实验的建议.

5. 实验报告

实验报告是学生完成实验测量后的分析和总结,是学生实验素质培养的一个重要环节.学生的实验报告应独立完成,可通过网路(或当面)提交给教师,类似传统教学的环节,教师批改后,可将批改结果通过网络(或当面)发还给学生.教师也可根据实际情况,在网上进行实验讲评.

14.6 计算机数值模拟与数据处理实验

计算机数值模拟方法是从基本的物理定律出发,用离散化变量描述物理体系的状态,然后利用电子计算机计算这些离散变量在基本物理定律制约下的演变,从而体现物理过程的规律.计算机数据处理是应用计算机强大的计算能力,通过编写一定的程序,处理实验中得出的大量复杂数据,从而达到提高实验效率与实验精度.

计算机数值模拟实验是在计算机中进行的实验,虽然它不能代替真实的物理实验过程,但确实是一种极其重要的实验方法.它是通过大量"个例"来研究特定的物理过程,能够反复进行,而且能方便地控制和调整参数,在理论研究和实验之间搭起了一座"桥梁".数值模拟可以研究一些非常复杂的过程,而理论研究必须作出许多简化假设才能处理这些过程,简化则意味着可能丢失许多重要的因素,这就使得数值模拟可以更全面地了解一个物理过程,而且还可能发现新的物理现象.另一方面,数值模拟也能够为实现观测方案提供理论的支持,对大型实验装置进行评估,对实验条件或实验参数进行优化选择,以避免造成极大的经济损失和人力浪费.随着计算机性能的高速发展,数值模拟在各门学科的研究中应用将更加广泛,起到越来越重要的作用.

在实验过程中,我们会得到大量的数据,如何找出这些数据之间的联系及绘制出相应的函数图形是我们在处理实验结果时经常遇到的问题.传统的方法中,一般采取手工计算数据及用坐标绘图.这种情况下,不仅耗费了大量的人力资源,而且实验结论的精度远远达不到要求,实验效率极低.目前,计算机已大量普及,而且高级编程语言也易于掌握.引入计算机编程进行实验数据处理,一方面可以提高实验效果,另一方面可以促使学生将所学的计算机知识应用到解决具体的物理问题中来,提高其综合能力.

一、实验目的和要求

(1) 参考有关文献资料,了解和掌握通过计算机编程和实验的方法;

(2) 学习和掌握计算机数值模拟与计算及处理数据的基本方法和步骤.

二、数值模拟的基本方法

(1) 建立物理模型:导出适当的数学方程;给出切合物理实际的初值条件和初始条件;

(2) 方程和初值、边值条件的离散化:选择合适的数值方法;将方程的初值、边值条件化为网格点上的代数方程;

(3) 选择适当的代数方程组求解方法;

(4) 在计算机上实现数值求解:设计流程图;编写计算机程序;调试程序;

(5) 计算结果的诊断.将数值模拟结果以一定的(如图形)形式表达出来.

数值模拟实例(略).自行参考有关文献,进行实践.

三、计算机数据处理基本方法

(1) 建立模型:分析数据的和理性;找出描述物理过程的数学方程;给出切合物理实际的条件;选择合适的数值方法;

(2) 在计算机上实现数据处理:设计流程图;编写计算机程序;调试程序;计算结果诊断;

数据处理实例(略).参考有关文献,进行实践.

自选一种编程语言,应用最小二乘法对一组数据进行处理;编程获得 a、b、δ 各值,并分析结果,得出函数方程;绘制函数图形.

参 考 文 献

1. 程守洙,江之永. 普通物理学(第3版). 北京:高等教育出版社,1979.
2. 东南大学等七所工科院校,马文蔚. 物理学. 北京:高等教育出版社,2006.
3. 王存道,魏怀鹏,季世泰等. 大学物理实验(第一版). 天津:天津大学出版社,1999.
4. 魏怀鹏,展永,王存道. 大学物理实验(第三版). 天津:天津大学出版社,2006.
5. 魏怀鹏,张志东. 计算机检测维修及物理应用技术. 天津:天津科学出版社,2004.
6. 吴思诚,王祖铨. 近代物理实验(第三版). 北京:高等教育出版社,2005.
7. 成正维. 大学物理实验. 北京:高等教育出版社,2006.
8. 钱锋,潘人培. 大学物理实验(修订版). 北京:高等教育出版社,2005.
9. 吴泳华,霍剑青,浦其荣. 大学物理实验. 北京:高等教育出版社,2005.
10. 陆果,陈凯旋,薛立新. 高温导体材料特性测试装置. 物理实验,2001,21(5):7~12.
11. 阎守胜,陆果. 低温物理实验原理与方法. 北京:科学出版社,1985.
12. 袁长坤,武步宇,王家政等. 物理测量. 北京:科学出版社,2004.
13. 梁华翰,朱良馎,张立. 大学物理实验. 上海:上海交通大学出版社,1996.
14. 周炳琨. 激光原理. 北京:国防工业出版社,1955.
15. 江剑平. 半导体激光器. 北京:电子工业出版社,2001.
16. 赵晓安. MCS—51单片机原理及应用. 天津大学出版社,2001.
17. 沈致远. 微波技术. 北京:国防工业出版社,1980.
18. 褚圣麟. 原子物理学. 北京:人民教育出版社,1979.
19. 王化祥,张淑英. 传感器原理与应用. 天津:天津大学出版社,1996.
20. 林木欣. 近代物理实验教程. 北京:科学出版社,2001.
21. 张天喆,董有尔. 近代物理实验. 北京:科学出版社,2004.
22. 王金山. 核磁共振波谱仪与实验技术. 北京:机械工业出版社,1982.
23. 谢希德,方俊鑫. 固体物理学(下册). 上海:上海科学技术出版社,1962.
24. 张裕恒. 超导物理. 合肥:中国科学技术大学出版社,1997.
25. Grayrm, Goodman J. W. Fourier Transforms:An Introduction for Engineers. Ma:Kluwer Academic Publishers,1995.
26. 杨祥林. 光纤通信技术. 北京:国防工业出版社,2000.
27. 何希才. 传感器及其应用. 北京:国防工业出版社,2001.
28. 赵继文,何玉彬. 传感器与应用电路设计. 北京:科学出版社,2002.
29. 沙占友. 集成化智能传感器原理与应用. 北京:电子工业出版社,2004.
30. 彭军. 传感器与检测技术. 西安:西安电子科技大学出版社,2003.
31. Julian W Gardner. 传感器和信号调节(第2版). 北京:清华大学出版社,2004.
32. 高光天. 模数转换器应用技术. 北京:科学技术出版社,2001.
33. Lawrence A Klein. 多传感器数据融合理论及应用. 北京:北京理工大学出版社,2004.
34. 伯蒂斯 A. M.,杨 H. D.. 大学物理实验. 北京:科学出版社,1982.
35. David McCombs. PC数据采集使用C++测量物理量. 北京:中国电力出版社,2004.

附录 物理学常用数表

附录1 常用物理常量

真空中的光速	$c = 2.997\ 924\ 58 \times 10^8\ \text{m} \cdot \text{s}^{-1}$
电子电荷	$e = 1.602\ 176\ 462 \times 10^{-19}\ \text{C}$
普朗克常量	$h = 6.626\ 068\ 76 \times 10^{-34}\ \text{J} \cdot \text{s}$
	$= 4.135\ 667\ 27 \times 10^{-15}\ \text{eV} \cdot \text{s}$
	$\hbar = h/2\pi = 1.054\ 571\ 596 \times 10^{-34}\ \text{J} \cdot \text{s}$
	$= 6.582\ 118\ 89 \times 10^{-16}\ \text{eV} \cdot \text{s}$
玻尔兹曼常量	$k = 1.380\ 650\ 3 \times 10^{-23}\ \text{J} \cdot \text{K}^{-1}$
斯忒藩常量	$\sigma = 5.670\ 400 \times 10^{-8}\ \text{J} \cdot \text{m}^{-2} \cdot \text{s}^{-1} \cdot \text{K}^{-4}$
阿伏伽德罗常量	$N_0 = 6.022\ 141\ 99 \times 10^{23}\ \text{mol}^{-1}$
标准条件下的摩尔体积	$V_{\text{mol}} = 0.022\ 413\ 996\ \text{m}^3 \cdot \text{mol}^{-1}$
真空介电常量	$\varepsilon_0 = 8.854\ 187\ 817 \times 10^{-12}\ \text{F} \cdot \text{m}^{-1}$
真空磁导率	$\mu_0 = 4\pi \times 10^{-17}\ \text{H} \cdot \text{m}^{-1} = 12.566\ 370\ 614 \cdots \times 10^{-7}\ \text{H} \cdot \text{m}^{-1}$
电子静质量	$m_e = 9.109\ 381\ 88 \times 10^{-31}\ \text{kg} = 0.510\ 998\ 902\ \text{MeV}/c^2$
质子静质量	$m_p = 1.672\ 621\ 58 \times 10^{-27}\ \text{kg} = 938.271\ 998\ \text{MeV}/c^2$
中子静质量	$m_n = 1.674\ 927\ 16 \times 10^{-27}\ \text{kg} = 939.565\ 330\ \text{MeV}/c^2$
原子质量单位	$u = 1.660\ 538\ 73 \times 10^{-27}\ \text{kg} = 931.494\ 013\ \text{MeV}/c^2$
玻尔半径	$a = 4\pi\varepsilon_0 \hbar/m_e e^2 = 0.529\ 177\ 208\ 3 \times 10^{-10}\ \text{m} = 0.529\ 177\ 208\ 3\ \text{Å}$
里德伯常量	$R_\infty = 10\ 973\ 731.568\ 549\ \text{m}^{-1} = 109\ 737.315\ 685\ 49\ \text{cm}^{-1}$
精细结构常量	$\alpha = e^2/4\pi\varepsilon_0 \hbar c = 1/137.035\ 999\ 76$
电子的康普顿波长	$\lambda_C = h/m_e c = 2.426\ 310\ 215 \times 10^{-12}\ \text{m} = 0.024\ 263\ 102\ 15\ \text{Å}$
	$\lambda_C/2\pi = 3.861\ 592\ 642 \times 10^{-13}\ \text{m} = 0.003\ 861\ 592\ 642\ \text{Å}$
电子的经典半径	$r_C = e^2/4\pi\varepsilon_0 m_e c^2 = 2.817\ 940\ 285 \times 10^{-15}\ \text{m}$
玻尔磁子	$\mu_B = \hbar e/2m_e = 9.274\ 008\ 99 \times 10^{-24}\ \text{J} \cdot \text{T}^{-1}$
核磁子	$\mu_N = \hbar e/2m_p = 5.050\ 783\ 17 \times 10^{-27}\ \text{J} \cdot \text{T}^{-1}$
磁通量量子	$\Phi_0 = h/2e = 2.067\ 833\ 636 \times 10^{-15}\ \text{Wb}$
1电子伏特的能量	$1\text{eV} = 1.602\ 176\ 462 \times 10^{-19}\ \text{J}$
相应于1电子伏特能量的	
电磁波长	$\lambda_0 = hc/1\text{eV} = 1.239\ 841\ 86 \times 10^{-6}\ \text{m}$
电磁波波数	$\tilde{\nu}_0 = 1\text{eV}/hc = 8.065\ 544\ 77 \times 10^5\ \text{m}^{-1}$
电磁波频率	$\nu_0 = 1\text{eV}/h = 2.417\ 989\ 49 \times 10^{14}\ \text{s}^{-1}$
温度	$T = 1\text{eV}/k = 1.160\ 450\ 6 \times 10^4\ \text{K}$

附录 2 物质的密度

物质	密度 $\rho/(10^3 \text{kg} \cdot \text{m}^{-3})$	物质	密度 $\rho/(10^3 \text{kg} \cdot \text{m}^{-3})$
铝	2.699	水银(20℃)	13.595
铜	8.960	无水甘油(15℃)	1.260
铁	7.874	无水乙醇(20℃)	0.789 4
银	10.50	变压器油	0.84~0.89
金	19.30	蓖麻油	0.957
钨	19.30	松节油	0.855
铂	21.45	煤油	0.80
铅	11.35	汽油	0.70
锡	7.298	蜂蜜	1.40
石英	2.5~2.8	石蜡	0.792
金刚石	3.4~3.5	乙醚(20℃)	0.714
玻璃	2.5~2.7	空气(0℃)	1.293×10^{-3}
冰(0℃)	0.900	氢气(标准状况下)	$0.089\ 88 \times 10^{-3}$
海水(15℃)	1.025	氦气(标准状况下)	$0.178\ 5 \times 10^{-3}$
水(4℃)	1.000	氮气(标准状况下)	1.251×10^{-3}
		氧气(标准状况下)	1.429×10^{-3}

附录 3 我国部分城市的重力加速度

城市	纬度(北)	重力加速度 $g/(\text{m} \cdot \text{s}^{-2})$	城市	纬度(北)	重力加速度 $g/(\text{m} \cdot \text{s}^{-2})$
北京	39°56′	9.80122	武汉	30°33′	9.79359
张家口	40°48′	9.79985	安庆	30°31′	9.79357
天津	39°09′	9.80094	杭州	30°16′	9.79300
太原	37°47′	9.79684	重庆	29°34′	9.79152
济南	36°41′	9.79858	南昌	28°40′	9.79208
郑州	34°45′	9.79665	长沙	28°12′	9.79163
徐州	34°18′	9.79664	福州	26°06′	9.79144
西安	34°16′	9.7969	厦门	24°27′	9.78917
南京	32°04′	9.79442	广州	23°06′	9.78831
上海	31°12′	9.79436	南宁	22°48′	9.78793
宜昌	30°42′	9.79312	香港	22°18′	9.78769

附录 4 海平面上不同纬度的重力加速度

纬度/(°)	$g/(\text{m} \cdot \text{s}^{-2})$	纬度/(°)	$g/(\text{m} \cdot \text{s}^{-2})$	纬度/(°)	$g/(\text{m} \cdot \text{s}^{-2})$
0	9.7804	40	9.8017	58	9.8176
5	9.7808	42	9.8035	60	9.8192
10	9.7820	44	9.8053	65	9.8229
20	9.7864	46	9.8071	70	9.8261
25	9.7896	48	9.8089	80	9.8306
30	9.7933	50	9.8107	85	9.8318
32	9.7949	52	9.8125	90	9.8322
35	9.7974	54	9.8142		
37	9.7990	56	9.8159		

附录5　20℃时某些金属的杨氏弹性模量

金属	杨氏模量 $Y/(10^9\text{ Pa})$	金属	杨氏模量 $Y/(10^9\text{ Pa})$
铝	69~70	铁	186~206
金	77~81	镍	203
银	69~80	碳钢	196~206
锌	78~80	合金钢	206~216
铜	103~127	铬	235~245
康铜	160	钨	407

*Y 的值与材料的结构、化学成分及其加工制造方法有关,因此,在某些情形下,Y 的值可能与表中所列的平均值不同。

附录6　某些物质中的声速

物质(0℃)	声速 $v/(\text{m}\cdot\text{s}^{-1})$	物质(0℃)	声速 $v/(\text{m}\cdot\text{s}^{-1})$
空气	331.45*	酒精(20℃)	1168
一氧化碳	337.1	水银(20°)	1451
二氧化碳	258.0	铝**	5000
氧气	317.2	铜	3750
氩气	319	不锈钢	5000
氢气	1269.5	金	2030
氮气	337	银	2680
水(20℃)	1482.9	甘油(20℃)	1923

* 干燥空气中的声速与温度的关系:331.45+0.54t。
** 固体中的声速为棒内纵波速度。

附录7　20℃时与空气接触的液体表面张力系数

液体	$\gamma/(10^{-3}\text{N}\cdot\text{m}^{-1})$	液体	$\gamma/(10^{-3}\text{N}\cdot\text{m}^{-1})$
航空汽油(10℃)	21	甘油	63
石油	30	水银	513
煤油	24	甲醇	22.6
松节油	28.8	甲醇(0℃)	24.5
水	72.75	乙醇	22.0
肥皂溶液	40	乙醇(60℃)	18.4
氟利昂-12	9.0	乙醇(0℃)	24.1
蓖麻油	36.4		

附录8　不同温度下与空气接触的水的表面张力系数

温度/℃	$\gamma/(10^{-3}\text{N}\cdot\text{m}^{-1})$	温度/℃	$\gamma/(10^{-3}\text{N}\cdot\text{m}^{-1})$	温度/℃	$\gamma/(10^{-3}\text{N}\cdot\text{m}^{-1})$
0	75.62	16	73.34	30	71.15
5	74.90	17	73.20	40	69.55
6	74.76	18	73.05	50	67.90
8	74.48	19	72.89	60	66.17
10	74.20	20	72.75	70	64.41
11	74.07	21	72.60	80	62.60
12	73.92	22	72.44	90	60.74
13	73.78	23	72.28	100	58.84
14	73.64	24	72.12		
15	73.48	25	71.96		

附录9 液体的黏度（黏滞系数 η）

液体	温度/℃	η/(Pa·s)	液体	温度/℃	η/(Pa·s)
汽油	0	1788	甘油	−20	134.10
	18	530		0	12.11
乙醇	−20	2780		20	1.499 1
	0	1780		100	0.012 945
	20	1190	蓖麻油	0	5.30
甲醇	0	817		10	2.421
	20	584		20	0.986
乙醚	0	296		30	0.451
	20	243		40	0.230
水银	−20	1855	变压器油	20	0.019 8
	0	1685	葵花子油	20	0.050 0
	20	1554	蜂蜜	20	0.650 1
	100	1240		80	0.100 1
水	0	1788	鱼肝油	20	0.045 6
	20	1004		80	0.004 6
	100	282.5			

附录10 金属和合金的电阻率及其温度系数

金属或合金	电阻率 ρ/($10^{-8}\Omega\cdot m$)	温度系数 α/(10^{-3}℃$^{-1}$)	金属或合金	电阻率 ρ/($10^{-8}\Omega\cdot m$)	温度系数 α/(10^{-3}℃$^{-1}$)
铝	2.8	4.2	锌	5.9	4.2
铜	1.72	4.3	锡	12	4.4
银	1.6	4.0	水银	95.8	1.0
金	2.4	4.0	武德合金	52	3.7
铁	9.8	6.0	钢(0.01%~0.15%碳)	10~14	0.06
铅	20.5	3.7	康铜	47~51	−0.04~+0.01
铂	10.5	3.9	铜锰合金	34~100	−0.03~+0.02
钨	5.5	3.8	镍铬合金	98~110	0.03~0.04

附录11 物质的折射率

物质的折射率由于入射光的波长不同而不同. 通用的标准折射率是指波长为587.56nm（氦黄线）或589.3 nm（钠黄线）的折射率 n_d 或 n_D. 资料中如果没有特别指出波长的折射率，通常皆为 n_D. 对液体或固体物质折射率而言，通常是物质对空气的相对折射率.

物质	温度/℃	n_D	物质	温度/℃	n_D
水	20	1.333 0	萤石	20	1.434
甲醇	20	1.329 2	有机玻璃	20	1.492
乙醚	20	1.352 5	加拿大树胶	20	1.530
乙醇	20	1.361 7	晶体石英	20	*n_o=1.544 24
三氯甲烷	20	1.445 3			*n_e=1.533 35
四氯化碳	20	1.461 7	熔凝石英	20	1.458 45
甘油	20	1.467 5	琥珀	20	1.546
石蜡	20	1.470 4	方解石	20	n_o=1.658 35
松节油	20	1.471 1			n_e=1.486 40
苯铵	20	1.586 3	**K3 光学玻璃	20	n_d=1.504 63
棕色醛	20	1.619 5	K6 光学玻璃	20	n_d=1.511 12
单溴苯	20	1.658 8	**F3 光学玻璃	20	n_d=1.616 55
金刚石	20	2.417 5	F6 光学玻璃	20	n_d=1.624 95

* n_o 为寻常光线的折射率,n_e 为非寻常光线的折射率.

** 符号 K 表示冕类光学玻璃. 符号 F 表示火石类光学玻璃.

附录12 部分固体和液体的比热容

物质	温度/℃	比热容/(J·kg^{-1}·K^{-1})	物质	温度/℃	比热容/(J·kg^{-1}·K^{-1})
铝	25	900	玻璃	25	837
铜	25	385	乙醇	27	2440
铁	25	452	甘油	27	2620
铅	25	130	煤油	27	2090
银	25	239	水	0	4217.4
锌	25	389	水	10	4191.9
云母	25	502	水	20	4181.6
石蜡	25	2890	水	30	4178.2
水银	25	138			

附录13 国际单位制

A. 基本单位、辅助单位和具有专门名称的导出单位

量的名称	单位名称	英文	单位符号	其他表示式例
一、基本单位				
长度	米	meter	m	
质量	千克(公斤)	kilogram	kg	
时间	秒	Second	s	
电流	安[培]	Ampere	A	
热力学温度	开[尔文]	Kelvin	K	
物质的量	摩[尔]	Mole	mol	
发光强度	坎[德拉]	Candela	cd	

续表

量的名称	单位名称	英文	单位符号	其他表示式例
二、辅助单位				
平面角	弧度	Radian	rad	
立体角	球面度	Steradian	sr	
三、具有专门名称的导出单位				
频率	赫[兹]	Hertz	Hz	s^{-1}
力;重力	牛[顿]	Newton	N	$kg \cdot m/s^2$
压强(压力);应力	帕[斯卡]	Pascal	Pa	N/m^2
能量;功;热	焦[耳]	Joule	J	$N \cdot m$
功率;辐射通量	瓦[特]	Watt	W	J/s
电荷量	库[仑]	Coulomb	c	$A \cdot s$
电势;电压;电动势	伏[特]	Volt	V	W/A
电容	法[拉]	Farad	F	C/V
电阻	欧[姆]	Ohm	Ω	V/A
电导	西[门子]	Siemens	s	A/V
磁通量	韦[伯]	Weber	wb	$V \cdot s$
磁通量密度,磁感应强度	特[斯拉]	Tesla	T	Wb/m^2
电感	亨[利]	Henry	H	Wb/A
摄氏温度	摄氏度	Degree celcius	c	
光通量	流[明]	Lumen	lm	$Cd \cdot r$
光照度	勒[克斯]	Lux	lx	lm/m^2
放射性活度	贝克[勒尔]	Becquerel	Bq	s^{-1}
剂量当量	希[沃特]	Sievert	Sv	J/kg
吸收剂量	戈[瑞]	gray	Gy	J/kg

注:( )类的字为前者的同义词;[ ]类的字是在不致混淆的情况下可以省略的字.

B. 用于构造十进倍数和分数单位的词头

所表示的因数	词头名称	英文	词头符号	所表示的因数	词头名称	英文	词头符号
10^1	十	deca	da	10^{-1}	分	deci	d
10^2	百	hecto	h	10^{-2}	厘	centi	c
10^3	千	kilo	k	10^{-3}	毫	milli	m
10^6	兆	mega	M	10^{-6}	微	micro	μ
10^9	吉[咖]	giga	G	10^{-9}	纳[诺]	nano	n
10^{12}	太[拉]	tera	T	10^{-12}	皮[可]	pico	p
10^{15}	拍[它]	peta	P	10^{-15}	飞[母托]	femto	f
10^{18}	艾[克萨]	exa	E	10^{-18}	阿[托]	atto	a

附录14 常用光源的谱线波长

λ/nm

(一) H(氢)		626.65	橙
656.28	红	621.73	橙
486.13	绿蓝	614.31	橙
434.05	蓝	588.19	黄
410.17	蓝紫	585.25	黄
397.01	蓝紫	(四) Na(钠)	
(二) He(氦)		589.592(D_1)	黄
706.52	红	588.995(D_2)	黄
667.82	红	(五) Hg(汞)	
587.56(D_3)	黄	623.44	橙
501.57	绿	579.07	黄
492.19	绿	576.96	黄
471.31	蓝	546.07	绿
447.15	蓝	491.60	绿蓝
402.62	蓝紫	435.83	蓝紫
388.87	蓝紫	407.78	蓝紫
(三) Ne(氖)		404.66	蓝紫
650.65	红	(六) He~Ne 激光	
640.23	橙	632.8	橙红
638.30	橙		

附录15 物理实验中常见的仪器误差限值 Δ_{ins}

	仪器名称	规格或性能	仪器误差限值 Δ_{ins}
1	米尺	量程 1~300mm,1~1000mm	0.1mm, 0.2mm
2	游标卡尺	10 分游标,50 分游标	分度值 0.1 mm, 0.02mm
3	千分尺	1级,分度值 0.01 mm	0.004mm
4	读数显微镜	分度值 0.01 mm	约为分度值的 1/2 即 0.005mm
5	分光计	分度值 1′	分度值 1′
6	物理天平(七级)	称量:500g,分度值 0.05g	满量程时 Δ_{ins} 取 0.08g 1/2 量程时 Δ_{ins} 取 0.06g 1/3 程时 Δ_{ins} 取 0.04g
7	普通温度计	分度值 1℃	分度值 1℃
8	数字式仪表		示值×准确度等级+n,n 一般取 1~2 个字
9	电磁仪表		量程×准确度等级%
10	电阻箱、直流电桥、直流电势差计		示值×准确度等级%(详见说明书)